光电技术系列丛书

夜视测试与计量技术概论

主　编　杨照金
副主编　史继芳　胡铁力

国防工业出版社

·北京·

内 容 简 介

本书从微光夜视技术和红外热成像技术的基本概念出发，比较系统地介绍微光夜视和红外热成像测试与计量的基础理论和有关参数测量方法。本书分上、下篇。上篇为微光夜视测试与计量，涉及微光像增强器部件、微光像增强器、微光夜视仪、微光电视和单光子成像系统等方面的测试与计量技术。下篇为红外热成像测试与计量，涉及红外探测器、红外焦平面探测器和多元探测器、红外热像仪、红外光学材料和红外光学系统等方面的测试与计量技术。

本书可作为从事夜视测试技术和夜视应用等方面人员的业务参考书，亦可作为光电子成像专业本科生和研究生的参考书。

图书在版编目（CIP）数据

夜视测试与计量技术概论/杨照金主编．—北京：
国防工业出版社，2019.10
ISBN 978-7-118-11943-5

Ⅰ.①夜⋯ Ⅱ.①杨⋯ Ⅲ.①微光夜视—夜视技术—应用—工程测量—概论 Ⅳ.①TN223②TB22

中国版本图书馆 CIP 数据核字（2019）第 205975 号

※

国防工业出版社出版发行
（北京市海淀区紫竹院南路23号 邮政编码100048）
三河市天利华印刷装订有限公司印刷
新华书店经售

*

开本 787×1092 1/16 印张 24¾ 字数 592千字
2019年10月第1版第1次印刷 印数 1—2000册 定价 99.00元

（本书如有印装错误，我社负责调换）

国防书店：(010)88540777　　　发行邮购：(010)88540776
发行传真：(010)88540755　　　发行业务：(010)88540717

《夜视测试与计量技术概论》

编审委员会

主　　编　杨照金

副 主 编　史继芳　胡铁力

编　　委（按姓名笔画排序）

　　　　　　王　雷　许荣国　李正琪　李四维　杨书宁

　　　　　　杨冶平　杨鸿儒　范纪红　岳文龙　赵　琳

　　　　　　侯　民　俞　兵　姜昌录　贺英萍　袁　良

　　　　　　解　琪

主　　审　刘　宇　焦明印

执行编辑　段杨子　房　薇　丛家铭

前　言

夜视技术是研究夜天光等微弱光照明情况下景物热辐射的成像技术,它能使人眼可见和不可见宽光谱微弱的景物变换成人眼可观测的图像。夜视技术根据成像原理及方式分为微光夜视技术和红外热成像技术。微光夜视借助于微光成像器件,采用光电子转换与倍增成像的方法克服人眼在低照度下以及在有限光谱响应下的限制,以开拓人眼的视觉。红外热成像是利用红外探测器接收被测目标的红外辐射能量分布图形,由探测器将红外辐射能转换成电信号,经放大处理,转换成视频信号通过电视屏或监测器显示红外热像图。微光夜视技术和红外热成像技术作为军用夜视装备的两大技术支柱,相互补充、相互竞争,共同满足着不同用户的多种需要。

夜视测试与计量技术作为夜视技术的一部分,它为夜视器件和夜视成像系统的研制、生产、试验和应用提供基础数据,进行产品的性能评价,夜视器件与系统性能的发展需要测试计量水平的不断提高。

本书分为上、下篇。上篇为微光夜视测试与计量,对微光夜视技术所涉及的微光像增强器部件、微光像增强器、微光夜视仪、微光电视和单光子成像系统等方面的测试与计量技术问题进行了研究和讨论。下篇为红外热成像测试与计量,对红外热成像所涉及的红外探测器、红外焦平面探测器和多元探测器、红外热像仪、红外光学材料和红外光学系统等方面的测试与计量问题进行了研究和讨论。总体而言,本书的目的是为从事夜视测试技术、夜视应用技术的科技工作者提供一本专业参考书。

本书共 15 章。绪论,介绍夜视与夜视测试的内涵、计量测试名词术语等。第 1~7 章为上篇。第 1 章 微光夜视技术,介绍微光夜视技术的内涵,微光夜视技术理论基础,微光成像系统性能评价体系等。第 2 章 微光像增强器部件参数测量,介绍光阴极、微通道板、光纤面板和荧光屏等部件的性能测试。第 3 章 微光像增强器参数测量,介绍微光像增强器亮度增益、等效背景照度、输出信噪比、调制传递函数、分辨力、放大率、畸变等参数测量。第 4 章 微光夜视仪参数测量,介绍微光夜视仪视场、视放大率、相对畸变、分辨力、亮度增益等参数测量。第 5 章 微光电视的性能测试与校准,介绍微光 ICCD、水下微光成像系统、距离选通微光成像系统等方面的测试问题。第6章 单光子成像系统参数测试，介绍单光子计数成像原理、单光子成像技术的特点及性能表征、光子计数成像系统性能测试等。第7章 微光夜视计量，介绍微光夜视计量所涉及的光度学计量、光辐射计量和色度学计量问题。第8~14章为下篇。第8章 红外热成像技术，介绍红外热成像的技术内涵、红外热成像技术理论基础、红外热成像系统组成及总体性能评价等。第9章 红外探测器参数测试与计量，介绍红外单元探测器性能评价参数、主要参数测量方法。第10章 红外焦平面和多元探测器参数测试与计量，介绍红外焦平面和多元探测器性能评价参数、主要参数测量方法。第11章 红外热像仪参数测试与计量，介绍红外热像仪主要评价参数的定义及基本概念、测量方法和测量装置的溯源。第12章 红外热成像计量，介绍红外热成像计量所涉及的黑体辐射源、红外目标模拟器等的检定校准问题。第13章 红外光学材料参数测试，介绍红外光学材料主要评价参数的定义及基本概念、测量方法，包括折射率、折射率温度系数、均匀性、应力双折射等。第14章 红外光学系统性能测试与校准，介绍红外光学元件和系统基本参数测量和像质评价，包括焦距、透射比、光学传递函数等。

本书由杨照金策划和主编，史继芳、胡铁力为副主编，史继芳参与上篇的组织策划，胡铁力参与下篇的组织策划。第2章由贺英萍、杨书宁撰写；第3章由史继芳、解琪、贺英萍撰写；第4章由史继芳、解琪撰写；第7章由李正琪撰写；第8章由胡铁力、侯民撰写；第9章由范纪红撰写；第11章由胡铁力、李四维撰写；第12章由胡铁力、岳文龙撰写；第13章由王雷、许荣国撰写；第14章由姜昌录撰写；绪论、第1章、第5章、第6章、第10章由杨照金撰写。解琪、杨冶平、李四维、杨书宁等负责部分插图整理。杨照金进行全书统稿。国防科技工业光学一级站杨鸿儒、袁良、俞兵，西安应用光学研究所人力资源处赵琳等提供很多帮助。刘宇、焦明印同志对全书进行了认真的审阅，并提出许多中肯的意见和建议。

本书采用了作者所在科研集体——国防科技工业光学一级计量站的一些科研成果，也参阅和引用了国内许多专家和学者的文献。西安应用光学研究所和国防科技工业光学一级计量站领导的关心与支持使得作者能在较短的时间内完成本书。在此一并表示衷心的感谢。

由于作者知识面和水平有限，错误在所难免，希望广大读者多加批评指正。

编者
2019.5

目　录

绪论 …………………………………… 1
　1. 夜视技术 ……………………………… 1
　2. 夜视测试与计量 ……………………… 1
　3. 计量测试主要名词术语 …………… 2
　参考文献 ………………………………… 3

上篇　微光夜视测试与计量

第1章　微光夜视技术 …………………… 4
　1.1　微光夜视技术概述 ………………… 4
　　1.1.1　微光夜视技术内涵 …… 4
　　1.1.2　微光夜视技术在军事
　　　　　上的重要作用 ………… 5
　1.2　微光夜视技术理论基础 …………… 5
　　1.2.1　光电成像原理及器件 … 5
　　1.2.2　微光成像器件主要性能
　　　　　参数 …………………… 8
　　1.2.3　微光成像系统 …………… 9
　　1.2.4　微光成像系统性能评
　　　　　价体系 ………………… 10
　参考文献 ………………………………… 12

第2章　微光像增强器部件参数测试 … 13
　2.1　微光像增强器的主要部件 ……… 13
　　2.1.1　光阴极 …………………… 13
　　2.1.2　微通道板（MCP） ……… 13
　　2.1.3　荧光屏 …………………… 14
　2.2　光阴极性能测试 ………………… 15
　　2.2.1　光阴极光灵敏度和
　　　　　辐射灵敏度测量 ……… 15

　　2.2.2　光谱响应及量子效
　　　　　率测量 ………………… 17
　　2.2.3　负电子亲和势（NEA）
　　　　　光电阴极性能评估 …… 18
　　2.2.4　GaAs阴极光谱响应
　　　　　原位测试 ……………… 20
　　2.2.5　GaAs阴极多信息量
　　　　　测试 …………………… 21
　2.3　微通道板性能测试 ……………… 21
　　2.3.1　微通道板电流增益
　　　　　测量 …………………… 21
　　2.3.2　微通道板体电阻
　　　　　测量 …………………… 22
　　2.3.3　微通道板暗电流
　　　　　测量 …………………… 23
　　2.3.4　微通道板大面积均匀
　　　　　性测量 ………………… 23
　　2.3.5　微通道板综合参数
　　　　　测试装置 ……………… 24
　2.4　光纤面板性能测试 ……………… 25
　　2.4.1　光纤面板数值孔径
　　　　　的测量 ………………… 25
　　2.4.2　光纤面板透射比测量 … 26
　　2.4.3　光纤面板刀口响应
　　　　　测量 …………………… 27
　　2.4.4　光纤光锥和倒像器透
　　　　　过率的分布测试 ……… 29
　　2.4.5　光纤面板分辨率
　　　　　测试 …………………… 31
　2.5　荧光屏性能测试 ………………… 32
　　2.5.1　荧光屏主要评价参数
　　　　　的定义及测试方法 …… 32

2.5.2 荧光屏综合参数测试系统……………………34

参考文献……………………36

第3章 微光像增强器参数测量……………………37

3.1 微光像增强器亮度增益测量… 37
    3.1.1 微光像增强器亮度增益基本概念……………37
    3.1.2 亮度增益测量原理及测量装置……………37
    3.1.3 亮度增益测量不确定度评定……………38

3.2 微光像增强器等效背景照度的测量……………………39
    3.2.1 等效背景照度的基本概念……………39
    3.2.2 等效背景照度的测量原理……………40

3.3 微光像增强器输出信噪比测量……………………40
    3.3.1 微光像增强器输出信噪比的基本概念……………40
    3.3.2 信噪比测量原理及测量装置……………41
    3.3.3 信噪比测量不确定度评定……………42

3.4 微光像增强器调制传递函数测量……………………44
    3.4.1 微光像增强器调制传递函数的基本概念……………44
    3.4.2 微光像增强器调制传递函数的测量原理……………44

3.5 微光像增强器分辨力测量…… 45
    3.5.1 微光像增强器分辨力的基本概念……………45
    3.5.2 分辨力测量原理及测量装置……………45
    3.5.3 分辨力靶……………47
    3.5.4 分辨力测量不确定度评定……………52

3.6 微光像增强器放大率测量…… 53
    3.6.1 微光像增强器放大率的基本概念……………53
    3.6.2 微光像增强器放大率测量原理……………53

3.7 微光像增强器畸变测量……… 54
    3.7.1 微光像增强器畸变的基本概念……………54
    3.7.2 微光像增强器畸变测量原理……………54

3.8 微光像增强器测量装置的校准……………………55
    3.8.1 微光像增强器测量装置的校准条件……………55
    3.8.2 微光像增强器测量装置校准项目……………56
    3.8.3 微光像增强器测量装置校准方法……………56

3.9 紫外像增强器参数测试……… 58
    3.9.1 紫外像增强器光谱响应特性测量……………58
    3.9.2 紫外像增强器辐射增益测试……………60
    3.9.3 紫外像增强器等效背景辐射照度的测试……………61
    3.9.4 紫外像增强器分辨力的测试……………62

3.10 像增强器视场缺陷检测……… 63
    3.10.1 像增强器的视场缺陷……………63
    3.10.2 像增强器视场缺陷检测装置……………64
    3.10.3 像增强器视场缺陷的检测算法……………64

参考文献……………………66

第4章 微光夜视仪参数测量……………………67

4.1 微光夜视仪的视场测量……… 67

4.1.1 夜视仪的视场的定义 …… 67
4.1.2 夜视仪视场测量原理及测试方法 …… 67
4.2 微光夜视仪的视放大率测量 … 69
4.2.1 微光夜视仪视放大率的定义 …… 69
4.2.2 微光夜视仪视放大率测量原理及测试方法 …… 70
4.3 微光夜视仪的相对畸变测量 …… 71
4.3.1 微光夜视仪的相对畸变的定义 …… 71
4.3.2 相对畸变的测量原理及测试方法 …… 71
4.4 微光夜视仪的分辨力测量 …… 72
4.4.1 微光夜视仪的分辨力的定义 …… 72
4.4.2 分辨力的测量原理及测试方法 …… 72
4.5 微光夜视仪的亮度增益测量 … 74
4.5.1 微光夜视仪的亮度增益的定义 …… 74
4.5.2 亮度增益测量原理及测试方法 …… 74
4.6 微光夜视仪测量装置 …… 75
4.6.1 微光夜视仪综合参数测量与校准装置 …… 75
4.6.2 视场、视放大率和畸变的测试装置 …… 77
4.7 微光夜视眼镜参数测量 …… 77
4.7.1 微光夜视眼镜视场测量 …… 77
4.7.2 微光夜视眼镜放大率测量 …… 78
4.7.3 微光夜视眼镜畸变测量 …… 79
4.7.4 微光夜视眼镜分辨力测量 …… 79
4.7.5 微光夜视眼镜亮度增益测量 …… 79
4.7.6 微光夜视眼镜光轴平行性测量 …… 79
4.8 基于MRC的直视微光夜视系统性能评价 …… 80
4.8.1 基于最小可分辨对比度(MRC)模型定义 …… 80
4.8.2 直视微光夜视系统MRC测量方法 …… 81
参考文献 …… 82

第5章 微光电视的性能测试与校准 … 83
5.1 微光电视成像器件 …… 83
5.1.1 ICCD(或ICMOS) …… 83
5.1.2 BCCD和EBCCD …… 84
5.2 微光电视成像器件光电性能测试与校准 …… 86
5.2.1 ICCD主要性能参数 … 87
5.2.2 ICCD主要性能参数测量原理和测试方法 …… 88
5.3 微光电视系统 …… 92
5.3.1 水下微光成像系统 …… 92
5.3.2 水下距离选通成像系统 …… 93
5.4 水下微光成像系统性能评价 … 95
5.4.1 水下微光成像系统的能量传递过程 …… 95
5.4.2 基于能量传递链的成像性能评价 …… 97
5.5 距离选通激光成像系统成像质量评价 …… 97
5.5.1 激光主动成像系统图像特点 …… 97
5.5.2 图像噪声评价 …… 98
5.5.3 图像灰度信息评价 …… 98
5.5.4 图像纹理信息评价 …… 99

5.5.5 距离选通成像系统模拟分辨力测试 …… 100

参考文献 …… 103

第6章 单光子成像系统参数测试 …… 104

6.1 单光子计数成像原理 …… 104
    6.1.1 间接型探测系统 …… 105
    6.1.2 直接型探测系统 …… 107
6.2 单光子成像技术的特点及性能表征 …… 109
    6.2.1 单光子成像技术的特点 …… 109
    6.2.2 光子计数成像的性能表征 …… 109
6.3 光子计数成像系统性能测试 …… 113
    6.3.1 光子计数像管等效背景照度测试 …… 113
    6.3.2 光子计数像管光子增益测试 …… 115
    6.3.3 光子计数像管暗计数测试 …… 115
    6.3.4 楔条形阳极光子计数探测器成像性能的检测 …… 116
6.4 单光子成像系统的标定 …… 118
    6.4.1 可见光单光子成像系统的标定 …… 118
    6.4.2 紫外ICCD的辐射标定 …… 119
6.5 电子倍增CCD性能测试 …… 121
    6.5.1 电子倍增CCD主要性能参数 …… 121
    6.5.2 电子倍增CCD噪声因子测量 …… 123
    6.5.3 电子倍增CCD调制传递函数的测量 …… 124

参考文献 …… 125

第7章 微光夜视计量 …… 127

7.1 微光夜视计量问题的提出 …… 127
7.2 光度学和辐射度学测量仪器 …… 127
    7.2.1 光度学和辐射度学有关名词术语 …… 128
    7.2.2 光照度计 …… 131
    7.2.3 光亮度计 …… 132
    7.2.4 分光辐射仪 …… 134
    7.2.5 色温测量 …… 136
7.3 光度学和辐射度学计量标准 …… 139
    7.3.1 光照度计量标准装置 …… 139
    7.3.2 光亮度计量标准装置 …… 142
    7.3.3 弱光度计量标准装置 …… 146
    7.3.4 光子计数弱光度标准 …… 148
    7.3.5 分光辐射仪的校准 …… 149
    7.3.6 测色仪器的校准 …… 152
    7.3.7 单色仪的检定 …… 154

参考文献 …… 155

下篇 红外热成像测试与计量

第8章 红外热成像技术 …… 156

8.1 红外热像仪概述 …… 156
8.2 红外热像仪的成像原理 …… 157
    8.2.1 红外成像的物理原理 …… 157
    8.2.2 红外热像仪的组成 …… 157
8.3 红外探测器 …… 160
    8.3.1 红外探测器的发展历程及发展趋势 …… 160
    8.3.2 热探测器 …… 160

目 录

- 8.3.3 光电探测器 …………… 162
- 8.3.4 几种典型红外探测器 …………… 164
- 8.3.5 红外探测器性能参数 …………… 169
- 参考文献 …………………………… 172

第9章 红外探测器参数测量 ………… 173

- 9.1 光辐射探测器光谱响应度测量 …………………………… 173
  - 9.1.1 光谱响应度测量概述 …………… 173
  - 9.1.2 相对光谱响应度测量 …………… 173
  - 9.1.3 绝对光谱响应度测量 …………… 176
  - 9.1.4 探测器响应度均匀性测量 …………… 176
  - 9.1.5 光辐射探测器响应度直线性测量 …… 178
  - 9.1.6 红外探测器光谱响应测量不确定度评定 …………… 180
- 9.2 黑体响应率测量 …………… 182
  - 9.2.1 黑体响应率测量原理及测量装置 ………… 182
  - 9.2.2 黑体响应率测量过程及数据处理 ………… 184
- 9.3 红外探测器其他参数的测量 …………………………… 185
  - 9.3.1 噪声测量 …………… 185
  - 9.3.2 探测率的测量 ……… 187
  - 9.3.3 噪声等效功率的测量 …………… 188
  - 9.3.4 频率响应测量 ……… 188
- 9.4 光辐射探测器时间特性与温度特性测量 ……………… 189
  - 9.4.1 时间特性测量 ……… 189
  - 9.4.2 温度特性测量 ……… 189
- 9.5 杜瓦瓶的性能测试 ………… 189
  - 9.5.1 杜瓦瓶在红外探测器中的作用及对器件寿命的影响 ……… 189
  - 9.5.2 常规微漏气率的测量 …………… 190
  - 9.5.3 高灵敏度微漏率测量 …………… 191
  - 9.5.4 测量漏率值的修正 … 192
  - 9.5.5 探测器/杜瓦组件的热负载测试 ………… 193
- 参考文献 …………………………… 196

第10章 红外焦平面阵列及多元探测器参数测量 ………… 197

- 10.1 红外焦平面探测器特性参数及定义 ……………… 197
- 10.2 红外焦平面响应率、噪声、探测率和有效像元率测量 … 200
  - 10.2.1 响应率、噪声、探测率和有效像元率测量装置的基本构成 ………… 200
  - 10.2.2 响应电压测量 …… 200
  - 10.2.3 响应率等参数计算 ………… 201
- 10.3 红外焦平面噪声等效温差及动态范围测试 ………… 204
  - 10.3.1 噪声等效温差测量 ………… 204
  - 10.3.2 动态范围测试 …… 205
- 10.4 红外焦平面相对光谱响应测试 ……………………… 206
  - 10.4.1 相对光谱响应测量装置 ………… 206
  - 10.4.2 相对光谱响应测试方法 ………… 207
- 10.5 红外焦平面阵列串音测试 … 207
  - 10.5.1 参数定义 ………… 207

10.5.2 测试原理和方法 … 207
10.5.3 串音测量装置 …… 208
10.5.4 测量装置的校准 … 209
10.6 红外焦平面阵列调制传递函数测试 …… 209
　10.6.1 红外焦平面探测器调制传递函数的定义 …… 209
　10.6.2 红外焦平面探测器调制传递函数测试原理和方法 … 209
10.7 多元红外探测器参数测量 … 213
　10.7.1 多元红外探测器概述 …… 213
　10.7.2 多元红外探测器综合参数测量装置 … 215
　10.7.3 小光点法多元红外探测器均匀性测试 …… 218
10.8 红外焦平面探测器的非均匀性校正 …… 221
　10.8.1 红外焦平面探测器非均匀性的基本概念 … 221
　10.8.2 探测器非均匀性的校正 … 221
10.9 红外焦平面探测器读出电路参数测试 …… 226
　10.9.1 红外焦平面阵列的信号读出电路参数 …… 226
　10.9.2 红外焦平面阵列信号读出电路参数测量 …… 227
10.10 红外探测器件在低温背景下的探测率测试 …… 228
　10.10.1 低温背景测试问题的提出 …… 228
　10.10.2 低温背景测试的基本思路与方法 …… 229
　10.10.3 低温背景下红外探测系统探测率测量系统 …… 230

第11章 红外热像仪参数测量 …… 232
11.1 红外热像仪评价参数 … 232
11.2 红外热像仪参数测量装置 … 236
11.3 红外热像仪主要参数测量方法 …… 238
　11.3.1 红外热像仪信号传递函数(SiTF)测量 …… 238
　11.3.2 红外热像仪噪声等效温差(NETD)测量 …… 239
　11.3.3 红外热像仪时间域高频NETD测量 …… 241
　11.3.4 红外热像仪空间域NETD测量 …… 242
　11.3.5 外热像仪最小可分辨温差(MRTD)测量 …… 244
　11.3.6 红外热像仪最小可探测温差(MDTD)测量 …… 247
　11.3.7 红外热像仪调制传递函数(MTF)测量 …… 247
　11.3.8 红外热像仪视场测量 …… 249
11.4 红外热像仪参数测量不确定度分析 …… 249
　11.4.1 信号传递函数(SiTF)测量不确定度评定 …… 249
　11.4.2 噪声等效温差

(NETD)测量不确定度评定 …………… 251
 11.4.3 时域高频 NETD 测量不确定度评定 … 253
 11.4.4 空域 NETD 测量不确定度评定 …… 256
 11.4.5 MRTD 测量不确定度评定 …………… 258
 11.4.6 MDTD 测量不确定度评定 …………… 260
 11.4.7 MTF 测量不确定度评定 …………… 262
 11.4.8 视场测量结果的不确定度评定 … 264
11.5 红外热像仪参数测量装置校准 ……………… 265
 11.5.1 红外热像仪参数测量装置的仪器常数 ………… 265
 11.5.2 仪器常数对红外热像仪参数测量的影响 ……………… 268
 11.5.3 红外热像仪测试系统仪器常数的校准 ……………… 269
 11.5.4 靶标空间频率及张角校准 ………… 273
 11.5.5 视频采集及测量环节校准 ………… 275
 11.5.6 红外热像仪参数测试量值传递体系 ……………… 276
11.6 红外热像仪作用距离的评价 ……………… 277
 11.6.1 红外热像仪作用距离的基本概念 … 277
 11.6.2 红外热像仪作用距离的检测 ……… 279

参考文献 ……………………………… 280

第12章 红外热成像计量 ……… 282

12.1 红外热成像计量问题的提出 ……………… 282
 12.2.1 红外探测器参数测量装置的校准 … 282
 12.2.2 焦平面阵列测量装置的校准 ……… 282
 12.2.3 红外热像仪测量装置的校准 ……… 282
12.2 黑体辐射源 …………… 283
 12.2.1 黑体辐射定律 …… 283
 12.2.2 人工模拟标准黑体 …………… 284
 12.2.3 黑体辐射源的评价 ……………… 285
12.3 中温黑体辐射源检定 … 285
 12.3.1 检定原理与装置 … 285
 12.3.2 黑体辐射源的技术要求 ……………… 287
 12.3.3 检定项目 ………… 288
 12.3.4 检定方法 ………… 288
 12.3.5 测量不确定度分析 ……………… 289
12.4 面源黑体校准 …………… 291
 12.4.1 −30~75℃面源黑体校准 ………… 292
 12.4.2 50~400℃面源黑体校准 ………… 298
12.5 低温黑体校准 …………… 303
12.6 红外目标模拟器及其校准 … 304
 12.6.1 红外目标模拟器概述 …………… 304
 12.6.2 红外目标模拟器校准原理 ………… 305
 12.6.3 红外目标模拟器校准方法与步骤 … 307
 12.6.4 几种典型红外目

标模拟器校准
装置 ………… 310
12.6.5 红外目标模拟器
校准不确定度
分析 ………… 311
参考文献 ………………… 314

第13章 红外光学材料参数测量 … 316
13.1 红外光学材料折射率测量 … 316
13.1.1 任意偏折法折射率
测量 ………… 316
13.1.2 直角照射法折射率
测量 ………… 318
13.1.3 红外折射率测量装
置的校准 ……… 319
13.1.4 任意偏折法折射
率测量不确定度
评定 ………… 321
13.1.5 直角照射法折射
率测量不确定度
评定 ………… 324
13.2 红外材料折射率温度系数
测量 ………………… 326
13.2.1 光学材料的折射
率温度系数 …… 326
13.2.2 折射率温度系数
测量方法 ……… 326
13.3 红外光学材料光谱透射比
测量 ………………… 330
13.3.1 描述光传输特性
的基本参数 …… 330
13.3.2 分光光度计 …… 331
13.3.3 傅里叶变换红外光
谱仪 ………… 333
13.3.4 红外材料光谱透射
比和反射比测量 … 333
13.4 红外材料透过率温度系数
测量 ………………… 334
13.4.1 红外光学材料透过

率温度系数 …… 334
13.4.2 红外光学材料透过
率温度系数的测量
方法 ………… 335
13.5 红外光学材料均匀性测量 … 339
13.5.1 基于红外干涉仪
的测量方法 …… 339
13.5.2 基于斐索干涉原
理的四步干涉法 … 341
13.6 红外光学材料应力双折射
测量 ………………… 346
13.6.1 红外材料应力双折
射测量原理 …… 346
13.6.2 中波红外应力双
折射测量装置 … 349
13.6.3 红外晶体材料应力
双折射测量装置 … 350
13.7 红外光学材料条纹、杂质等
性能检测 …………… 353
13.7.1 条纹检测 …… 353
13.7.2 杂质检测 …… 356
参考文献 ………………… 357

第14章 红外光学系统性能测试与
校准 ………………… 359
14.1 红外光学系统焦距测量 … 359
14.1.1 像高法焦距测量 … 359
14.1.2 哈特曼—夏克波前
检测仪和旋转平
面镜辅助长焦距
测量 ………… 363
14.2 红外光学系统透射比测量 … 364
14.2.1 光学系统透射比
的定义 ………… 364
14.2.2 积分球法透射比
测量 ………… 365
14.2.3 全孔径法透射比
测量 ………… 365
14.2.4 大面积均匀源法

　　　　透射比测量 ……… 365
14.3 红外光学系统像质评价 …… 369
　14.3.1 星点法测量 ……… 369
　14.3.2 红外光学传递函数
　　　　测量 …………… 371
　14.3.3 热像仪扫描器光学
　　　　系统 MTF 测试 …… 373

　14.3.4 红外光学元件与
　　　　系统传递函数测量
　　　　装置 …………… 374
　14.3.5 红外光学系统像
　　　　面位置、弥散斑
　　　　测量 …………… 378

参考文献 …………………………… 380

绪　　论

1. 夜视技术

夜视技术是研究夜天光等微弱光照明情况下的成像技术和景物热辐射的成像技术,它能使人眼可见和不可见宽光谱微弱的景物变换成人眼可观测的图像。夜视技术根据成像原理及方式分为微光夜视技术和红外热成像技术。

微光夜视借助于微光成像器件,采用光电子转换与倍增成像的方法克服人眼在低照度下以及在有限光谱响应下的限制,以开拓人眼的视觉。微光夜视器件将夜天光或其他微弱的目标景物反射或辐射的信息源图像,通过器件中光阴极的光电转换、微通道板(MCP)的电子倍增和荧光屏的电子—光子转换,变为亮度增强了 10^4 倍以上的人眼可见光图像。微光夜视器件具有体积小、重量轻、图像清晰、层次丰富以及操作方便和高性价比等特点,在完成宽光谱、大动态范围、全天候条件下的观察、瞄准、测距、跟踪、制导和告警等军事任务中,发挥着重要作用,在医学、天文学等民用领域的检测、探测方面也有广泛应用。

红外热成像系统是一种二维平面成像的红外系统,通常称为红外热像仪。它通过光学系统将红外辐射能量聚集在红外探测器上,并转换为电子视频信号,经过电子学处理,形成被测目标的红外热图像,该图像用显示器显示出来。红外热像仪最早是因军事需要而发展起来,它可在黑夜或浓厚的烟幕、云雾中探测和识别目标。现代战争的经验表明,热成像技术是保持夜战主动权的重要手段。近年来,各国也大力开发各种用途的民用热像仪,并已广泛应用于国民经济各个部门,在医疗诊断、无损探伤、故障探测、产品检验、污染监测、森林防火以及公安消防中均获得了越来越多的应用。

微光夜视技术和红外热成像技术作为军用夜视装备的两大技术支柱,相互补充、相互竞争,共同满足着不同用户的不同需要。

2. 夜视测试与计量

夜视测试与计量技术作为夜视技术的一部分,它为夜视器件和夜视成像系统的研制、生产、试验和应用提供基础数据,进行产品的性能评价。

对微光夜视而言,其测试对象包括微光像增强器部件、微光像增强器、微光夜视仪、微光电视系统和单光子成像系统。微光像增强器部件包括光阴极、微通道板、光纤面板荧光屏等,这些部件按照一定的结构和方式构成微光像增强器。微光像增强器加上微光物镜和目镜就构成了微光夜视仪。在传统微光夜视仪的基础上,引入固体成像器件CCD就形成了微光电视。近年来,单光子成像技术得到很大发展,已成为微光夜视技术一个新的发展方向。微光夜视测试就是围绕以上测试对象的性能参数开展工作,研究性能参数测量方法、建立测量装置。微光夜视计量就是围绕以上测量装置的检定、校准和溯源开展工作,研究检定与校准方法,建立计量标准和校准装置。

对红外热成像而言,其测试对象包括红外探测器、红外焦平面探测器和多元探测器、红外热像仪、红外光学材料和红外光学系统等。红外热像仪整机性能评价是核心,红外探测器、红外光学系统和红外光学材料等方面的测量也同样重要。红外热成像测试就是围绕以上测试对象的性能参数开展工作,研究性能参数测量方法、建立测量装置。红外热成像计量就是围绕以上测量装置的检定、校准和溯源开展工作,研究检定与校准方法、建立计量标准和校准装置。

3. 计量测试主要名词术语

1984年由国际计量局、国际电工委员会、国际标准化组织及国际法制计量组织联合制定了《国际通用计量学基本名词》。1993年又发布了其修订版《国际通用计量学基本术语》。1996年由国际法制计量组织发布了《法制计量学基本名词》。

我国于1982年由国家计量局制定了JJG1001—82《常用计量名词术语及定义》,1991年修订为JJG1001—91《通用计量名词及定义》。

下面介绍各章要用到的一些主要计量测试名词术语。

1) 计量学(metrology)

定义:测量的科学。

计量学研究量与单位、测量原理与方法、测量标准的建立与溯源、测量器具及其特性以及与测量有关的法制、技术和行政的管理。计量学也研究物理常量、标准物质和材料特性的测量。

2) 测量(measurement)

定义:以确定量值为目的的一组操作。

量值是通过测量来确定的。测量要有一定的手段,要有人去操作,要用一定的测量方法,要在一定的环境下进行,并且必须给出测量结果。

3) 测量标准(measurement standard)

为了定义、实现、保存或复现量的单位或一个或多个量值,用作参考的实物量具、测量仪器、参考物质或测量系统。

4) 国际(测量)标准(international measurement standard)

国际协议承认的,作为国际上对有关量的其他测量标准定值依据的测量标准。

5) 国家(测量)标准(national measurement standard)

国家承认的,作为国家对有关量的其他测量标准定值依据的测量标准。国家计量标准也称为计量基准。

6) 校准(calibration)

定义:在规定条件下,为确定测量仪器或测量系统所指示的量值,或实物量具、标准物质所代表的量值,与对应的由计量标准所复现的量值之间关系的一组操作。

校准的对象是测量仪器、实物量具、标准物质或测量系统,也包括各单位、各部门的计量标准装置。校准的目的是确定被校对象示值所代表的量值。校准的方法是用测量标准去测量被校量。

7) 检定(verification)

定义:由法定计量技术机构确定与证实测量器具是否完全满足要求而做的全部工作。

在国际标准化组织制定的ISO/IEC导则25中定义为:通过检查和提供客观证据表明已满足规定要求的确认。对测量设备管理而言,检定是检查测量器具的示值与对应的被测量的已知值之间的偏移是否小于标准、规程或技术规范规定的最大允许误差。根据检定结果可对测量设备作出继续使用、进行调整、修理、降级使用或声明报废的决定。

8）测试、试验（testing、test）

定义：对给定的产品、材料、设备、生物体、物理现象、过程或服务，按照规定的程序确定一种或多种特性或性能的技术操作。

测试的对象涉及面很宽，在工业部门主要是材料和产品。校准与检定的目的是为了保证测量设备准确可靠，而测试是为了确定材料或产品的性能或特性而进行的测量或试验。

9）检验（inspection）

定义：对产品的一个或多个特性进行的诸如测量、检查、试验或度量，并将结果与规定要求进行比较，以确定每项特性是否合格所进行的活动。

10）测量误差（error of measurement）

测量结果与被测量的真值之差值。即

测量误差＝测得值－真值

11）测量不确定度（uncertainty of measurement）

与测量结果相关联的、用于合理表征被测量值分散性大小的参数，它是定量评定测量结果的一个重要质量指标。

12）测量结果（result of measurement）

由测量所得的赋予被测量的值。

13）测量结果的重复性（repeatability of measurement result）

在相同测量条件下，对同一被测量连续进行多次测量所得结果之间的一致性。

14）测量结果的复现性（reproducibility of measurement result）

在变化的测量条件下，同一被测量的测量结果之间的一致性。

15）稳定性（stability）

测量器具保持其计量特性持续恒定的能力。

参 考 文 献

[1] 王小鹏．军用光电技术与系统概论[M]．北京：国防工业出版社，2011．
[2] 李宗扬．计量技术基础[M]．北京：原子能出版社，2002．

上篇　微光夜视测试与计量

第1章　微光夜视技术

微光夜视技术，是指专门研究对夜天光或微弱光照明的目标反射图像或辐射图像的成像技术，它能使人眼睛可见和不可见的宽光谱微弱的景物变换成亮度增强的人眼可见光图像。它借助于微光成像器件，采用光电子成像的方法克服人眼在低照度下以及在有限光谱响应下的限制，以开拓人眼的视觉。

1.1　微光夜视技术概述

1.1.1　微光夜视技术内涵

夜战已经成为现代高技术条件下局部战争的主要形式。各种夜视器材是当前部队武器装备夜间观察、瞄准、跟踪、制导和对抗必不可少的技术手段。近年来的多次高技术局部战争都是从夜间开始的，依靠大量装备的微光和红外夜视器材，可以占据夜战压倒性的技术优势，掌握全天候及全方位战争的主动权。

军用夜视装备的两大技术支柱是微光夜视技术与红外热像技术，二者相比，各有特点、互相补充、相互竞争、共同满足着用户的不同需要。所谓微光夜视技术，是指专门研究对夜天光或微弱光照明的目标反射图像或辐射图像的成像技术，它能使人眼睛可见和不可见的宽光谱微弱的景物变换成亮度增强的人眼可见光图像。微光夜视技术响应范围可以覆盖X射线、紫外线、可见光和近红外波段。微光夜视系统以其分辨力好、成本低、体积小、操作方便等特点，是目前世界装备量最大、图像逼真、视距较远的夜视器材。

微光夜视系统通常由微光成像物镜、像增强器、目镜或电子图像拾取单元等组成，其基本工作原理是：以夜天光或其他微弱光照射下的目标（景物）作为图像信息源，通过物镜成像、光阴极光电转换、微通道板（MCP）电子倍增和荧光屏电光转换，输出为亮度得到增强的人眼可见光图像。其工作模式一般可分为微光直视（通过目镜观察荧光屏）模式和微光电视（通过电子信号输出到显示器）模式。

微光夜视技术能够探测到人眼看不见或不易看见的X光、UV光、极微弱星光、近红外辐射和几千亿分之一秒内瞬息万变的目标（景物）图像，使其变为亮度得到千倍到万倍增强的人眼可见的光学图像，从而能弥补人眼在空间、时间、能量、光谱分辨能力等方面的局限性，扩展人眼的视野和功能，加之它的体积小、重量轻、功耗低、操作方便、装备费用较低，已成为军用夜视观察、瞄准、跟踪、制导和告警的技术手段,并在天文、地质、海洋、公安、医疗、生物等民用领域里,具有重要实用价值。

1.1.2 微光夜视技术在军事上的重要作用

微光夜视技术具有光谱转换、亮度增强、高速摄影和电视成像四大功能。

1. 光谱转换功能

采用不同材料的光阴极,可以将人眼看不见的红外辐射、紫外辐射、X 射线,甚至超短波辐射的光子转换成光电子,进而通过电子倍增和荧光显示,变换为可见光图像,从而可大大拓宽人眼的视野。例如,远距离激光选通夜视成像(观察、侦察,救援等仪器)、水下蓝绿光激光/微光选通成像(鱼雷制导、蛙人观察),利用紫外或 X 射线敏感的光阴极像管可做成导弹尾焰紫外告警器,以及科学、工业普遍应用的 X 射线成像及超短波辐射成像诊断仪器等。微光的光谱转换功能最近正向近红外波段延伸。

2. 亮度增强功能

图像亮度增强是微光夜视技术的主要特征,通过其光阴极光电转换、微通道板(MCP)电子倍增和荧光屏的电光转换,可以获得的亮度增益高达 10^4(1 块 MCP)、10^6(2 块 MCP 级联)和 10^8(3 块 MCP 级联),利用此功能可做成低照度下有效工作的军用夜视仪、观察仪、瞄准镜、头盔夜视眼镜,或与 CCD 耦合,做成低照度微光电视(ICCD)摄像机等。前者是部队夜战的"眼睛",后者是远距离微光电视侦察、传输和现代生物医疗、生命科学研究极微弱光荧光现象(诊断)的主要技术手段。

3. 高速摄影功能

微光成像仪器是高速摄影的重要技术手段,配置特种光阴极和偏转电子光学系统的高速摄影器件(所谓条纹像管),可以使高速摄影机的电子快门时间缩短到 10^{-9}(纳秒)~10^{-15} s,这在高能物理和生化现象研究中,具有重要意义。

4. 电视成像功能

微光管、X 像管、紫外像管、红外像管等器件的末端荧光屏易于与 CCD 等摄像器件耦合,提供微光电视图像,从而可采用实时图像处理、彩色化、多终端显示和远距离传送等手段,满足各种兵器自动摄像、侦察、搜索、跟踪的需要。例如,洲际导弹用高灵敏度、高分辨力四代微光 ICCD 下视系统,激光导星天文自适应光学望远镜用的蓝延伸 GaAlAs/GaAs 光阴极微光 ICCD 图像光子计数器等。

根据不同的使用环境、目标特征和作战任务,可以利用上述微光的四大功能,把微光夜视装备设计成微光观察系统、微光瞄准系统、微光跟踪系统、微光制导系统和微光告警系统等,从而展示了微光夜视技术在海、陆、空、航天、核子和公安等现代化战争中不可或缺的重要作用。

1.2 微光夜视技术理论基础

1.2.1 光电成像原理及器件

从成像技术上分,微光成像器件大致分为两大类:一类是直视型成像技术,通常称为像管成像;另一类是电视成像技术,如 ICCD 成像等。无论是像管成像,还是 ICCD 成像,都是基于光电效应的基本原理。

1. 直视型光电成像原理

直视型成像技术可分为两类。一类是非可见图像的成像器件,统称为变像管。采用不同材料的光阴极,可以将人眼看不见的红外线、紫外线、X光,甚至超短波辐射的光子转换成光电子,再通过电子倍增和荧光显示,变换为可见光图像。例如,近红外激光选通夜视成像(观察、侦察、救援等仪器)、蓝绿激光/微光水下选通成像(鱼雷制导、蛙人观察)、导弹尾焰紫外告警器、X光成像及超短波辐射成像诊断仪器等。它的特点是入射图像的光谱与输出图像的光谱完全不同,输出图像的光谱是可见的。

另一类像管的特点是输入的光学图像信号非常弱,通过像管后,图像得到增强放大后输出。因此,又称之为像增强器。通过光阴极光电转换、微通道板(MCP)电子倍增和荧光屏的电光转换,可以获得较高的亮度增益,利用此功能可做成低照度下有效工作的军用夜视仪、观察仪、瞄准镜、头盔夜视眼镜,或与CCD耦合,做成低照度微光电视摄像机等。

像管成像器件一般由图像转换、增强和显示三部分功能元件组成,由一个高真空的管壳封合在一起。其原理如图1-1所示。

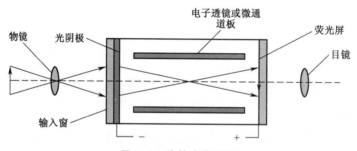

图1-1 像管成像原理

由物镜得到的辐射图像经过输入窗到达光阴极面上,通过光电效应,光阴极将辐射图像转变成电子图像;光阴极发射出的电子图像通过特定的静电场或电磁复合场(也称电子光学系统或电子透镜)后,或者经过多次的二次电子倍增,能量得到增强;经增强后的电子图像被输出到达荧光屏上,由荧光屏将其转换成光学图像,也就是我们所观察到的图像。

用于微弱光成像的像增强器,其发展已经超过三代。第一代微光像增强器虽采用光导纤维面板作输入、输出窗,但实质仍是一个增强二极管。其结构如图1-2所示,在光阴极上生成的电子图像通过加速电压高达15kV的静电场或电磁复合场得到加速,然后到荧光屏,再被转换成光学图像输出。

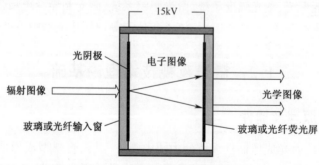

图1-2 一代近贴式像增强器结构

二代以上微光像增强器(图1-3)普遍使用了微通道板技术(MCP)。微通道板的应用提高了像管对微弱光的探测能力,并减小了像管的体积和重量,同时微通道板还能阻止离子的通过,保护了像管的光阴极。因此,与一代像管比较,二代以上像管的使用寿命、增益倍率都大大地提高。一些三代管的使用寿命可达 5×10^4 h 以上,可与电子显像管相媲美。

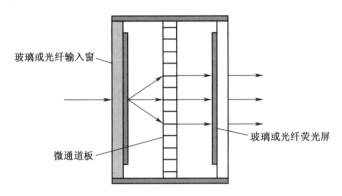

图1-3 二代近贴式像增强器结构

2. 电视型成像技术

电视光电成像技术是先通过电子图像拾取单元将辐射图像转换成视频电信号,所获得的视频电信号通过处理和传输,再由显像装置还原成可视图像。电视光电成像器件输出的图像通过显示器观察。根据工作原理电视光电成像器件可分成多种,最有代表性的是像增强器与电荷耦合器件(CCD)组合的 ICCD 成像技术。

电荷耦合器件出现于 20 世纪 70 年代。CCD 是一种固体多功能器件。它具有体积小、重量轻、灵敏度高、寿命长、功耗低和动态范围大等优点,倍受人们重视。从某种意义上说,没有 CCD 成像技术的发展,就很难有数字化成像技术。

CCD 器件是一种能够把光学影像转换为电信号的半导体器件,也称为 CCD 图像传感器。CCD 上植入的微小光敏物质称作像素,一块 CCD 上包含的像素数越多,其提供的画面分辨率也就越高。CCD 上有许多排列整齐的光电二极管,能感应光线,并将光信号转变成电信号,经外部采样放大及模数转换成数字图像信号。

CMOS 器件是一种互补金属氧化物半导体,起初是组成 CMOS 数字电路的基本单元。目前 CMOS 制造工艺也被应用于制作数码影像器材的感光元件。

CMOS 和 CCD 一样同为在数码相机中记录光线变化的半导体。在相同分辨率下,CMOS 价格比 CCD 便宜,但是 CMOS 器件产生的图像质量相比 CCD 来说要低一些。目前,新的 CMOS 器件不断推陈出新,高动态范围 CMOS 器件已经出现,这一技术消除了对快门、光圈、自动增益控制的需要,使之接近了 CCD 的成像质量。另外由于 CMOS 先天的可塑性,可以做出高像素的大型 CMOS 感光器而成本却增加很少。相对于 CCD 的停滞不前,CMOS 作为新生事物展示出了蓬勃的活力。作为数码相机的核心部件,CMOS 感光器已经有逐渐取代 CCD 感光器的趋势,并有希望在不久的将来成为主流的感光器。此外由于 CMOS 尺寸大,与微光像增强器耦合时不再需要采用光锥耦合,而是采用光纤面板直接耦合,因此与微光 ICCD 相比体积更小,一体化性更好,分辨力更高,并且 CMOS 的帧频更高,至少 100 帧,而 CCD 只有 25 帧,所以微光 ICMOS 更适合于高速摄影。

图 1-4 和图 1-5 分别表示 CMOS 和 CCD 结构示意图。

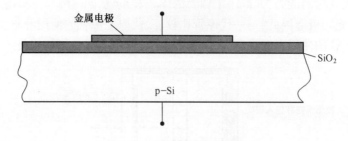

图 1-4　CMOS 结构示意图

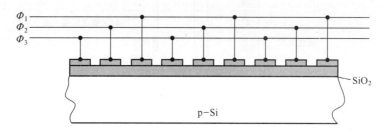

图 1-5　CCD 结构示意图

常用的 CCD 成像器件有线型和面型两种。线型 CCD 成像器件只有一列光敏单元,只能探测一维光学信号。如果要获得二维图像,必须通过旋转镜或棱镜的光机扫描方法来实现。

面型 CCD 成像器件可以直接得到二维图像。面型 CCD 成像器件实际上是把多个线型成像器件排列成二维形式。数码相机、摄像机等都采用的是面阵 CCD 成像器件。

面型 CCD 成像器件信号电荷的转移主要有帧 P 场转移和行间转移两种形式。两种形式的 CCD 成像器件都是实用的,都能获得高质量的图像,但各自又有自己的特点。一般地说:行间转移 CCD 有较高的分辨率、较小的图案噪声,拖影效应也较小。但帧 P 场转移 CCD 更适应于低照度条件下使用。如电子轰击式 CCD,可在微弱光下工作。

ICCD 器件通过中继镜头或光纤面板、光纤光锥将像增强器的荧光屏与 CCD 的靶面耦合起来,具有微光像增强器的光谱转换、增强等特点,又便于夜视图像的分发、处理。

1.2.2　微光成像器件主要性能参数

1. 光阴极积分灵敏度 $S(\mu A/lm)$

光阴极接收色温为 2856K 标准光源照射时,每单位光通量(lm)所产生的光电流被定义为光阴极的积分灵敏度($\mu A/lm$)。

2. 量子效率(或量子产额) $Y(\lambda)/(\%)$

光阴极每接收波长为 λ 的一个光子所能产生的光电子数被定义为光阴极的量子效率,单位为(电子/光子,%),通常,$Y(\lambda) \leq 1$,即

$$Y(\lambda) = n_e(\lambda)/n_p(\lambda) \tag{1-1}$$

式中:n_e 为光电阴极发射的光电子数;n_p 为入射到光电阴极上的光子数。

3. 亮度增益/$(cd/m^2/lx)$

在标准光源照明和器件额定工作电压下,荧光屏输出亮度 $L_p(cd/m^2)$ 与光阴极输入照度

$E_k(\text{lx})$ 之比定义为该微光器件的亮度增益 $G_B(\text{cd/m}^2/\text{lx})$，即

$$G_B = L_p/E_k \tag{1-2}$$

4. 等效背景输入照度（EBI）

无输入光照时，由于光阴极暗发射、场发射和其他固有噪声源引起的荧光屏暗背景亮度 $L_d(\text{cd/m}^2)$ 折算到光阴极上有一个背景等效照度 $E_d(\text{lx})$，即

$$E_d = L_d/G_B \tag{1-3}$$

5. 调制传递函数（MTF）

数学上，成像器件的光学传递函数（OTF）是其点（线）扩展函数的傅里叶变换，OTF 的模量称之为调制传递函数（MTF）。物理上，成像器件的 MTF 等于其输出调制度 $M(N)_{出}$ 与输入调制度 $M(N)_{入}$ 之比，它们都是空间（或时间）频率 N（或 f）的函数，即

$$\text{MTF}(N) = M(N)_{出}/M(N)_{入} \tag{1-4}$$

对于 i 级线性级联成像系统，有

$$M(N)_{总} = M(N)_1 \cdot M(N)_2 \cdots M(N)_i \cdot M(N)_{入} \tag{1-5}$$

6. 分辨力

数学上，定义成像器件 $\text{MTF}(N) = 0.03$ 处的空间频率 N_f 为其分辨力（lp/mm）。物理上，用成像器件分辨力测试仪进行测试，所用的分辨力测试卡由多组对比度为 100%、不同线宽、四个方向排列的黑白条纹所构成，观察者通过放大镜能从四个方向上分辨的最密条纹的每毫米线对数，即为该被测器件的分辨力。

用人眼能分辨的电视画面上水平线条总数来表示电视成像器件的水平分辨力（TVL），它与微光管分辨力的关系，应按照所使用的 CCD 的靶面水平尺寸做相应的换算。例如，在不计耦合过程及 CCD 的 MTF 损失的情况下，对于 1/2 英寸靶面、水平尺寸约为 10mm 的 CCD，则 50lp/mm 的像管分辨力等价于微光电视极限分辨力为 50lp/mm×2×10mm = 1000 电视行（TVL）。

7. 信噪比

从荧光屏上测得的输出平均亮度与其噪声均方根之比，被定义为该器件的信噪比。测试条件是：光源色温 2856K，光阴极照度 $1.08×10^{-4}\text{lx}$，阴极光阑直径 $\phi 0.2\text{mm}$，器件各级加正常工作电压。

8. 噪声因子 N.F

器件输入信噪比 $(S/N)_{入}$ 与输出信噪比 $(S/N)_{出}$ 之比被定义为该器件（像管或 MCP）的噪声因子，即

$$\text{N.F} = (S/N)_{入}/(S/N)_{出} \tag{1-6}$$

可见，$\text{N.F} \geq 1$，且越接近 1，说明附加噪声越少，信噪比越高。

1.2.3 微光成像系统

微光成像系统通常由微光物镜、微光器件、目镜或中继光学组件、CCD 等组成，如图 1-6 所示。它有两种工作模式：

（1）直视成像系统，通过目镜供人眼直接观察；

（2）电视成像系统，通过光纤耦合或中继透镜耦合到 CCD，形成微光电视（ICCD）图像。

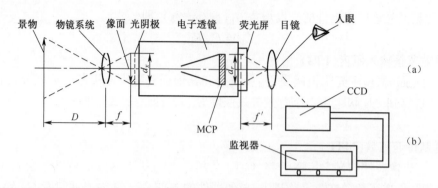

图1-6 微光成像系统构成及工作原理示意图

根据微光夜视应用系统的不同需要,可以分别采取或综合采取上述微光直视或微光电视工作模式。所用的光学物镜系统包括"全折射型""全反射型"和"折反射型"三种结构形式,它们统称为"超高速光学系统",其总体设计思想是如何从 MTF/像差校正上兼顾解决微光成像所需的大孔径、大视场和高 MTF 问题。

图 1-7 是全反射型微光物镜的典型结构。去掉图中的施密特校正板,即构成为全反射型物镜。通常,图中的球面反射镜用非球面(抛物面)镜代替。用此类物镜做成的望远系统,可使远处景物成像于主镜焦面上,得到一个较完善的图象,且无色差,但慧差很大。因此反射镜遮挡了部分入射光线和存在一定反射损失,故实际光能利用率不高。

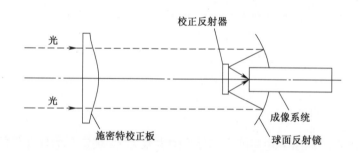

图 1-7 全反射型微光物镜的典型结构

与荧光屏输出端相连的是能获得正像的光学放大镜,以消除人眼正常照度下的视觉分辨力限制;若与 CCD 相连,则为中继透镜或光纤元件,负责从荧光屏到 CCD 面阵相应尺寸、光谱、光能、衬度的有效传递。

1.2.4 微光成像系统性能评价体系

对微光成像系统的性能评价,一是对微光成像器件性能进行评价,二是对微光成像整机系统进行评价。微光整机包括微光夜视仪、增强型 CCD(ICCD)、单光子计数成像系统、电子倍增 CCD(EMCCD)等。

1. 微光像增强器的评价体系

微光成像器件,作为光电成像器件的一种,必须具备两方面的能力:一是从微弱景物的目标中探测光子的能力;二是分辨景物目标细节的能力。

(1) 探测能力:微光成像器件直接接收光照的是光阴极面,光敏面在给定波长上的量子效率决定从景物中探测光子的能力。这就是千方百计改进光阴极的表面激活工艺提高灵敏度的原因。三代管的负电子亲和势光阴极的探测效率在非常宽的光谱频带上能提供30%的量子效率,积分灵敏度和辐射灵敏度都比二代管有很大的改善,表明它能提供很强的信号。这一信号随之被放大,便能把极低的微弱信号探测出来。但是,信号伴随着噪声,大的噪声甚至会淹没信号。因此,重要的不仅仅是信号,还有信号噪声的比值,即信噪比:S/N。也就是说,决定微光成像器件探测能力的参数主要是量子效率、信噪比。

(2) 分辨能力:我们知道,微光像增强器是用来放大光信号的。如果没有一点光,则没有图像,观察者能看到的仅仅是暗噪声的效果。如果有一点点光,但没有连续光照仅有单光子似"冰雹"的轰击而没有图像。因此,在非常低的光照水平下,由于没有足够的光子数,观察者是看不到图像的。随着光照的增大光子数的增多,开始出现了有噪声的图像。但这样带有噪声的图像观察者是难以分辨的。当光照进一步增大,分辨力提高了,一些细微的图像细节也能分辨了。由此可见,在低光照条件下,辨别细节的能力(分辨力)与光照水平有关。分辨力以阴极面上能分辨的每毫米最密条对数 lp/mm 表示。当光照足够高(10^{-2}lx 以上)时,噪声便消失了。在白光条件下,图像的质量很高,它主要决定于轮廓鲜明的程度和对比度,而与光照的强度无关。由此,对一个微光像增强器的分辨力,可分为两类:一是光子计数极限,亦称微光极限;二是光子噪声极限,亦称白光极限。关于光子计数极限分辨力:在微弱的光照下,提高光照水平,光子数的增加使图像斑点的密度提高了。开始时,较大的图像细节(如 20lp/mm 的靶面)显现了,但较小的图像细节仍隐藏在噪声里。当光照提高时,一些小的图像细节(如 60lp/mm 靶面)亦看得见了。由此可见,管子输出端图像细节能看清的程度取决于管子的质量,即其信噪比和分辨力。关于光子噪声极限分辨力:从某一光照起,图像质量不再与入射光照水平有关,而是与像增强器的传递特性有关。景物的对比度通过管子进行传递的能力通常用调制传递函数(MTF)表示,MTF 表明物平面为100%调制度时各个空间频率谐波经过器件后的衰减程度。故它是空间频率(lp/mm)的函数。由 MTF 曲线,可以导得极限分辨力值。一般,极限分辨力可由该曲线上调制度为3%~5%点所决定,取决于测量的方法。对于像管来说,在低的空间频率处有好的调制度(即对比度)便会有清晰的像。而低的调制度则其图像会给人雾蒙蒙的感觉。

依照上面的分析,结合实际使用实践,目前微光像增强器的主要评价参数包括亮度增益、等效背景照度、输出信噪比、调制传递函数、视场、畸变等,这些主要参数的测量方法比较成熟,已经形成了国家军用标准。

2. 微光夜视仪的评价参数体系

微光夜视仪是在微光像增强器的基础上,加入了物镜和目镜等光学系统,形成了一个完整的成像系统。微光夜视仪可以看成为一个特殊的望远镜,用于评价望远镜性能的所有参数,也就是微光夜视仪的评价参数,同时也要考虑它的特殊性。在国家军用标准中,评价微光夜视仪光学性能的参数主要有视场、视放大率、相对畸变、分辨力、亮度增益等。微光夜视眼镜是一种小型化的微光夜视仪,可以戴在观察者的头上,和望远镜类似,其主要评价参数除过上面几项外,增加了光轴平行性。

3. ICCD 的评价参数体系

微光像增强器与 CCD 进行耦合就形成了增强型 CCD,即 ICCD。ICCD 具备图像增强和自动图像观察的双重功能,进一步扩展了微光夜视技术的应用范围。与微光像增强器和微光夜视仪相比,ICCD 系统像质评价和系统参数测试还属于发展阶段,没有形成标准。在现有文献中,提出的评价参数有:分辨力、畸变、光电响应不均匀性、信噪比、调制传递函数、阈性能和动态范围等。

4. 单光子计数成像系统评价参数体系

单光子计数成像技术近年来得到长足发展,已经成为微光成像技术一个新的发展方向。光子计数成像系统的性能测试涉及两个方面:一方面为光子增强特性,主要参数有光子增益、等效背景照度、暗计数和信噪比等;另一方面为成像特性,如调制传递函数、视场、畸变等。成像特性测试方法原则上和模拟探测基本相同。由于单光子成像技术属于发展时期,还没有相应的国家标准。

5. EMCCD 评价参数体系

片上增益成像系统也称电子倍增 CCD(EMCCD),它集成像与放大于一体,是在科学级 CCD 的基础上发展而成,将成为具备模拟成像与单光子成像双重功能的新型成像系统。EMCCD 的主要评价参数有增益、信噪比、噪声因子等。

参 考 文 献

[1] 向世明,倪国强. 光电子成像器件原理[M].北京:国防工业出版社,1999.
[2] 张鸣平,张敬贤,李玉丹,等. 夜视系统[M].北京:北京理工大学出版社,1993.
[3] 王小鹏. 军用光电技术与系统概论[M].北京:国防工业出版社,2011.
[4] 周立伟. 光电子成像:回顾和展望[J].中国计量学院学报,2001,12(2):25-29.
[5] 郭晖,向世明,田民强. 微光夜视技术发展动态评述[J].红外技术,2013,35(2):63-68.

第 2 章　微光像增强器部件参数测试

微光像增强器是微光夜视系统的核心,其由光阴极、微通道板、光纤面板(或光纤倒像器)和荧光屏等部件组成,这些部件性能好坏直接影响像增强器的性能。因此,本章重点介绍光阴极、微通道板、光纤面板(包括光锥、倒像器)和荧光屏等主要部件基本性能参数的测量原理和方法。

2.1　微光像增强器的主要部件

2.1.1　光阴极

辐射图像转换成电子图像是在光阴极上完成的,光阴极材料在微弱光成像中起着重要的作用。对于一个合适的光阴极材料,首先是要求光电转换效率高,同时光谱响应范围要尽可能地宽。已经使用过的光阴极材料种类很多,而且仍在不断地发展。从电子材料表面逸出过程看,目前在像增强器中使用较多的光阴极材料可分成两大类:一类为正电子亲和势光阴极。这类光阴极大都是含有 Cs、Rb、K 和 Na 等碱金属元素和 Sb 元素的多晶薄膜。不同的化学组成和结构的光阴极,其光谱响应也不同。但它们的光谱响应一般在近紫外和可见光区。响应峰值波长在 400~500nm 之间。目前,一、二代像增强器大多采用这类光阴极。另一类为负电子亲和势(NEA)光阴极。此类光阴极的化学结构特点:一是位于化学元素周期表中的Ⅲ和Ⅳ族的单晶半导体化合物,如 GaAs、InGaAs 和 GaAlAs 等晶体;二是硅单晶体半导体。它们通过表面上的 Cs 和 O 元素的吸附而"激活"GaAs 和 GaAlAs 层,形成负电子亲和势。NEA 光阴极具有量子效率高、暗发射低、光电子能量分布和角分布集中等特点。因此,它具有灵敏度高、背景噪声低、光谱响应范围宽(光谱响应可从可见区到近红外区)等优点,成为光阴极主要的研究和发展方向。三代以上像增强器普遍采用 NEA 光阴极。因此,NEA 光阴极成为三代以上像增强器明显标志。被称为"第四代"的 NEA 光阴极像增强器的光增益可达 10^5,像管的信噪比也得到提高。

光阴极通常由真空粘接(或沉积)在透射窗基底上,并经真空激活(活化)后形成。

2.1.2　微通道板(MCP)

MCP 是一种由高二次发射系数玻璃材料制成的微通道真空电子倍增器,如图 2-1 所示。

通常一块 MCP 的有效直径为 $\phi18mm$,含微米级的通道 80 万~100 万根,MCP 内壁材料的二次电子发射系数为 2~3,因此,输入一个光电子,会产生 2 个以上的二次电子,经过多次倍增后会达到 10^2~10^3 倍的电子增益。显然,MCP 是一种二维离散采样成像的电子器件(部件),它的体积小、增益高、有过电流自保护作用。20 世纪 70 年代起,已成功应用于微光器件中,是

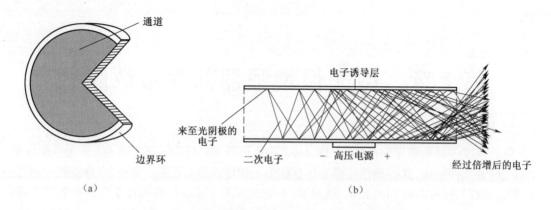

图 2-1　微通道板电子倍增器(MCP)工作原理示意图

(a)微通道板的刨面结构;(b)单个通道内的电子倍增原理。

一代器件发展到二代器件的主要特征,并继续构成为三代/四代器件的重要部件。当然,随着档次的提高,MCP 的材料、结构和性能已经有了大幅度的改善。

2.1.3　荧光屏

像电子束荧光屏一样,微光器件中的荧光屏也同属电致发光显示器件,在 $10^3 \sim 10^4$ eV 高能电子轰击下,荧光粉原子中的低能级电子受激,跃迁到高能级上,当其落入材料中的发光中心能级上时,会损失能量并以辐射的形式发出荧光,通常为人眼敏感的是黄绿色光。在微光管中,多采用沉积在光纤面板或光纤倒像器上的荧光屏[1-3]。后者多用在近贴型薄片管中,以把光学系统成在光阴极上的目标倒像校正为正像,便于人眼观察。这里,光纤元件起着二维图像传像作用。

光学纤维面板是由复合光纤按一定规则排列、融压而成的能将图像从一表面传到另一表面的光电子传像器件。光学纤维面板是由数千万根直径为 $5 \sim 6\mu m$ 的光导纤维规则排列后加温、加压熔合而成,它在光学上具有零厚度,且具有很高的集光能力和分辨率,可以高保真地传递高清晰度的图像,是性能优越的光电成像和图像传输元件。主要用于微光像增强器的输入窗、输出窗口和 CRT 像管的显示屏,对改善器件的像质起着无法替代的作用。图 2-2 为单根光纤中光传输过程。

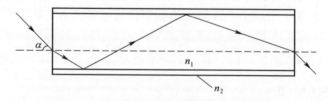

图 2-2　光纤面板中单根光纤中光传输原理

光纤倒像器是由数千万根直径为 $5 \sim 6\mu m$ 的光导纤维规则排列并且每根纤维的输入输出端绕着器件的轴心相对扭转 180°而成型的,可以将图像反转 180°,使传输的图像成为倒立的图像,具有分辨率高,传像清晰,体积小,重量轻等特点。目前主要用来代替微光夜视仪中的中继透镜系统,是二代、超二代和三代微光像增强器的关键元件,也被广泛应用于需要倒像的装置中。图2-3为光纤倒像器中光传输路线示意图。

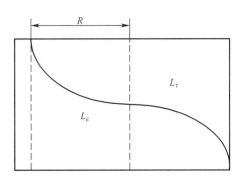

图2-3 光纤倒像器中光传输路线示意图

光纤光锥是继光纤面板和光纤倒像器之后的又一硬光纤锥形传像器件。和光纤面板一样,它也是依靠成千上万融合在一起的光学纤维细丝传递不同的像素实现传像功能的,所不同的是光锥纤维呈锥形结构,它提供的是一种放大的或缩小的,无畸变的图像传输。

纤维光锥是由直径为5~6μm的光导纤维规则排列并且一端的每根纤维均匀拉伸成锥型的图像传输器件,具有将图像放大和缩小的作用,广泛应用于军事、刑侦、航天、医疗等领域的CCD耦合、像增强器耦合、光电倍增管耦合。图2-4为锥形纤维中光传输路径示意图。

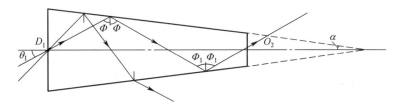

图2-4 纤维变锥形示意图

光锥作为一个像渐缩器或放大器,它的放大(或缩小)倍数就是锥体本身大端直径与小端直径之比。光锥的放大倍数依实际需要的不同而不同,一般可达5∶1,特殊应用时可提高到10∶1。目前光锥的直径在10~150mm范围内,并不断致力于更大尺寸的开发中。

2.2 光阴极性能测试

阴极是微光像增强器的核心,而阴极的主要技术指标是灵敏度和光谱响应范围。同时,由于阴极制作只是整个工艺环节的第一步,所以对阴极的参数测试必须是原位测量。因此,我们首先介绍阴极几个主要参数的测量原理与方法,然后介绍阴极性能评价和原位测量问题。

2.2.1 光阴极光灵敏度和辐射灵敏度测量

1. 光阴极灵敏度测量原理

阴极和阳极电极之间施加规定的直流电压,用色温为2856K±50K的光源照射光阴极的规定面积,分别测量像增强器的输出光电流和入射光通量,输出光电流和入射光通量之比即为光阴极光灵敏度。

2. 辐射灵敏度测量原理

阴极和阳极电极间施加规定的直流电压,用规定波长的光均匀照射光阴极的规定面积,分别测量像增强器的输出电流和入射辐射通量,输出电流和入射辐射通量之比即为光阴极辐射灵敏度。

光阴极光灵敏度和辐射灵敏度测量在专用仪器上进行,其构成如图2-5所示。

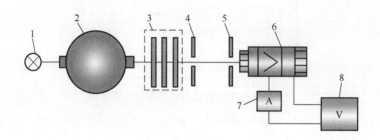

图 2-5 微光像增强器光阴极光灵敏度和辐射灵敏度测量仪示意图
1—光源;2—积分球;3—滤光片;4,5—光阑;6—被测器件;7—光电流表或直读式光电响应表;8—直流高压电源。

3. 测量程序

（1）根据所测量管型选择合适的光阑。

（2）将被测件置于夹具上,并施加规定的直流电压,一般规定为200V或400V。

（3）用规定照度（或加单色滤光片形成的辐射照度）的输入光（或辐射）均匀地照射像增强器的输入面。

（4）测量并记录有光照射时的光电流。

（5）测量并记录无光照射时的暗电流。

光灵敏度表达如下：

$$S = \frac{i_1 - i_2}{AE} = \frac{i_1 - i_2}{\Phi} \tag{2-1}$$

式中：S 为光灵敏度（μA/lm）；i_1 为有光照时光阴极发射电流（μA）；i_2 为无光照时光阴极发射电流（μA）；A 为光阑孔面积（m²）；E 为输入面上的光照度（lx）；Φ 为入射到输入面的光通量（lm）。

辐射灵敏度计算如下：

$$S_e = \frac{i_3 - i_4}{AE_e} \times 10^{-3} = \frac{i_3 - i_4}{\Phi_e} \times 10^{-3} \tag{2-2}$$

式中：S_e 为辐射灵敏度（mA/W）；i_3 为有辐射照射时光阴极光电流（μA）；i_4 为无辐射照射时光阴极光电流（μA）；A 为光阑孔面积（m²）；E_e 为输入面上的辐射照度（W/m²）；Φ_e 为入射到输入面的辐射通量（W）。

4. 测量仪器的技术要求

根据国内外微光像增强器验收方法,测量条件和对测量仪器的要求,对测量仪器各个部分的技术要求如下：

（1）光源色温为2856K±50K；

（2）单色滤光片应具有以下特性：

① 紫外波段截止波长为 300nm, 红外波段截止波长为 4000nm。
② 峰值波长允许误差极限为 ±2nm。
③ 峰值波长透射比不小于 50%。
（3）测量第一代、第二代静电聚焦型像增强管时滤光片的峰值波长规定为 800nm, 850nm, 测量二代近贴像增强管时, 滤光片峰值波长为 830nm, 测量三代像增强管时滤光片峰值波长为 880nm。
（4）输入面入射光通量规定为 0.001~0.02lm。
（5）输入面入射辐射通量规定为 $1\times10^{-8} \sim 1\times10^{-4}$ W。
（6）光阑孔径的公差不应超过 ±0.1mm。
（7）光灵敏度的测量重复性不大于 1.0%。
（8）辐射灵敏度的测量重复性不大于 2.0%。

5. 测量仪不确定度主要来源

（1）光源色温标定引入的不确定度分量。
（2）输入面入射照度标定引入的不确定度分量。
（3）光阑孔径标定引入的不确定度分量。
（4）输入面入射辐射照度标定引入的不确定度分量。
（5）单色滤光片波长标定引入的不确定度分量。
（6）光阴极灵敏度测量重复性。
（7）光阴极辐射灵敏度测量重复性。

2.2.2 光谱响应及量子效率测量

光谱响应是阴极的绝对灵敏度随入射波长的分布。单色入射光照射到光电阴极表面, 阴极在入射光的照射下产生光电子, 光电子在高压的收集下汇集为光电流。若波长为 λ 的入射光功率为 $W(\lambda)$, 相应的光电流为 $I(\lambda)$, 则阴极的绝对灵敏度为

$$S(\lambda) = \frac{I(\lambda)}{W(\lambda)} \tag{2-3}$$

以入射光的波长为横坐标, 以绝对灵敏度为纵坐标画线, 此曲线就称为光谱响应曲线。

量子效率是反映阴极性能的重要参数, 它是指一个光子入射到光电阴极表面上, 使得阴极发射光电子, 发射的光电子数与入射到光电阴极上的光子数比值, 用 $\eta(\lambda)$ 表示如下：

$$\eta(\lambda) = \frac{光电阴极发射的光电子数}{入射到光电阴极上的光子数} \tag{2-4}$$

量子效率和绝对灵敏度可以通过下式转换：

$$\eta(\lambda) = \frac{hc}{e\lambda} S(\lambda) \tag{2-5}$$

式中: h 为普朗克常数; c 为真空中的光速; e 为电子电荷。

光阴极在实际使用过程中常常是在一定的光源照射下工作的, 光源发出的光波长是一系列的连续分布的。在波长连续分布的入射光照射时, 光电阴极发射光电流的能力由积分灵敏度来评价。光电阴极的积分灵敏度以一个数字的形式简单地就能够使人们了解到阴极的光电发射水平, 对判定阴极的性能具有很好的参考价值。

积分灵敏度是指响应波长范围内阴极绝对灵敏度的积分,在测得阴极的光谱响应值情况下,可以通过计算得到阴极的积分灵敏度,具体方法如下。

根据定义可知,入射白光的光通量为

$$\Phi_v = 683\int_{380}^{780} V(\lambda)W(\lambda)\mathrm{d}\lambda \tag{2-6}$$

式中:$V(\lambda)$ 为人眼的视见函数。

当阴极的光谱灵敏度为 $S(\lambda)$ 时,光源照射阴极所产生的光电流 I 为

$$I = \int_0^\infty S(\lambda)W(\lambda)\mathrm{d}\lambda \tag{2-7}$$

因此阴极的积分灵敏度的表达式为

$$S_i = \frac{I}{\Phi_v} = \frac{\int_0^\infty S(\lambda)W(\lambda)\mathrm{d}\lambda}{683\int_{380}^{780} V(\lambda)W(\lambda)\mathrm{d}\lambda} \tag{2-8}$$

进行光谱响应测试时,卤钨灯光源发出的光经过光栅单色仪分光后分成单色光,单色光照射到阴极面,阴极产生微弱的光电流,然后该电流由微弱信号模块处理。微弱信号处理模块通过施加 200V 的电压来收集阴极光电流。

可采用计算机自动处理测试结果。光电流经微弱信号处理模块放大处理后转换为 0~5V 之间的电压信号输入计算机。计算机通过 A/D 卡对输入的电压信号进行采集,然后把读入的电压信号转换为相应的光电流,以完成对光电流的采集并输入计算机,计算机将传入的光电流数据和对应的单色光辐射功率进行相关处理,即可描绘出光谱响应曲线。在采集光电流的过程中,计算机通过 I/O 卡选择不同的放大电阻,控制微弱信号处理模块对光电流的放大倍率。光谱响应测试原理如图 2-6 所示。

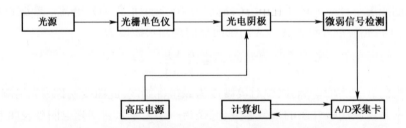

图 2-6 微光像增强器光阴极光谱响应测试原理框图

在测试过程中,光源要具有一定的发光强度,比较稳定,并且能够测试不同的阴极。为了得到阴极的绝对光谱响应还要对光源进行严格标定。

实验所用的光栅单色仪,要求能够产生单色性较好的单色光,并且便于控制进行扫描,测试精度要求高,可用来测试绝对光谱响应。

计算机完成整个激活过程的控制及对数据的采集、处理、显示、存储、打印和分析计算等功能,同时对光栅单色仪,量程转换,数据采集卡等进行控制。

2.2.3 负电子亲和势(NEA)光电阴极性能评估

负电子亲和势(NEA)光电阴极是目前应用最广泛的实用光电阴极材料之一。在 NEA 光

电阴极的研究中,对阴极性能有效的评估和分析手段,尤其是阴极制备过程中的在线测试分析,是获得高性能光电阴极的重要保证。在影响 NEA 光电阴极的因素中,通常研究表面逸出概率、载流子扩散长度和后界面复合速率等参数,而这些参数的获得十分困难。因此,一般首先给出阴极的量子效率公式,用量子产额理论曲线对测试获得的试验曲线进行拟合,通过拟合获得光电阴极的表面逸出概率、载流子扩散长度和后界面复合速率等参数[4]。

1. NEA 光电阴极的评估原理

由于在 NEA 光电阴极中光电子主要是由逸出的热化电子组成的,通过求解热化电子浓度的扩散方程可得出 NEA 光电阴极量子产额。

反射式 NEA 光电阴极的量子产额可表示为

$$Y_R = \frac{P\alpha L_D}{1 + \alpha L_D}(1 - \rho_T) \tag{2-9}$$

式中:Y_R 为量子产额;P 为表面逸出概率;α 为材料的光谱吸收比;L_D 为阴极的扩散长度;ρ_T 为阴极表面的光谱反射比。

透射式 NEA 光电阴极的量子产额可表示为

$$Y_T = \frac{P(1-\rho_T)\alpha L_D}{\alpha^2 L_D^2 - 1} \times \left\{ \frac{\alpha D + S_r}{(D/L_D)\cosh(d/L_D) + S_r\sinh(d/L_D)} - \frac{e^{-\alpha d}[S_r\cosh(d/L_D) + (D/L_D)\sinh(d/L_D)]}{(D/L_D)\cosh(d/L_D) + S_r\sinh(d/L_D)} - \alpha L_D e^{-\alpha d} \right\} \tag{2-10}$$

式中:Y_T 为量子产额;d 为阴极发射层厚度;S_r 为后界面复合速率;D 为热化电子的扩散系数;其余量和反射式光电阴极相同。

上述各种参量中,常用于评估 NEA 光电阴极性能的参量有:表面逸出概率 P、扩散长度 L_D 和后界面复合速率 S_r 等参量。其中,P 表征了阴极的激活水平;L_D 表征了阴极发射层的生长水平;S_r 表征了透射式阴极中发射层和缓冲层的制作和匹配水平。

如果能测出光电阴极的光谱响应曲线,就可获得该阴极的量子产额曲线。对反射式阴极,在量子产额的表达式中,ρ_T 和 α 可通过计算或测试得到,不能确定的参数为 P 和 L_D 等两个参量。由式(2-9)可知,P 影响量子产额曲线的高度,而 L_D 影响曲线的斜率。

对透射式阴极量子产额的影响,P 仅影响透射式 NEA 阴极量子产额曲线的高度。用量子产额的理论曲线对所获得的试验曲线的高度和斜率拟合,可以得到电子表面逸出概率、载流子扩散长度和后界面复合速率等参量。进行拟合时,先设置好参数的变化范围和变化步长,然后根据公式算出对应每一组参数的理论曲线,通过最小二乘原理,找出和实测曲线最接近的一条曲线,该曲线对应的 P、L_D 和 S_r 即为所求阴极参数值。

2. NEA 光电阴极性能的评估系统

为了对 NEA 光电阴极的各种性能进行全面的评估,正确及时获取 NEA 光电阴极在激活过程中的各种信息和表面状态,建立 NEA 光电阴极的激活和评估系统,图 2-7 为该系统的结构示意图。系统主要由超高真空激活室、动态光谱测试系统、X 射线光电子谱(XPS)仪、紫外光电子谱(UPS)仪和样品传递装置等组成。该系统可用于激活和评估 NEA 光电阴极,测试和分析其光谱响应、光电灵敏度、表面结构等参数。

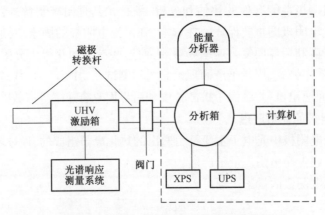

图 2-7　NEA 光电阴极评估系统结构图

2.2.4　GaAs 阴极光谱响应原位测试

在阴极的激活过程中,光谱响应也是决定工艺步骤的主要参考标准,因此在阴极激活过程中,光谱响应的原位测试对阴极研究非常重要。通常采用的办法是选取若干个波长进行手动、逐点测量,然后对测试点进行拟合获得光谱响应曲线。用这种方法获得一条光谱响应曲线需较长时间,而且误差较大。利用动态光谱测试系统,可在 GaAs 阴极激活过程中快速、正确地获得其在 400~1200nm 之间的光谱响应曲线。

图 2-8 为 GaAs 阴极动态光谱响应测试系统原理框图。该系统是在多碱阴极的多信息量测试系统的基础上,结合 GaAs 阴极的特点和激活系统的具体结构研制而成的。系统主要由光源、光栅单色仪及其控制模块、微弱信号测试模块、A/D 转换器、计算机和系统软件等组成。该系统可在 GaAs 阴极制备过程中原位测试阴极的光谱响应,也可作为检测仪器,测试各种光电器件和材料的光谱响应[5]。

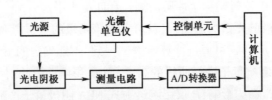

图 2-8　光阴极光谱响应原位测试系统的原理框图

在原位测量 GaAs 阴极的光谱响应曲线时,光源发出的光经透镜会聚后入射到光栅单色仪,计算机通过控制单元对光栅单色仪进行控制。如果采用闪耀波长为 750nm 的光栅,则可产生 380~1900nm 的单色光,对 GaAs 负电子亲和势阴极波长范围可取 450~1200nm。波长间隔可以调整,通常取 5 nm 便可使曲线足够平滑。由于需要原位测试,系统采用集成光纤束将光栅单色仪发出的单色光引到现场。

单色光射到阴极面后,阴极产生微弱的光电流,微弱信号放大电路将其放大,经 A/D 转换器输入微机。系统软件采用 Visual C ++语言编写,其功能首先是对数据进行采集,并实时处理、显示。为了获得正确的光谱响应值,应对从光纤束射出的单色光的光通量和放大电路的放大倍数进行标定。其次,软件可利用测得的光谱响应曲线对样品作分析计算,根据曲线的形状,可获得阴极的截止波长、峰值响应波长,判断是否已形成负电子亲和势阴极。通过计算、模拟得到量子产额、扩散长度、光电子逸出概率及积分灵敏度等值。软件还完成对曲线的查询、打印等功能。

2.2.5 GaAs 阴极多信息量测试

GaAs 光电阴极的制备需要在超高真空系统中进行,制备条件要求高,制备工艺复杂。目前国内阴极制备水平与国外相比有较大的差距,这与获取的制备过程中的信息量少,从而限制了对阴极制备工艺进行深入的理论研究有密切关系。GaAs 光电阴极多信息量测试系统,可在线测试光电流、光谱响应曲线、真空度、Cs 源和 O 源电流等多种信息量[6-8]。

GaAs 光电阴极的制备过程分两个步骤:加热净化和(Cs,O)激活,而阴极制备工艺水平的提高与测试系统的功能密切相关。GaAs 光电阴极多信息量测试系统原理框图如图 2-9 所示,测试系统由两大部分构成:一部分完成光电流、光谱响应曲线的测试;另一部分完成真空度、Cs 源电流和 O 源电流信号的测试。

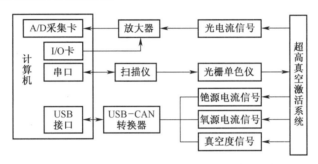

图 2-9 GaAs 光电阴极多信息量测试系统原理框图

多信息量测量原理如下:由白光或单色光激发产生的光电子,在高压阳极的收集下产生光电流,光电流经过放大后送入计算机的 A/D 采集卡转换为数字信号。激活过程中,光电流的变化曲线可在计算机上实时显示或以文件的形式保存。在测量阴极的光谱响应曲线时,由计算机控制的光栅单色仪产生的调制单色光,由光纤引入阴极面,单色光电流经放大后由 A/D 采集卡转换为数字信号,计算机将采集的数据进行处理后,可获得阴极的光谱响应曲线和各种阴极参量。

真空度、Cs 源电流和 O 源电流信号的采集是通过 CAN 总线来实现的。测量时将真空计或 Cs 源电源和 O 源电源所显示的真空度和电流信号通过电路直接取出,经 CAN 总线传输给 USB-CAN 总线转换器,由 USB 接口输入计算机中,完成信号的采集。这些信号都可在计算机上实时显示或以文件的形式保存。

2.3 微通道板性能测试

微通道板(MCP)主要性能包括电流增益、体电阻、暗电流、大面积均匀性等,测试方法已有国家标准,也有一些文献报道[9-11]。

2.3.1 微通道板电流增益测量

1. 测量原理

电流增益是指通道板输出电流密度与输入电流密度值之比。由于电子电量相同,所以也可以用微通道板出射电子数与入射电子数之比表示电流增益。

微通道板电流增益测量原理如图 2-10 所示。给微通道板施加工作电压使其处于工作状态,以一定的输入电流密度的电流入射到微通道板输入端,则入射电子经通道倍增后在输出端产生大量的二次电子,这些二次电子由收集极捕获并用微安表测出电流值,用静电计测得输入电流,则微通道板的电流增益计算如下:

$$G = I_2/I_1 \tag{2-11}$$

式中:G 为电流增益;I_1 为输入电流(μA);I_2 为输出电流(μA)。

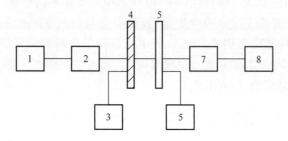

图 2-10 微通道板电流增益测量原理框图

1—电子枪电源或紫外阴极光源;2—电子枪或带滤光片的紫外阴极;3—静电计;4—微通道板;
5—微通道板工作电源;6—荧光屏或收集极;7—荧光屏或收集极电源;8—静电计。

2. 检测步骤

检测步骤为:

(1) 调节微通道板电源,使之为某一工作电压。

(2) 调节收集极电源,使收集极电位相对微通道板输出电位高 300~400V。

(3) 在电流输入时,从静电计中分别读出输入漏电流和输出漏电流(含暗电流);在有电流输入时,分别读出输入、输出回路电流,则根据式(2-12),式(2-13)计算出其输入、输出电流:

$$I_1 = I_1' - I_{10} \tag{2-12}$$
$$I_2 = I_2' - I_{20} \tag{2-13}$$

式中:I_1 为输入电流(μA);I_1' 为输入回路电流(μA);I_{10} 为输入漏电流(μA);I_2 为输出电流(μA);I_2' 为输出回路电流(μA);I_{20} 为输出漏电流(μA)。

(4) 由式(2-11)算出电流增益。

(5) 改变微通道板工作电压,重复步骤(1)~(4)。

(6) 由不同工作电压下的电流增益,绘出 G-V 曲线。

2.3.2 微通道板体电阻测量

微通道板的体电阻定义为:微通道板输入端面与输出端面之间的电阻值。

体电阻测量原理如图 2-11 所示。给微通道板施加工作电压,则微通道板就有带电流通过,用微安表测出带电流,并根据式(2-14)求出体电阻:

$$R_v = \frac{V_P}{I_s} \tag{2-14}$$

式中:R_v 为体电阻($M\Omega$);V_P 为工作电压(V);I_s 为带电流(μA)。

检测步骤为:
(1) 调节微通道板工作电源,使之为要求电压值;
(2) 从微安表上读出带电流值;
(3) 由式(2-14)算出工作电压为 800V 时微通道板的体电阻。

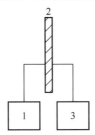

图 2-11　微通道板体电阻测量原理图
1—微通道板工作电源;2—微通道板;3—微安表。

2.3.3　微通道板暗电流测量

1. 测量原理

微通道板的暗电流定义为:微通道板在给定工作电压下,无输入电流时的输出电流值。

暗电流测量原理如图 2-12 所示。给微通道板施加工作电压,使其处于工作状态,收集极与微通道板的电位差为 300～400V,这时通道壁在电场作用下,逸出电子并经通道倍增后输出,由收集极接收并用静电计直接测出暗电流值。

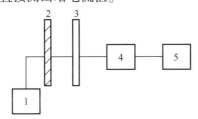

图 2-12　微通道板暗电流测量原理图
1—微通道板工作电源;2—微通道板;3—收集极;4—收集极电源;5—静电计。

2. 检测步骤

检测步骤为:
(1) 将微通道板工作电源调至所要求的工作电压;
(2) 调节收集极电源使收集极的电位比微通道板的电位高 300～400V;
(3) 由静电计读出暗电流;
(4) 根据测得的暗电流和电流增益,可计算出该工作电压下的等效输入暗电流:

$$I_{EE} = \frac{I_d}{G} \qquad (2-15)$$

式中:I_{EE} 为等效输入暗电流(A);I_d 为微通道板暗电流(A);G 为电流增益。

2.3.4　微通道板大面积均匀性测量

1. 测量原理

微通道板大面积均匀性定义为:微通道板区域性增益的不一致性。

在紫外光源后端加一可转动光阑的转盘,该转盘与紫外光源阴极和微通道板的端面平行且同轴;光阑直径为6mm。当紫外光经光阑作用到紫外阴极时,便形成微通道板的输入电流,在输出端(收集极)则可测出该面元上的输出电流。

首先将光阑置于靠近转盘(微通道板)中心的部位,采集数据一次,然后将光阑沿盘的径向移动6mm,转盘转动一周,记录下采集的数据,依次下去。但扫描区不得超过微通道板的有效面积,测量原理见图2-13。

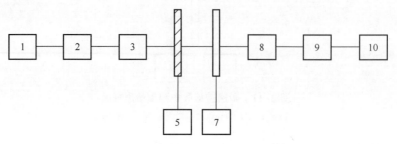

图2-13 微通道板大面积均匀性测量原理

1—紫外光源;2—带有可动光阑的转盘;3—紫外阴极;4—微通道板;5—微通道板电源;
6—收集极(荧光屏);7—收集极电源;8—放大器;9—A/D转换器;10—计算机。

2. 检测步骤

检测步骤为:

(1) 调节微通道板工作电源调到要求值;
(2) 调节紫外光源达到要求的输入电流值;
(3) 固定光阑的初始位置,转动转盘一周,记录数值;
(4) 光阑沿径向移动6mm,重复以上过程;
(5) 统计出增益的最大值和最小值,并计算出它们之比值。

2.3.5 微通道板综合参数测试装置

依照上面的基本测量原理建立微通道板综合参数测试装置,测试项目为:电流增益、增益均匀性、板电阻、暗电流、场致发射及自激发射点。测试装置由真空系统、MCP供电系统、电子源供给系统和测试系统等四部分组成,如图2-14所示[12]。

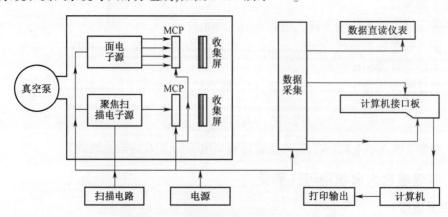

图2-14 微通道板综合参数测试装置框图

1. 真空系统

真空系统为 MCP 参数的测试提供所必须环境,其极限真空度可达到 133.3μPa 的要求。真空室为一圆柱形的可拆卸式的 $\phi 400mm \times 80mm$ 的结构,内装测试用的圆盘,MCP 测试用支架。供电及测试数据由支架上的接点与电源和测试仪表连接。为了提高抽速和缩小体积,采用了由机械泵和涡轮分子泵组成的真空机组担负抽真空的任务。由于真空系统必须是无油系统,为了避免在分子泵停泵期间油分子扩散到真空室而污染测试环境,在真空室和分子泵之间插入一个 $\phi 10mm$ 的闸板阀,在停泵和换 MCP 片子时将真空室与泵体分开保证了系统的无油。真空系统内还装入扫描电子枪,它也是在真空状态下工作的。真空度由复合式真空计指示。

2. MCP 供电系统

为了模拟示波管或其他整管测试的需要,电源供电可以将收集电压、MCP 板压、输入电子流的加速电压同时加上。E_{in}——输入电子流的加速电源和 E_p——板的供电电源必须由蓄电池供电,将电池和电源全部装在耐高压漏电流小的支架上;收集电源则是一端接地。在线路的设计上要保证输入输出电流不包括支架的漏电流,以保证测量的正确性和精度。

3. 电子源供给系统

电子源有两种:一种是用来测量 MCP 的增益。它是由平面形的紫外灯、铜网式的衰减片和石英玻璃上蒸镀金膜构成金阴极组成。金阴极在紫外光的照射下发射电子形成面电子源,电流密度则靠插入在紫外光源和紫外阴极之间的铜网层数来调节。

另一种电子源则是靠热阴极电子枪提供的,用来测量增益的均匀性。它是一个聚焦扫描电子枪,电子束直径在 0.5~1mm 之间,靠一套完整电路可将此电子束扫描成 $5mm \times 5mm \sim 20mm \times 20mm$ 的面积,面积、电流密度、位置可任意调节的面电子源构成。

4. 测试系统

测试系统有两部分功能。一是以增益测量为主的系统:测量 MCP 的输入输出电流、暗电流、传导电流、板压、收集电压、输入电子流加速电压等。由此可以计算出电流密度和增益板阻等参数;另一功能是为观察自激点明暗斑和增益均匀性。前者注重微弱电流的精确测试,后者则要在 10kV 的高压下观察整个 MCP 的成像质量,并进行增益均匀性的定量测量。

2.4 光纤面板性能测试

光纤面板的性能参数包括数值孔径、透射比和刀口响应,其中刀口响应反映其传像质量,是公认最有效的方法。下面介绍几个主要参数的测量方法[13-16]。

2.4.1 光纤面板数值孔径的测量

1. 数值孔径的定义

数值孔径是光导纤维一个重要参数,它反映光纤聚光能力的大小。对光纤面板、光纤光锥和光纤倒像器而言,数值孔径越大越好。

数值孔径的理论定义是 $NA = (n_1^2 - n_2^2)^{1/2}$,物理定义为 $NA = n_0 \sin\theta_0$。实际测量中,我们是从收集光能的角度测量,所以应找出光纤面板输入端入射光线满足全反射条件的最大孔径角

θ_0。这将涉及极限量的测量,实际测量中,极限量难以正确判断。因此,在检测中常用最大值的某相对百分比值所对应的点作为极限的度量。

在数值孔径的测量中,通常是测定光纤器件的角透射比分布函数,按透射比下降到垂直入射时透射比所约定的百分比时,所对应的角度作为孔径角。该孔径角的正弦与所在介质折射率的乘积就是光纤元件数值孔径的定义值。常用约定的百分比为 50%。

2. 数值孔径测量

图 2-15 为光纤面板数值孔径测量装置原理图。光源发出的光经聚光镜引入积分球,光束在积分球内产生漫反射,使积分球输出的是漫射光。并使对光纤面板入射面中心很大的立体角范围内都有光线入射。光电探测系统主要由接收物镜、光阑和光电探测器组成。接收物镜的有效直径大于积分球出射孔直径,光阑置于物镜的焦平面上。为使接收面照射均匀,在探测器前也可加漫射光器。光阑的作用是限定测量光束的角间隔,提高测量精度。为测量光纤面板的角透射比分布函数,先要测量不加光纤面板前积分球出射光通量的角分布,然后测量加光纤面板后输出光通量的角分布,对应角度上,后者除以前者就得到角透射比分布曲线。测量结果通过计算处理,利用数值孔径的定义,得到数值孔径值。

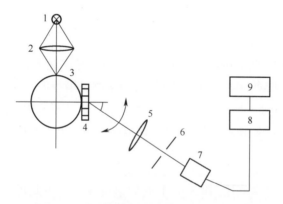

图 2-15 光纤面板数值孔径测量装置原理图
1—光源;2—聚光镜;3—积分球;4—光纤面板;5—物镜;6—光阑;7—探测器;8—放大器;9—记录器。

2.4.2 光纤面板透射比测量

光导纤维输出光束一般为发散光束,发散角的值取决于数值孔径,光纤面板等光纤元件数值孔径很大,所以出射角很大。测量光纤元件的透射比,一般分为准直透射比和漫射透射比。前者为准直光入射,后者为漫射光入射。由此可见,准直透射比测量与普通光学元件测量相同,而漫射透射比测量就与普通光学元件测量不同。而在光纤面板等传像光纤元件使用中,关心的主要是漫射透射比。图 2-16 为光纤面板漫射透射比测量装置原理图。

光源发光经聚光镜射入单色仪,调节单色仪在出射狭缝处输出不同波长的单色光,单色光经积分球Ⅰ由输出孔输出单色漫射光。也可用其他方式产生漫射光。测量头由积分球Ⅱ和光电探测器组成。采用由积分球Ⅱ的目的是实现大孔径角的信号接收并使探测器表面光照均匀化。光纤面板漫射透射比测量要先在无光纤面板时测定积分球Ⅰ出射光的光谱分布,然后在有光纤面板时,光纤面板出射光的光谱分布。对应波长上后者除以前者就获得该波长下的透射比。

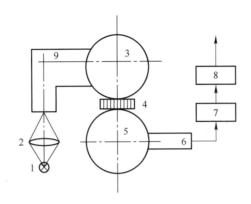

图 2-16　光纤面板漫射透射比测量装置原理图

1—光源；2—聚光镜；3—积分球Ⅰ；4—光纤面板；5—积分球Ⅱ；6—光电探测器；
7—放大器及 A/D 转换器；8—计算机；9—单色仪。

2.4.3　光纤面板刀口响应测量

光纤面板一类传像光纤元件要求有好的传像质量，最简单的测量方法是测量它的分辨率。由于分辨率人为性很大，不同的人测量结果会有很大的不同，所以大家在寻找一种客观的评价光纤元件传像质量的方法，实践证明，刀口响应是一种较好的测量方法。

刀口响应是由刀口对应点开始，测量距刀口不同距离上的透光量分布，即线扩散函数。随着在阴影中距对应点距离的增加，光量下降越快越好。一般用在几个典型距离处的数据相比较。一般取距刀口距离为：$12\mu m$，$25\mu m$，$50\mu m$，$125\mu m$，$375\mu m$。典型的光纤面板刀口响应值如表 2-1 所列。

表 2-1　典型的光纤面板刀口响应值

距刀口距离/μm	12	25	50	125	375
刀口响应/(%)	4	1	0.5	0.25	0.15

图 2-17 为光纤面板刀口响应曲线。图中实线表示质量较好的典型光纤面板的刀口响应曲线，刀口附近变化较陡，曲线延伸距离较短。图中虚线表示质量较差的光纤面板的刀口响应曲线，刀口附近变化缓慢，曲线延伸距离较长。

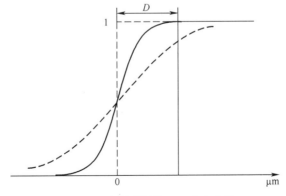

图 2-17　光纤面板的刀口响应曲线

图 2-18 为光纤面板刀口响应测量装置原理图。光源发光经透镜照明漫射板形成测量用的漫射光源。能覆盖半个视场的刀口紧贴在待测光纤面板的入射端面。刀口响应的测量利用显微物镜、狭缝和光电探测器所构成的光电接收头完成。为使光电接收头具有与光纤面板类似的数值孔径,应采用大数值孔径的油浸显微物镜收集信号。狭缝用以确定测试点的宽。移动光电接收头来确定测试点的位置。图中增加分光镜是为人眼提供观察光路。光电接收头产生的电信号经放大器处理后由记录器输出。

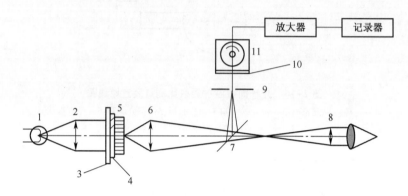

图 2-18　光纤面板刀口响应测量装置原理图

1—光源;2—透镜;3—漫射板;4—刀口;5—光纤面板;6—显微物镜;7—分光镜;8—目镜;
9—狭缝;10—漫射板;11—光电探测器。

刀口响应直观地给出光纤之间的串光程度。实际上刀口响应与系统的线扩展函数有关,而线扩展函数的傅里叶变换正是光学传递函数。所以,只要测量刀口响应,就可以计算出系统的传递函数。

设 y 方向的刀口定义为

$$E(x,y) = H(x) = \begin{cases} 1, & x \geq 0 \\ 0, & x < 0 \end{cases} \tag{2-16}$$

假设系统的线扩展函数是 $L(x)$,则刀口经系统传输后的像为 E 和 L 的卷积,即

$$E'(x',y') = H(x') * L(x') \tag{2-17}$$

由式(2-16)得到

$$\begin{aligned} \frac{\partial E'}{\partial x'} &= \frac{\partial H}{\partial x'} * L(x') \\ &= \delta(x') * L(x') \\ &= L(x') \end{aligned} \tag{2-18}$$

就是说,对刀口像 E' 求导后就得到系统的线扩展函数 $L(x)$。显然,对 $L(x)$ 直接进行傅里叶变换就得到光学传递函数 OTF(f),它的模就是调制传递函数 MTF:

$$\begin{aligned} \text{OTF}(f) &= \int_{-\infty}^{\infty} L(x') \exp(-\mathrm{i}2\pi f x') \mathrm{d}x' \\ &= \int_{-\infty}^{\infty} \frac{\partial E'}{\partial x'} \exp(-\mathrm{i}2\pi f x') \mathrm{d}x' \end{aligned} \tag{2-19}$$

式中:f 为空间频率。

2.4.4 光纤光锥和倒像器透过率的分布测试

1. 相对透过率与绝对透过率

在纤维光学倒像器(扭像器)中,由于纤维的结构独特,所以当入射光束为准直光束时,除中心区域处的出射光线相对入射光线没有偏移或有较小的偏移外,其余区域是上下左右完全颠倒。

对纤维光锥来说,除中心区域处的出射光线相对入射光线没有偏移或有较小偏移外,其入射面与出射面两截面积也不相等。

按照透过率的定义,即分别对与各点对应的入射光通量和出射光通量进行测试,但这样做是比较困难的。如果换用相对透过率,将使测试变得较为简单可行。在测试中,保持光源工作稳定和入射光均匀。光纤面板出射面上的两个大小相同而区域不同的出射光通量之比即为相对透过率:

$$\tau_{jk} = \frac{\Phi_j}{\Phi_k} \tag{2-20}$$

式中:Φ_j 和 Φ_k 分别为对应两不同区域的出射光通量。

在实际检测过程中,为了便于操作,若将中心区域处作为 k 区域,则 j 区域相对中心区域的透过率为

$$\tau_{jc} = \frac{\Phi_j}{\Phi_c} \tag{2-21}$$

式中:Φ_c 为中心区域处的出射光通量。

利用灰度值与光通量成正比的这一结论,可以将 j 区域相对于中心区域的透过率定义为

$$\tau_{jk} = \frac{\sum \sum f_{ij}}{\sum \sum f_{mn}} = \frac{\bar{f}_j}{\bar{f}_c} \tag{2-22}$$

式中:$\sum \sum f_{ij}$ 和 $\sum \sum f_{mn}$ 分别对应于 Φ_j 和 Φ_c 两不同区域处的出射光通量的灰度值之和,由于两区域大小相同,所以其灰度值之和的比等于两区域灰度均值之比;$\bar{f}_j$ 和 $\bar{f}_c$ 分别表示光纤面板图像两区域的灰度均值。

通过计算出射面中心区域的绝对透过率就可以得到 j 区域的绝对透过率,即

$$\tau_j = \tau_{jc} \cdot \tau_c \tag{2-23}$$

对纤维光学扭像器来说,由于入射面与出射面大小相同,所以在实测和空测图像的中心时,取两大小相同的方形区域,两区域灰度均值之比便是扭像器的中心透过率:

$$\tau_c = \frac{\bar{f}_c}{\bar{f}_c'} \tag{2-24}$$

式中:$\bar{f}_c$ 和 $\bar{f}_c'$ 分别表示实测和空测图像时两中心区域的灰度均值。

由式(2-22)、式(2-23)和式(2-24)可以将实测图像 j 区域处的绝对透过率公式简化为

$$\tau_j = \tau_{jc} \cdot \tau_c = \frac{\bar{f}_c}{\bar{f}_c'} \tag{2-25}$$

从上式可以看出,面板上任何区域的绝对透过率等于实测图像时该区域的灰度均值与空

测图像时中心区域处的灰度均值之比。这一结论也适用于普通纤维光学面板。

对纤维光锥来说,由于其入射面与出射面不相等,所以其中心区域绝对透过率的计算须考虑到光锥本身成像的放大率或两截面积之比。根据这一特点,将纤维光锥中心透过率定义为

$$\tau_c = \frac{\sum \sum f_c}{\sum \sum f'_c} \tag{2-26}$$

式中:$\sum \sum f_c$ 和 $\sum \sum f'_c$ 分别表示实测和空测时两图像中心区域灰度值之和,且实测时图像的中心方形区域是空测时图像中心方形区域的 M 倍,M 为入射面与出射面两截面面积之比。

检测时,分别将采集到的实测和空测时的图像以灰度值矩阵的形式显示出来,如图 2-19 所示。

$$\begin{bmatrix} f_{11} & f_{12} & \cdots & f_{1n} \\ \vdots & & & \vdots \\ f_{k1} & f_{k2} & \cdots & f_{kn} \end{bmatrix}$$

图 2-19　图像灰度值矩阵

根据前面的结论,对纤维光学倒像器和普通纤维光学面板来说,实测图像时的各区域灰度均值与空测图像时的中心区域灰度均值之比就是出射面上的绝对透过率分布情况;而对纤维光锥来说,需分别计算出实测图像时各区域相对其中心区域的透过率和中心区域处的绝对透过率,只有这样才得到出射面上绝对透过率的分布情况。

2. 漫射光透过率的分布测试

透过率分布测试的原理性试验系统如图 2-20 所示。

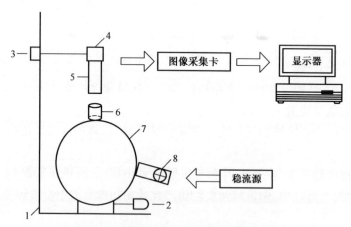

图 2-20　漫射光透过率分布测试原理图
1—支架;2—调节螺杆;3—调节螺母;4—CCD;5—镜头;
6—待测样品;7—积分球;8—光源。

在稳流源供电下产生 2856K 的标准光源,经积分球后输出的是均匀的漫射光,可利用 CCD 摄相机分别拍摄有光纤元件和没有光纤元件的图像,并传输到计算机;计算机对这些图像作相应处理,便可以得到透过率情况。为了避免受到各种杂光的干扰,整个测试系统放置在暗室内。

3. 实测图像的预处理

实验中,通过对 CCD 及其镜头的精确调节,分别摄取实测和空测的图像。对所获取的图像进行预处理的作用之一是对 CCD 暗电流及噪声的消除。CCD 的噪声主要包括散粒噪声、转移噪声和热噪声三类。为了减小误差和提高测试精度,在用 CCD 测量时,必须考虑噪声对所采集的图像的影响,以便采用合适的图像处理方法对其进行噪声处理。

测试时,首先是关掉光源,空测 CCD 的噪声图像;然后打开光源,用实测和空测图像分别减去各自噪声图像。另外,还可以采用多帧平均法来抑制随机噪声的影响,即对在不同时间摄取的若干幅同一内容的图像取平均。对所获取的图像进行预处理的作用之二是将所要检测的图像区域与不需要检测的图像区域分割开来。在测试过程中,图像的大小不能完全覆盖 CCD 面阵。没有被覆盖的地方,应在测试范围内排除。

4. 数据处理

图像经过预处理后就可以进行数据处理。在测试过程中,先将实测和空测图像的各像素灰度值进行归一化,测试出光纤面板上各测试点的相对透过率分布情况,然后就可以得到绝对透过率的分布情况。

按测试的精度要求,在纵向直径上,将其分割成包含有若干个像素的小矩阵块,如图 2-21 所示。

每个小矩阵块代表了一个检测点,在小矩阵块内像素点的多少表示了检测精度的高低,其大小由检测精度的要求而灵活改变。分别计算出各小矩阵内的灰度均值,这些灰度均值代表了相应测试点处出射光通量的大小。以小矩阵内的灰度均作为纵坐标,以小矩阵的直径所在的位置为横坐标,这样便可得到相对透过率的分布曲线图。

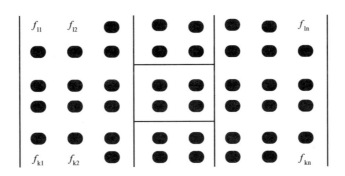

图 2-21 在图像灰度矩阵纵向直径上的分块

在实际检测中需要具有不同直径上的透过率分布情况。但在程序处理过程中,不在纵向或横向直径上的区域检测是很不方便的,且精度也不易控制。所以将光纤面板图像进行旋转,始终对纵向或横向直径上的分块区域进行检测,随着旋转角度选取的不同,便可以观察到整个光纤面板在不同直径上的透过率分布情况。

2.4.5 光纤面板分辨率测试

分辨率是评价光纤面板传像质量的一个重要标志。分辨率越高,传递图像的性能就越好,被传递图像就越清晰。分辨率是以每毫米长度内所能分辨的线对数来表示(对线/毫米)。光纤面板的分辨率取决于光学纤维的间距,排列形式,规则程度和实际工艺操作的好坏。

光纤面板分辨率测试仪如图 2-22 所示。光源发出的光,经过积分球形成漫射光,均匀地照明分辨率板上的图案,制作在分辨率板上的图案位于其上方,并与光纤面板的入射端面紧密接触,该图案经光纤面板成像于出射端面,通过显微镜进行观察。

如果分辨率板上某一组图案各个方向的条纹刚刚能分辨清楚,那么这一组就表示了被测面板的分辨率。然后按条纹组数号查表,即可得被测光纤面板的分辨率。也可通过照相系统摄下分辨率板在光纤面板出射端面上的图像。分辨率板和被测光纤面板可随同积分球做前后、左右和绕垂轴旋转,以测量不同位置和不同方向下的分辨率。

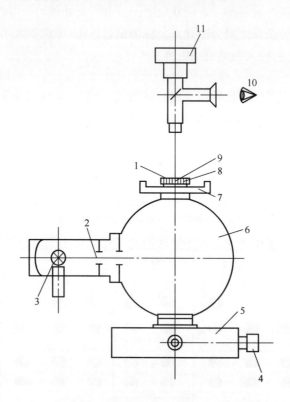

图 2-22 光纤面板分辨率测试仪原理图
1—出射端面;2—可变光阑;3—光源;4—手轮;5—积分球支座;6—积分球;7—分辨率板;
8—光纤面板;9—入射端面;10—人眼;11—照相系统。

图 2-22 所示装置主要用于测量光纤面板分辨率,但还可对光纤面板的微观结构、畸变、错位、亮暗点等进行目视检查或照相。

2.5 荧光屏性能测试

荧光屏作为微光像增强器电光转换的主要部件,其电光转换性能直接影响微光像增强器的光学性能。

2.5.1 荧光屏主要评价参数的定义及测试方法

荧光屏主要评价性能指标如下[17-19]。

1. 荧光屏发光效率(L_m/W)

荧光屏发光效率(L_m/W)表征入射电子束转化为亮度的能力。光功率计测出由荧光屏每秒发出的光能量,同时用静电计测出入射到荧光屏的束流并转换为电子束功率,两者之比即为荧光屏发光效率。

2. 发光亮度(cd/m^2)

荧光屏在其法线方向上单位面积单位立体角内发出的光通量称为荧光屏的发光亮度(cd/m^2)。它由CCD成像亮度计在屏上分别测出若干个测试点的灰度并转换成亮度,再由计算机算出平均值来表征发光亮度。

3. 发光亮度的均匀性

在检测出的若干个发光亮度的数值中,用最大亮度和最小亮度的比值来表示发光亮度的不均匀性。发光亮度的均匀性有两种测量方法:一种为传统测试方法;另一种为自动测试系统。

图2-23为传统常规使用的像增强器荧光屏亮度均匀性测试系统框图。测试方法是:调节均匀光源亮度使输出面不均匀性最明显,使用扫描光度计逐点测量相互成45°角的四条子午线上的亮度分布,绘出曲线并选择变化最明显的一条作为测量结果。

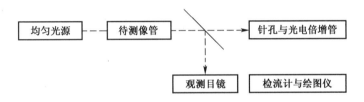

图2-23 传统常规使用的像增强器荧光屏亮度均匀性测试系统框图

图2-24为发光亮度均匀性自动测试系统原理框图。系统的工作过程为:荧光屏亮度的不均匀图像由CCD摄像机进行面采集,该图像信号经图像采集卡转换为数字信号并送入计算机,由软件对该数字图像进行处理、分析,从而计算出各不均匀性参数。CCD摄像机备有两套,以便图像放大缩小之间的切换,系统同时备有放大目镜,可以使用传统方法测试,便于比较。CCD摄像机安装在三维工作台上,其三维移动可由手动操作完成,也可由计算机通过控制板自动完成,从而达到自动测试的目的。

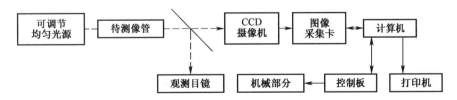

图2-24 发光亮度均匀性自动测试系统原理框图

4. 荧光屏余辉(ms)

当发射源的电子被拒斥从而停止对荧光屏的轰击后,由CCD成像亮度计可看出亮点不能立即消失,而要持续一段时间,规定将亮点的亮度值下降到初始值的10%所经历的时间称作余辉时间,简称余辉。荧光屏的余辉通常要延续若干毫秒,属中余辉范围,利用光敏电池测试余辉。图 2-25 为荧光屏发光余辉测试原理图。

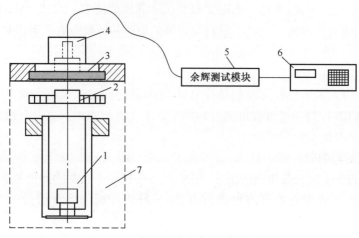

图 2-25　荧光屏发光余辉测试原理图

1—热电子面发射源；2—荧光屏；3—观察窗；4—光敏电池探测器；5—余辉测试模块；6—计算机；7—真空系统。

2.5.2　荧光屏综合参数测试系统

荧光屏综合参数测试系统是在高真空条件下能够高效检测荧光屏发光特性的测量装置。由立式超净工作台、真空测试室、高均匀性面电子发射源、真空测试仪表、增强型光谱分析系统、光功率计、CCD 成像亮度计和计算机等组成，如图 2-26 所示。

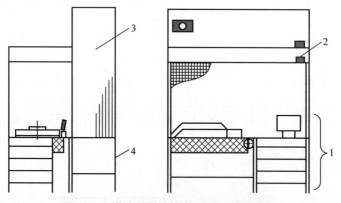

图 2-26　荧光屏综合参数测试系统组成图

1—工作台；2—灯箱；3—空气净化装置；4—支架。

其中工作台是整体装置的主要组成部分，能完成荧光屏的全部检测项目，体现出荧光屏综合测试台的功能和先进性。该工作台由以下四部分组成。

1. 真空室

真空室含真空室盖、样品转盘、底盘及接线电极等。当大盖合上时，就构成了检测所要求的真空环境。真空室能提供所要求的真空度；抽真空 6h，极限真空度优于 $8×10^{-5}$ Pa；抽真空 40min，可达工作真空度 $5×10^{-4}$ Pa。

2. 显示器

显示操作内容及样品的测试数据。

3. 电子柜

由高压电源、信号处理、真空计、通信电路、工控机及其接口电路等部分组成。

4. 台下装置

在台板下设置有电子发射源、无油分子泵、干泵、真空规管、转轴系统及液压系统等。

工作台的结构如图 2-27 所示,真空室盖上面有口径为 $\phi 90mm$ 的石英玻璃观察窗,通过该窗口可用放大镜进行目视观察,更主要的是用 CCD 成像亮度计及光功率计获得测试数据。转盘能在安装荧光屏被测组件的同时自动接电;转盘上置有编号盘,可放置荧光屏;转盘下有接电(零电位)的电极触头。底盘与接触部位有真空密封要求。上表面嵌有绝缘的弹性电极及限位器,能与转盘的各电极触头在切换时实现良好的电接触;下表面分别与分子泵、电子发射源、真空规及转轴系统通过法兰盘密封连接。

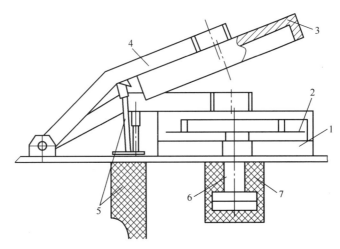

图 2-27 工作台的结构图

1—底盘;2—转盘;3—大盖;4—弯臂;5—升降液压装置;6—电子发射源;7—抽空、传动装置。

荧光屏参数测试的原理示意图如图 2-28 所示。各参数的测试依照 2.5.1 的定义进行。

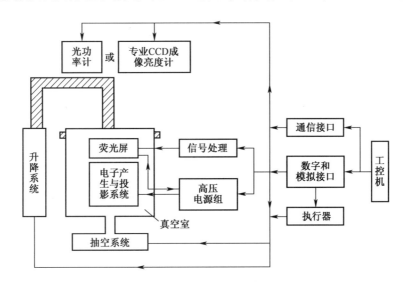

图 2-28 荧光屏参数动态综合测试台原理示意图

5. 热电子源均匀性校正

当利用荧光屏参数动态综合测试系统测量发光均匀性时,由热电子发射源发射的电子束轰击待测荧光屏,使其发光,然后用专业 CCD 成像亮度计采集图像,并由计算机判断是否发光均匀。所以热电子发射源发射的电子是否均匀是测试的基础和前提条件。

由于电子源的均匀性误差,导致采集的图像边缘暗中间亮,这种测试结果不能直观表达荧光屏的性能优劣。所以通过测试标准像增强器的图像建立数据库,分析图像的亮度曲线,建立校正函数,并通过数据验证和以图像的形式显示测试结果。

参 考 文 献

[1] 张淑琴.高清晰度光纤面板的技术发展初探[J].山西电子技术,2003(3):40-42.
[2] 王玲玲.光纤光锥及其应用[J].科技情报开发与经济,2002,12(6):87-88.
[3] 王玲玲.提高光纤倒像器分辨率的方法探讨[J].科技情报开发与经济,2002,12(3):105-106.
[4] 钱芸生,宗志圆,常本康.负电子亲和势光电阴极评估技术研究[J].真空科学与技术,2001,21(6):445-447,451.
[5] 钱芸生,宗志圆,常本康.GaAs 光电阴极原位光谱响应测试技术研究[J].真空科学与技术,2000,20(5):305-307.
[6] 钱芸生,富荣国,徐登高,等.多碱光电阴极多信息量测试技术研究[J].真空科学与技术,1999,19(2):111-115.
[7] 邹继军,钱芸生,常本康,等.GaAs 光电阴极制备过程中多信息量测试技术研究[J].真空科学与技术学报,2006,26(3):172-175.
[8] 邹继军,钱芸生,常本康,等.GaAs 光电阴极多信息量测试系统设计[J].半导体光电,2006,27(5):582-585.
[9] 张继胜,刘维娜,刘术林,等.GJB1608A—2002 微通道板试验方法.国防科工委军标出版发行部,2002.
[10] 崔东旭.一种测试微通道板增益均匀性的新方法[J].应用光学,1989(4):62-63.
[11] 白蔚海,张继胜.微通道板固定图案噪声及测试研究[J].应用光学,1992,13(4):28-30.
[12] 金德义,李树德,陈文奎,等.微通道板电子倍增器综合参数测试装置的研制[C].第 7 届全国核电子学与核探测技术学术年会论文集,1994,125-129.
[13] 杨照金,刘治.光纤面板数值孔径的测量[J].应用光学,1984(6):87-91.
[14] 杨照金,贾大明.光学纤维元件的刀口响应与传递函数[J].应用光学,1985(2):75-77.
[15] 刘石安,张富荣,刘淑慈,等.光学纤维面板测试技术的新进展[J].光学机械,1988(2):50-57.
[16] 邓锦辉,高岳.光纤面板透过率分布检测方法[J].光学技术,2005,31(4),494-499.
[17] 邱亚峰,常本康,富容国,等.微光像增强器荧光屏测试系统的研究[J].光学技术,2008,34(3):473-475.
[18] 刘广斌,杜秉初,应根裕,等.像增强器荧光屏亮度均匀性自动测试系统[J].光学技术,1998(4):30-35.
[19] 邱亚峰,石峰,孟凡荣,等.真空系统中荧光屏余辉测试技术研究[J].真空科学与技术学报,2009,29(1):82-84.

第 3 章 微光像增强器参数测量

微光像增强器是微光夜视系统的核心,其作用是把微弱的光图像增强到足够的亮度,以便人们用肉眼进行观察或 CCD 能够探测。微光像增强器性能直接影响着微光夜视仪的质量,微光像增强器参数测量是微光夜视技术的重要组成部分。微光像增强器的主要参数包括亮度增益、等效背景照度、输出信噪比、调制传递函数、视场、畸变等,这些主要参数的测量方法比较成熟,已经形成了国家军用标准[1-2,6]。

3.1 微光像增强器亮度增益测量

3.1.1 微光像增强器亮度增益基本概念

微光像增强器亮度增益的定义为:在标准 A 光源照射下,荧光屏的法向输出亮度与光阴极输入照度之比,单位为 $cd/(m^2 \cdot lx)$。

亮度增益是评价微光像增强器图像转换效率的参数。转换效率是描述微光像增强器或变像管输出物理量和输入物理量之间的依从关系。对于变像管,其输入量、输出量分别是不同波段的电磁波辐射通量,而微光像增强器的输入量与输出量则是可见光波段的电磁波辐射通量。前者通常用转换系数来表示,而后者通常用亮度增益来表示[3]。

3.1.2 亮度增益测量原理及测量装置

1. 测量原理

用色温为 2856K±50K 的光源以一定的照度照射微光像增强器的光阴极,在输出轴方向上,分别测量有光输入和无光输入时荧光屏的法向亮度,两者亮度之差与入射到光阴极面上的照度之比,即是亮度增益。图 3-1 为亮度增益测量装置工作原理图。

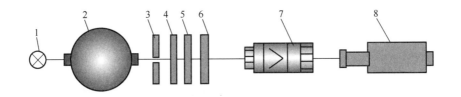

图 3-1 亮度增益测量装置原理图

1—光源;2—积分球;3—光阑;4、5、6—中性滤光片;7—被测像增强器;8—光度计。

亮度增益计算如下:

$$G = (L_2 - L_1)/E \qquad (3-1)$$

式中：G 为微光像增强器亮度增益（cd/(m²·lx)）；L_1 为无光照射时输出面的法向亮度（cd/m²）；L_2 为有光照射时输出面的法向亮度（cd/m²）；E 为输入面的入射照度（lx）。

2. 测量装置组成

亮度增益测量装置由如下几部分组成：

（1）光源组件包括灯、滤光片、光阑和积分球。微光像增强器参数测量中，均匀漫射弱照度光源的是其关键部件之一，由于亮度增益大小与光阴极灵敏度成正比，而阴极灵敏度又与光源光谱成分相关，因此发光光源采用色温为 2856K 的标准 A 光源，并由高精度高稳定度恒流源提供电源。灯泡经积分球后形成均匀漫射源，再经中性滤光片减光，获得光照度范围在 $10^{-5} \sim 10^{-1}$ lx 之间的均匀漫射弱照度光源，其光的不均匀性小于 1%。

（2）高精度高稳定度恒流恒压电源。高精度高稳定度恒流恒压源的作用是消除或削弱电源电流、负载电阻和环境温度变化对输出电流的影响。通常情况下，电流变化 0.05% 或电压变化 0.1%，辐射通量变化约 0.4%，色温变化约 1K。

（3）被测件微光像增强器置放于暗箱中。

（4）光度计具有照度和亮度测量两种功能，即可测量像增强器光阴极面的照度，也可测量像增强器荧光屏的亮度，还带有计算机接口，通过数据采集卡采集数据，由计算机进行数据处理，获得微光像增强器的亮度增益。

（5）信号处理软件，通过软件处理系统控制电动平移台，可以进行亮度增益的测量，实现自动化测量功能。

3. 测量程序

（1）将像增强器正确放置于测量暗箱夹具上，给像增强器施加规定的工作电压；

（2）在稳定工作状态下，用光度计测量无光照时输出面法向亮度 L_1，输出亮度在荧光屏规定直径的圆面积上进行测试，其对应的光度计接收角为 3°或更小；

（3）用规定的光照射输入面，测量有光照时输出面法向亮度 L_2；

（4）移去像增强器用光度计测量输入面的照度；

（5）按式(3-1)计算，得到亮度增益 G 值。

4. 亮度增益测量仪技术要求

根据国内外微光像增强器验收方法、测量条件以及对测量仪器的要求，对测量仪各个部分的技术要求如下：

（1）光源色温为 2856K±50K。

（2）中性滤光片的中性程度，在 400~760nm 光谱区域内，相对光谱透射比不均匀性不大于 10%。

（3）一代微光像增强器光阴极面照度为 $1\times10^{-4} \sim 5\times10^{-4}$ lx；二代、三代微光像增强器光阴极面照度为 $1\times10^{-5} \sim 6\times10^{-5}$ lx。

（4）光度计的亮度性能应符合二级亮度计的规定，照度性能应符合一级照度计的规定。

（5）亮度增益测量重复性不大于 2%。

3.1.3 亮度增益测量不确定度评定

1. 测量不确定度来源

由微光像增强器亮度增益测量数学模型可以看出影响测量不确定度的分量主要有：

(1) 测量亮度引入的测量不确定度分量;
(2) 测量照度引入的测量不确定度分量;
(3) 测量重复性引入的测量不确定度分量。

2. 测量不确定度评定

(1) 测量亮度引入的测量不确定度分量。

用于测量输出面亮度的亮度计扩展不确定度由计量部门给出,其值为 3.0%($k=2$),按 B 类标准不确定度方法评定,则有

$$u_B(L) = \frac{0.03}{2} = 0.015$$

(2) 测量照度引入的测量不确定度分量。

用于测量输入面照度的照度计的扩展不确定度由计量部门给出,其值为 3.0%($k=2$),按 B 类标准不确定度方法评定,则有

$$u_B(E) = \frac{0.03}{2} = 0.015$$

(3) 测量重复性引入的测量不确定度分量 u_3。

利用贝塞尔公式对 6 次测量结果计算相对试验标准差,由此引入的不确定度分量按 A 类不确定度方法评定,经计算后为 1.5%。

亮度增益测量不确定度各分量如表 3-1 所列。

表 3-1 亮度增益测量不确定度一览表

不确定度分量	不确定度来源	不确定度值/%	评定方法	分布
u_1	亮度测量不准	1.5	B 类	
u_2	照度测量不准	1.5	B 类	正态
u_3	测量重复性	1.5	A 类	正态

3. 合成标准不确定度

由于各分量之间独立不相关,所以合成标准不确定度为

$$u = \sqrt{u_B^2(L) + u_B^2(E) + u_3^2} = 2.6\%$$

4. 扩展不确定度

要求置信水平为 0.95%,取 $k=2$,则扩展不确定度为

$$U = ku = 5.2\%$$

3.2 微光像增强器等效背景照度的测量

3.2.1 等效背景照度的基本概念

微光像增强器等效背景照度的定义为:使荧光屏亮度增加到等于暗背景亮度二倍时所需的输入照度,单位为 lx。

微光像增强器的光阴极在完全没有外来辐射通量的作用下,施加工作电压时荧光屏上仍然发射出一定亮度的光,这种无光照射时荧光屏的发光,称为像增强器的暗背景。像增强器暗

背景的存在,使荧光屏像面上叠加了一个背景照度,甚至使光阴极上微弱照明景物所产生的图像可能完全被淹没在此背景中而不能辨别。因此暗背景是影响像增强器成像质量的重要因素之一,但是由于实际测定的暗背景亮度大小,不仅与热发射有关,而且还与放大率和亮度增益特性有关,因而暗背景的大小不能真实反映像增强器的质量,通常用等效背景照度来反映其背景亮度的程度[4]。

3.2.2 等效背景照度的测量原理

等效背景照度测量在亮度增益测量仪上进行测量,它的测量原理是:用色温为2856K±50K的光源均匀照射像增强器的光阴极,分别测量出有光照射和无光照射时荧光屏的法向亮度,用两者之差除无光照射的法向亮度,再乘以光阴极的实际入射照度就是等效背景照度。

等效背景照度计算如下:

$$\mathrm{EBI} = \frac{L_1}{L_2 - L_1} E \qquad (3-2)$$

式中:EBI 为等效背景照度(lx);L_1为无光照时输出面的法向亮度(cd/m^2);L_2为有光照时输出面的法向亮度(cd/m^2);E 为输入面的照度(lx)。

测量程序如下。

测量方法 1(主要测量方法):

(1) 将微光像增强器置于夹具上,给其施加规定的工作电压(2.7~3.0V)。

(2) 光阴极上无辐射输入,保持不少于 1min 不多于 15min 的稳定期。

(3) 用亮度计测量并记录无光照射时输出面的法向亮度 L_1。

(4) 使光均匀照射输入面,调节输入面照度使此时的法向亮度 $L_2 = 2L_1$。用亮度计测量并记录有光照射时输出面的法向亮度 L_2。

(5) 移去被测器件,用照度计测量并记录输入面原位置的照度 E。

测量方法 2(替代测量方法):

(1) 将微光像增强器置于夹具上,给其施加规定的工作电压。

(2) 光阴极上无辐射输入,保持不少于 1min 不多于 15min 的稳定期。

(3) 用亮度计测量无光照时输出面的法向亮度 L_1。

(4) 采用下式,用事先测量的亮度增益 G 计算等效背景照度,等效背景照度计算如下:

$$\mathrm{EBI} = \frac{L_1}{G} \qquad (3-3)$$

从测量原理和基本公式可以看到,等效背景照度测量的不确定度主要来源和测量不确定度评定与亮度增益基本相同,这里不再重复。

3.3 微光像增强器输出信噪比测量

3.3.1 微光像增强器输出信噪比的基本概念

微光像增强器输出信噪比的定义为:在特定带宽内,微光像增强器输出信号的平均值与均方根值之比。

自然界的光都是来源于物态的受激辐射,受激辐射是物质内部电子能态跃迁的结果。物体中的电子均可成为发射光子的中心。它可能由于热效应、化学反应、电磁作用以及其他粒子的非弹性碰撞而获得能量跃迁到受激态。当从不稳定能态跃迁到低能态时会辐射光子来交换能量。因此,发光过程具有量子性。

由于物体受激辐射是具有量子性的过程,所以在稳定受激条件下辐射光子流密度的平均值是确定的,而瞬时值并不确定。即每瞬间所辐射的光子流密度具有量子性的随机涨落,因此,产生的发光强度是围绕一个确定的平均值而起伏的闪烁。

微光像增强器的工作方式是以光能量的形式输入,同时也是以光能量的形式输出,所以符合上述的规律。光子的闪烁就产生了噪声,平均值即为信号,信号与噪声之比称为信噪比。像增强器有输入信噪比和输出信噪比,这里所讨论和测量的是输出信噪比[5]。

3.3.2 信噪比测量原理及测量装置

1. 测量原理

微光像增强器输出信噪比测量仪的原理与构成如图 3-2 所示。

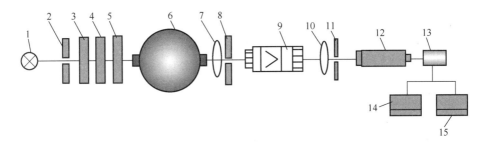

图 3-2 微光像增强器信噪比测量仪示意图

1—光源;2—光阑;3、4、5—中性滤光片;6—积分球;7、10—共轭透镜;8、11—光阑;9—被测像增强器;
12—光电倍增管;13—数字分析仪;14—直流电压表;15—均方根电压表。

其测量原理为:用色温为 2856K±50K 的溴钨灯照射光阴极,二代管测试采用的照度为 $1.29×10^{-5}$lx,三代管测试采用的照度为 $1.08×10^{-4}$lx,光阴极中心区的光斑直径为 0.2mm,施加工作电压后,在荧光屏上形成一个亮斑,该亮斑的直径为输入光斑直径与像增强器放大率的乘积。将该亮斑聚焦于直径为 0.4mm 或更大的针孔内,对准孔使通过孔的信号最大。用低噪声低暗电流的光电倍增管探测该圆斑的亮度。光电倍增管的输出信号通过数字信号分析仪进行数字滤波并测得直流分量和交流分量,在同一圆斑上测量像增强器无输入辐射时的背景亮度的交流分量和直流分量,信噪比计算如下:

$$S/N = k \frac{S_1 - S_2}{\sqrt{N_1^2 - N_2^2}} \sqrt{\frac{E_0}{E} \frac{3.14 \times 10^{-8}}{A}} \quad (3-4)$$

式中:S/N 为信噪比;S_1 为有光照时光电倍增管输出电流的直流分量(A);N_1 为有光照时光电倍增管输出电流的交流分量(A);S_2 为无光照时光电倍增管输出电流的直流分量(A);N_2 为无光照时光电倍增管输出电流的交流分量(A);E 为像增强器实际输入照度(lx);E_0 为规定的照度值,二代:$1.29×10^{-5}$lx;三代:$1.08×10^{-4}$lx;A 为光阴极光阑面积(m^2);k 为修正系数,当包含像增强器荧光屏在内的系统带宽为 B 时，$k = \sqrt{\dfrac{B}{10}}$。

2. 测量装置组成

（1）光源系统由灯、滤光片和光阑组成。积分球输出的光照射在一个直径为 $\phi 0.2\text{mm}$ 的小孔上，通过光学系统，小孔成像在测试盒中的待测像管的光电阴极面，其直径为 $\phi 0.2\text{mm}$，照度为 1.29×10^{-5} lx。

（2）光点的像在像增强器的荧光屏得到亮度增强，光点像直径取决于像增强器的放大倍率，荧光屏上的光点像再经光学系统成像在光电倍增管的光电阴极上，直径不变。

（3）光电倍增管输出的光电流信号约为 10^{-8} A 量级，信号处理模块对其放大并转换为电压信号。信号处理模块中的硬件低通滤波器作前置信号滤波器，其截止频率为 30Hz。

（4）数据采集模块对信号处理模块输出的信号进行 A/D 转换，输入计算机。采样频率为 1kHz、5kHz 和 10kHz 可选，采样时间间隔采用设计的硬件电路精确定时。

（5）计算机采集信号后，测试软件首先用数字滤波器将信号中的 10Hz 以上成分滤除，然后根据式(3-4)直接计算 10Hz 以下信号的信噪比。

3. 测量程序

（1）将像增强器正确放置于测量暗箱夹具上，给像增强器施加规定的工作电压，使其工作稳定；

（2）在像增强器的光阴极上成一个光照为 1.08×10^{-4} lx 或 1.29×10^{-5} lx 直径不大于 0.2mm 的圆点像；

（3）将像增强器屏上的圆点像的信号聚焦在一个 0.4mm 孔内，调整孔的位置使通过孔的信号最大；

（4）用低暗噪声光电倍增管测量孔的光电流，经适当放大后的输出信号通过数字信号分析仪进行数字滤波并测量直流分量和噪声均方根；

（5）信噪比(S/N)为直流信号与均方根噪声之比。

3.3.3 信噪比测量不确定度评定

1. 数学模型

$$D = S/N$$

式中：S/N 为被校微光像增强器的信噪比；D 为信噪比的测量值。

2. 测量不确定度来源

（1）直流数字电流表引入的标准不确定度 u_1；

（2）均方根表引入的标准不确定度 u_2；

（3）照度计引入的标准不确定度 u_3；

（4）万能工具显微镜引入的标准不确定度 u_4；

（5）测量重复性引入的标准不确定度分量 u_5。

3. 测量不确定度评定

（1）直流数字电流表引入的标准不确定度 u_1。

微光像增强器的光电倍增管输出电流的直流分量由直流数字电流表测量，由于该电流表测量结果小于 10pA 时的测量不确定度为 1.9%（$k=2$），测量结果在 10pA～100μA 范围内时

的测量不确定度为 $0.01\%(k=2)$，常用值小于 10pA，故直流数字电流表引入的标准不确定度为

$$u_1 = \frac{1.9\%}{2} = 0.95\% \approx 1.0\%$$

（2）均方根表引入的标准不确定度 u_2。

微光像增强器的光电倍增管输出电流的交流分量由均方根表测量，由于该表的标准不确定度约为 10^{-6}，故均方根表引入的标准不确定度 u_2 可以忽略不计。

（3）照度计引入的标准不确定度 u_3。

光阴极面的输入照度由照度计测量，计量部门给出其扩展不确定度值为 $3.0\%(k=2)$，按 B 类标准不确定度评定，则其相对标准不确定度为

$$u_3 = \frac{3.0\%}{2} = 1.5\%$$

（4）万能工具显微镜引入的标准不确定度 u_4。

光阴极光阑面积由万能工具显微镜测量，说明书规定其允许误差为 $(1+L/100)\mu m$，按 B 类标准不确定度评定，假设概率分布为均匀分布，包含因子 $k=\sqrt{3}$，光斑直径标称值为 0.2mm，其标准不确定度为 $u_B = 0.003/\sqrt{3} = 0.00173$mm；则其相对标准不确定度为

$$u_4 = \frac{0.00173}{0.2} = 0.9\%$$

（5）测量重复性引入的标准不确定度分量 u_5。

对被校微光像增强器进行重复性测量，利用贝塞尔公式对 6 次测量结果计算试验标准差，结果见表 3-2。

表 3-2 重复性测量结果

测量结果	次数							实验标准偏差 s
	1	2	3	4	5	6	$\bar{x}$	
信噪比	28.0	28.2	27.8	27.5	27.3	28.0	27.8	0.34

测量重复性引入的相对标准不确定度为

$$u_5 = \frac{s}{\bar{x}\sqrt{n}} = 0.5\%$$

4. 相对合成标准测量不确定度

通过上面的分析，得到信噪比测量不确定度分量如表 3-3 所列。

表 3-3 信噪比测量不确定度一览表

不确定度分量	不确定度来源	不确定度值 u_i	评定方法	分布
u_1	直流电流测量的不确定度	1.0%	B 类	正态
u_2	交流电流测量的不确定度	0	B 类	正态
u_3	照度计的校准	1.5%	B 类	正态
u_4	万能工具显微镜的校准	0.9%	B 类	均匀
u_5	测量重复性的不确定度	0.5%	A 类	

由于各分量之间独立不相关,所以有

$$u_c = \sqrt{u_3^2 + u_4^2 + u_5^2} = 2.1\%$$

5. 相对扩展测量不确定度

要求置信水平为95%,取$k=2$,则相对扩展测量不确定度为

$$U_{rel} = ku_c = 4.2\% \approx 5\%$$

3.4 微光像增强器调制传递函数测量

3.4.1 微光像增强器调制传递函数的基本概念

微光像增强器调制传递函数(MTF)的定义为:对于给定的空间频率$N(lp/mm)$,像增强器输出荧光屏所显示的图像对输入图像来说像质恶化程度的测量,即输出像空间调制度$M_{出}(N)$与其输入物空间调制度$M_{入}(N)$之比。

在光学系统和成像器件中,为了更全面地评价成像质量,普遍采用光学传递函数的技术来进行测试评价。光学传递函数的概念是从电子通信等技术的频谱分析概念中沿用发展而来的。在电子系统利用脉冲输入系统,然后通过脉冲响应的频谱分析,对系统的综合性能进行分析,就可以了解到某一系统对各种不同频率信号的响应度,在振幅或相位上会发生怎样不同的变化。

简单地说就是某一电子系统工作时,输入信号是千变万化的。要把电子系统的特性清楚地表现出来,很重要的方法之一是研究该系统的频谱特性。即研究系统对各种频率信号的通过特性。如果采用适当的方法找出这个通过特性,那么就可以根据系统的通过特性来讨论任意输入时可能的输出。这只要将输入函数作傅里叶变换,求出频谱函数,然后将对应频率乘以系统通过的频率特性,就可得出输出函数的频谱函数。最后作傅里叶变换即可求出输出函数。

3.4.2 微光像增强器调制传递函数的测量原理

测量成像器件MTF的方法主要有方波响应法、狭缝法和刀口响应法。方波法通常得到的是对比度传递函数(CTF),需要利用近似转换公式将CTF转换为MTF,这种近似关系会给MTF的计算引入公式误差;另外,在相同的条件下,狭缝法比刀口法的抗干扰能力要强,因此MTF狭缝法测量具有明显的优势。

狭缝法测量MTF的原理是将物狭缝成像于器件的输入面,当狭缝宽度足够小时,其物频谱可以表示为$M_0(N) = \left.\dfrac{\sin\pi Nd}{\pi Nd}\right|_{d\to 0} = 1$,近似于$\delta$函数,则经过器件输出的狭缝像空间亮度分布就是该器件的一维线扩展函数,通过对该线扩展函数进行傅里叶变换并归一化处理,即可得到被测器件的MTF,其构成如图3-3所示。

光源由灯泡、控制器、积分球组、滤光片组以及可变光栏组组成,其输出的光照度是可以调节的,具体数值根据像增强器实际的工作情况而定。光源出射的光照射在狭缝靶上,狭缝通过投影物镜投射成像到像增强器的光阴极面上,像增强器光阴极的光电子图像经过微通道板电子倍增,轰击荧光屏,最后输出亮度增强的图像。接收端的CCD相机在图像捕获器的控制下通过显微物镜对像增强器荧光屏面上的图像进行采集,然后将采集数据传给计算机系统,通过

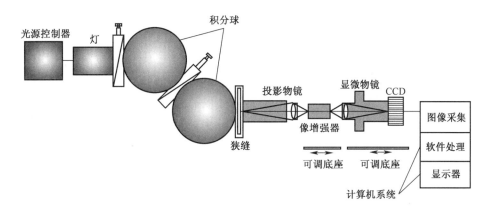

图 3-3 微光像增强器调制传递函数测量仪示意图

处理软件对数据进行处理并显示出结果。

在测量过程中,通过移动像增强器基座以及显微物镜基座获得 MTF 测量所需的清晰成像,从而保证 MTF 测量的精度。

测量程序:

(1) 将光源调到合适的输入照度。
(2) 给微光像增强器施加规定的工作电压,并使其工作稳定。
(3) 调整光路系统,使狭缝像清晰地成像在微光像增强器输入面上。
(4) 按规定的方向及频率依次测量出相应的 MTF 值。

3.5 微光像增强器分辨力测量

3.5.1 微光像增强器分辨力的基本概念

微光像增强器分辨力的定义为:把给定对比度的分辨力图案投射到光阴极上,荧光屏上可分辨图案的最大空间频率,单位为 lp/mm。

微光像增强器的分辨力是综合评价像质的一项参数,也是微光像增强器最重要的一项参数。简单地说就是在规定对比度的分辨力靶上的线条通过微光像增强器成像后,观察者能看见和分辨的最小分辨力图案,观察者应看见和分辨出黑线或两条黑线中的透明线,应能确定水平和垂直测试图案的线对数。

3.5.2 分辨力测量原理及测量装置

1. 测量原理

微光像增强器分辨力测量原理如图 3-4 所示。

其测量原理为:光源经过中性滤光片、可变光阑和积分球后形成均匀的漫射光束并照亮分辨力靶。分辨力靶位于平行光管的焦平面上,成像物镜将分辨力靶上的图像投射到微光像增强器光阴极面上,在荧光屏上可观察到分辨力靶上的图像,微光像增强器分辨力可计算如下:

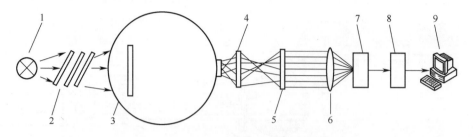

图 3-4 微光像增强器分辨力测量仪示意图
1—标准光源;2—中性滤光片和可变光阑;3—积分球;4—分辨力靶;5—平行光管;6—成像物镜;
7—被测像增强器;8—测量显微镜或 CCD 摄像机;9—计算机。

$$R = \frac{N}{f_{OB}} f_c \tag{3-5}$$

式中:R 为微光像增强器的分辨力(lp/mm);N 为对应分辨力靶上的最高空间频率(lp/mm);f_c 为平行光管物镜焦距(mm);f_{OB} 为成像物镜焦距(mm)。

2. 测量装置组成

微光像增强器分辨力测量系统的硬件设备包括:光源组件、分辨力靶、平行光管、成像物镜、暗箱与被测像增强器、测量显微镜与 CCD 摄像机、底座、计算机、光源和像管电源。

光源组件由标准光源、中性滤光片和可变光阑以及积分球组成。标准光源选用卤钨灯,中性滤光片和可变光阑对卤钨灯发出的光束进行衰减,经积分球后在其出口处形成色温为 2856K 的光束,该光束的光照度范围在 $10^{-3} \sim 10^{-1}$ lx 之间,在有效光照面积内的不均匀性小于 1%。在微光像增强器分辨力测量中,由于人眼的灵敏度高,弱光光源的均匀性对测量结果的影响很小,而 CCD 摄像机的灵敏度低于人眼,对弱光光源的均匀性要求很高。传统工艺中,弱照度光源的均匀性是难以保证的关键指标之一,测量中由于光源的不均匀照射,靶面各区域呈现不均匀的照度,导致像增强器对比度下降,从而引入无法估计的不确定因素,也对实验结果产生无法预料的影响。因而在系统中,为标准光源供电的电源选用高精度高稳定度恒流恒压源,以满足光源稳定和色温变化的要求。

平行光管为 F1000 型变焦镜头且内部带有像质优良的双分离物镜,其焦距为 1000mm,有效孔径为 ϕ100mm,分辨力 1.3″,视场 1°38′,视差≤0.20mm。成像物镜带有变焦功能,其焦距为 100mm,有效孔径为 ϕ80mm。测试暗箱的前后侧壁上均带有通光窗口,被测像增强器通过相应的夹具支撑在测试暗箱的腔体内。

光源组件、平行光管和测试暗箱通过相应的支撑架固定在基座平台上,分辨力靶固连在平行光管上,其靶面位于平行光管的物方焦面上,且靶面中心位于平行光管的光轴即测量光路的光轴上,同时,测试暗箱中被测像增强器的荧光屏中心也位于测量光路的光轴上。成像物镜和 CCD 摄像机分别通过二维平移机构和三维平移机构安装在基座平台上。测试时,通过调整二维平移机构和三维平移机构,使成像物镜的光轴和 CCD 摄像机的靶面中心位于测量光路的光轴上,且保证被测像增强器的荧光屏位于 CCD 摄像机的物方焦平面上。

在 CCD 摄像机处于工作状态下,当其快门关闭时所采集到的图像为冷背景图像,此冷背景图像实为 CCD 摄像机本身固有热噪声和电子噪声;当其快门打开且标准光源未打开时,其采集到的图像为热背景图像,该图像由试验环境产生;当其快门打开且标准光源打开时,其采集到的图像为靶线图像。冷背景图像、热背景图像和靶线图像均为位图格式。

计算机内置采集卡和图像处理软件,通过 PCI 总线与 CCD 摄像机连接。

3. 测量程序

(1) 调节光源在分辨力靶面的输入照度,使分辨力靶在荧光屏上的图像(一般为黑白线条图案)中黑白对比最佳。

(2) 给像增强器施加规定的工作电压。

(3) 调整成像物镜和像增强器的相对位置,使输出图像清晰。

(4) 用显微镜观察像增强器荧光屏上的分辨力图案。

(5) 确定各方向均可分辨的对应分辨力靶上的最高空间频率 N,按式(3-5)进行计算,可得出像增强器的分辨力。

分辨力测量不确定度的主要来源:

(1) 测量分辨力靶线条宽度引入的测量不确定度分量;

(2) 测量平行光管物镜焦距引入的测量不确定度分量;

(3) 测量成像物镜焦距引入的测量不确定度分量;

(4) 测量重复性引入的测量不确定度分量。

3.5.3　分辨力靶

分辨力靶是由不同粗细的黑白线条组成的特制图案,作为目标来检验像增强器的分辨力。夜视行业所采用分辨力靶主要有两种:一种是透射式分辨力靶,在透明的背景中有黑线条,可用于变像管、微光像增强器和夜视仪器的测量;另一种是反射式分辨力靶,仅用于夜视仪器的测量。

我国早期的分辨力靶线条都是四个方向的,它的图案有九单元系列和四单元系列两种,如图 3-5 所示。根据线条的宽度,每种系列有五块分辨力板。

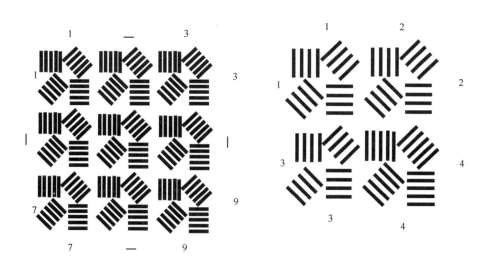

图 3-5　九单元系列和四单元系列分辨力板图案

九单元系列分辨力板的数据列于表 3-4 中,四单元系列分辨力板的数据列于表 3-5 中。

表 3-4　九单元系列分辨力靶线条宽度及角值

分辨力图案号和单元号			线条宽度 /μm	每毫米的线对数/(lp/mm)	每线对对 $f'=500\text{mm}$ 物镜的张角	每线对对 $f'=1000\text{mm}$ 物镜的张角/(″)
9			80	6.25	1′6.0″	33.0″
8			82.3	6.07	1′8.0″	34.0″
7			84.8	5.90	1′10.0″	35.0″
6			87.3	5.73	1′12.0″	36.0″
5			89.8	5.57	1′14.1″	37.0″
4			92.5	5.41	1′16.2″	38.1″
3	No.92		95.2	5.25	1′18.6″	39.3″
2	9		98.0	5.10	1′20.3″	40.0″
1	8		100.8	4.96	1′23.2″	41.6″
No.91	7		103.8	4.82	1′25.6″	42.8″
	6		106.8	4.68	1′28.2″	44.1″
	5		110.0	4.55	1′30.8″	45.4″
	4		113.2	4.42	1′33.4″	46.7″
	3	No.93	116.5	4.29	1′36.2″	48.1″
	2	9	120.0	4.17	1′39.0″	49.5″
	1	8	123.5	4.05	1′41.9″	50.9″
		7	127.1	3.93	1′44.9″	52.4″
		6	130.8	3.82	1′48.0″	54.0″
		5	134.7	3.71	1′51.1″	55.6″
		4	138.6	3.61	1′54.4″	57.2″
No.94		3	142.7	3.50	1′57.7″	58.9″
9		2	148.0	3.40	2′1.2″	1′0.6″
8		1	151.2	3.31	2′4.7″	1′2.4″
7			155.6	3.21	2′8.4″	1′4.2″
6			160.2	3.12	2′12.2″	1′6.1″
5			164.9	3.03	2′16.1″	1′8.0″
4			169.8	2.95	2′20.1″	1′10.0″
3	No.95		174.7	2.86	2′24.2″	1′12.1″
2	9		179.9	2.78	2′28.4″	1′14.2″
1	8		185.2	2.70	2′32.8″	1′16.4″
	7		190.6	2.62	2′37.2″	1′18.6″
	6		196.2	2.55	2′41.9″	1′20.9″
	5		201.9	2.48	2′46.6″	1′23.3″
	4		207.9	2.41	2′51.5″	1′25.8″
	3		214.0	2.34	2′56.6″	1′28.3″
	2		220.3	2.27	3′1.7″	1′30.9″
	1		226.7	2.21	3′7.1″	1′33.5″

表 3-5　四单元系列分辨力靶线条宽度及角值

分辨力图案号和单元号				线条宽度/μ	每毫米线对数	$f_c=500mm$ 时每一线对所对应的张角	$f_c=1000mm$ 时每一线对所对应的张角
4				207.9	2.41	2′51.6″	1′25.8″
3				220.2	2.27	3′1.7″	1′30.8″
2	No.42			233.3	2.14	3′12.4″	1′36.2″
1		4		247.1	2.02	3′24.0″	1′42.0″
No.41		3		261.7	1.91	3′36.0″	1′48.0″
		2	No.43	277.3	1.80	3′48.8″	1′54.4″
		1		293.7	1.70	4′2.3″	2′1.2″
			3	311.1	1.61	4′2.3″	2′8.4″
	No.44		2	329.6	1.52	4′2.3″	2′16.0″
4			1	349.1	1.43	4′2.3″	2′24.0″
3				369.8	1.35	5′5.1″	2′32.6″
2	No.45			391.8	1.28	5′23.2″	2′41.6″
1		4		415.0	1.20	5′42.4″	2′51.2″
		3		439.6	1.14	6′2.7″	3′1.3″
		2		465.7	1.07	6′24.2″	3′12.1″
		1		493.3	1.01	6′47.0″	3′23.5″

20 世纪 90 年代以后，由于受欧美国家的影响，分辨力靶大都制成二个方向，即平行和垂直方向。例如符合 WJ2139—93 标准的分辨力靶，由三单元系列和六单元系列组成，如图 3-6 所示。根据线条的宽度每种系列有四块分辨力靶。六单元系列分辨力靶的数据列于表 3-6。三单元系列分辨力靶的数据列于表 3-7。

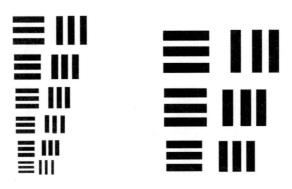

图 3-6　六单元系列和三单元系列分辨力靶图案

表 3-6 六单元系列分辨力靶线条宽度及角值

分辨力板号	单元号	线条宽度/mm	每毫米线对数 lp/mm	平行光管物镜焦距为 f'/m 时每一线对所对应的张角 α/mrad	
				$f'=1.5$	$f'=1$
No.64	1	0.5	1	0.67	1
	2	0.446	1.12	0.59	0.89
	3	0.397	1.26	0.53	0.79
	4	0.354	1.41	0.47	0.71
	5	0.315	1.59	0.42	0.63
	6	0.281	1.78	0.37	0.56
No.63	1	0.250	2	0.33	0.50
	2	0.223	2.24	0.30	0.45
	3	0.198	2.52	0.26	0.40
	4	0.177	2.83	0.24	0.35
	5	0.158	3.17	0.21	0.32
	6	0.141	3.56	0.19	0.28
No.62	1	0.125	4	0.17	0.25
	2	0.111	4.49	0.15	0.22
	3	0.099	5.04	0.13	0.20
	4	0.088	5.66	0.12	0.18
	5	0.079	6.35	0.11	0.16
	6	0.070	7.13	0.09	0.14
No.61	1	0.063	8	0.08	0.13
	2	0.056	8.98	0.07	0.11
	3	0.050	10.1	0.066	0.10
	4	0.044	11.3	0.059	0.09
	5	0.039	12.7	0.052	0.08
	6	0.035	14.3	0.047	0.07

表 3-7 三单元系列分辨力靶线条宽度及角值

分辨力板号	单元号	线条宽度/mm	每毫米线对数 lp/nm	平行光管物镜焦距为 f' 时,每一线对所对应的张角 α/mrad	
				$f'=1.5$m	$f'=1$m
No.34	1	2	0.250	2.67	4
	2	1.782	0.281	2.38	3.56
	3	1.588	0.315	2.12	3.18
No.33	1	1.414	0.354	1.89	2.83
	2	1.259	0.397	1.68	2.52
	3	1.122	0.445	1.50	2.24

(续)

分辨力板号	单元号	线条宽度/mm	每毫米线对数 lp/nm	平行光管物镜焦距为 f' 时，每一线对所对应的张角 α/mrad	
				$f'=1.5\text{m}$	$f'=1\text{m}$
No. 32	1	1	0.500	1.33	2
	2	0.891	0.561	1.19	1.78
	3	0.794	0.630	1.06	1.59
No. 31	1	0.707	0.707	0.94	1.41
	2	0.630	0.794	0.84	1.26
	3	0.561	0.891	0.75	1.12

欧美等先进国家由于制版工艺技术先进,将很多单元的分辨力图案制作在一块分辨力靶上。例如美国空军1951透射式分辨力靶。它由六个单元组成,每一单元根据线条宽度分为六组,如图3-7所示。分辨力靶每一单元和每组的空间频率(lp/mm)列于表3-8。国内和国外两个方向的分辨力靶都制作成三种不同密度,密度差分别为2.00、0.80、0.20可根据不同的需要进行选择。

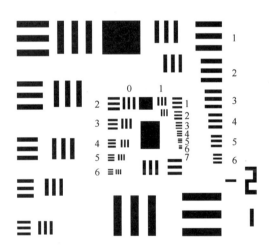

图 3-7　美国空军 1951 透射式分辨力板图形

表 3-8　美国空军 1951 透射式分辨力靶　　空间频率(lp/mm)

组号	单 元 号					
	1	2	3	4	5	6
-2	0.3	0.3	0.3	0.4	0.4	0.4
-1	0.5	0.6	0.6	0.7	0.8	0.9
0	1.0	1.1	1.3	1.4	1.6	1.8
1	2.0	2.2	2.5	2.8	3.2	3.6
2	4.0	4.5	5.0	5.7	6.3	7.1
3	8.0	9.0	10.1	11.3	12.7	14.3
4	16.0	18.0	20.2	22.6	25.4	28.5

3.5.4 分辨力测量不确定度评定

1. 数学模型

$$R = \frac{N}{f_{OB}} f_c$$

式中：R 为微光像增强器的分辨力(lp/mm)；N 为对应分辨力靶上可分辨的最高空间频率(lp/mm)；f_c 为平行光管物镜焦距(mm)；f_{OB} 为成像物镜焦距(mm)。

2. 测量不确定度来源

(1) 分辨力靶线条宽度引入的标准不确定度分量 u_1；
(2) 测量平行光管物镜焦距引入的标准不确定度分量 u_2；
(3) 测量成像物镜焦距引入的标准不确定度分量 u_3；
(4) 测量重复性引入的标准不确定度分量 u_4；
(5) 标准微光像增强器引入的标准不确定度分量 u_5。

3. 标准不确定度分量评定

1) 分辨力靶线条宽度引入的标准不确定度分量 u_1

分辨力靶线条宽度由显微标尺测量，计量部门给出其扩展不确定度为 $0.70\mu m (k=2)$，按 B 类不确定度评定，则 $u_1 = 0.70\mu m/2 = 0.35\times 10^{-3} mm$；分辨力靶线条宽度最小值为 0.035mm，则其相对标准不确定度为

$$u_1 = \frac{0.35 \times 10^{-3}}{0.035} = 1.0\%$$

2) 测量平行光管物镜焦距引入的标准不确定度分量 u_2

平行光管物镜焦距的扩展不确定度由计量部门给出，其值为 $0.3\%(k=2)$，按 B 类不确定度评定，则其相对标准不确定度为

$$u_2 = \frac{0.3\%}{2} = 0.15\%$$

3) 测量成像物镜焦距引入的标准不确定度分量 u_3

成像物镜焦距时的扩展不确定度由计量部门给出，其值为 $0.3\%(k=2)$，按 B 类不确定度评定，则其相对标准不确定度为

$$u_3 = \frac{0.3\%}{2} = 0.15\%$$

4) 测量重复性引入的标准不确定度分量 u_4

重复性结果见表 3-9。

表 3-9 重复性测量结果

测量结果	次数						
	1	2	3	4	5	6	$\bar{x}$
分辨力(lp/mm)	57	57	57	57	57	57	57

由于分辨力靶两组之间不是渐变，在成像物镜和测量显微镜焦距调整准确后，连续进行多次测量，所得结果之间一致，故测量重复性引入的标准不确定度忽略不计。

5) 标准微光像增强器引入的标准不确定度分量 u_5

标准微光像增强器的扩展不确定度由计量部门给出,其值为 $2\%(k=2)$,按 B 类标准不确定度评定,则其相对标准不确定度为

$$u_5 = \frac{2\%}{2} = 1.0\%$$

4. 相对合成标准测量不确定度

表 3-10 为测量仪分辨力测量不确定度一览表。

表 3-10 测量仪分辨力测量不确定度一览表

不确定度分量	不确定度来源	不确定度值 u_i	评定方法	分布
u_1	分辨力靶线条宽度的校准	1.0%	B 类	正态
u_2	平行光管物镜焦距的校准	0.15%	B 类	正态
u_3	成像物镜焦距的校准	0.15%	B 类	正态
u_5	标准微光像增强器的校准	1.0%	B 类	正态

由于各分量之间独立不相关,所以有

$$u_c = \sqrt{u_1^2 + u_2^2 + u_3^2 + u_5^2} = 1.0\%$$

5. 相对扩展测量不确定度

要求置信水平为 95%,取 $k=2$,则相对扩展测量不确定度为

$$U_{\text{rel}} = ku_c = 2.0\%$$

3.6 微光像增强器放大率测量

3.6.1 微光像增强器放大率的基本概念

微光像增强器放大率的定义为:对给定输入图像经像增强器成像后,荧光屏输出像的尺寸与输入像的尺寸之比。

微光像增强器的放大率是对给定目标图案成像后从荧光屏上输出像的线性尺寸与光阴极上输入像的线性尺寸之比。它是电子光学系统设计的一项重要参数,是根据不同的需要不同的管型而设计的。其放大率有 2.5×、1.5×、1.0×、0.8×、0.36×、0.28× 等。

3.6.2 微光像增强器放大率测量原理

微光像增强器放大率测量在分辨力测量仪上进行,它的测量原理为光源经积分球或毛玻璃形成一个均匀漫射面,再经中性滤光片减光后照亮分划板,分划板上有刻线尺并位于平行光管的焦平面上,成像物镜将分划板的图案投射到微光像增强器光阴极面上,用读数显微镜测量荧光屏中心两条刻线像(刻线距离示管型而定)之间的尺寸。中心放大率计算如下:

$$\Gamma_0 = \frac{d_{像}}{d_{物}} \frac{f_1}{f_2} \tag{3-6}$$

式中:Γ_0 为中心放大率(mm);$d_{像}$ 为荧光屏上中心两条刻线间的尺寸(mm);$d_{物}$ 为分划板上中

心两条刻线间的尺寸(mm);f_1为平行光管物镜焦距(mm);f_2为成像物镜焦距(mm)。

同理边缘放大率Γ_r也用式(3-6)进行计算。

近年来,生产和研制像增强器的单位普遍采用另一种方法测量放大率。即将分划板直接套在像增强器的光阴极面上。在荧光屏上分别测量中心两条刻线之间的尺寸和边缘两条刻线之间的尺寸。中心放大率计算如下：

$$\Gamma_o = \frac{d_{像}}{d_{物}} \quad (3-7)$$

测量程序：

(1) 将光源调到合适的输入照度。

(2) 给像增强器施加规定的电压。

(3) 选择符合被测管型的分划板。

(4) 用读数显微镜分别测量出中心两条刻线的尺寸和边缘两条刻线的尺寸。按式(3-7)计算就可得出中心和边缘放大率。

3.7 微光像增强器畸变测量

3.7.1 微光像增强器畸变的基本概念

微光像增强器畸变的定义为：由于微光像增强器光轴中心不同位置上的放大率不一致而产生的像差。也就是各点的放大率与中心放大率的差和中心放大率之比。

微光像增强器是一个独立的成像系统。当光阴极上的图像转移到荧光屏上时,不可能十全十美地完成这一过程,在图像转换过程中除图像大小变化外还会给图像带来失真,即屏上的像与阴极上的图像不是完全相似的,引起这种误差的主要原因就是畸变。

在电子光学系统中,电子图像经电子透镜后是不可能理想成像的,存在一定的像差,这种像差在轴上点主要产生球差,对于轴外点来说,像差之一就是畸变,当物点离轴更远时,即使射线十分狭窄,也会产生畸变。这是因为系统对图像的放大率不是处处一样,而是随物高r的变化而变化,对应像平面上随着离中心点的距离增大其放大率随之变化。离中心点的距离增大,放大率增大时将产生枕型畸变,反之产生桶型畸变。微光像增强器都是枕型畸变。

畸变虽然产生了,但它并不影响图像的清晰度,因为它与轨迹射出的初角度无关,只是实际像差相对于理想像差有一沿着子午方向的位移,因此和图像的模糊程度没有关系。仅有畸变时,像始终是清晰的,只是像的几何形状、尺寸、比例发生失真,不能完美地反映物体的真实形状。

3.7.2 微光像增强器畸变测量原理

微光像增强器畸变是通过测量微光像增强器的中心放大率和边缘放大率后,用如下表达式计算：

$$D = \left(\frac{\Gamma_r}{\Gamma_o} - 1\right) \times 100\% \quad (3-8)$$

式中：D为微光像增强器畸变；Γ_o为微光像增强器中心放大率；Γ_r为微光像增强器光阴极有效

直径80%处的放大率。

3.8 微光像增强器测量装置的校准

以上我们介绍了微光像增强器参数的测量原理、测量装置组成及测量不确定度评定。本节我们介绍微光像增强器测量装置的校准。这里校准的依据是国防科技工业系统编制的JJF(军工)79—2014《微光像增强器测量仪校准规范》。在这个规范中,涉及的校准参数有分辨力、亮度增益、信噪比和等效背景照度[7]。对微光像增强器测量装置的校准,采用分项校准和标准像增强器比对测量的方式进行。分项校准是通过对弱光照度计、弱光亮度计和色度计的进行校准来保证光源的色温、微光像增强器光阴极面输入照度及荧光屏输出亮度测量的准确性。采用标准像增强器的比对测量是选择一些性能稳定的像增强器,用计量部门的像增强器校准装置给标准像增强器定值,定值后的像增强器到下检单位进行比对测量,标定量值与实际下检测量值之间的差值作为判断微光像增强器测量装置是否符合JJF(军工)79—2014《微光像增强器测量仪校准规范》要求的依据。

3.8.1 微光像增强器测量装置的校准条件

1. 环境条件

(1) 环境温度:20℃±5℃;

(2) 相对湿度:≤80%;

(3) 测量应在暗室或暗箱中进行,暗室照度:≤$1×10^{-3}$lx。

2. 测量条件

1) 光源色温

微光像增强器测量仪光源色温:2856K±50K;光源所用灯为卤钨灯。

2) 光源照度范围

微光像增强器测量仪光源照度范围:$(1×10^{-5} \sim 1×10^{2})$lx。

3. 校准用设备

校准用设备应经过计量技术机构检定或校准,满足校准使用要求,并在有效期内。

1) 色度计

色温测量范围:2856K±50K;

测量不确定度:$U_{rel}=3\%(k=2)$;

2) 照度计

测量范围:$(1×10^{-6} \sim 5×10^{2})$lx

测量不确定度:$U_{rel}=3\%(k=2)$;

3) 标准微光像增强器

标准微光像增强器一般需要经过一年以上重复性、稳定性考核,各参数年变化率≤5%。

中心分辨力:≥50lp/mm;

亮度增益:输入照度为$(1×10^{-5} \sim 5×10^{-5})$lx 时,≥$8×10^{3}$cd/($m^2 \cdot$lx);

信噪比:输入照度为$1.08×10^{-4}$lx 时,≥20;

等效背景照度:≤$2×10^{-7}$lx。

3.8.2 微光像增强器测量装置校准项目

微光像增强器测量仪校准项目和主要校准用器具见表3-11。

表3-11 校准项目和主要校准用器具

校准项目	主要校准用器具	首次校准	后续校准	使用中检查
工作正常性	—	+	+	+
光源色温	色度计	+	−	−
光源照度	照度计	+	−	−
分辨力	标准微光像增强器	+	+	+
亮度增益	标准微光像增强器	+	+	+
信噪比	标准微光像增强器	+	+	+
等效背景照度	标准微光像增强器	+	+	+

注:+必校项目;−可不校项目。

3.8.3 微光像增强器测量装置校准方法

1. 光源色温校准方法

(1) 用色度计直接测量微光像增强器测量仪光源出口处的色温,将色度计放置于微光像增强器测量仪光源积分球出口处,调节色度计和光源系统光轴一致;

(2) 将色度计物镜对准积分球出口并聚焦;

(3) 测量并记录光源色温;

(4) 测量6次计算算术平均值,作为色温测量结果。

2. 光源输入照度校准方法

(1) 将照度计放置于微光像增强器测量仪暗箱中,照度计的接收面保持微光像增强器光阴极面同一位置,调节照度计和光源系统光轴一致;

(2) 调节滤光片及光阑,标定微光像增强器光阴极处的光照度;

(3) 根据待测照度量级选择合适的照度档位;

(4) 测量并计算得到照度值;

(5) 测量6次计算算术平均值,作为照度测量结果。

3. 分辨力校准方法

(1) 打开光源电源;

(2) 将标准微光像增强器正确放置于测量暗箱夹具上,给标准微光像增强器施加工作电压2.6~3.0V;

(3) 将分辨力靶置于平行光管焦面处;

(4) 调整成像物镜和标准微光像增强器的相对位置,使分辨力靶在荧光屏上的图像清晰;

(5) 调节分辨力靶上的照度,使分辨力靶在荧光屏上的图像(一般为黑白线条图案)中黑白对比最佳;

(6) 通过测量显微镜读出荧光屏中心分辨力靶图像可分辨的最高空间频率N;

(7) 按式(3-5)计算,得到中心分辨力R值;

(8) 数据处理

微光像增强器测量仪的分辨力测量误差计算如下:

$$\Delta R = \left| \frac{R - R_0}{R_0} \right| \times 100\% \qquad (3-9)$$

式中:ΔR 为微光像增强器测量仪分辨力的测量误差;R 为分辨力实测值(lp/mm);R_0 为标准微光像增强器的分辨力校准值(lp/mm)。

4. 亮度增益校准方法

(1) 打开光源电源;

(2) 将标准微光像增强器正确放置于测量暗箱夹具上,给标准微光像增强器施加工作电压 2.6~3.0V;

(3) 在稳定工作状态下,测量无光照时荧光屏法向输出亮度 L_1,输出亮度在荧光屏规定直径的圆面积上进行测试,其对应的光度计接收角为 3°或更小;

(4) 测量有光照时荧光屏法向输出亮度 L_2;

(5) 标定标准微光像增强器光阴极处输入照度 E;

(6) 按式(3-1)计算,得到亮度增益 G 值;

(7) 重复测量 6 次,计算算术平均值;

(8) 数据处理。

微光像增强器测量仪的亮度增益测量误差计算如下:

$$\Delta G = \left| \frac{\overline{G} - G_0}{G_0} \right| \times 100\% \qquad (3-10)$$

式中:ΔG 为微光像增强器测量仪亮度增益的测量误差;$\overline{G}$ 为亮度增益测量的算术平均值 $(cd/(m^2 \cdot lx))$;G_0 为标准微光像增强器的亮度增益校准值 $(cd/(m^2 \cdot lx))$。

5. 信噪比校准方法

(1) 打开光源电源;

(2) 将标准微光像增强器正确放置于测量暗箱夹具上,给标准微光像增强器施加工作电压 2.6~3.0V;

(3) 用规定照度、规定面积的光均匀照射标准微光像增强器光阴极,调整共轭透镜焦距,使 0.2mm 的小孔像清晰地成在标准微光像增强器荧光屏上;

(4) 将标准微光像增强器荧光屏上的小孔像聚焦在光电倍增管的光阴极上,调整光电倍增管与标准微光像增强器之间的距离,使光电倍增管接收的光电流信号最大;

(5) 经适当放大后的输出信号通过电子带宽 10Hz 的低通滤波器输入至直流电流表和均方根表,测得其直流分量和交流分量;

(6) 按式(3-4)计算,得到信噪比 S/N 值;

(7) 重复测量 6 次,计算算术平均值;

(8) 数据处理。

微光像增强器测量仪的信噪比测量误差计算如下:

$$\Delta(S/N) = \left| \frac{\overline{(S/N)} - (S/N)_0}{(S/N)_0} \right| \times 100\% \qquad (3-11)$$

式中:$\Delta(S/N)$ 为微光像增强器测量仪信噪比的测量误差;$\overline{(S/N)}$ 为信噪比测量的算术平均值;$(S/N)_0$ 为标准微光像增强器的信噪比校准值。

6. 等效背景照度校准方法

(1) 打开光源电源;
(2) 用亮度增益校准中的方法测量出无光照时标准微光像增强器荧光屏法向输出亮度;
(3) 按式(3-2)计算,得到等效背景照度 EBI 值;
(4) 重复测量 6 次,计算算术平均值;
(5) 数据处理

微光像增强器测量仪的等效背景照度测量误差计算如下:

$$\Delta EBI = \left| \frac{\overline{EBI} - EBI_0}{EBI_0} \right| \times 100\% \tag{3-12}$$

式中:ΔEBI 为微光像增强器测量仪等效背景照度的测量误差;$\overline{EBI}$ 为等效背景照度测量的算术平均值(lx);EBI_0 为标准微光像增强器的等效背景照度校准值(lx)。

3.9 紫外像增强器参数测试

紫外像增强器是指那些光谱响应已不限于可见光波段,而是延伸到紫外波段的像增强器,是近年来发展很快且有很大应用潜力的一种像增强器。紫外像增强器主要参数的定义及测量方法和普通微光像增强器基本相同,但仍有一些区别。本节主要针对紫外像增强器几个主要参数的测量展开讨论[8-11]。

3.9.1 紫外像增强器光谱响应特性测量

1. 测量原理

紫外像增强器光谱响应指紫外光阴极发射光电子的能力随波长的变化关系,而紫外光阴极发射电子的能力通常用光谱响应灵敏度来表示,指光谱响应灵敏度随入射波长的变化关系。表达如下:

$$S(\lambda) = \frac{I(\lambda)}{P(\lambda)} \tag{3-13}$$

式中:$S(\lambda)$ 为日盲型紫外像增强器光阴极在波长 λ 处的灵敏度;$I(\lambda)$ 为波长 λ 的紫外辐射入射到紫外像增强器光阴极时,紫外光阴极光电发射达到饱和状态并且光阴极、阳极之间在饱和工作电压下收集到的光电流;$P(\lambda)$ 为波长 λ 的紫外辐射到紫外像增强器光阴极输入面的辐射功率。

紫外像增强器光谱响应灵敏度测量系统由紫外光源及其稳压电源、光栅光谱仪、直流稳压电源、高精度皮安电流计 5 部分组成,原理框图如图 3-8 所示。

图 3-8 紫外像增强器光谱响应灵敏度测量原理图

紫外像增强器光谱响应的测量分4步进行：

第1步，给紫外光阴极入射单色紫外光，并给其光阴极加上饱和工作负偏压；

第2步，测量由紫外光阴极产生的光电流；

第3步，将光电流与入射单色紫外光对应的辐射功率相除，得到各波长下相对光谱响应的灵敏度；

第4步，绘制相对光谱响应灵敏度与波长的曲线，以获得相对光谱响应曲线。

2. 测量系统及测量方法

测量系统由专用光源室、光栅光谱室、稳压电源1、稳压电源2、高精度皮安电流计、测量室以及用于波长校准的冷阴极低压LHM150氙灯组成，如图3-9所示。

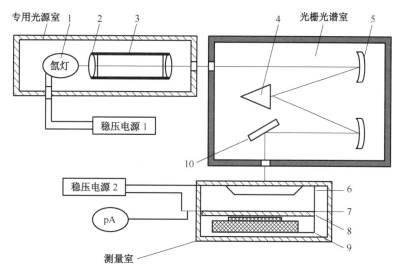

图3-9 紫外像增强器光谱响应特性测量系统原理图

1—LHX150氙灯；2—透紫外透镜；3—透紫外平行光管；4—光栅；5—曲面反射镜；6—光阴极电极；
7—MCP输入电极；8—MCP输出电极；9—荧光屏电极；10—平板减光器。

1）专用光源室

专用光源室安装有紫外光源、透紫外平行光管系统以及紫外光源专用稳压电源1。紫外光源采用氙灯。透紫外平行光管系统的输出光斑直径大于18mm。

2）光栅光谱室

光栅光谱室安装有光栅光谱仪，其焦距为300mm；F数为3.9；光谱范围从185～250nm。

3）测量室

测量室安装有测量专用夹具、稳压电源2、高精度皮安电流计和校准接口。测量专用夹具是针对各种管型结构紫外像增强器设计的，保证每次测量时位置的一致性并实现各种电接触。直流稳压电源2提供紫外像增强器阴极和微通道板之间的电压。高精度皮安电流计用于测量光阴极产生的光电流，其精度达到0.0001pA。校准接口用于安装标准光源。标准光源采用冷阴极低压水银放电灯。

测量光谱响应时，氙灯产生的光线经平行光管系统变换为一定口径的平行入射光照射光栅光谱室，经反射镜照射到光栅表面，然后经光栅变换及反射镜反射到平板减光器上，再经平板减光器后的单色紫外光入射到待测紫外像增强器光阴极表面。若给紫外光阴极加上饱和负偏压,利用高精度皮安计可测量出光电流。在测量过程中利用电气开关控制涡轮蜗杆副以0.5nm步长间断式前进,每前进一步记录下对应的光源相对强度值和皮安电流计测量到的光电流读数,然后利用 Microsoft Ex cel 2003 软件和式(3-13)对每对读数进行计算,并将计算结果绘制成曲线,便得到相应的光谱响应曲线。

3. 测量不确定度分析

由式(3-13)可得,$dS(\lambda) = \dfrac{dI(\lambda)}{dP(\lambda)}$。由此可见,灵敏度 $S(\lambda)$ 的不确定度由测量的光电流 $I(\lambda)$ 和辐射强度 $P(\lambda)$ 的不确定度共同决定。辐射强度 $P(\lambda)$ 的影响可以忽略,光电流的不确定度受电流测量误差、光源稳定性、光源强度测量误差、高压电源稳定性、高压电源测量误差这5个因素影响。如果用 u_1 表示电流测量误差,用 u_2 表示光源稳定性,用 u_3 表示光源强度测量误差,用 u_4 表示高压电源稳定性,用 u_5 表示高压电源测量误差,那么,根据测量误差分析理论,合成不确定度可表示为

$$u = \sqrt{u_1^2 + u_2^2 + u_3^2 + u_4^2 + u_5^2}$$

3.9.2 紫外像增强器辐射增益测试

1. 辐射增益的测试原理

紫外像增强器的辐射增益是评价紫外像增强器图像转换效率的参数,描述了紫外像增强器输出物理量和输入物理量之间的依从关系。其定义为:在标准紫外氘灯光源照明和紫外像增强器额定工作电压下,荧光屏的输出亮度与光电阴极输入辐照度之比。

氘灯光源发出的光经光学系统后以一定的辐射照度照射在像增强器光电阴极面上,用光度计测量此时荧光屏的亮度 L,根据视场角和荧光屏的光谱功率分布及光谱光视效能函数转化为峰值发射波长(560nm)的辐射出度 E_0 后,测试像增强器阴极面上辐射照度 E_i。此时辐射出度 E_0 与光阴极面上的辐射照度 E_i 之比,即是辐射增益 G:

$$G = \dfrac{E_0}{E_i} \tag{3-14}$$

式中:G 为紫外像增强器辐射增益;E_i 为光阴极面的辐射照度;E_0 为辐射出度。

图 3-10 为辐射增益测试系统的原理框图。测试过程:氘灯光源发出的光先经过滤光器和光阑,然后通过积分球得到不同照度的、单波长的均匀光,均匀光照射在像增强器阴极面上,由光度计测量像增强器荧光屏亮度转化为辐射出度。利用辐射计测量输入辐射照度,将数据处理模块采集的数据输入计算机,测试软件根据测试数据计算出辐射增益。

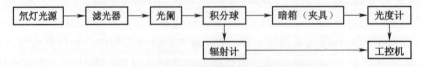

图 3-10 紫外像增强器辐射增益测试原理框图

2. 辐射增益的测量装置

紫外像增强器辐射增益测量原理如图 3-11 所示。测量装置主要包括光源系统、光路系统、测试系统以及计算机系统,将它们装置于光学导轨上,能够实现平滑移动。

紫外光源经可变小孔光阑出光后通过积分球,经多组滤光片后形成所需的入射光,入射光

照射到测试暗箱中像增强器的光阴极面上,由光功率计测量入射光的辐照度,像增强器荧光屏放置于亮度计的成像面上,最后由亮度计测量紫外像增强器输出端的荧光屏亮度,通过计算机显示计算得出像增强器的辐射增益。

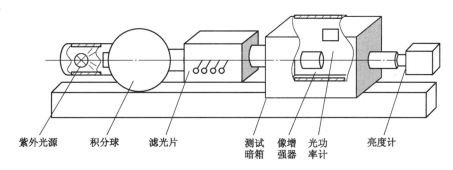

图 3-11　紫外像增强器辐射增益测试装置示意图

（1）光源采用功率为 80W 的氙灯,光谱范围覆盖 200～1800nm 甚至更远,它在近紫外范围（200～400nm）内的功率较大,满足紫外像增强器的测试要求。光源出口处配有可变小孔光阑和积分球,能够实现不同辐照度的均匀入射光。

（2）多组滤光片盒包含中性滤光片和单波长 254nm,280nm,350nm 等滤光片,为阴极端提供需要的单色光。

（3）采用光功率计对像增强器光阴极端入射光进行功率标定,光功率计量程 10^{-9}～10^{-3}W,能够实现皮瓦数量级的准确测量。

（4）亮度计由光电倍增管和光学系统组成,镜头焦距 120mm。通过调节亮度计的光学系统,观察荧光屏使成像清晰,在光学导轨上固定好亮度计进行亮度测量,测量精度 10%。

（5）通过计算机程序软件,进行亮度和背景测量,计算得出像增强器的辐射增益。

3.9.3　紫外像增强器等效背景辐射照度的测试

紫外像增强器的光阴极在没有外来辐射通量的作用下,施加工作电压时荧光屏上仍然发射出一定亮度的光,这种无光照射时荧光屏的发光,称为像增强器的暗背景。像增强器暗背景的存在,使荧光屏屏面上叠加了一个背景照度,甚至使光阴极上微弱照明景物所产生的图像可能完全被淹没在此背景中而不能辨别。因此暗背景是影响紫外像增强器成像质量的重要因素之一,但是由于实际测定的暗背景亮度大小,不仅与热发射有关,而且还与放大率和亮度增益特性有关,因而暗背景的大小不能真实反映紫外像增强器的质量,通常用等效背景辐射照度来反映其背景亮度的程度。

等效背景辐射照度测量原理:首先用光度计测量出无辐射入射时,紫外像增强器荧光屏的亮度 L_a,此时的照度为 E;有辐射光入射时,调节照度值为 $2E$,光度计测得荧光屏的亮度为 L_b。等效背景辐射照度为

$$E_{be} = \frac{L_a}{L_b - L_a} E \qquad (3-15)$$

式中:E_{be} 为等效背景辐射照度。

等效背景辐射照度同样可在图 3-11 所示的测量装置上进行。

3.9.4 紫外像增强器分辨力的测试

1. 测试原理

在像增强器性能测试中,分辨力的测试是必不可少的。分辨力是指两相隔极近的物体,能够产生分得开的像的能力,它能形象地反映紫外像增强器的成像质量。

微光分辨力测试是在规定的低照度条件下,将标准分辨力测试靶板置于平行光管的焦面上,对被试微光夜视仪形成无穷远的分辨力测试靶标。分辨力测试原理示意图如图3-12所示。使用具有特殊光谱要求的紫外光源,且保证能量达到测试所需,紫外光源经积分球或毛玻璃片后在出射口形成一个均匀漫射面,经中性滤光片减光后照亮分辨率靶,分辨率靶位于光学系统焦平面上。光学系统采用同轴球面和平面反射镜组合,使经过光学系统所成的目标像位于像增强器光阴极面上,通过视频显微镜在显示器上观察像增强器荧光屏输出端的靶标成像,可以分辨的最细线对数即就是分辨力。

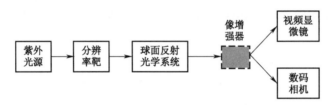

图3-12 分辨力测试原理示意图

2. 测试装置

紫外像增强器分辨力测试系统主要组成为光源系统、分划靶标部分、光学系统、像增强器、接收系统(视频显微镜和数码相机)、计算机处理系统。测试装置原理图如图3-13所示。

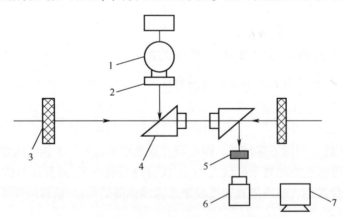

图3-13 紫外像增强器分辨力测试装置原理图
1—光源系统;2—分划靶标部分;3—光学系统中球面反射镜;4—平面反射镜;
5—像增强器;6—接收系统;7—计算机处理系统。

紫外像增强器分辨力主要组成部件的性能和技术指标如下:

(1)紫外光源选定具有典型光谱的中紫外波长的汞灯紫外光源,光谱范围200~400nm,具有典型光谱特性254nm、360nm和400nm,到达像增强器光阴极面的光谱能量应保证使像增强器荧光屏端成像清晰。

(2) 通常的分辨力板只是透射可见光,无法使用于紫外测试系统中,而石英玻璃在整个波长中具有优良的透过性能,因此选择石英玻璃作为基板制作 USAF1951 靶板,靶板采用高中低三种对比度,分别为 100%、60% 和 30%,将三种对比度不同的靶板制作在一个靶盘中,通过靶轮转动使用。分辨力板位于光学系统的焦平面处。

(3) 因为使用普通玻璃不能很好地校正色差,针对紫外光学玻璃透紫外的特性,选用石英玻璃进行了光学系统的设计;为了较好地校正球差,使透过率和分辨力高且光能损失小,设计出球面反射镜光学系统;主镜和次镜采用同轴系统,均由高次球面和平面反射镜构成,没有彗差,没有色散,球差经过高次已经基本消除,球面反射镜像差也最小,光学系统光路原理图如图 3-14 所示。

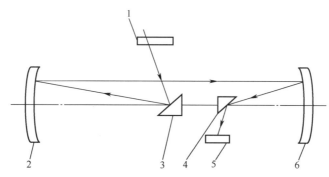

图 3-14 光学系统光路原理图

1—紫外分辨板;2—球面反射镜;3、4—平面镜;5—被测紫外像增强器;6—次球面反射镜。

图 3-14 的光学系统主要由球面和平面反射镜组成。首先将紫外分辨力板 1 置于球面反射镜 2 的焦点位置处,由分辨率板射出的光经平面镜 3 被反射到球面反射镜 2 表面,平面镜 3 放置在球面反射镜 2 的球心位置附近,平面镜与主光轴成 45°角,光线经球面反射镜 2 反射后形成平行光,照射到球面反射镜 6,被反射到平面镜 4,且平面镜 4 置于球面镜 6 的球心处,最后由平面镜 4 射出,聚焦成像在紫外像增强器 5 的阴极面上。将球面和平面反射镜安装在三维调节台上,在它们底部都有两个旋钮,通过这两个旋钮进行高低和俯仰空间方位调节,使平面反射镜镶嵌在镂空的圆形支架中,这样就不会阻挡光线的传输,避免发生光路遮挡现象。

主要指标:主反射镜 2 的焦距为 680mm;有效直径为 68mm;次反射镜 6 的焦距为 230mm,有效直径为 46mm。

(4) 经光学系统将所成图像聚焦于紫外像增强器的光阴极面上,通过视频显微镜观察像增强器的荧光屏成像,调节目镜使成像最佳,通过视频显微镜对成像进行观察和采集,读取分辨力。视频显微镜将采集的图像显示于计算机显示器上,并将图像放大了几十倍,人眼通过目镜观察读取分辨力,常用的目镜放大倍率是 10×,相比之下,视频显微镜更为准确地评价了像增强器的分辨力。

3.10 像增强器视场缺陷检测

3.10.1 像增强器的视场缺陷

像增强器的视场缺陷是评价增强器性能的重要指标参数,缺陷的测试是像增强器技术研究和产品出产检测的关键环节。传统的像增强器图像缺陷检测方法借助于光学显微镜,通过目视方法在整个荧光屏进行人工统计,检测主要依靠操作人员的经验,在判断和统计的边界值上主观性较强,工作效率较低。随着高性能 CCD 成像技术和计算机图像处理技术的迅速发展,引进 CCD 成像系统代替人眼采集图像,并通过计算机图像处理和判别统计,已成为测试技术发展的重要方向[12]。

像增强器的视场缺陷包含两个部分:

(1)在像增强器处于稳定工作状态,光阴极无辐射输入的情况下,荧光屏输出图像出现明显的光斑、条纹、光脉动、发射点和比周围亮得多的其他各种形状的缺陷;

(2)打开标准光源(2856K),调整光阴极面输入均匀照度(输入照度($5\times10^{-5}\pm25\%$)lx),使观察到的缺陷获得最佳对比度,观测荧光屏图像各规定区域出现的亮斑、不透明斑以及超出规定对比度的暗斑。进行判别统计时,当两个斑点间的距离小于其中任一光点最大尺寸时,视其为一个光点(非圆形斑点按等面积的圆形光点计算);统计各个斑点的平均灰度,记录与荧光屏平均灰度之比大于或者小于 10% 的斑点个数,即为像增强器的图像缺陷个数。

3.10.2　像增强器视场缺陷检测装置

图 3-15 为像增强器视场缺陷检测装置图。在平行光管物方焦平面处放置均匀磨沙毛玻璃,形成轴向的均匀发散光(像增强器阴极面光照度符合军用标准,输入照度($5\times10^{-5}\pm25\%$)lx;调节摄像机直到荧光屏清晰成像,采集有均匀光照时的图像和无光时图像。

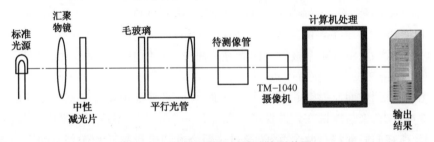

图 3-15　像增强器视场缺陷检测装置

CCD 对于光谱的响应和人眼对于光谱的响应是不完全一致的。人眼的光谱响应范围为 380~760nm,而 Si-CCD 的光谱响应则截止在 1100nm 处。因此,在检测系统中常常需要采集荧光屏的图像。由于 P20 或 P43 荧光屏的辐射主要是 500~600nm 的黄绿色光,几乎没有近红外辐射,因而系统未加光谱校正装置。

3.10.3　像增强器视场缺陷的检测算法

对于采集到的图像首先进行系统均匀性校正,然后按照像增强器图像缺陷的定义,进行阈值化处理和去除小斑点处理,最后进行斑点识别和分类。

1. 图像阈值化处理

像增强器的视场缺陷检测,对于缺陷的大小和形状有明确的规定,故应按照平均灰度上下 10% 阈值的定义,对经均匀化处理的图像进行阈值处理。

2. 分离点及边界毛刺的处理

由于图像噪声可能导致二值化图像的黑斑点区域极不规则,因而需要进行矫正或整形,消除不符合实际的边界形状(如黑区域中间有分离的白色像素点或者规则的区域边界的毛刺)。人眼是通过检测缺陷与周围的比较而判别缺陷的,因此我们采用常规的膨胀/腐蚀处理算法,通过膨胀、开、腐蚀、闭等过程,消除分离点和边界毛刺。

3. 区域标记算法

小斑点去除之前,需要进行区域(二值图像中相互连接的黑像素或者白像素连成的区域)标记,将各个相连接的黑区域标记成为相同标志。

(1) 将所有的黑像素变成-1,并设置搜索序号初始值 $a=1$。

(2) 从左上角往右下角搜索黑区域的初始像素(第一个值为-1的像素)。扫描整幅图像,直到找到初始像素并且设置为 a;如果没有初始像素,则认为没有黑区域,$a=a-1$,退出整个黑区域标记程序。区域标记结果 a 为黑区域个数。

(3) 设置标记 chg1=0,chg2=0,chg1=1,chg2=1,标记本轮搜索找到黑区域点,否则认为没有找到黑区域点。

(4) 从左上角第2行第2列向右下角倒数第2行最后1列正方向扫描传播。搜索整幅图像,搜索到像素值为-1的像素,用4连接判断 $(x,y+1)$ 或 $(x,y-1)$ 是否为 a;若是,则标记该像素值为 a,并且设置 chg1=1。整个图像扫描结束后,判断 chg1,如果 chg1=0,到步骤6;若 chg1=1,继续步骤5。

(5) 从最右下角倒数第2行倒数第2列往左上角第2行第1列反方向扫描传播。搜索整幅图像,搜索到像素值为-1的像素,采用4连接判断 $(x+1,y)$ 或 $(x,y+1)$ 是否为 a;若是,标记为 a,并且设置 chg2=1。判断 chg2,如果 chg2=0,到步骤6,若 chg2=1,跳到步骤3。

(6) 该轮搜索结束后,搜索序号 $a=a+1$;返回步骤2。

标记处理后,图像的所有区域按照1,2,3……标上编号,进行下一步处理。

4. 区域面积、位置统计

对每一个标记的区域进行重心和实际面积的计算,并按照等面积圆折算为半径 R_i:

$$R_i = \left(\frac{S_i}{\pi}\right)^{1/2} \tag{3-16}$$

若区域 i 总数为 N_i,区域 i 的重心定义为

$$X_i = \sum_{j=1}^{N_i} x_j/N_i \tag{3-17}$$

$$Y_i = \sum_{j=1}^{N_i} y_j/N_i \tag{3-18}$$

获得半径 R_i 和重心 (X_i,Y_i) 的统计数字后,逐点比较两个区域重心之间距离和半径之和,如果重心间距离大于区域半径之和,则认为两个区域是独立的两个缺陷;如果重心距离小于或者等于区域半径之和,则将两个区域的数字统一,总数目中去掉一个区域,重新计算面积和重心位置。

5. 小斑点去除

通常荧光屏上直径小于 75μm 的斑点,认为不是图像缺陷,不计为缺陷个数。通过测试系统的标定(标定当量为51.03μm/像素),该区域相当于2个像素所占的面积,即区域大于像素数目2就判定为缺陷。

小区域去除的算法如下:按照标号统计各区域占有的像素数目 $A_1,A_2,A_3,A_4\cdots\cdots$;将斑点占像素小于 2 的区域设置为 0;将大于或等于 2 的区域设置为-1;调用上面的区域标记函数,重新进行区域标记操作。

参 考 文 献

[1] 郑克哲.光学计量[M].北京:原子能出版社,2002.
[2] 中华人民共和国国家军用标准.GJB2000-94 像增强器通用规范.国防科工委军标出版发行部,1994.
[3] 史继芳,王生云,孙宇楠.三代微光像增强器亮度增益测量装置[J].应用光学,2011,32(2),300-302.
[4] 钱芸生,常本康,邱亚峰,等.微光像增强器亮度增益和等效背景照度测试技术[J].真空电子技术,2004(2):35-37.
[5] 钱芸生、常本康、詹启海、等.微光像增强器信噪比测试技术研究[J].真空科学与技术,2002,22(5):389-391.
[6] 钱芸生、常本康、邱亚峰等.三代微光器件的测试和评估技术研究[J].真空科学与技术学报,2004,24(5),389-392.
[7] JJF(军工)79-2014 微光像增强器测量仪校准规范,国家国防科技工业局发布,2014.
[8] 程宏昌,盛亮,石峰,等.紫外像增强器光谱响应特性测量方法研究[J].应用光学,2007,28(3):305-308.
[9] 贺英萍,尹雷,拜晓锋,等.紫外像增强器辐射增益测试方法研究[J].真空电子技术,2013(1):56-58.
[10] 刘涛,邱亚峰.紫外像增强器辐射增益测试系统设计[J].应用光学,2015,36(5):723-727.
[11] 贺英萍,李敏,尹雷,等.紫外像增强器分辨力和视场质量测试技术研究[J].应用光学,2012,33(2):337-341.
[12] 许正光,王霞,王吉晖,等.像增强器视场缺陷检测方法研究[J].应用光学,2005,26(3):12-15.

第4章 微光夜视仪参数测量

微光夜视仪光学性能测量是对微光夜视仪(以下简称夜视仪)整机特性测量,是微光夜视产品的最终性能检测。反映微光夜视仪光学性能的参数主要有视场、视放大率、相对畸变、分辨力、亮度增益等。下面分别讨论这些参数的基本概念、测量原理以及测试方法[1-2]。

4.1 微光夜视仪的视场测量

4.1.1 夜视仪的视场的定义

夜视仪的视场是指微光光学系统所观察到的物空间的两维视场角,如图4-1所示。

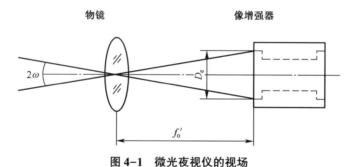

图4-1 微光夜视仪的视场

视场角有如下关系:

$$\omega = \arctan \frac{D_e}{2f_o'} \tag{4-1}$$

式中:ω 为物镜半视场角(°);D_e 为光阴极面有效工作直径(mm);f_o' 为物镜焦距(mm)。

由式(4-1)可知,当像增强器光阴极有效直径确定后,物镜焦距是决定夜视仪视场的唯一因素。

夜视仪的视场在概念上和普通光学系统相同,它属于望远系统的一种,其测量原理和测试方法也基本一致,不同之处是所用光源不同,这是因为夜视仪是在低照度下工作,普通光源不能满足它的使用要求。

4.1.2 夜视仪视场测量原理及测试方法

1. 用视场仪进行测量

视场仪实际上是一种大视场的平行光管,又称宽角准直仪。图4-2为视场仪结构图。它的物镜采用在大视场下成像质量良好的广角照相物镜,在物镜焦平面上放置分划板,分划板上刻有十字分划刻线。刻线上的分划值直接刻出刻线对物镜中心的张角。十字刻线的垂直和水平刻线上都刻有角度单位的刻度值,采用度、分为单位,如图4-3所示。

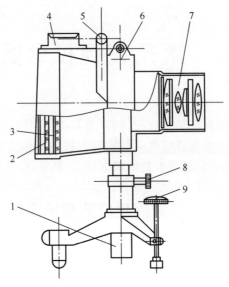

图 4-2 视场仪结构示意图

1—升降杆;2—毛玻璃;3—分划板;4、5—水准器;6—镜筒;7—广角物镜;8—锁紧手轮;9—底座调节手轮。

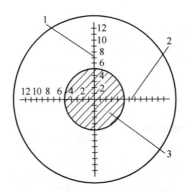

图 4-3 视场仪分划板示意图

1—垂直视场分划;2—水平视场分划;3—被测仪器的视场范围。

图4-4为测量夜视仪视场示意图。视场仪分划板用溴钨灯照明,照度在 $10^{-3} \sim 10^{-1}$ lx 照

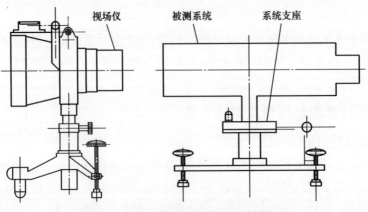

图 4-4 用视场仪测量夜视仪视场示意图

度范围内,被测夜视仪放在视场仪后面,尽量靠近视场仪物镜,并使它们大致处于共轴情况。测量者通过被测夜视仪直接观察视场仪分划板,此时可以观察到视场仪分划板的一部分,利用视场仪分划板上分划刻线进行读数。能看到的视场仪分划板上左右(或上下)两边的最大读数之和,就是被测夜视仪的视场角。用这种方法设备简单,操作方便且准确度也较高。

2. 用狭缝和准直镜进行测量

图4-5是用狭缝和准直镜测量夜视仪视场的示意图。它由狭缝、准直镜和大转台组成。狭缝目标的照度在 $10^{-3} \sim 10^{-1}$ lx。

被测夜视仪放在大转台上,通过夜视仪观察狭缝。先向左边转动大转台直至视场的某一边缘,记录转台的角度值。再向右边转动大转台直到狭缝位于视场的另一边缘,记录转台的角度值。所记录的两个角度值之差为视场。

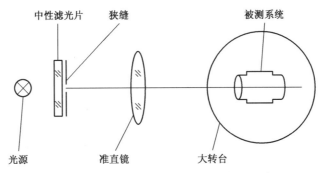

图 4-5 用狭缝和准直镜测量夜视仪视场示意图

3. 视场测量不确定度的主要来源

1)用视场仪测量

(1)视场分划线引入的不确定度分量;

(2)重复性测量引入的不确定度分量;

(3)视场仪校准引入的不确定度分量。

2)用狭缝和准直镜测量

(1)狭缝宽度引入的不确定度分量;

(2)转台角度刻线引入的不确定度分量;

(3)重复性测量引入的不确定度分量。

4.2 微光夜视仪的视放大率测量

4.2.1 微光夜视仪视放大率的定义

微光夜视仪的视放大率定义同普通望远系统的视放大率的定义一样,即对于同一个目标,用望远镜观察时人眼视网膜上的像高 y'_t 与人眼直接观察时视网膜上的像高 y'_e 之比,用 $\varGamma$ 表示。由上面关系得

$$\varGamma = \frac{y'_t}{y'_e} = \frac{l'\tan\omega'}{l'\tan\omega} = \frac{\tan\omega'}{\tan\omega} \tag{4-2}$$

式中:l' 为眼睛像方节点到视网膜的距离;ω 为人眼直接观察目标的视角;ω' 为人眼通过望远

镜观察目标的视角。

4.2.2 微光夜视仪视放大率测量原理及测试方法

由于视场测量的方法有两种,所以视放大率的测量方法也分两种,下面分别进行阐述。

1. 用视场仪和前置镜测量

这是直接测量视场角 ω 和 ω' ,用式(4-2)计算夜视仪视放大率的方法。测量装置示意图如图 4-6 所示。

被测系统和视场仪及前置镜共轴放置。用照度为 $10^{-3} \sim 10^{-1}$ lx 的光源照亮视场仪的分划板,由上述测夜视仪视场的方法测出被测系统的物方视场角 2ω 。前置镜放在被测系统后面,用于测量被测系统的像方视场角 $2\omega'$ 。通常前置镜分划板上刻有角度分划值,测量时可直接读出 ω' 值。根据式(4-2)求得被测系统的放大率。

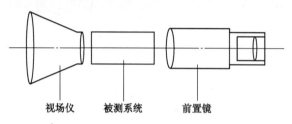

图 4-6 用视场仪和前置镜测量视放大率装置示意图

如果目的在于检验放大率是否超差,而不需要测出 Γ 的绝对值,则可通过前置镜读出的像方视场角及被测系统的技术条件和公差直接判断视放大率是否合格。

使用这种方法设备简单,操作方便,准确度也较高,是夜视仪视放大率测量较为理想的方法。

2. 用狭缝和前置镜测量

将被测系统放在图 4-7 所示的测量装置中。并将一个安装在小转台上的前置镜(此镜自身应调焦于无穷远)放置在被测系统目镜后出瞳距离处。始终保持光源照度在 $10^{-3} \sim 10^{-1}$ lx 之间。

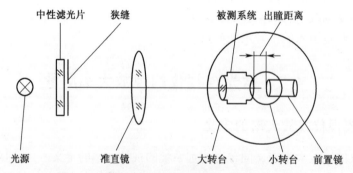

图 4-7 用狭缝和前置镜测量视放大率装置示意图

转动小转台,通过前置镜观察,使狭缝像与前置镜的十字线重合。记录此时小转台的游标刻度读数。转动大转台到光轴的任意一边的半视场角 θ_1 处。转动小转台使狭缝像同目镜分划再次重合。记录小转台读数。第二次读数与第一次读数之差,即为像的转动角度 θ_1' 。当像位于光轴的另一边时重复上述步骤,记录 θ_2、θ_2'。使用 $\tan\theta'$ 的平均值,计算被测系统的视放大率 Γ:

$$\Gamma = \frac{\overline{\tan\theta'}}{\overline{\tan\theta}} \tag{4-3}$$

式中:$\overline{\tan\theta} = \frac{(\tan\theta_1 + \tan\theta_2)}{2}$;$\overline{\tan\theta'} = \frac{(\tan\theta_1' + \tan\theta_2')}{2}$;$\theta_1$、$\theta_2$ 为半视场角(°);θ_1'、θ_2' 为像的转动角(°)。

3. 视放大率测量不确定度的主要来源

1) 用视场仪和前置镜测量
(1) 视场分划线引入的不确定度分量;
(2) 前置镜分划线引入的不确定度分量;
(3) 重复性测量引入的不确定度分量;
(4) 视场仪校准引入的不确定度分量。

2) 用狭缝和前置镜测量
(1) 狭缝宽度引入的不确定度分量;
(2) 大转台角度刻线引入的不确定度分量;
(3) 小转台角度刻线引入的不确定度分量;
(4) 前置镜分划线引入的不确定度分量;
(5) 重复性测量引入的不确定度分量。

4.3 微光夜视仪的相对畸变测量

4.3.1 微光夜视仪的相对畸变的定义

视场边缘放大率与中心放大率之差相对于中心放大率的百分比,其表达式为

$$q = \left(\frac{\Gamma_e}{\Gamma_c} - 1\right) \times 100\% \tag{4-4}$$

式中:q 为相对畸变(%);Γ_e 为边缘放大率;Γ_c 为中心放大率。

4.3.2 相对畸变的测量原理及测试方法

1. 用视场仪和前置镜测量

在夜视仪全视场的 1/10 区域内测出中心放大率 Γ_c,在全视场 8/10 处测出边缘放大率 Γ_e。由式(4-4)算出相对畸变 q 值。

2. 用狭缝和前置镜测量

用狭缝和前置镜测量夜视仪视放大率 Γ 的方法测出任意视场角 $\omega_c(\omega_e)$ 及其对应的像的转动角 $\omega_c'(\omega_e')$,可得

$$\Gamma_c = \frac{\tan\omega_c'}{\tan\omega_c}, \quad \Gamma_e = \frac{\tan\omega_e'}{\tan\omega_e} \tag{4-5}$$

利用式(4-4)求出相对畸变 q。

3. 相对畸变测量不确定度的主要来源

1) 用视场仪和前置镜测量

(1) 视场分划线引入的不确定度分量；

(2) 前置镜分划线引入的不确定度分量；

(3) 重复性测量引入的不确定度分量；

(4) 视场仪校准引入的不确定度分量。

2) 用狭缝和前置镜测量

(1) 狭缝宽度引入的不确定度分量；

(2) 大转台角度刻线引入的不确定度分量；

(3) 小转台角度刻线引入的不确定度分量；

(4) 前置镜分划线引入的不确定度分量；

(5) 重复性测量引入的不确定度分量。

4.4 微光夜视仪的分辨力测量

4.4.1 微光夜视仪的分辨力的定义

微光夜视仪的分辨力是指夜视仪刚能分辨开两个无穷远物点对物镜的张角，用 α 表示。分辨力能形象地反映夜视仪的成像质量，且测量方便，因此生产、科研部门往往用此参数评价夜视仪的整体性能。

4.4.2 分辨力的测量原理及测试方法

测量夜视仪分辨力的常用方法有两种：一种为透射式测量，透射式测量是指分辨力靶为透射式；另一种为反射式测量，其分辨力靶为反射式。下面将分别介绍。

1. 用透射式分辨力靶测量

用透射式分辨力靶测量夜视仪的分辨力的测量原理、方法、所用分辨力靶与微光像增强器的分辨力测量完全相同，已在微光像增强器测量中进行了详细描述，这里只讲二者的不同之处：

(1) 微光像增强器通常仅测量高照度(1×10^{-1} lx)分辨力，夜视仪则需测量高、低(1×10^{-3} lx)两个照度下的分辨力；

(2) 微光像增强器的分辨力是以刚能分开两物点的距离来表征，单位为 lp/mm，夜视仪的分辨力以角距离表示刚能分辨的两点间的最小距离，单位为 mrad。

(3) 二者的分辨力表达式不同。

微光像增强器分辨力的表达式如下：

$$\alpha = 2a/f_c \tag{4-6}$$

式中：α 为夜视仪的分辨角(mrad)；a 为分辨力靶线条宽度(mm)；f_c 为平行光管的物镜焦距(m)。

2. 用反射式分辨力靶测量

反射式分辨力靶的图形与美国空军1951透射式分辨力板图形基本相同，一点组数略少一些,另一点是线条宽度宽,这是因为夜视仪的分辨力比像增强器的分辨力要低得多。分辨力板的背景为白色,上方形标记可用于测量暗线条亮度。反射式分辨力靶的图案分为6组,每组有6个单元,表4-1列出了36个单元图案的线条宽度和长度。反射式分辨力板的对比度有4种,表4-2给出了分辨力靶号及所对应的对比度值的范围。通常将对比度值的范围为0.85~0.90的称为高对比,将对比度值范围为0.25~0.30的称为低对比。低照度、低对比下的分辨力更能反映夜视仪在野外实用时的性能。因此,低照度、低对比下的分辨力是反映夜视仪性能的一个重要参数。故常用反射式分辨力靶测量微光夜视仪的分辨力。

表4-1 反射式分辨力靶线条宽度和长度　　　　　　　　（单位:mm）

组号	单元号	线条宽度	线条长度	组号	单元号	线条宽度	线条长度	组号	单元号	线条宽度	线条长度
-2	1	20	100	0	1	5	25	2	1	1.25	6.25
	2	17.82	89.10		2	4.45	22.25		2	1.11	5.55
	3	15.87	79.35		3	3.97	19.85		3	0.99	4.95
	4	14.14	70.70		4	3.54	17.70		4	0.88	4.40
	5	12.60	63		5	3.15	15.75		5	0.79	3.95
	6	11.22	56.10		6	2.81	14.05		6	0.70	3.50
-1	1	10	50	1	1	2.50	12.50	3	1	0.625	3.13
	2	8.91	44.55		2	2.23	11.15		2	0.56	2.80
	3	7.94	39.70		3	1.98	9.90		3	0.50	2.50
	4	7.07	35.35		4	1.77	8.85		4	0.44	2.20
	5	6.30	31.50		5	1.57	7.85		5	0.39	1.95
	6	5.61	28.50		6	1.40	7		6	0.35	1.75

表4-2 分辨力靶号与对比度值的对应关系

分辨力板号	No.361	No.362	No.363	No.364
对比度值	0.25~0.30	0.35~0.40	0.55~0.60	0.85~0.90

用反射式分辨力靶测量分辨率原理如图4-8所示。光源经积分球后在出射口形成一个均匀漫射面,经中性滤光片减光后照亮分辨力靶,分辨力板位于平行光管的焦平面上。光源在分辨力板侧前方45°角方向上,以能照亮整个分辨力靶的距离为准。被测夜视仪放在平行光管的后面,夜视仪的物镜将分辨力靶上的图案成像到微光像增强器的光阴极上,经过微光像增强器增强后,通过夜视仪的目镜直接观察分辨力靶的图案。调整目镜、物镜焦距,至图像清晰

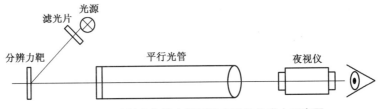

图4-8 用反射式分辨力靶测量夜视仪分辨力示意图

为止,记录最小可分辨所对应的分辨力靶的组号,如 3-5 组,它表示最小可分辨出第三组五单元的图形,通过表 4-1 查出 3-5 组所对应的线条宽度,由式(4-6)计算出夜视仪的分辨力。

3. 分辨力测量不确定度的主要来源

(1) 分辨力靶线条宽度引入的不确定度分量;
(2) 平行光管物镜焦距引入的不确定度分量;
(3) 重复性测量引入的不确定度分量。

4.5 微光夜视仪的亮度增益测量

4.5.1 微光夜视仪的亮度增益的定义

夜视仪亮度增益是指夜视仪输出亮度与目标靶亮度之比。计算如下:

$$G = L_1/L_2 \tag{4-7}$$

式中:G 为夜视仪亮度增益;L_1 为夜视仪输出亮度(cd/m^2);L_2 为夜视仪目标靶亮度(cd/m^2)。

4.5.2 亮度增益测量原理及测试方法

光源经积分球后在出射口形成一个均匀漫射面,经中性滤光片减光后照亮漫透射目标靶(简称目标靶),目标靶位于被测夜视仪的前方至少 28cm 处。用亮度计测出目标靶的实际亮度和夜视仪目镜出射端的亮度。出射端的亮度与目标靶的亮度之比就是夜视仪的亮度增益。测量装置如图 4-9 所示。

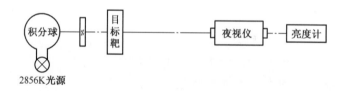

图 4-9 夜视仪亮度增益测量装置示意图

用色温为 2856K±50K 的均匀光源照亮目标靶,被均匀照射的面积应充满夜视仪的视场,保证在光阴极的有效面积内均能被照射到。调整光源的亮度,使其亮度应在($3.4×10^{-4} \sim 5.0×10^{-3}$)$cd/m^2$ 之间。用经校准的亮度计测出由光源照射目标靶后的目标靶的亮度,并记录。通过夜视仪观察目标靶。用同一亮度计测量夜视仪目镜的输出亮度。测量亮度时应在亮度计光轴上放置一个直径为 5mm 的入瞳,该入瞳沿被测夜视仪光轴到其目镜的距离应为规定的出瞳距离。

亮度增益测量不确定度的主要来源:
(1) 夜视仪输出亮度测量引入的不确定度分量;
(2) 目标靶亮度测量引入的不确定度分量;
(3) 光源色温标定引入的不确定度分量;
(4) 校准亮度计引入的不确定度分量;
(5) 重复性测量引入的不确定度分量。

4.6 微光夜视仪测量装置

以上几节我们重点介绍了微光夜视仪主要参数的测量原理。依照基本的测量原理,国内研制了相关测量装置。下面简单介绍几种典型的测量装置。

4.6.1 微光夜视仪综合参数测量与校准装置

国防科技工业光学一级计量站建立了微光夜视仪整机特性测量与校准装置。装置共有5部分组成:光源组件、分辨力靶组件、平行光管组件、接收器组件、计算机控制组件,如图4-10所示[3]。

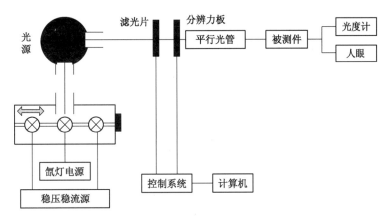

图4-10 微光夜视仪综合参数测量装置构成示意图

1. 光源组件

光源组件由溴钨灯、氙灯、积分球、滤光片及供电电源组成。共设计三种光源将其装于导轨上,可平滑地移动。根据测量要求选择任一种光源置于光路中。

(1) 标准A光源:国内外的生产研制、使用单位及标准要求检验和验收微光夜视仪分辨力时,其光源照度如技术指标所要求的应有两个等级,本装置采用12V/30W的卤钨灯、积分球、中性减光片实现这一要求。光源的光谱范围为0.4~1.0μm。

(2) 模拟星光光源:星光的光谱分布与卤钨灯的光谱分布比较接近。此装置采用12V/20W的卤钨灯和牌号为AB型的玻璃滤光片组合而成。通过计算将光源的光谱分布曲线与滤光片光谱分布曲线进行拟合,不断地改变滤光片的类型和厚度,最后制作出最佳的滤光片组合。照度等级为10^{-3}lx,光谱范围为(0.4~1.0)μm。

(3) 模拟月光光源:月光的光谱分布几乎和日光的光谱分布相同,是夜天光可见光谱区的主要来源。采用氙灯和滤光片组合而成。制作方法和模拟星光光源一样,照度等级为10^{-3}lx,光谱范围为(0.4~1.0)μm。

2. 分辨力靶组件

分辨力靶是本装置的关键部件,在评价微光夜视仪分辨力这项性能时,要求分辨力靶的对比度有两种:高对比度(90%以上),低对比度(25%~30%)。线条宽度应能满足检测要求。本装置选购了USAF 1951的分辨力靶。外型尺寸为76mm×76mm,在透明的光学玻璃基底上,镀有不同宽度的线条,共有 6 组,从 -2 组~3 组,每组有 6 个单元。线条宽度从 0.035~2.0mm,不确定度为 0.00001mm。高对比度为 99.8%,低对比度为 30%。

3. 平行光管组件

由于微光夜视仪是一个望远系统,在室内评价其性能时由于距离有限,必须用平行光管产生一个无穷远的目标。平行光管的技术指标根据分辨力靶的线条宽度、微光夜视仪物镜的有效口径和各种产品的分辨力指标范围设计。

平行光管的主要技术指标:

焦距:1504mm;

有效口径:150mm;

物镜分辨力:0.82″。

4. 接收器组件

1) 照度计的性能及主要技术指标:

照度计的探测头为光电倍增管,配以 $V(\lambda)$ 修正器。采用高稳定度的运放电路和取样电阻,采用电磁屏蔽技术,使得照度的不确定度为 3%,符合国家级照度计标准。

照度计的技术指标:

测量范围:$1 \times 10^{-6} \sim 1 \times 10^3$ lx;

中性滤光片衰减倍数:1×,10×,100×,1000×;

$V(\lambda)$ 修正器:色修正系数符合一级照度计标准要求。

2) 光度计/色度计的性能及主要技术指标:

光度计作为本装置光度传递设备之一,主要有两个用途:一是用于标定光源的色温值;二是测量目标靶的亮度和微光夜视仪输出端的亮度,实现亮度增益这项参数的测量。

光度计的主要技术指标:

望远物镜工作距离:44mm;

孔径角:3°,1°,1/2°,1/4°,1/8°;

中性减光片衰减倍数:1×,10×,100×,1000×;

目镜视场:8.5°;

亮度准确度:±0.04;

色度准确定度:±0.0015。

5. 计算机控制组件

计算机控制组件包括计算机、打印机、彩色显示器、电机控制器、步进电机、开关电路组件和软件。

计算机控制系统如图 4-11 所示。

1) 软硬件功能

控制滤光片转盘的转动、定位和复位。转盘分为 6 挡,包括标准光源的两个滤光片,模拟星光、模拟月光、红外光源和一个空挡。

控制分辨力转盘的转动、定位和复位。转盘分为 3 挡,包括高对比度分辨力靶、低对比度分辨力靶、漫透射板。

2) 控制原理

电机控制采用红外发光和接收开关元件,利用光电控制原理,由计算机软件控制滤光片和

第 4 章 微光夜视仪参数测量

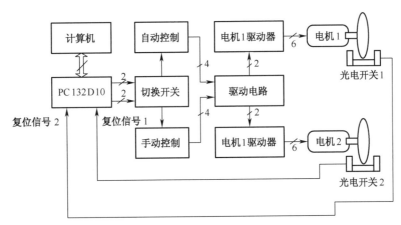

图 4-11 计算机控制系统图

分辨力靶转盘的转动，实现精确的定位和复位选择功能。

定位方法：依靠计算机软件，通过电机驱动卡以零点为基准，对两转盘每个位置发出一驱动脉冲数，再通过电机驱动器的细分，使定位准确度满足仪器的设计要求。

复位方法：步进电机运转时，计算机每发出一驱动脉冲信号便通过输入口检测两个光电开关的变化，当光电开关的电平由低位到高位发生变化时，电机便停止，并以此作为转盘的零点。这种方法操作简单，定位准确度高。

4.6.2 视场、视放大率和畸变的测试装置

视场、视放大率和畸变这三个参数虽然定义与测量方法不同，但是其测量装置有共同的地方，所以有人建立了这三项参数的综合测试装置[4]。测试这三项参数的装置如图 4-12 所示。

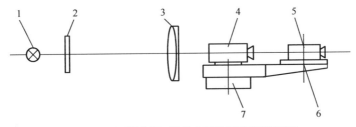

图 4-12 测量视场、视放大率和畸变的装置图
1—光源；2—目标靶；3—标准准直物镜；4—被测产品；5—前置镜；6—小转台；7—大转台。

4.7 微光夜视眼镜参数测量

微光夜视眼镜是微光夜视仪的一种，它可以装在飞行员和驾驶员的头盔上，在夜间低照度条件下，辅助飞行员和驾驶员观察。由于微光夜视眼镜具有体积小、重量轻、一般为双筒形式，测量方法和一般夜视仪有所不同。

4.7.1 微光夜视眼镜视场测量

微光夜视眼镜视场测量装置如图 4-13 所示。

通过其中一个单筒望远镜观察狭缝。先向左边转动大转台直至视场的某一边沿,记录转台的角度。再向右边转动大转台直到狭缝位于视场的另一边,记录转台的角度。所记录的上述两个角度之差即为视场。对另一单筒望远镜重复上面的测量。

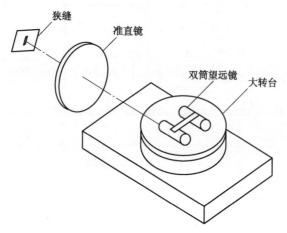

图 4-13　微光夜视镜视场测量装置示意图

4.7.2　微光夜视眼镜放大率测量

微光夜视镜放大率测量装置如图 4-14 所示。

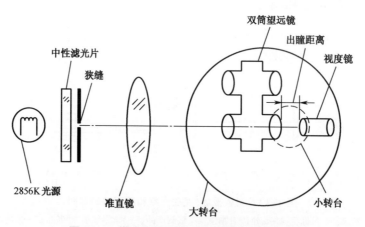

图 4-14　微光夜视镜放大率测量装置示意图

将双筒望远镜放在测量装置中,并将一个安装在小转台上的前置镜放置在其中一个单筒望远镜目镜后出瞳距离处。

转动小转台,通过前置镜观察,使狭缝像与前置镜的十字线重合。记录此时小转台的游标刻度读数。转动大转台到光轴的任意一边的半视场角 θ_n 处。转动小转台使狭缝像同目镜分划再次重合。记录小转台读数。第二次读数与第一次读数之差,即为像的转动角度 φ_n。当像位于光轴的另一边时重复上述步骤,记录 θ'_n,φ'_n。使用 $\tan\varphi'_n$ 的平均值,计算放大率 Γ:

$$\Gamma = \frac{\overline{\tan\varphi_n}}{\tan\theta_n} \tag{4-8}$$

式中：θ_n 为半视场角；φ_n 为像的转动角。

$$\overline{\tan\theta_n} = \frac{(\tan\theta_n + \tan\theta_n')}{2} \quad (4-9)$$

$$\overline{\tan\varphi_n} = \frac{(\tan\varphi_n + \tan\varphi_n')}{2} \quad (4-10)$$

对于另一单筒望远镜重复进行上述的测量。

4.7.3 微光夜视眼镜畸变测量

利用放大率测量得出的结果，并使用放大率测量方法求出任意视场角的 θ_n 及其对应的 φ_n，计算每个单筒望远镜的畸变。

微光夜视眼镜的相对畸变 D 计算如下：

$$D = \frac{\overline{\tan\varphi_\omega} - \Gamma\overline{\tan\theta_\omega}}{\Gamma\overline{\tan\theta_\omega}} \times 100\% \quad (4-11)$$

式中：Γ 为视场中心 1/10 区域内测出的放大率(称中心放大率)；θ_ω 为 8/10 区域边缘对应的物方视场角；φ_ω 为 8/10 区域边缘对应的像方视场角。

4.7.4 微光夜视眼镜分辨力测量

把分辨力靶放于平行光管的焦平面上。调整分辨力靶的亮度以获得最高的分辨力。

其中一个单筒望远镜，在最佳聚焦状态下观察平行光管的分辨力靶，并确定能够分辨的分辨力靶图案组号，即可查出该组号对应的线条宽度 a。

分辨力 R (mrad) 计算如下：

$$R = \frac{2a}{f_c} \times 1000 \quad (4-12)$$

式中：f_c 为平行光管的焦距。

对另一单筒望远镜进行同样的测试和计算。

4.7.5 微光夜视眼镜亮度增益测量

在双筒望远镜物镜之前，放置一色温为 2856K 的扩展朗伯光源。调整扩展光源亮度，用一台经过标定的亮度计进行测量，记录输入亮度实测值 L_i。

通过双筒望远镜观察扩展光源，用亮度计测量每一目镜的输出亮度 L_0。

对于每一单筒望远镜，其增益 G 的计算如下：

$$G = \frac{L_0}{L_i} \quad (4-13)$$

4.7.6 微光夜视眼镜光轴平行性测量

微光夜视眼镜光轴平行性测量装置如图 4-15 所示。用两束平行光射入双筒望远镜的物镜，使用一架带有测微目镜的移动式望远镜，测量两目镜出射光束之间的角度之差。

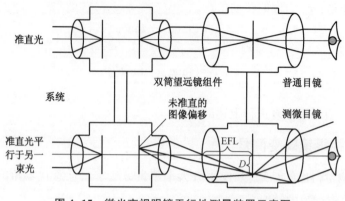

图 4-15 微光夜视眼镜平行性测量装置示意图

4.8 基于 MRC 的直视微光夜视系统性能评价

直视型微光成像系统是通过物镜将景物成像在位于其焦平面处的像增强器的光阴极面上,像增强器对目标进行光电转换、电子成像、亮度倍增,并在荧光屏上显示目标的增强图像。直视型微光成像系统的性能主要受噪声、系统光学性能和人眼视觉性能等三个方面的限制。过去通常用极限分辨角来评价微光成像系统的性能极限。该方法虽然考虑了人眼和系统的共同作用,且能够反映微光成像系统的基本规律,但人为地将信噪比与光学传递特性分开,这不论是在物理上还是在数学上都是不全面的。同时该方法还要求必须满足两个因素互不相干的条件,而实际上这两个因素具有一定的相关性。基于以上方面,有人把最小可分辨对比度(MRC)的概念引入到直视型微光成像系统。综合考虑空间因素和时间因素对成像系统的影响,在人眼视觉的基础上,从信号检测的角度出发推导了直视型微光成像系统的 MRC 模型,以此来评价直视型成像系统的成像性能[5-7]。

4.8.1 基于最小可分辨对比度(MRC)模型定义

目标与背景的对比度 C 定义为

$$C = \frac{(L_t - L_b)}{(L_t + L_b)} \tag{4-14}$$

式中:L_t、L_b 分别表示测试图案的目标亮度和背景亮度。

基于最小可分辨对比度(MRC)定义为具有不同空间频率、高宽比为 5∶1,亮度为 L_t 的 3 条带目标图案处于均匀亮度 L_b 的背景中,在某一确定的空间频率 f 下,观察者通过光电成像系统恰好能分辨(50%概率)出条带图案时,目标与背景之间的对比度 $C(f)$ 称为该空间频率 f 和场景平均亮度 $L_m = (L_b + L_t)/2L$ 背景下的最小可分辨对比度 $\text{MRC}(f,L)$。水平扫描方向计算 MRC 的表达式为

$$\text{MRC}(f,L) = \frac{\text{SNR}_{th}\sqrt{2N_{av}} \cdot \sqrt{N_x(x)N_y(y)}}{2N_{av}\sqrt{t_e}p_x(x)p_y(y)} \tag{4-15}$$

式中:SNR_{th} 为人眼阈值信噪比;N_{av} 为荧光屏上的平均光子数;N_x、N_y 为水平和垂直方向的噪声带宽;t_e 为人眼积分时间;p_x、p_y 分别为水平和垂直方向滤波器。

4.8.2 直视微光夜视系统 MRC 测量方法

1. 直接测量法

通过平行光管、可控光阑积分球等在一定的亮度 L_a 下,将不同对比度 C_i 三条带靶图案标投射给光电成像系统,人眼通过目镜观察靶标,获得对应对比度下可分辨的靶标组块数,进一步查对靶板号和组块数确定条带宽度,并由平行光管焦距 f' 确定条带对应的空间频率值 f,得到对应亮度 L_a 下的最小可分辨对比度 MRC(C_i-f 曲线)曲线。改变不同的亮度 L_a,可得到多组 MRC 曲线。

测量 MRC 的原理可用图 4-16 所示的框图表示。

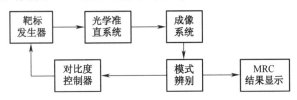

图 4-16　测量 MRC 原理图

图 4-16 中,对比度控制器和靶标发生器配合提供测试 MRC 所必需的不同对比度、不同空间频率的测试图案。光学准直系统模拟测试图案位于无限远处,投射到成像系统上。

2. 基于心理测量方程的测量

Weibull 心理测量方程的数学模型为

$$p(x) = 1 - 2^{-1-(x/\alpha)^\beta} \tag{4-16}$$

式中:$p(x)$ 为正确响应的概率;x 为心理刺激强度;β 为决定曲线斜率的参数(对光电成像系统,$\beta=3$);α 为阈值刺激强度。

基于 Weibull 心理测量方程的 MRC 测量方法要求生成一个由标准靶和参考靶组成的选择性靶标(图 4-17)。标准靶和参考靶分别是处于均匀背景中高宽比 5∶1 的三条带图案和高宽比 7∶1 的四条带图案,标准靶和参考靶的条带方向、靶面面积和对比度相同,二者的区别仅是参考靶空间频率为标准靶的 7/5。根据选择性靶标的要求,在测试系统上生成选择性靶标,通过光电成像系统在显示器上供测试人员观察,其中靶的方向、亮度 L_a、空间频率 f(lp/mm) 和对比度 C_i 可控,但在选择性靶标中标准靶和参考靶的相对位置随机控制。测试者观察被测光电成像系统的输出图像并辨别出标准靶在选择性靶标的位置。在给定的背景亮度 L_a 和空间频率 f 条件下,由测得的实验数据 $\{C_i, p(C_i)\}$ 拟合式(4-15)曲线,并由 $p=75\%$ 时的 C_p 确定为 MRC(f, L_a)。保持背景亮度 L_a 不变,改变空间频率 f,重复上面的测量和处理过程,可得到一组实验数据 $\{f, \text{MRC}(f, L_a)\}$,拟合曲线得到被测系统的曲线 MRC($f$) 曲线。

图 4-17　选择性靶标
(a)标准靶;(b)参考靶。

参 考 文 献

[1] 郑克哲.光学计量[M].北京:原子能出版社,2002.
[2] 中华人民共和国国家军用标准.GJB851—90 夜视仪通用规范.国防科工委军标出版发行部,1990.
[3] 马月琴,吴娅玲,史继芳.微光夜视仪参数测量装置[J].宇航计测技术,2004,24(2):58-62.
[4] 周仲贤,金峰.微光综合测试仪[J].应用光学,1993,14(2):21-27.
[5] 王吉晖,金伟其,等.基于最小可分辨对比度的直视微光夜视系统综合性能评价[J].兵工学报,2010,31(2):184-190.
[6] 周燕,金伟其,张建勇.基于人眼视觉的直视型微光成像系统 MRC 模型[J].光学技术,2006,32(6):817-819.
[7] 金伟其,高绍妹,王吉晖,等.基于光电成像系统最小可分辨对比度的扩展源目标作用距离模型[J].光学学报,2009,29(6):1532-1556.

第5章 微光电视的性能测试与校准

微光电视是指以微光像增强技术为基础,以视频信号方式输出的光电成像系统,与普通成像系统相比,它具有像增强功能,可以在夜间观察到用普通成像系统观察不到的目标。典型的微光电视有增强型CCD(ICCD)、增强型CMOS(ICMOS)、电子轰击CCD(EBCCD)、电子倍增CCD(EMCCD)、微光水下成像系统、距离选通ICCD系统等。本章重点围绕微光电视所涉及的光学计量测试问题展开研究和讨论。

5.1 微光电视成像器件

微光电视成像器件主要包括低照度CMOS、像增强电荷耦合成像器件(ICCD)、电子轰击电荷耦合成像器件(EBCCD)、电子倍增电荷耦合成像器件(EMCCD)和雪崩光电二极管阵列等产生视频输出的成像器件[1]。像增强电荷耦合成像器件(ICCD)和电子轰击电荷耦合成像器件(EBCCD)属于真空微光成像器件,是传统意义上的微光成像图像传感器;电子倍增电荷耦合成像器件(EMCCD)和雪崩光电二极管阵列是新型的电荷雪崩图像传感器,即所谓固态微光成像器件。本节重点讲述像增强电荷耦合成像器件(ICCD)、电子轰击电荷耦合成像器件(EBCCD)的构成和工作原理,固态微光成像器件的构成和工作原理将在第6章讲述。

5.1.1 ICCD(或ICMOS)

ICCD成像系统是把像增强器的输出图像直接耦合进CCD探测器,使普通的CCD成像系统具备了像增强功能,因而具有像增强器和CCD的共同特点。ICCD经过多年的发展,已经发展到了第三代,其微光性能也得到了很大提高。一般的CCD摄像只能在景物照度为1lx以上才能工作,低照度CMOS器件可以在景物照度10^{-3}lx以上条件下工作,而ICCD或ICMOS可以在景物照度10^{-6}lx以上条件下工作,极大地延伸了低照度条件下观察景物的能力。

实现像增强器与CCD耦合的方式通常有两种:一种是纤维光锥耦合;另一种是将图像缩小,再进行纤维光学耦合,使图像尺寸与CCD幅面相适应。对于许多应用,单级缩小倍率的一代管与CCD耦合是很好的方案,其入射光照可下降两个数量级。若在前面再加一个二代薄片管,形成混合管结构,则此ICCD可用于景物照度低于10^{-4}lx的场合。若在管子内加选通,景物照度可达$10^{-5} \sim 10^{3}$lx。

带两级微通道板(MCP)像增强器的工作原理如图5-1所示。MCP的通道有电子倍增功能,当光学图像聚焦在像增强器的光阴极时,光子就激发出光电子。光电子图像被聚焦到MCP表面,在两级MCP内,光电子图保持位置信息不变,信号幅度被放大后,撞击到荧光屏上。经过这些过程,甚至单个光子也能在像增强器上产生大约10^8个光子的输出。单光子产生的高密度光斑,能容易地被后继的成像器件探测到。

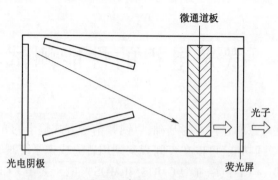

图 5-1　带两级微通道板的像增强器工作原理

ICCD 属于混合型图像传感器,其工作原理如图 5-2 所示。入射光成像在光阴极上,光阴极通过外光电效应将光子转换为光电子;光电子经 MCP 倍增后形成一电子云团;电子云团在静电加速场的作用下轰击荧光屏并激发出荧光;荧光图像经光学耦合器件(如光锥、光纤面板以及光学镜头等)被耦合至 CCD;CCD 将实时捕捉到的荧光图像通过图像采集卡输入到计算机中进行处理。

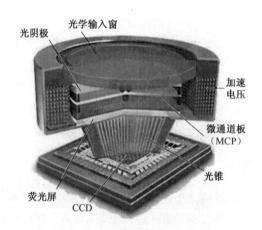

图 5-2　ICCD 的基本结构示意图

5.1.2　BCCD 和 EBCCD

1. 背照明 CCD(BCCD)

一般 CCD 摄像机感光时,入射光是从 MOS 结构的正面进入,即由带有复杂的电极结构的 SiO_2 层射入。背照式正好相反,光子由 MOS 结构的背面 Si 层射入。因为器件的背面没有复杂的电极结构,故能获得较高的量子效率,提高了 CCD 器件感光的灵敏度。

背照明 CCD(BCCD)是指工艺上把 CCD 的基片一大块硅去除,仅保留一含有电路器件结构的硅薄层,成像光子不需要通过多晶硅门电极,毫无阻拦进入 CCD 的背面。BCCD 通过背面照明和收集电荷,避开了吸收光的多晶硅电极,克服了通常前照明 CCD 的性能限制。前照明和背照明 CCD 原理如图 5-3(a),(b)所示。用这种方式形成的 BCCD,其量子效率可达 90%。通常 BCCD 的光敏面灵敏度可以达到 10^{-3} lx。

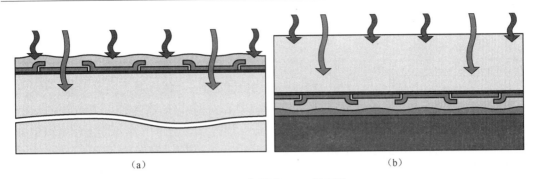

图 5-3 背照明 CCD 原理图
(a)通常的前照明 CCD 器件；(b)背照明 CCD 器件。

2. EBCCD

电子轰击 CCD(EBCCD)成像系统探测元为对电子灵敏的背照明 CCD(BCCD)，它代替通常的荧光屏。除在可见光谱区域有极高的量子效率外，BCCD 也能接受景物在紫外和软 X 射线波段辐射，带有紫外增透射涂层的 BCCD 在 200nm 波长处具有接近 50%的量子效率。而通常前照明 CCD 的多晶硅电极将吸收几乎所有的紫外光。

电子轰击 CCD(EBCCD)主要包括光阴极、加速电场及背照减薄 CCD，由信号输入和信号输出两大部分组成。信号输入为电子光学系统，主要用于实现光电转换并聚焦加速成具有一定能量的电子束。电子光学系统部分采用金属—陶瓷封装结构，背照减薄 CCD 系统采用金属—玻璃封装结构。背照 CCD 读出系统主要用于完成电子信号的采集与转换输出，可获得与 ICCD 相近的灵敏度。减薄 CCD 仅保留含有电路器件结构的薄硅层，使成像光子从 CCD 背面无需通过多晶硅门电子而进入 CCD，进行光电转换和电荷积累，量子效率可达 90%。CCD 置于真空管中，直接探测来自光阴极的光电子。在额定工作电压下，EBCCD 每个光子时间在 CCD 面上呈 4~6μm 宽度指数分布，光阴极的光电子直接轰击 CCD，产生二次电子，当入射能量为 3.6eV 的光电子—空穴对。光生载流子仅发生在器件光照吸收面的一定的深度内，其总数以指数分布形式向体外扩散。电子轰击型 CCD 器件的结构如图 5-4 所示。

由图 5-4 可见，在结构上，电子轰击型 CCD 与像增强器基本类似，不同之处在于像增强器中作为阳极的荧光屏被 CCD 器件取代。

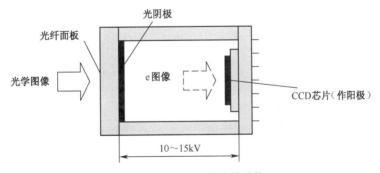

图 5-4 EBCCD 器件的结构

EBCCD 的优点是高增益、低噪声、高分辨率，可以在很低的照度状态下工作，甚至可以记录单个光子。缺点是工艺复杂，要将 CCD 封装在管内之后制作光电阴极，封装困难，且要求封装到管中的 CCD 与光电阴极制造工艺兼容；排气温度不能太高，从而限制了光电阴极的灵敏度；寿命有限,约为500h,且强光照射易损。但EBCCD在光子计数成像器件中仍有着广泛的应用。

在EBCCD像管中,一个特殊的对电子灵敏背照明CCD装在管内以代替通常的荧光屏,这样便不需要微通道板、荧光屏和纤维光学耦合器。当CCD基片被减薄到$8\sim12\mu m$,并装到管内时,使其背面接收由光阴极射出并受到加速的光电子,如同二代近贴管与倒像管一样,它也具有近贴式与倒像式。当电子进入背照明、减薄CCD的背面时,硅使入射光电子能量散逸,产生电子—空穴对,得到电子轰击半导体(EBS)增益。EBS过程的噪声大大低于微通道板为得到电子增益所产生的噪声。从这个意义上来说,这是一种"理想"器件,它能提供几乎无噪声的增益,EBS增益在管电压10kV时为2000,足以削弱或抵消系统的噪声源。图5-5给出了倒像式EBCCD的结构简图,图5-6为利用倒像式EBCCD构成的成像系统框图。

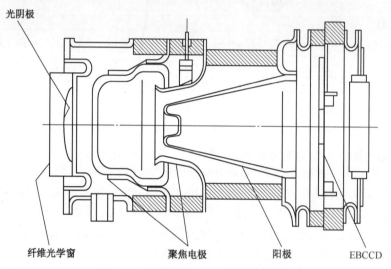

图5-5 倒像式EBCCD的结构简图

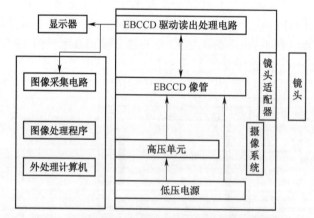

图5-6 利用倒像式EBCCD构成的成像系统框图

5.2 微光电视成像器件光电性能测试与校准

微光电视成像器件的性能分电学性能和光电性能两大类,本节我们首先介绍ICCD主要参数的定义,然后介绍相关的测量方法[2-5]。

5.2.1 ICCD 主要性能参数

1. 分辨力

ICCD 的分辨力与微光像增强器的分辨力相类似,也是综合评价像质的一项参数。由于 ICCD 具有视频输出功能,因此 ICCD 的分辨力是通过显示器来观察,即对规定对比度的分辨力靶上的线条通过 ICCD 成像后,观察者在显示器上能看见和分辨的最小分辨力图案的线对数。

ICCD 器件的空间分辨力主要受限于像增强器与 CCD 间光学耦合时的尺寸大小,单级缩小倍率的一代管与 CCD 耦合,其探测的入射光照在普通 CCD 器件的基础上可下降两个数量级;若在前面再加一个二代薄片管,形成杂交管结构,则此 ICCD 可用于景物照度低于 10^{-4} lx 的场合;若再在 ICCD 内加选通,景物照度的动态范围可达 $10^{-5} \sim 10^3$ lx。高性能二代管通过缩小倍率的光纤与 CCD 相耦合能形成高性能的 ICCD 系统,景物照度的动态范围可达 $10^{-6} \sim 10^3$ lx。若在像管内增加选通功能,可大大缩短响应时间,但景物照度的动态范围降为 $10^{-4} \sim 10^3$ lx。

2. 信噪比

微光探测器件的探测能力主要表现在信噪比上,而信噪比主要取决于噪声抑制能力。从响应度的定义看,无论怎样小的光辐射作用于探测器,都能产生响应并被探测出来。事实并非如此,实际上,探测器都存在噪声,这是一种杂乱无章、无规则起伏的输出。这种信号对时间的平均值为零,但其均方根值却不为零,因此将这个信号的均方根值称为噪声信号。一般情况下,探测器是探测不到低于噪声信号的光辐射的,亦即噪声信号限制了探测器的灵敏度阈。

微光 ICCD 的信噪比是指图像的信号平均值与均方根噪声值之比,用分贝(dB)表示。信噪比值主要取决于微光像增强器的信噪比、CCD 器件的暗电流和噪声,其中噪声主要包括:输入光子噪声、光阴极量子转换噪声和暗发射噪声、微通道板的探测效率及二次倍增量子噪声等。信噪比的表达式为

$$\mathrm{SNR} = 20\lg\left(\frac{\overline{V}}{N_w}\right) \tag{5-1}$$

式中:SNR 为信噪比;N_w 为噪声信号;$\overline{V}$ 为器件输出信号平均值。

3. 动态范围

微光 ICCD 动态范围是指器件在亮暗区的输出信号平均值之差与暗区噪声之比,

$$D_R = 20\lg\left(\frac{\overline{V}_w - \overline{V}_b}{N_b}\right)$$
$$N_b = \sqrt{\frac{1}{n-1}\sum_{i=1}^{n}(V_{bi} - \overline{V}_b)^2} \tag{5-2}$$

式中:D_R 为动态范围;$\overline{V}_w$ 为亮区输出信号平均值;$\overline{V}_b$ 为暗区输出信号平均值;N_b 为暗区噪声;V_{bi} 为暗区 i 像元输出信号;n 为像元数。

4. 光响应非均匀性

在均匀光照条件下,有效像元之间响应的偏差,按式(5-3)计算每个像元光响应非均匀

性 $PRNU_i$，即 i 像元输出信号和光敏面积的输出信号平均值之间的百分差(%)：

$$PRNU_i = \frac{V_i - \overline{V}}{\overline{V}} \times 100\% \tag{5-3}$$

式中：$PRNU_i$ 为每个像元光响应非均匀性；V_i 为 i 像元输出信号；$\overline{V}$ 为器件输出信号平均值。

5. 调制传递函数

ICCD 对正弦波空间频率的振幅响应称作 ICCD 的调制传递函数。数学上，成像器件的光学传递函数(OTF)是其点(线)扩展函数的傅里叶变换，OTF 的模量称为 MTF；物理上，成像器件的 MTF 等于其输出调制度 $M(N)_{出}$ 与输入调制度 $M(N)_{入}$ 之比，它们都是空间(或时间)频率 N(或 f)的函数，即

$$MTF(f) = M(f)_{出} / M(f)_{入} \tag{5-4}$$

对于 i 级线性级联成像系统，有

$$M(f)_{总} = M(f)_1 \cdot M(f)_2 \cdots M(f)_i \cdot M(f)_入 \tag{5-5}$$

根据调制传递函数的以上定义，ICCD 的调制传递函数可表示为

$$\begin{cases} T_{ICCD} = T_{EO} T_{OFP} T_{CCD} = \exp[-(f/f_c)^{1.5}] \times \left[\frac{2J_1(D\pi f)}{D\pi f}\right]^2 \frac{\sin(w\alpha\pi f)}{w\alpha\pi f} \\ f_c = \frac{1}{\sqrt{2}\pi\sigma} \end{cases} \tag{5-6}$$

式中：J_1 为一阶贝赛尔函数；D 为光纤的中心距；σ 为像管的线扩散函数的均方差半径；T_{EO} 为像管的 MTF；T_{OFP} 是光纤的 MTF；T_{CCD} 是 CCD 的 MTF；ω 为 CCD 像元的线尺寸；α 为填充因子；f_c 为空间频率常数。

6. ICCD 系统的阈性能

在某一范围的输入辐照度和像对比度条件下，人眼察觉到有效信息的能力决定于 ICCD 探测的光子极限。ICCD 系统的阈性能可用探测到的光子极限来描述，即以保证图像质量所需的景物最低照度来表示。它主要受像增强器耦合 CCD 的性能所限，一般规定为：当 ICCD 的信噪比为 6dB，分辨率为 100 电视线时能分辨图像的景物照度。

通常人眼积累时间间隔约为 0.1s，杂交管 ICCD 对应于信噪比为 6dB，分辨率为 100 电视线时能分辨图像的景物照度在 10^{-4}lx 以下，比普通摄像器件须在 1lx 以上工作的灵敏度提高了 4 个数量级。

5.2.2 ICCD 主要性能参数测量原理和测试方法

ICCD 性能测试主要对分辨力、信噪比、动态范围、光响应非均匀性、调制传递函数和 ICCD 系统的阈性能等参数的测试。

1. 分辨力

微光 ICCD 分辨力测量装置用于对分辨力、动态范围、最低照度等参数进行校准。微光 ICCD 分辨力测量装置原理如图 5-7 所示，其工作原理为：光源系统产生规定照度的均匀光照射在分辨力靶上，经平行光管产生平行光，由成像物镜将分辨力靶成像在微光 ICCD 的探测面上，微光 ICCD 的输出信号由视频采集系统输入计算机，通过对微光 ICCD 的输出图像进行目测观察或计算机软件处理、分析，得到微光 ICCD 的分辨力。分辨力测试通常用目视方法进行

主观评价，也可以采用视频图像数字处理的方法进行客观评价。

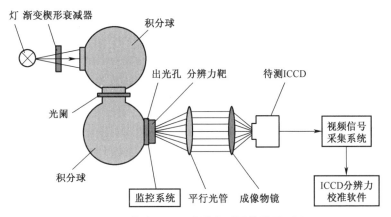

图 5-7 微光 ICCD 分辨力测量装置原理图

分辨力是成像器件最重要的参数之一，指成像器件或系统对物像中明暗细节的分辨能力。微光像增强器的分辨力用每毫米可分辨的线对数表示（lp/mm），模拟输出的 CCD 分辨力用电视线（TVL）表示，随着数字视频成像技术以及数字处理技术的飞速发展，视频的输出信号也从单一的 PAL、NTSC 等模拟信号格式变为和 HDMI、Camera Link 等多种高清数字信号格式并存，此时采用电视线作为评价标准已不合适，为了对其统一评价，拟采用微光像增强器的输入面每毫米可分辨的线对数来评价微光 ICCD 分辨力。微光 ICCD 分辨力计算如下：

$$R = \frac{N}{f_{OB}} f_c \quad (5-7)$$

式中：R 为微光 ICCD 的分辨力（lp/mm）；N 为对应分辨力靶上的最高空间频率（lp/mm）；f_c 为平行光管物镜焦距（mm）；f_{OB} 为成像物镜焦距（mm）。

2. 信噪比

微光 ICCD 信噪比的测量装置原理图如图 5-8 所示，其工作原理是卤素灯组发出的光经积分球光源系统漫射及衰减在出口处形成一定照度的均匀光斑，照射在微光 ICCD 的探测面上，将入射微光 ICCD 的探测面的光照度调节到测试条件规定的照度，通过成像物镜将半月形靶面图像成在微光 ICCD 的探测面上，视频采集卡对微光 ICCD 的输出图像信号进行采集，半月形靶面图像分明暗两部分，首先对明亮部分的像素进行处理，获得其信号平均值和均方根噪声值，然后对其靶面图像的暗部分像素进行处理，获得其暗背景下信号的平均值，由计算机软件计算得到信噪比值。

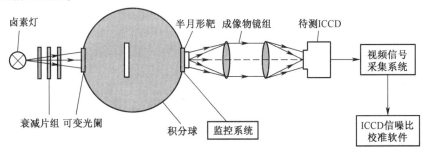

图 5-8 信噪比测量装置工作原理图

$$\begin{cases} \text{SNR} = 20\lg\left(\dfrac{\overline{V}_w - \overline{V}_b}{N_w}\right) \\ N_w = \sqrt{\dfrac{1}{n-1}\sum_{i=1}^{n}(V_{wi} - \overline{V}_w)^2} \end{cases} \tag{5-8}$$

式中：SNR 为信噪比；$\overline{V}_w$ 为亮区输出信号平均值；$\overline{V}_b$ 为暗区输出信号平均值；N_w 为亮区噪声；V_{wi} 为亮区 i 像元输出信号；n 为像元数。

3. 动态范围

微光 ICCD 动态范围的测量装置与信噪比的测量装置相同，其工作原理为将入射微光 ICCD 探测面的光照度调节到测试条件规定的照度，通过成像物镜将半月形靶面图像成在微光 ICCD 的探测面上，视频采集卡对微光 ICCD 的输出图像信号进行采集，半月形靶面图像分明暗两部分，首先对明亮部分的像素进行处理，获得其信号平均值，然后对其靶面图像的暗部分像素进行处理，获得其暗背景下信号的平均值和均方根噪声值，由计算机软件，通过式(5-2)计算得到动态范围值。

4. 光响应非均匀性

微光 ICCD 的光响应非均匀性，通常采用标准均方根法和峰峰值两种测试方法。

标准均方根偏差法为有效像元输出信号的均方根偏差与有效像元输出信号平均值的比值，用百分比表示：

$$\text{PRNU} = \dfrac{1}{\overline{V}}\sqrt{\dfrac{\sum_{i=1}^{n}(V_i - \overline{V})^2}{n-1}} \tag{5-9}$$

式中：PRNU 为光响应非均匀性；V_i 为 i 像元输出信号；$\overline{V}$ 为器件输出信号平均值；n 为剔除缺陷像元后的光敏面像元数。

峰峰值法为有效像元输出信号的最大值减去最小值说与平均值之比，用百分比表示：

$$\text{PRNU} = \dfrac{V_{\max} - V_{\min}}{\overline{V}} \times 100\% \tag{5-10}$$

式中：$V_{\max}$ 为 V_i 中的最大值；$V_{\min}$ 为 V_i 中的最小值；$\overline{V}$ 为输出信号平均值。

在均匀光照条件下，各有效像元之间的响应差异，即为微光 ICCD 光响应非均匀性。光响应非均匀性测试工作原理为：光源经积分球形成均匀漫射光源系统，通过中性衰减片将入射微光 ICCD 的光阴极面的光照度调节到测试条件规定的照度，并将微光 ICCD 的光阴极面充满，视频采集系统对微光 ICCD 的输出信号进行采集，测试软件根据式(5-9)对微光 ICCD 的像面均匀性进行评价，获得相应的测量参数值。在测量微光 ICCD 的均匀性时要注意：①积分球出口处的均匀性要大于 98%；②在进行有效像元平均输出信号的统计计算时应剔除缺陷像元。图 5-9 为微光 ICCD 光响应非均匀性测试原理框图。

5. 调制传递函数测试

调制传递函数是表征器件探测图像空间分辨能力的特性参数。采用刀口法测量的工作原理为：在各种空间频率的正弦调制光作用下，利用刀口靶标成像，在奈奎斯特频率范围内，视频采集系统对微光 ICCD 的输出信号进行采集，获得器件输出信号调制度与入射光信号调制度，通过测试软件计算测试器件的调制传递函数。图 5-10 为调制传递函数的测试原理框图。

第 5 章 微光电视的性能测试与校准　　91

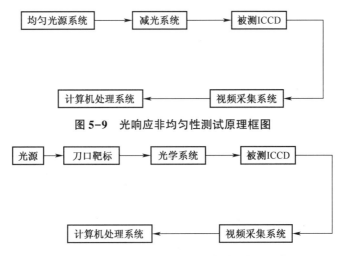

图 5-9　光响应非均匀性测试原理框图

图 5-10　刀口法测试 ICCD 调制传递函数原理框图

调制传递函数 MTF 采用刀口法测试,图 5-11 为测试中获得的刀口图像(是 $m×n$ 个像素的灰度图像)。

图 5-11　刀口图像

每一行各像元的灰度分布 $G(x)$ 为刀口扫描函数。线扩散函数 $LSF(x)$ 可由刀口扫描函数求得

$$LSF(x) = \frac{dG(x)}{dx} \tag{5-11}$$

在线性与空间不变系统的光学传递函数中,由于相位传递函数并不影响构像的清晰度,因此当不考虑相位变化时,其线扩散函数的傅里叶变换模就是 MTF_M,表达如下:

$$MTF_M = |FFT\{LSF(x)\}| = \sqrt{\left(\int_{-\infty}^{+\infty} LSF(x)\cos2\pi fx dx\right)^2 + \left(\int_{-\infty}^{+\infty} LSF(x)\sin2\pi fx dx\right)^2} \tag{5-12}$$

将得到的 MTF_M 除以式(5-12)中 $f = 0$ 时对应的传递函数系数 MTF_0 以进行归一化处理,得到所选频率点处的 MTF。

采用狭缝法测量 ICCD 的调制传递函数的工作原理为将一狭缝成像于被检测 ICCD 的光阴极面上,若该狭缝宽度足够小,则经过被测 ICCD 后,输出的狭缝像空间亮度分布相当于该系统的一维线扩展函数,再对其线扩展函数进行傅里叶变换,归一化取模,最终显示出被测器件的 MTF 曲线。图 5-12 为狭缝法测试微光 ICCD 调制传递函数的测量装置示意图。

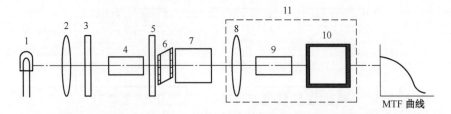

图 5-12　狭缝法测试微光 ICCD 调制传递函数的测量装置示意图
1—标准 A 光源；2—会聚透镜；3—中性滤光片；4—投射系统；5—毛玻璃；6—狭缝；7—平行光管；
8—标准物镜；9—被测 ICCD 成像器件；10—采集卡和监视器；11—微光 ICCD 成像系统。

5.3　微光电视系统

5.3.1　水下微光成像系统

水下微光成像系统是对水下特定区域实施多方位监控的光电成像系统。系统一般包括控制中心、图像处理单元、通信单元和水下探测单元四个部分，如图 5-13 所示。系统通过水下探测器进行水下光电探测，探测得到的图像信号经过转换后传输到控制中心，控制中心对图像进行处理后作出相应的预警及排除措施[6]。

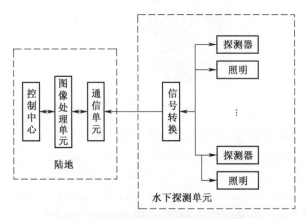

图 5-13　水下微光成像系统组成框图

1. 水下探测单元

水下探测单元由水下成像探测器和水下照明两部分组成。水下成像探测器是水下微光成像系统的核心，系统有固定式、旋转式和手持式三种探测器。固定式水下探测器固定在水下某个位置，对一定视场内的区域进行监测，具有视场角大、持续监测等特点。旋转式水下探测器能进行水平 360°、垂直 90°的二维扫描，扫描区域成半球形状。三种水下探测器相辅相成，使微光成像系统可适用水下不同情况的监测。

采用高亮度绿色 LED 面阵等输出波长为黄绿光的光源作为水下照明光源，一般进行自适应控制，使光源能随环境光强的变化不断改变自身的亮度，使监测系统处于一个亮度稳定的监测环境中。

2. 通信单元

目前存在的有效水下通信有水声通信和有线传输两种。水声在水下可进行长距离传输,但其传输速率低、带宽窄,不能用于动态视频信号的传输。因此,水下的视频传输只能采用有线形式。

3. 图像处理与控制中心

水下环境复杂,监测到的图像会出现模糊等现象,所以必须对采集的图像进行强化等处理,然后对处理所得图像进行压缩存储和目标物的提取判别,如有可疑物,则向控制中心报警,并同时将视频信息传送到控制中心。控制中心负责系统的整体控制,根据预警信息或水下监测状况,作出判断,并进行相应处理。图 5-14 为信号传输示意图。

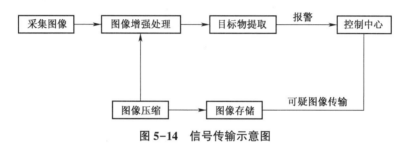

图 5-14 信号传输示意图

5.3.2 水下距离选通成像系统

采用脉冲激光作为照明光源,与 ICCD 选通成像,可以实现水下距离选通成像。该技术基于蓝绿激光处于水中的传输"窗口",通过激光器发射脉冲激光,测量由水下目标反射回来的反射源信息,达到对目标的位置、形状和特性的了解。理论上,激光水下成像的距离可达上百米,但是,激光在水中传播时,后向散射效应随着距离的增大而增强,若超过某一距离,由于散射光的积累效应,散射光残留于接收器件的光阴极,有用的信号被散射光所淹没,不能识别目标。距离选通型水下激光成像系统能够有效抑制后向散射,提高图像对比度。它通过脉冲激光器发射激光脉冲,以时间的先后分开不同距离上的后向散射光和目标反射光,使得目标反射光在 ICCD 选通工作的时间内到达并成像,从而消除绝大部分后向散射光对图像质量的影响[7]。

1. 距离选通技术

距离选通技术是利用激光高能量、高方向性和窄脉冲宽度的特点。其工作原理如图 5-15 所示。激光器发射很强的光脉冲,通过透镜射向观测区,到达目标后,被反射回来进入光学接收系统。当激光脉冲处于往返途中的时间内,水下激光探测系统的接收器选通门或光闸关闭,当反射光到达接收机一瞬间,选通门开启,使目标反射信号进入图像增强器被放大,并由显示系统显示图像,从而在时间上把后向散射分开。

距离选通技术可消除大部分后向散射光的影响,在观察远距离水下目标时,可以通过增加激光功率和改进激光信号接收器的灵敏度,达到提高目标的分辨力和图像质量。而且可在不同的时间进行曝光或用多个 CCD 同时摄像,获取水下不同深度的图像信息。距离选通技术要求激光器具有窄的脉冲宽度,以便更好地将脉冲信号同后向散射分开;选通开关的选通宽度应尽可能接近激光脉宽,以保证仅使目标反射光全部进入接收器,从而提高信噪比。图 5-16 为选通门关示意图,图 5-17 为选通门开示意图。

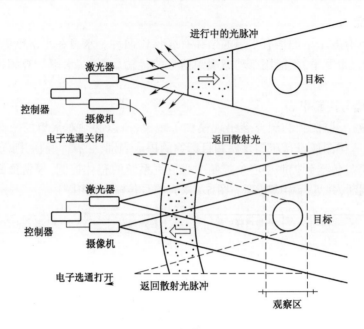

图 5-15 距离选通原理图

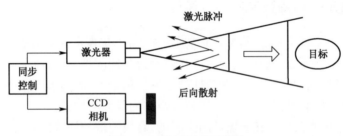

图 5-16 选通门关示意图

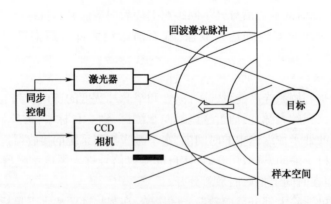

图 5-17 选通门开示意图

2. 成像系统组成

图 5-18 为同步控制距离选通成像系统框图。距离选通成像系统中,激光发射系统和 ICCD 成像系统是核心。激光器选择能够产生 530nm 波长的 YAG 倍频激光器。成像器件选择像增强 CCD 成像器件。除此之外,距离选通同步控制技术也是核心技术之一。距离选通同

步控制技术主要是使激光器和 ICCD 同步,并且提供选通门宽度、脉冲宽度和延迟时间的选择。同步控制电路主要由使快门开启与激光照射同步的定时电路组成,定时时间取决于目标距离和激光脉冲往返传输需要的时间。

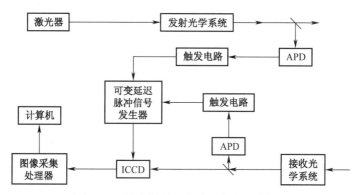

图 5-18　同步控制距离选通成像系统框图

5.4　水下微光成像系统性能评价

5.4.1　水下微光成像系统的能量传递过程

水下目标成像到接收器表面的整个传递过程受多种因素的影响。在实际工作中,水下环境千变万化,海水对光的吸收和散射作用使得水下成像系统处于低照度下工作。要求成像系统具有较高的灵敏度、较高的分辨率。基于能量传递的成像系统性能评价原则要求[8-9]:

(1) 目标像在探测器靶面上占有两个像元以上;
(2) 要求目标在探测器靶面上成像的照度值大于最低灵敏度的值;
(3) 目标在探测器靶面上成像的对比度大于 0.2。

水下成像的传递环节如图 5-19 所示。

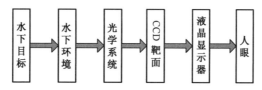

图 5-19　水下微光成像系统能量传输过程

1. 水下环境的照度变化

水下微光成像的物方光照是以自然光为主。自然光主要包括太阳光和天光。照在海面的天光和太阳光的近似比为 0.4,在海水下,自然光中的蓝绿光称为"水下窗口",能够以较小的衰减传送到水下。由于海水的吸收和杂质的散射作用,在不同的水深下光照度明显不同。太阳光在直射地面,地面照度为 $(1\sim1.3)\times10^5$ lx,太阳与天顶角为 θ 时,海面的照度为

$$E_0 = (1 \sim 1.3) \times 10^5 \cos\theta \tag{5-13}$$

不同的天气条件,地面所获得的太阳光照度变化很大。一般选择好的天气条件和太阳高度,才能获得水下足够的自然光照度。自然光经过水介质传入到水中,有效光谱能量随着水深

的变化衰减得很快。由太阳光的光谱分布曲线可以看出：海水对波长大于 0.6μm 的光吸收严重，到水深 10m 以下，就只有蓝绿光存在了。蓝绿光约占可见光波段的 40%。对于蓝绿光传入到不同水深下的光照度可表示为

$$E = E_0 e^{-k(\lambda)z} \tag{5-14}$$

式中：E 为水下光照度；$k(\lambda)$ 为不同波长的传输衰减系数；z 为水深度。

衰减系数的取值因波长而异。通常包括吸收和散射两部分。根据资料介绍：吸收部分取 40%、散射部分取 60%。实算中对衰减系数的处理，一种是选择蓝绿光谱段部分样点，取较清净的近岸水质衰减系统均值为 0.15，给出平均结果的 65% 作为照度计算结果。

2. 水下微光成像照度的传递

水下微光成像系统是在水下低照度情况下，对水中目标进行拍摄。其工作过程如图 5-20 所示。从图中可以看到，水下环境中，在一定距离内成像的关键是目标的物方照度能否满足摄像机的最低灵敏度要求。也就是水中目标的物方照度，经过水中传输后到达成像系统，物方的照度是否满足成像系统的最低成像照度要求。这一过程是水下微光成像光照度传递的过程。

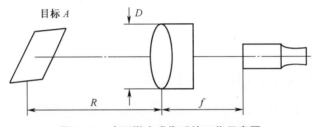

图 5-20 水下微光成像系统工作示意图

在这一过程中，被测目标可看作朗伯辐射体，水中光照度的衰减按指数衰减规律。水下微光成像照度传递过程可由以下部分组成：目标反射后的光辐射，经水下传输衰减到达光学系统，光学系统成像后到达像面。

传递后可得目标在水下的最低照度为

$$E_W = \frac{4F^2 E_X}{\rho \tau e^{-\alpha R}} \tag{5-15}$$

式中：E_W 为目标反射后的光辐射照度；E_X 为到达成像器件的光辐射照度；ρ 为目标表面反射率；F 为光圈数；α 为水下传输的衰减系数；R 为水下成像的距离；τ 为光学系统的透过率。

3. 水下微光成像对比度的传递

水下微光图像，其对比度显著低于空气中类似图像。对比度的降低主要是由于水中的自然光非常弥散，不能投射出明显的阴影。并且在传输路径上粒子所散射的光叠加在要拍摄的影像上，降低了影像的对比度。另外，由于折射的不均匀性，影像本身在传输中遭到损害。影像的细节逐渐衰退，甚至被完全湮没。水下目标和周围背景的亮度对比通过水下传递后会逐渐变小。

结合水下成像传递的过程分析，可整理距离 R 处观测到的对比度 C_R 为

$$C_R = C_0 e^{-\alpha R} \tag{5-16}$$

式中：$C_0 = |\beta e^{-\alpha R} - 1|$，$\beta = \dfrac{\rho \tau e^{-\alpha R}}{4F^2}$。

5.4.2 基于能量传递链的成像性能评价

基于能量传递的水下微光成像系统的性能评价主要体现在系统的最大作用距离上。5.4.1 节我们说过,影响水下微光成像系统探测距离的主要因素有水中目标特性、水下环境特性和微光成像系统本身性能。要探测到水中一定距离的目标,必须满足三个条件:

(1) 目标在接收器上的能量高于灵敏度阈值;
(2) 目标和背景在接收器上的对比度大于接收器阈值;
(3) 目标在接收器上成像线度大于其分辨率极限。

从能量传递的过程考虑,灵敏度是单位光功率所产生的信号电流。即单位曝光量所得到的有效信号电压,反映器件所能传感的最低辐射功率或最低照度。目标的对比度为目标和它本底的面辐射强度的分数差。

通过计算,从能量传递的角度考虑水下成像系统的作用距离可知,当被测量的目标特性一定的情况下,作用距离的大小受水深和海水透明度有关的衰减系数的影响。当进入摄像机的光能量大于摄像机的海水灵敏度时,水下成像的作用距离与水的深度无关,受海水透明度影响较大。

如果物面亮度不变,在不加像增强器的情况下,提高像面照度的方法有两个:一个是增加光学系统的透过率;另一个是加大光学系统的相对孔径。提高光学系统透过率的途径是在透镜表面镀增透膜,减少光学系统中透镜的片数。像面照度与相对孔径平方成正比,加大光学系统的相对孔径可以大大提高像面照度。

提高影像对比度的方法有两种:一是增加辅助光源;二是减少传输路径中散射光的影响。在清水中,摄像机与拍摄物距离比较近时,靠近拍摄物设置辅助光源,减少弥散光,可有效提高对比度。常采取距离选通法或同步扫描法来减少传输路径中散射光的影响,提高了信噪比。

5.5 距离选通激光成像系统成像质量评价

随着激光主动成像探测系统在军事和民用领域的广泛应用,选择合适的评价准则对系统的成像性能进行评估显得十分迫切。由于系统成像性能最终是以目标图像质量好坏的形式表现出来,因此,利用图像质量评价技术对激光主动探测系统的目标图像进行评价,分析激光器参数、ICCD 和光学系统等系统自身参数对图像质量的影响,为激光主动探测系统的参数选择、设计和结构优化提供有效的参考和依据,从而有效地提高图像的利用率和对目标探测识别的可靠性。这方面的研究已经成为激光主动探测技术研究的重要内容[10-13]。

5.5.1 激光主动成像系统图像特点

与可见光等其他波段图像相比,激光主动成像系统图像由于主动成像的原理和成像设备的性能,有着其独有的特点:

(1) 激光所具有的相干性和目标表面粗糙造成的散斑噪声、成像探测器(ICCD)以及大气传输、电子线路等因素使得图像噪声大,信噪比很低;
(2) 激光远距离主动成像中由于照射光强的不足,导致图像对比度低;
(3) 作为照明光源的激光器发射的光束质量差,导致图像照度不均;

(4) 接收镜头的光学偏差以及光学系统对焦不准确等,导致目标图像模糊。

以上种种因素,都会影响激光主动成像图像的信噪比及灰度、纹理信息,造成图像质量下降。

在激光主动成像目标图像中,通常被探测目标只占整幅图像中某一部分。因此,根据目标图像的特点进行区域划分,如图 5-21 所示。区域分为:目标分割区 S(人工分割的目标轮廓);目标区 T;局部背景区 B 为同一中心大于 T 的区域减去 T 后剩余部分。

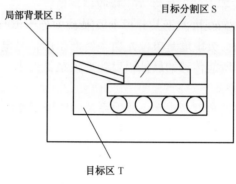

图 5-21　图像区域划分

5.5.2　图像噪声评价

对于图像信噪比的计算来说,其中关键的一步是如何估计图像噪声大小。对于场景亮度分布均匀的成像系统,可用整幅图像的灰度分布方差作为对噪声方差特征的估计。然而激光主动成像图像不是亮度均匀场景的图像,而是在图像中选择一块灰度分布比较均匀的小区域来估算整个图像的噪声方差。局域标准差法假定图像中灰度均匀区域占多数,采用盲估计法由程序自动对整个图像进行噪声方差统计。因此,可采用局域标准差法对激光主动成像图像的噪声进行评价。

局域标准差法首先把受噪声污染的图像分割成许多小块,对每块估计噪声标准方差,然后用某种方法选择其中一个比较合理的值作为实际噪声标准方差。由于激光主动成像图像的噪声是由很多机理引起的,各种噪声性质也不一样,图像位置可能会有不同的噪声大小,因此只能用平均噪声强度来衡量。

在数字图像中,由于强度和灰度在 ICCD 的响应范围内满足线性关系,可以由灰度级代替强度进行计算。利用目标区灰度均值与局域标准差之比计算图像的信噪比,具体步骤如下:

(1) 计算含噪图像中目标信号区域的灰度均值 M。当目标布满了整个图像区域时,整幅图像的灰度均值 m 即是目标区域灰度均值;当目标仅为图像中某一部分区域时,在图像中选取目标信号区域的灰度均值进行计算。

(2) 将原图像按 4×4(像素)的大小进行分块,计算出每个子图像块的局部标准差 LSD。

(3) 计算所有图像块标准差的平均值 LSD_m。

(4) 信噪比 $S/N = M/LSD_m$。

5.5.3　图像灰度信息评价

对于图像来说,首先,适当的亮度是人们观察图像的前提条件;其次,由于激光主动成像系统目标图像的对比度较低,因而对比度评价也是图像质量评价的重要内容。我们从平均亮度和对比度两方面评价目标图像的灰度信息。

1. 亮度评价

由于目标区集中了整幅图像的绝大部分信息,目标区亮度的强弱是影响激光主动成像图像质量及后续处理的重要因素,因此,图像亮度评价主要是针对目标区亮度的评价。通常认为灰度均值反映了图像的平均亮度,因而将它作为评价图像亮度的重要标准。亮度评价的步骤为:

(1) 根据图像区域划分的定义,将目标区 T 从整幅图像中提取出来;

(2) 对目标区 T 进行直方图均衡化处理;

(3) 将目标区的平均灰度值与进行直方图均衡处理后的平均灰度值进行比较,计算出亮度失真度,如图 5-22 所示。

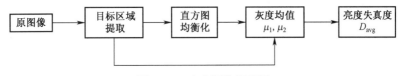

图 5-22 亮度评价示意图

设直方图均衡化前目标区的平均灰度值为 μ_1,进行直方图均衡化处理之后目标区的平均灰度值为 μ_2,定义图像的亮度失真 D_{avg} 为

$$D_{avg} = \begin{cases} 1 - \exp\left[-\frac{(\mu_1 - \mu_2)^2}{\sigma_1^2}\right], & 0 \leq \mu_1 < \mu_2 \\ 1 - \exp\left[-\frac{(\mu_1 - \mu_2)^2}{\sigma_2^2}\right], & \mu_2 \leq \mu_1 < 225 \end{cases} \quad (5-17)$$

式中: $\sigma_1 = 40, \sigma_2 = 60$。当 $\mu_2 < 100$ 时,取 $\mu_2 = 100$,当 $\mu_2 > 150$ 时,取 $\mu_2 = 150$。D_{avg} 在 0~1 之间取值。

在实际的亮度评价中,当亮度失真度 D_{avg} 大于某一设定的阈值 d 时,即 $\mu_1 > \mu_2$ 时认为图像过亮;反之当 $\mu_1 < \mu_2$ 时认为图像过暗,d 可取经验值。

2. 对比度评价

对比度可被认为是衡量目标区域灰度值与周围区域的平均灰度值差异的一个值。一般认为,图像对比度越高其感知质量越好。图像对比度有很多定义,为了评价目标与背景之间的差异程度,采用调制对比度对激光主动成像目标图像进行评价,定义如下:

$$C = \frac{|\mu_T - \mu_B|}{\mu_T + \mu_B} \quad (5-18)$$

式中: μ_T 为目标区域 T 内像素的灰度均值; μ_B 为目标附近的背景区域 B 内像素的灰度均值。C 的值越接近于 1,说明目标与背景之间的灰度差异越大,图像对比度越好;反之则说明对比度较低。

5.5.4 图像纹理信息评价

在激光主动成像图像中,目标纹理信息可以反映图像中物体的位置、形状、大小等特征,表征着多个像素之间的共同性质。一般来说,它既是像素的分布规律,也有其变化的表征;既有像素本身的灰度取值,也有与其相邻邻域的空间关系,纹理信息已经成为图像质量评价的一项重要依据。

灰度共生矩阵是通过研究灰度空间相关特性来分析纹理的一种重要方法,它建立在估计图像的二阶组合条件概率密度函数的基础上,通过计算图像中一定距离和方向的两个像素之间的灰度相关性,对图像的所有像素进行调查统计。

灰度共生矩阵是从图像$f(x,y)$灰度为i的像素出发,统计与其距离为D、灰度为j的像素$(x+Dx,y+Dy)$同时出现的概率$P(i,j,D,\theta)$,用数学公式表示则为

$$P(i,j,D,\theta) = \{(x,y) | f(x,y) = i, f(x+Dx, y+Dy) = j\} \quad (5\text{-}19)$$

式中:$i,j=0,1,2,\cdots,L-1$;x,y为图像中的像素坐标;L为图像的灰度级数;N_x,N_y分别为图像的行列数;D为位移量,一般取为1;θ为两像素连线按顺时针与x轴的夹角,一般取为$0°,45°,90°,135°$。

为简单起见,在以下关于共生矩阵的表述中,略去方向θ和步长D。在纹理特征提取之前,先对共生矩阵做正规化处理:

$$p(i,j)/R \Rightarrow p(i,j) \quad (5\text{-}20)$$

式中:R为正规化常数;当$D=1,\theta=0°$时,$R=N_y(N_x-1)$,当$D=1,\theta=90°$时,$R=N_x(N_y-1)$,当$D=1,\theta=45°$或$135°$时,$R=(N_y-1)(N_x-1)$。

纹理信息评价常用的二阶特征量有以下几种。

(1) 均匀性评价:角二阶矩(ASM)

$$\text{ASM} = \sum_{i=0}^{L-1}\sum_{j=0}^{L-1}[p(i,j)]^2 \quad (5\text{-}21)$$

(2) 清晰度评价:DEF

$$\text{DEF} = \sum_{n=0}^{L-1} n^2 \Big[\sum_{i=0}^{L}\sum_{j=0}^{L} p(i,j)\Big], \quad |i-j|=n \quad (5\text{-}22)$$

(3) 信息量评价:熵 ENT

$$\text{ENT} = -\sum_{i=0}^{L-1}\sum_{j=0}^{L-1} p(i,j)\log p(i,j) \quad (5\text{-}23)$$

为获得旋转不变的纹理特征,需对灰度共生矩阵的结果作适当处理。最简单的方法是取同一幅图像的同一个特征参数在$0°,45°,90°,135°$方向上的平均值,这样处理就抑制了方向分量,使得到的纹理特征与方向无关。

5.5.5 距离选通成像系统模拟分辨力测试

1. 大气距离选通成像系统后向散射光和信号光的模型

建立大气距离选通成像系统的后向散射光和信号光的模型是分辨力模拟测试装置设计的前提。以辐射传输理论为基础,研究在照明激光脉冲传输过程中,光电阴极面所接收的后向散射光和信号光随时间的变化规律。

距离选通成像系统的工作过程是由发射端发射出一个激光脉冲,这一脉冲光束在大气中向前传输,然后被目标反射,反射的激光脉冲返回后被探测器接收。在所发射的激光脉冲向目标方向的传输过程中,被照明的大气将产生后向散射光,后向散射光是造成像模糊的背景光,

被目标表面反射返回到探测器的激光脉冲为信号光。

为了计算出到达距离选通成像系统探测器前端的信号光和后向散射光,必须首先给出距离选通成像系统的结构和相关性能参数。为此建立大气距离选通成像系统的典型光学几何结构。如图 5-23 所示,脉冲激光发射光束的中心轴为 z 轴,接收视场的中心轴为 l 轴,z 轴与 l 轴的夹角为 δ,脉冲激光照明器与门控选通 ICCD 摄像机相距很近,被探测目标的距离为 30 ~ 1500m,接收视场与照明激光的发散角相匹配。

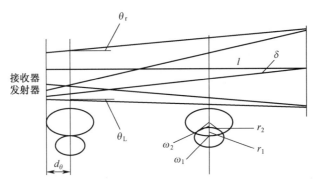

图 5-23 大气距离选通成像系统几何光学结构

假设激光照明的光束分布是均匀的,发射的激光脉冲,其单脉冲能量为 $Q(\mathrm{J})$,脉冲宽度为 $t_\mathrm{p}(\mathrm{s})$,则照明激光功率 $P_0 = Q/t_\mathrm{p}$。考虑到发射与接收视场的交叠情况,后向散射光在光电阴极面上的辐射照度随时间的变化为

$$E'_{\mathrm{pbe}}(t) = \frac{\pi D_0^2 T_0 \beta_{\mathrm{sca}}(\pi)}{4 A_\mathrm{d} c t_\mathrm{p}} \cdot \frac{1+\cos\delta}{\cos^2\delta} P_0 \int f(z) \mathrm{e}^{-\beta_{\mathrm{ext}}(z+l)} \frac{1}{t^2} \mathrm{d}t \tag{5-24}$$

信号光在光电阴极面上的辐射照度随时间的变化为

$$E'_{\mathrm{pse}}(t) = \frac{\rho_{\mathrm{obj}} D_0^2 T_0 \mathrm{e}^{-\beta_{\mathrm{ext}}(z_{\mathrm{obj}}+l_{\mathrm{obj}})} P_0}{4 A_\mathrm{d} l_{\mathrm{obj}}^2}, \quad (t_{\mathrm{obj}} \leqslant t \leqslant t_{\mathrm{obj}} + t_\mathrm{p}) \tag{5-25}$$

式中:$\beta_{\mathrm{sca}}(\pi)$ 为大气后向散射系数;T_0 为接收光学系统的透射比;c 为光速;$f(z)$ 为重叠系数,是进入接收视场的被照面积与激光照射面积之比,它与激光发射角 $2\theta_\mathrm{t}$、接收视场角 $2\theta_\mathrm{r}$ 以及发射与接收装置的间距 d_0 等参量有关;ρ_{obj} 为被观察目标的漫反射系数;D_0 为接收光学系统的口径;β_{ext} 为大气消光系数;z_{obj} 为目标在脉冲激光发射中心轴(z 轴)上的距离;l_{obj} 为目标在 l 接收视场中心轴(l 轴)上的距离;A_d 为光电阴极面的面积;t_{obj} 为对应目标距离的照明光束的往返时间。

为了在室内模拟测试一定大气条件下距离选通成像系统的分辨力,有人建立了一套模拟测试装置。采用两个模拟光源,分别模拟到达探测器前端的信号光和后向散射光。采用阴极面等效辐射照度法,给出了模拟光源功率的确定方法。

2. 测量装置的结构与组成

测量装置建立的基本思路为:在暗室内采用两个模拟光源,分别模拟信号光和后向散射光,其发光强度随时间按一定的规律变化,从而使模拟光源在光电阴极面上的照度等效于实际系统所接收的信号光和后向散射光的照度。大气距离选通成像系统的照明光源的波长为 808nm 和 532nm,考虑到光电阴极的辐射灵敏度和实验室便于观察和调整光路的要求,模拟光源波长的最佳方案是采用可见光。半导体激光器的输入电流与输出功率的关系是线性的,并且响应速度快,调制频率可高达几兆赫。可以直接对半导体激光器进行调制。因此采用 650nm 的红光 LD,模拟光源的功率为 3~5mW。

距离选通成像系统分辨力室内模拟测试装置的结构图如图 5-24 所示。图中:被测试的选通 ICCD 作为接收系统;S 为信号模拟光源;照明透射式分辨力板(O_r 为分辨力板的中心点)的图案经折光镜(O_m 为折光镜的中心点)反射后成像在选通 ICCD 的光电阴极面上;B 点为后向散射模拟光源,照明透射式背景板(O_b 为背景板的中心点),背景板透过折光镜成像在选通 ICCD 的光电阴极面上;l_1 为物镜到背景板的距离;l_2 为分辨力板中心到折光镜中心的距离;l_3 为折光镜中心到物镜的距离;S 点到 O_r 点的距离为 l_s;B 点到 O_b 点的距离为 l_b。为了使分辨力板和背景板同时成像在光电阴极面上,要求它们到物镜的距离相等,即 $l_2 = l_1 - l_3$。背景板上的后向散射模拟光源的照明充满视场。为了均匀照明分辨力板,在分辨力板的背面放置乳白塑料或毛玻璃,通过形成均匀的漫射光来照明分辨力板。采用乳白塑料作背景板,后向散射模拟光源透过背景板后形成均匀的漫射光。

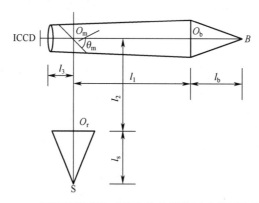

图 5-24 距离选通成像系统分辨力模拟测试装置结构图

信号和后向散射模拟光源照射光电阴极面所产生的信号光和后向散射光的电流密度应分别等于实际系统所接收的信号光和后向散射光照射在光电阴极面上所产生的电流密度,只有这样才能保证模拟测试装置所获得的图像亮度和对比度与实际系统所获得的图像亮度和对比度相同。

利用模拟光源表述实际系统在光阴极面上的辐射照度,为此引入等效辐射照度的概念,等效辐射照度的意思是,当用波长 λ_{ss} 模拟光源模拟实际工作波长为 λ_s 的系统时,所需要的系统在光阴极面上的辐射照度值对应于实际系统在光阴极面上的辐射照度。因此,信号模拟光源在光电阴极面上的辐射照度称为信号光等效辐射照度,后向散射模拟光源在光电阴极面上的辐射照度称为后向散射光等效辐射照度。

当模拟测试装置采用等效辐射照度法模拟实际系统工作时,光电阴极面所接收的是等效信号光和等效后向散射光的辐射照度。因此,通过推导可得到信号模拟光源和后向散射模拟光源的功率分别为

$$\begin{cases} P_{ss}(t) = \dfrac{4\pi (l_s \tan\theta_{ss})^2}{\beta_m T_{os} T_{plas}} \left(\dfrac{f'_{os} + x'_s}{D_{os}}\right)^2 \dfrac{S(\lambda_s)}{S(\lambda_{ss})} E'_{pse}(t), \ (t_{obj} \leqslant t \leqslant t_{obj} + t_p) \\ P_{bs}(t) = \dfrac{4\pi (l_b \tan\theta_{bs})^2}{T_m T_{os} T_{plas}} \left(\dfrac{f'_{os} + x'_s}{D_{os}}\right)^2 \dfrac{S(\lambda_s)}{S(\lambda_{ss})} E'_{pbe}(t) \end{cases} \quad (5-26)$$

式中：$P_{ss}(t)$和θ_{ss}分别为信号模拟光源的功率和发射角；$P_{bs}(t)$和θ_{bs}分别为后向散射模拟光源的功率和发射角；T_{plas}为乳白塑料的透射比；T_m和ρ_m分别为折光镜的透射比和折光镜的反射比；T_{os}为模拟测试装置中接收光学系统的透射比；D_{os}，f'_{os}，x'_s分别为模拟测试装置中接收光学系统的孔径、焦距和光电阴极面成像时的离焦量；$S(\lambda_{ss})$和$S(\lambda_s)$分别为光阴极在模拟光源波长λ_{ss}时的辐射灵敏度和光阴极在实际光源波长λ_{ss}时的辐射灵敏度。

实际系统照明光源的重复频率为f_s，信号模拟光源的重复频率为f_{ss}，它们的脉冲宽度均为t_p。ICCD成像可认为在一帧时间内，模拟光照射光电阴极面与实际光照射光电阴极面所产生的电子数密度相同，也就是说可认为达到了模拟的要求。因此单脉冲信号光在光电阴极面上的辐射照度E'_{pse}与单脉冲信号模拟光在光电阴极面上的辐射照度E_{pse}之间的关系为

$$E'_{pse} = \frac{S(\lambda_{ss})}{S(\lambda_s)} \cdot \frac{f_{ss}}{f_s} E_{pse} \tag{5-27}$$

单脉冲后向散射光在光电阴极面上的辐射照度E'_{pbe}与单脉冲后向散射模拟光在光电阴极面上的辐射照度E_{pbe}之间的关系为

$$E'_{pbe} = \frac{S(\lambda_{ss})}{S(\lambda_s)} \cdot \frac{f_{ss}}{f_s} E_{pbe} \tag{5-28}$$

参 考 文 献

[1] 杨照金. 当代光学计量测试技术概论[M]. 北京：国防工业出版社，2013.
[2] 曾桂林，周立伟，张彦云. 微光ICCD电视摄像技术的发展与性能评价[J]. 光学技术，2006，32(增刊)：337-343.
[3] 练敏隆，王世涛. 基于ICCD的空间微光成像系统成像性能研究[J]. 航天返回与遥感，2007，28(3)：6-10.
[4] 黄作明，从秋实. 微光CCD信噪比测试研究[J]. 兵工自动化，1998(3)：21-23.
[5] 李升才，金伟其，许正光，等. 微光增强型电荷耦合装置成像系统调制传递函数测量方法研究[J]. 兵工学报，2005，26(3)：343-347.
[6] 朱彩霞，闫亚东，余文德，等. 水下微光成像系统[J]. 舰船科学技术，2007，29(6)，56-58.
[7] 武金刚，左昉. 激光距离选通技术在微光成像系统中的应用[J]. 光学技术，2008，34(4)：630-632.
[8] 昌彦君，彭复员. 水下激光成像的实验研究[J]. 实验室研究与探索，2009，28(3)：19-21.
[9] 刘艳，李卿，熊英. 基于能量传递链的水下微光成像系统性能评价[J]. 弹箭与制导学报，2010，30(5)：196-198.
[10] 韩宏伟，张晓晖，葛卫龙. 水下激光距离选通成像系统的模型与极限探测性能研究[J]. 中国激光，2001，38(1)：0109001-1-7.
[11] 戴得德，孙华燕，韩意，等. 激光主动成像系统目标图像质量评价参数研究[J]. 激光与红外，2009，39(9)：986-990.
[12] 李丽，高稚允，王霞，等. 距离选通成像系统分辨力模拟测试装置的设计[J]. 光学技术，2005，31(4)：545-547，550.
[13] 杨博，李晖，周文卷，等. 激光主动探测系统成像性能评价方法综述[J]. 中国高新技术企业，2010(25)：36-38.

第6章 单光子成像系统参数测试

光子计数成像技术是探测微弱光的有效技术手段,是一种超高灵敏度光电探测器与光子信号处理技术相结合的一种成像模式,其工作原理是通过超高灵敏度光电探测器探测到单个光子事件并获知单个光子的空间位置,从而得到与目标对应的光子图像。光子计数成像是极低照度下光电探测的一种成像模式,当光照强度小于某个阈值时,光电探测器的输出信号成为分离的脉冲信号,光子计数是通过脉冲信号的个数来检测场景内的光辐射信息的一种技术手段,光子计数成像则是在探测光子的同时得到光子的空间位置,并在图像采集卡中进行积累和处理后获得完整的图像。因此,光子计数成像技术是一种以光子计数为基础的成像模式,任何具备单光子灵敏度的光电探测器件都可以应用于光子计数成像系统,常用的光电探测器包括光电倍增管(PMT)、雪崩光电二极管(APD)、多通道倍增的ICCD(双MCP或三MCP)、EBCCD、EMCCD等。本章首先介绍单光子成像原理,然后介绍单光子成像的特点、主要性能参数的测量。

6.1 单光子计数成像原理

在光电成像过程中,根据光强度与光电探测器时间—空间特性关系的不同,光电探测有两种探测模式:模拟探测模式(测量的光强是多个光子叠加的能量)和单光子计数模式(输出信号是被计数的某个光子)。如果光电探测器有较好的时间—空间特性,用光子计数统计可实现微弱光探测。常规的弱光成像器件没有单光子计数模式,所以探测不到极微弱光信号。

入射到光电探测器上的光束是由大量光子组成的光子流。很多光子叠加在一起探测到的光强称为模拟方式。当入射光功率逐渐减弱时,光电子脉冲的叠加逐渐减小,探测器的输出直流电平逐渐下降,光电子脉冲越来越分离。当入射光功率减小到一定程度时,光电探测器上的光电子脉冲呈现出不连续的随机分布。继续减弱光信号,直至单光子探测,这种方式称为计数方式。若能在探测单个光子的同时确定其空间位置,即进行二维光子计数探测,这便是光子计数成像的基础。

国际上先后研究了几种类型的具有光子探测能力的仪器。20世纪70年代英国首先研制成功了将四级级联磁聚焦像增强器,通过光学系统与光导摄像管电视摄像机耦合的早期光子成像系统。80年代开发了采用微通道板像增强器的光子计数成像系统。日本滨松公司在80年代也研制了由三级微通道板(MCP)像增强器作为光子计数器件和四象限光子位敏传感器组成的光子计数图像采集系统。在80年代后期美国发展了一种新型的多阳极微通道阵列(MAMA)式光子计数成像系统。90年代初期法国发展了一种利用高速数字处理器实时探测光子坐标的光子计数成像系统。

根据光子增益方式的不同可以把光子计数成像分成两大类:一类为间接型,即探测元本身不具备放大功能,需要先经过其他器件微通道板(MCP)等对微弱的光信号进行放大后,再耦合到探测元中并成像,典型的系统就是电子轰击 CCD(EBCCD)及多阳极通道阵列(MAMA)成像系统;另一类是直接作用型,即光子直接入射到探测元上,这类探测元本身具有特殊的结构可实现对光信号的自动放大,典型的系统就是片上增益 CCD 及新型硅二极管阵列成像系统[1-5]。

6.1.1 间接型探测系统

1. 间接型探测系统的结构

间接型探测系统通常由以下几个部分组成:光子倍增器件、探测元(传感器)、制冷器、高压电源及后续的处理电路,其示意图如图 6-1 所示。

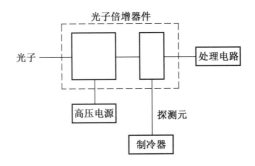

图 6-1 间接型微光图像探测系统示意图

图 6-1 中光子倍增器件通常有两种类型:第一种是真空光电倍增器件,它在最早期系统中使用较多,但它具有较多缺点,例如,探测器时间精度很差(约为 500ps),量子效率由于受到光电阴极限制约为 20%,另外它与高密度阵列技术不兼容,也无法实现微型化;第二种采用微通道板,它是一种改进的真空光电倍增器件,尽管动态范围仍然受限(100kHz/s),然而它显著提高了时间精度(少于 100ps),所以在后续的系统中真空光电倍增器件基本被微通道板型所取代。不管采用哪种放大器,都需配备一个高压电源,这样才能让电子加速到足够的速度,通过不断的碰撞产生大量的电子。图 6-1 中的制冷器主要是为了降低系统工作的环境温度,提高信噪比。在有些系统中光子放大器与探测元之间还需要一个耦合器,或者是一个荧光屏,先将电子转换为光子,再耦合到探测元中。

在间接型系统中,最关键的就是光子放大器和探测元两部分,它们在整个系统中起着举足轻重的作用,也一直是这项技术发展的瓶颈和研究的重点。自从微通道板出现后,光子倍增的问题得到了较好的解决,它大大提高了时间的分辨率和放大倍率。近年来,通过工艺改进,出现了高性能的微通道板,芯径间距从 12μm 减小到了(8~9)μm 或 6μm,对应的像增强器分辨力从 36lp/mm 提高到了(45~50)lp/mm 或 64lp/mm 以上。同时,通过材料改进和加大微通道板的开口面积等工艺,使微通道板的噪声特性得到了较大的改善。目前使用较为普遍的主要有两种:一种是弯曲型结构的 C-MCP,另一种是类似于 Z 型结构的 Z-MCP,由于 C-MCP 对反馈正离子产生的背景噪声和对光阴极的有害轰击能够有效地抑制,所以它能够使器件的工作寿命得以提高。而且只用一块弯曲板,电子增益就可高达 10^6 以上。

探测元是系统的核心,也是光子成像计数技术最重要的部分。根据探测元的不同,有三个典型的间接作用型系统,即 ICCD、EBCCD 和多阳极微通道阵列(MAMA)探测系统。由于 ICCD、EBCCD 的工作原理及组成在 5.1 节已经介绍,这里不再重复,下面主要介绍多阳极微通道阵列(MAMA)探测系统。

2. 多阳极微通道阵列(MAMA)探测系统

MAMA 探测系统的探测元为多阳极微通道阵列器件,它是整个系统的核心。它由多碱(NaKCsSb)光电阴极、Z 型微通道板倍增组件和两层精细结构编码阳极组成,结构如图 6-2 所示。

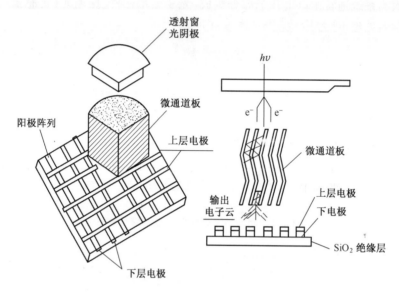

图 6-2 MAMA 探测系统结构图

基于 MCP 的阳极探测器的工作原理如图 6-3 所示。

(1) 经分光系统色散后的光谱成像在光阴极上,光阴极通过外光电效应将光子转换为光电子。光阴极可镀在光学输入窗的内表面构成透射式光阴极或是直接镀在第一片 MCP 输入端口的内侧壁上构成反射式光阴极。一般来说,反射式光阴极的量子效率要高于透射式光阴极的量子效率。

(2) 光电子经 MCP 倍增后形成一电子云团。应用于光子计数模式的 MCP 通常工作在饱和增益区,工作电压约为 1kV/片。2 片 V 型级联的 MCP 可提供 $10^6 \sim 10^7$ 的电子增益,3 片 Z 型堆叠的 MCP 可提供 $10^7 \sim 10^8$ 的增益。

(3) 电子云团在偏置电压的作用下渡跃到位敏阳极并被位敏阳极所收集。通常情况下,MCP 的输出面至位敏阳极的间距设置为几毫米到十几毫米,两者之间的偏压设置在 100~300V 之间。

(4) 电子读出电路根据位敏阳极上各个电极或电极单位所收集的电荷量对光子事件进行位置解码和计数从而实现计数成像功能。

与 PMT 和 ICCD 相比,基于 MCP 的阳极探测器不仅能实现二维成像探测,还具有空间分辨率高、计数率较大、设计简单以及制作成本相对较低等优点,因此已被广泛地应用于单光子成像光谱技术领域的各个方面。

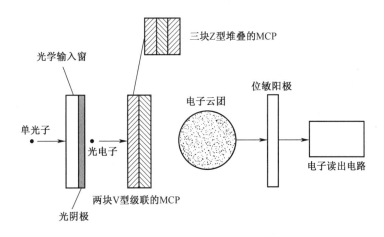

图 6-3 阳极探测器工作原理示意图

6.1.2 直接型探测系统

1. 电子倍增 CCD(EMCCD)成像系统

电子倍增(EMCCD)技术,有时也称作"片上增益"技术,是一种全新的微弱光信号增强探测技术。它与普通科学级 CCD 探测器的主要区别在于其读出(转移)寄存器后又接续有一串"增益寄存器"(图6-4),它的电极结构不同于转移寄存器,信号电荷在这里得到增益。这也就是 EMCCD 不需要光子放大器的根本原因。

如图 6-5 所示,在增益寄存器中,与转移寄存器不同的是其中的一个电极被两个电极取代,其中电极 1 被加以适当的电压,而电极 2 提供时钟脉冲,但该电压比仅仅转移电荷所需要高很多(40~60V)。在电极 1 与电极 2 间产生的电场其强度足以使电子在转移过程中产生"撞击离子化"效应,产生新的电子,即所谓的倍增或者说是增益;每次转移的倍增倍率非常小,最多为 1.01~1.015 倍,但是当如此过程重复相当多次(如陆续经过几千个增益寄存器的转移),信号就会实现可观的增益可达 1000 倍以上。

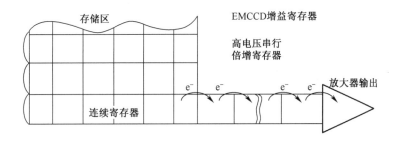

图 6-4 增益寄存器

EMCCD 属于帧转移 CCD,其工作模式分为 5 个步骤:
(1) 在积分周期内,成像区将光子转化成电荷;
(2) 成像区电荷转移到存储区;
(3) 存储区电荷转移到读出寄存器;

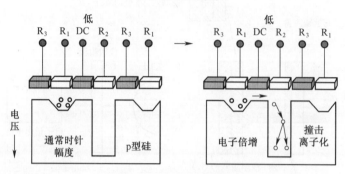

图 6-5 寄存器结构图

(4) 读出寄存器电荷转移到倍增寄存器,并在其中使电子倍增;

(5) 倍增后的电荷通过低噪声读出放大器转换成电压输出。

以上 5 个步骤中,前 4 个步骤与普通 CCD 相同,在第 4 步中,对倍增寄存器施加高电压,在电子通过时产生碰撞电离效应产生新电子。这样,通过多次累加,实现信号电子的倍增。虽然每次的倍增率 g 都非常小(约为 0.01),但当经过多个增益寄存器的转移,总增益($G=1+g)^n$ 会变得非常可观,如 $n=500$ 时,$G=145$。其中 $1+g$ 是随机的,理论上每次都不一样,但概率上其值固定在一个范围内,为 1.01~1.015。

2. 新型硅二极管阵列成像系统

新型硅二极管阵列成像系统的探测元采用最新的第二代硅光子计数成像器。这一技术以盖革模式的浅结硅偏压二极管为基础,经过多年的发展和改进,现已成为一种成熟的工艺技术。浅结的性能优点包括:时间抖动小(小于 100ps)、工作电压低(约 35V)、计数速率快(10Mb/s)、量子效率高(大于 45%),且光谱灵敏度范围宽(400~900nm)。浅结的基本结构包含一个 p 结中的 n+ 区,它靠近探测器顶部的光子入射窗口(如图 6-6 所示)。

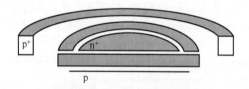

图 6-6 单元器件结构图

二极管是在薄的 p 型衬底(5~15μm)中制成的,这有利于阻止体内产生的载流子延长探测器响应时间。顶部的双装置可使芯片倒装集成到新型探测平台和合适的应用装置中。入射到结内的光子产生电子空穴对,在二极管盖革模式偏置结内分离并被放大(图 6-7)。每当光子进入器件,结区内便产生较大的、易于探测(也就是低噪声)的电脉冲。器件所具有的高速时间响应特性使得精确测定光子到达时间成为可能,这促使许多先进技术,如激光雷达和时间相关单光子计数得以实现。

这一创新技术所具有的潜力不仅来源于它的特性,也来源于它可以采用标准 CMOS 工艺制作这一事实。因此,器件可制成单片阵列(单一硅片上),还可与读取电路完全集成。此外,其他功能器件和逻辑元件可与探测器单片集成,这使得整个传感器系统有可能大幅缩减尺寸。

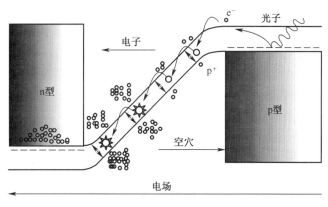

图 6-7 光子放大原理图

6.2 单光子成像技术的特点及性能表征

6.2.1 单光子成像技术的特点

与电荷积分成像技术相比,单光子成像技术具有以下特点[6]。

1. 极高的信噪比、极低的背景噪声以及极高的灵敏度

由于单光子成像技术采用的是脉冲计数方式,当脉冲幅度低于一定的阈值时不予计数,因此可滤除掉大多数的噪声,具有非常高的信噪比。单光子成像技术的背景噪声主要来源于传感器的暗计数,即由非光子事件触发引起的伪计数。工作于光子计数模式下传感器的暗计数一般都很小,以阳极探测器为例,其 MCP 的暗计数通常小于 $1Hz/cm^2$。如此之小的暗计数决定了单光子成像技术具有极低的背景噪声和极高的信噪比,因此在探测极微弱的光辐射时,阳极探测器可区分信号强度的微小差异,具有很高的探测灵敏度。此外,阳极探测器的背景噪声(即暗计数)还可通过二次测量的方法扣除,降噪方法简单方便。

光子计数成像的光子数增益达到($10^6 \sim 10^7$)、宽动态范围(10^6)、高输出亮度($\geqslant 400cd/m^2$)、快响应速度($\leqslant 1ms$)、单光电子脉冲高度分布、小畸变和高空间分辨率。

2. 极低的辐射通量下限与极宽的局部动态范围

单光子成像技术是通过光子计数(即脉冲计数)来成像的,具有非常高的探测灵敏度,因此其辐射通量下限非常低,可达到 $10^{-18}W/cm^2$ 甚至更低。由于单光子成像技术的辐射通量下限非常低,在局部甚至可探测到单个的光子,而其辐射通量上限只受限于整个系统的最大计数率,因此其局部动态范围非常宽,通常能达到 $10^5 \sim 10^6$。

3. 无漏电流影响与良好的抗漂移性

由于单光子成像技术采用的是脉冲计数方式,因此其最大的优点就是没有漏电流的影响,具有良好的抗漂移性。此外,单光子成像技术还具有良好的时间稳定性,避免了电荷积分测量法中放大器的零点漂移与增益漂移,以及传感器的暗电流等诸多困扰器件稳定性的难题。

6.2.2 光子计数成像的性能表征

光子计数成像的性能表征包括单光子成像器件的性能表征和光子计数成像系统的性能表

征,下面分别介绍[7-10]。

1. 单光子成像器件的性能表征

1) 积分灵敏度 $S(\mu A/lm)$

成像器件接收色温为 2856K 标准光源照射时,单位光通量(lm)所产生的光电流被定义为光阴极的积分灵敏度,单位为 $\mu A/lm$。

2) 量子效率

成像器件每接收波长为 λ 的一个光子所能产生的光电子数被定义为成像器件的量子效率,单位为(电子/光子,%)。量子效率的详细定义和表达式在第 2 章已经介绍,这里不再重复。

3) 增益

对微光像增强器,亮度增益定义为:在标准 A 光源照射下,荧光屏的法向输出亮度与光阴极输入照度之比,单位为 $cd \cdot m^{-2}/lx$。对单光子成像探测器件,定义基本相同,只是光源要根据实际使用情况决定。

亮度增益是评价微光像增强器图像转换效率的参数。转换特性是描述微光像增强器或变像管输出物理量和输入物理量之间的依从关系。对于变像管,其输入量、输出量分别是不同波段的电磁波辐射通量,而像增强器的输入量与输出量则是可见光波段的电磁波辐射通量。前者通常用转换系数来表示,而后者通常用亮度增益来表示。

4) 信噪比

微光探测器件的探测能力主要表现在信噪比上。而信噪比主要取决于噪声抑制能力。

噪声定义为:从响应度的定义看,无论怎样小的光辐射作用于探测器,都能产生响应并被探测出来。事实并非如此,实际上,探测器都存在噪声,这是一种杂乱无章、无规则起伏的输出。这种信号对时间的平均值为零,但其均方根值却不为零,因此将这个信号的均方根值称为噪声信号。一般情况下,探测器是探测不到低于噪声信号的光辐射的,即噪声信号限制了探测器的灵敏度阈。

信噪比定义为:信噪比是判定噪声大小的参数,它是在探测器上光辐射产生的输出信号 S 和噪声产生的输出信号 N 之比为 S/N。

假定目标是一个对比度为 100% 的正弦分布图案,则目标通过器件产生的信号 S 和噪声 N 分别为

$$\begin{cases} S = I_p \eta G n_s \\ N^2 = SGF + 2GFi_{ca}n_s + i_{CCD}n_s + 2N_R^2 n_s \end{cases} \quad (6-1)$$

式中: I_p 为目标每个像元在焦平面上形成的光信号; η 为器件的量子效率; G 为增益; n_s 为正弦图案中的"白"部分的像元数; F 为增益噪声系数; i_{ca} 为每个像素在光阴极上产生的暗电流; i_{CCD} 为 CCD 每个像元的暗电流; N_R 为每个像素的读出噪声。根据信噪比的定义得到

$$S/N = \frac{I_p \eta G n_s}{\sqrt{(SGF + 2GFi_{ca}n_s + 2i_{CCD}n_s + 2N_R^2 n_s)}} \quad (6-2)$$

表 6-1 为几种单光子成像器件的信噪比。

表 6-1 几种单光子成像器件的信噪比

项目	常规 CCD	ICCD（GaAs）	EBCCD（GaAs）	EMCCD（BI）	单位
工作温度	293	293	293	253	K
噪声因子	1	3	1.1	1.4	
10^{-12} 照度输出信号	12	16	16	40	$\bar{e}$
散粒噪声	3.5	4	4	6.3	$\bar{e}$
读出噪声	200	忽略	1	0.3	$\bar{e}$
暗噪声	17	忽略	忽略	1	$\bar{e}$
总噪声	201	12	4.4	9	$\bar{e}$
信噪比	0.06	1.3	3.6	4.4	

5）分辨力

在系统的实现及信号分析中对成像质量的评估必不可少。对于以 CCD 为基础的微光成像系统，一般用 MTF、CTF、极限分辨力、最小可分辨的目标尺寸及信噪比等参数描述其成像质量。

微光器件的总分辨力可以用各个部件的分辨力进行计算

$$M^2 = M_1^2 + M_2^2 + \cdots \tag{6-3}$$

由于 EBCCD 和 BCCD 相比，增加了纤维光学输入窗光阴极和电子光学系统，因此其极限分辨力有所下降。对于 ICCD，由于系统中的 MCP、荧光屏及光纤耦合元件，使其极限分辨力大大降低。

6）调制传递函数

数学上，成像器件的光学传递函数（OTF）是其点（线）扩展函数的傅里叶变换，OTF 的模量称为 MTF；物理上，成像器件的 MTF 等于其输出调制度 $M(f)_{出}$ 与输入调制度 $M(f)_{入}$ 之比，它们都是空间（或时间）频率 N（或 f）的函数，即

$$\mathrm{MTF}(f) = M(f)_{出} / M(f)_{入} \tag{6-4}$$

对于 i 级线性级联成像系统，有

$$M(f)_{总} = M(f)_1 \cdot M(f)_2 \cdots M(f)_i \cdot M(f)_{入} \tag{6-5}$$

根据调制传递函数的以上定义，几种典型器件的 MTF 表达式如下：

（1）CCD：

$$T_{\mathrm{CCD}} = \sin(w\alpha\pi f)/(w\alpha\pi f) \tag{6-6}$$

式中：f 为空间频率（1/mm）；w 为 CCD 像元的线尺寸（mm）；α 为填充因子。

（2）ICCD：

$$\begin{cases} T_{\mathrm{ICCD}} = T_{\mathrm{EO}} T_{\mathrm{OFP}} T_{\mathrm{CCD}} = \exp[-(f/f_c)^{1.5}] \times \left[\dfrac{2J_1(D\pi f)}{D\pi f}\right]^2 \dfrac{\sin(w\alpha\pi f)}{w\alpha\pi f} \\ f_c = \dfrac{1}{\sqrt{2}\pi\sigma} \end{cases} \tag{6-7}$$

式中：J_1 为一阶贝赛尔函数；D 为光纤的中心距；σ 为像管的线扩散函数的均方差半径；式中的第 1 项是像管的 MTF；第 2 项是光纤的 MTF；第 3 项是 CCD 的 MTF。

（3）EBCCD：

$$T_{EBCCD} = T_{EO} T_{DIF} T_{SCA} T_{CCD} \tag{6-8}$$

近贴聚焦电子光学系统：

$$T_{EO} = \exp[-4\pi^2 V_m (fL)^2 / V_s] \tag{6-9}$$

锐聚焦电子光学系统：

$$T_{EO} = \exp[-(2\pi M V_m f / E_c)^2] \tag{6-10}$$

电子散射：

$$T_{SCA} = 1 - \beta (E/E_0) \exp(-f/\pi L) \tag{6-11}$$

弥散：

$$T_{DIF} = \exp[\pi (\delta_s - \delta_d)^2 f^2] \tag{6-12}$$

式(6-8)~式(6-12)中：V_m 为光电子最大发射能量对应的电位；V_s 为加速电压；L 为光阴极与 CCD 间近贴聚焦距离；M 为电子光学系统线性放大率；δ_s 为 CCD 外延层的厚度；δ_d 为 CCD 耗尽层的厚度；E 为 EBS 增益过程中后向散射能量；E_0 为 EBS 增益过程中入射电子的能量；β 为后向散射系数；E_c 为阴极面附近的场强。

2. 光子计数成像系统的性能表征

通常专门定义一些参量来表征二维光子计数成像系统的性能。

（1）工作面积：一般指系统内各个部件，如光电阴极、荧光屏、耦合器件、定位器件等的合成有效孔径所对应的面积。

（2）可探量子效率：将有噪声的系统等效为理想系统。当输入信号通过一量子效率为 η 的探测系统，由于系统附加的噪声而使输出信号的信噪比变坏，如与无噪理想探测系统相比，要得到同样的输出信号的信噪比，该理想系统应有的量子效率，这一效率称为该实际探测系统的可探量子效率，通常简写为 η_e。

η_e 反映探测系统的实际能力。不过，它对一个系统来说不是常数，且与系统所探测的输入光量 I_p 有关。所以很难用它来表征一个系统的基本特性。通常在谈论探测系统时，较多地仍是使用量子效率和噪声这两个参量。

（3）半极大全宽度（FWHM）：当一个光子射入二维光子计数成像系统输入端时，输出端输出的像斑将是一个在空间有一定分布的轮廓。其半极大强度处的相应宽度称为半极大全宽度。表征系统扩散的大小。FWHM 越小越好，它决定了系统的空间分辨率。

（4）定位精度：对一个光子事件的出现位置能可靠地测定的精度。显然它和半极大全宽度密切相关。通常二者只标明一个就够了。

（5）背景计数率：即不照光时的暗计数率。

（6）10% 损失时计数率：当入射光子较多时，由于系统不能分辨而发生漏计。当漏计数为输入总数的 10% 时所对应的计数率。这一参量决定系统的动态范围。

（7）时间分辨率：能区分两个光子事件出现的最短间隔时间。

（8）畸变：一般指位置畸变。在工作面积上的不同位置出现两个间距相同的事件，输出端定出的距离却不相同，即产生畸变。工作面积中心部分和边缘部分经常有明显差别。

6.3 光子计数成像系统性能测试

光子计数成像系统的性能测试涉及两个方面:一方面为光强增强特性,主要参数有光子增益、等效背景照度和信噪比等;另一方面为成像特性,如调制传递函数、视场、畸变等。成像特性测试方法原则上和模拟探测基本相同。由于单光子成像技术属于发展时期,还没有相应的国家标准,下面仅就已有的一些单光子成像系统参数测量方法作以简单介绍[11-15]。

6.3.1 光子计数像管等效背景照度测试

1. 等效背景照度的定义

当像管产生的输出亮度正好等于背景亮度时,所需要的输入照度值为等效背景照度(EBI),一般可表示为

$$\mathrm{EBI} = \frac{B_\mathrm{D}}{G_\mathrm{B}}(\mathrm{lx}) \tag{6-13}$$

式中:G_B 为像管的亮度增益;B_D 为光电阴极无光照入射时像管的输出亮度。

由于被测量信号是极其微弱的光信号,所以我们选用目前弱光检测中灵敏度最高、响应速度最快的单通道光子计数系统作为接收器。

2. 等效背景照度(EBI)测试原理

由等效背景照度(EBI)的定义式(6-13)可以得到

$$\mathrm{EBI} = \left(\frac{B_\mathrm{D}}{B - B_\mathrm{D}}\right) \cdot E = \frac{r_1 - r_0}{r_2 - r_1} \cdot E \tag{6-14}$$

式中:B 为被测像管光电阴极面上输入照度为 E 时的输出亮度;r_0 为单通道光子计数系统的暗计数速率;r_1 为被测像管在无任何输入照度时,输出亮度所产生的光子计数系统输出计数速率;r_2 为被测像管输入照度为 E 时输出亮度所产生的光子计数系统输出计数速率。

显然,当 $B = 2B_\mathrm{D}$,或者 $r_2 = 2r_1 - r_0$ 时,EBI$=E$。

被测像管光电阴极面上的输入照度 E,可由单通道光子计数系统在同一入射面上测量。如果在测量输入照度时,单通道光子计数系统的输出计数速率为 r,则有

$$E = (r - r_0)/R \tag{6-15}$$

式中:R 为接收单光子计数系统的响应度。

由式(6-14)和式(6-15)可得

$$\mathrm{EBI} = \frac{r_1 - r_0}{r_2 - r_1} \cdot \frac{r - r_0}{R} \tag{6-16}$$

3. 测量装置

光子计数像管等效背景照度测试装置如图6-8所示。12V、100W 的溴钨灯和中间带有挡板的积分球的组合色温标定为 2856K,经中性减光片衰减,在法兰盘右端面提供一均匀漫射光源。

作为接收器的单通道光子计数系统的工作原理如图 6-9 所示。入射到脉冲输出型光电倍增管上的光子经光阴极转变为光电子,后经打拿极将光电子多次倍增,由阳极收集而形成电

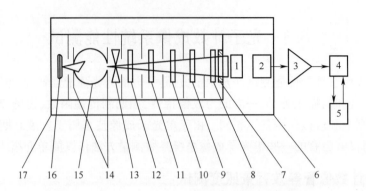

图 6-8 光子计数像管等效背景照度测试装置示意图
1—被测像管；2—脉冲输出型光电倍增管；3—放大器；4—脉冲幅度分析器；5—微型计算机；
6—单层屏蔽暗箱；7—法兰盘；8、9、10、11、12—可移动中性减光片；13—光快门；14—入、出射光阑；
15—积分球；16—光源；17—双层屏蔽暗箱。

脉冲。该电脉冲经前置放大器放大，高于甄别器阈值电平的脉冲输入到计数器计数，最后由数据采集处理系统输出一个与入射光子速率 R_{ph} 成正比的输出信号(光电子脉冲速率 R_e)。其比例系数 r 计算如下：

$$r = \frac{R_{ph}}{R_e} = \frac{\int_{\lambda_1}^{\lambda_2} P(\lambda) \mathrm{d}\lambda}{\int_{\lambda_3}^{\lambda_4} P(\lambda) \lambda \tau(\lambda) \eta(\lambda) \mathrm{d}\lambda} \tag{6-17}$$

式中：λ 为光辐射波长(μm)；$P(\lambda)$ 为多色辐射的相对光谱功率分布；$\lambda_1 \sim \lambda_2$ 为多色辐射的波长范围；$\lambda_3 \sim \lambda_4$ 取决于光电探测器的光谱响应范围；$\eta(\lambda)$ 为光电倍增管自身的光谱量子效率；$\tau(\lambda)$ 为光电倍增管前所加滤光片的光谱透射比。

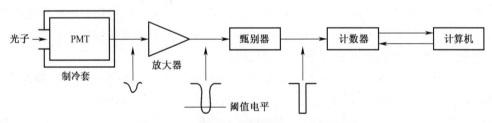

图 6-9 单通道光子计数系统工作原理框图

式(6-17)所表示的是单通道光子计数系统输出光电子脉冲速率与入射光子速率之间的关系。因此利用单通道光子计数系统测出入射光辐射所对应的光电子脉冲速率 R_e，就可以得到相应的光子速率

$$R_{ph} = R_e \cdot r \tag{6-18}$$

在未放入被测像管时，首先测量单通道光子计数系统的暗计数速率 r_0，并用光子计数系统测量法兰盘右端面处的光照度值 E，得到光子计数速率 r。然后将被测像管放入单层屏蔽暗箱内，输入窗紧贴在法兰盘右端面上。在像管荧光屏法线方向上，分别测量出与被测像管有光照和无光照时的输出亮度所对应的光子计数速率 r_2 和 r_1，连同单通道光子计数系统的响应度 R 一同代入式(6-16)，就可以得到光子计数像管的等效背景照度(EBI)。

6.3.2 光子计数像管光子增益测试

光子增益 G_N 为像管荧光屏输出的光子数 N_{out} 与入射到输入窗口上的光子数 N_{in} 之比,它是一个表征像管增益特性的指标,对像管的输出亮度起着决定性的作用。光子增益可表示为

$$G_N = \frac{N_{out}}{N_{in}} = \frac{R_{ph.o} \cdot \Delta t}{R_{ph.i} \cdot \Delta t} = \frac{R_{ph.o}}{R_{ph.i}} \tag{6-19}$$

式中:$R_{ph.o}$、$R_{ph.i}$ 分别为像管荧光屏输出的光子速率和输入到入射窗上的光子速率;Δt 为接收器采样时间。

由式(6-19)可以看出,光子增益的测量转化为荧光屏输出的光子速率 $R_{ph.o}$ 和输入到入射窗上的光子速率 $R_{ph.i}$ 的测量。

荧光屏输出的光子速率 $R_{ph.o}$ 是由正对荧光屏并与之相距 L 的单通道光子计数系统所测得的光电子脉冲速率 $\Delta R_{ph.o}$ 经换算而来。显然

$$\Delta R_{ph.o} = BA_1 \frac{A_2}{L^2} \tag{6-20}$$

式中:B 为荧光屏在其法线方向的光子亮度;A_1 为荧光屏发光面积;A_2 为单通道光子计数系统有效接收面的面积。

则

$$R_{ph.o} = \int_{半空间} BA_1 f(\theta) d\Omega \tag{6-21}$$

式中:$Bf(\theta)$ 为单位面积荧光屏向与其法线成 θ 角方向的单位立体角辐射的光子速率,经积分得

$$R_{ph.o} = 0.814\pi BA_1 = 0.814\pi \frac{L^2}{A_2}\Delta R_{ph.o} \tag{6-22}$$

输入到入射窗上的光子速率 $R_{ph.i}$ 可以用单通道光子计数系统直接测量。设入射到像管入射窗上的光子照度为 E,用单通道光子计数系统测量这一光照水平时,得到输入光子速率 $R_{ph.i}$,则有

$$\Delta R_{ph.i} = E \cdot A_2 \tag{6-23}$$

如果像管光电阴极的有效面积为 A_0,则入射到像管入射窗上的光子速率 $R_{ph.i}$ 为

$$R_{ph.i} = E \cdot A_0 \tag{6-24}$$

由式(6-23)和式(6-24)可得

$$R_{ph.i} = \frac{A_0}{A_2}\Delta R_{ph.i} \tag{6-25}$$

将式(6-25)和式(6-22)代入式(6-19),就可得到像管光子增益 G_N

$$G_N = 0.814\pi \frac{L^2}{A_0} \cdot \frac{\Delta R_{ph.o}}{\Delta R_{ph.i}} \tag{6-26}$$

光子计数像管光子增益测试装置如图 6-8 所示。

6.3.3 光子计数像管暗计数测试

暗计数 N_d 又称闪烁数,规定为在没有任何输入光照条件下,输出屏单位时间、单位面积

上的闪烁数,即单位面积输出的光子速率。它属于衡量像管噪声特性的指标,直接影响着像管动态范围的下限值。

在没有任何光照输入的情况下,用单通道光子计数系统测出荧光屏输出的光子速率 R_{phd},除以荧光屏的有效面积 A_1,便可得到暗计数 N_d。

荧光屏输出的全部光子速率 R_{phd},是由正对荧光屏并与之相距 L 的单通道光子计数系统(有效接收面积为 A_2)所测得的光电子脉冲速率 ΔR_{phd} 经换算而来:

$$\Delta R_{\text{phd}} = BA_1 \frac{A_2}{L^2} \tag{6-27}$$

式中:B 为荧光屏在其法线方向的光子亮度,则

$$R_{\text{phd}} = \int_{\text{半空间}} BA_1 f(\theta) \, \mathrm{d}\Omega \tag{6-28}$$

式中:$Bf(\theta)$ 为单位面积荧光屏向与其法线成 θ 角方向的单位立体角辐射的光子速率,经积分得

$$R_{\text{phd}} = 0.814\pi BA_1 = 0.814\pi \frac{L^2}{A_2} \Delta R_{\text{phd}} \tag{6-29}$$

由此得到暗计数

$$N_d = \frac{R_{\text{phd}}}{A_1} = 0.814\pi \frac{L^2}{A_1 A_2} \Delta R_{\text{phd}} \tag{6-30}$$

6.3.4 楔条形阳极光子计数探测器成像性能的检测

楔条形光子计数成像探测器分辨率检测装置如图 6-10 所示[16]。该装置主要包括紫外准直光学系统、置于高真空系统内的探测器及后续的电子学系统三个部分组成。由于 MCP 主要对紫外段线辐射有响应,所以通常使用紫外光源来检测;检测目标物置于 MCP 前端 1~2mm,紫外光经过准直后垂直入射到该目标。

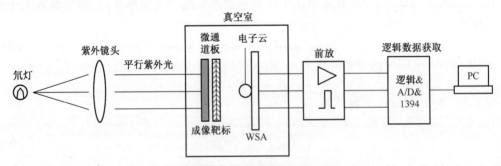

图 6-10 测量装置原理图

1. 分辨力测试

在进行分辨力测试时,通常使用分辨力板作为检测目标,其中根据美国空军 1951 年制定的分辨力标准(即 USAF1951)制作的分辨力检测板应用最广。该检测板包含了不同空间频率的明暗条纹,分别赋予了不同的组号和单元号。观察者通过观测成像图片,仔细识别出系统所能分辨的最细条纹,记录下该条纹的组号和单元号,通过计算或查表能够得到该条纹的对应空间频率。图 6-11 为美国空军 1951 透射式分辨力板图形。它由 6 个单元组成,每一单元根据

线条宽度分为六组,如图 6-11 所示。分辨力板每一单元和每组的空间频率(lp/mm)列于表6-2。

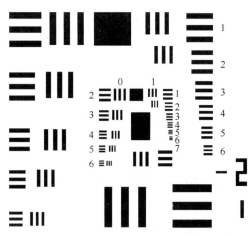

图 6-11 美国空军 1951 透射式分辨力板图形

表 6-2 美国空军 1951 透射式分辨力板空间频率(lp/mm)

组号	单元号					
	1	2	3	4	5	6
-2	0.3	0.3	0.3	0.4	0.4	0.4
-1	0.5	0.6	0.6	0.7	0.8	0.9
0	1.0	1.1	1.3	1.4	1.6	1.8
1	2.0	2.2	2.5	2.8	3.2	3.6
2	4.0	4.5	5.0	5.7	6.3	7.1
3	8.0	9.0	10.1	11.3	12.7	14.3
4	16.0	18.0	20.2	22.6	25.4	28.5

人眼直接观察检测图得出分辨率的方法虽然方便,但却存在人的主观性因素,不同人的观测结果可能不同,同一人不同时间的观测结果也可能不同。为了消除人眼观测主观性的缺点,可以利用探测器测量明暗条纹的灰度,通过灰度计算成像调制度(M)。M 的定义为:最大亮度与最小亮度的差与它们的和的比值,即

$$M(\%) = \frac{I_{max} - I_{min}}{I_{max} + I_{min}} \times 100\% \tag{6-31}$$

很明显,M 介于 0 和 1 之间。M 越大,意味着反差越大,图像越容易分辨。当最大亮度与最小亮度完全相等时,反差完全消失,这时的 $M=0$。黑白相间条纹的物调制度为 100%,但是没有成像系统能将条纹百分百的转移到像平面上,当空间频率增加时,像的 M 也将随之降低。

2. 畸变测试

在进行畸变测试时,通常使用网格板作为检测目标,图 6-12 为网格板示意图。

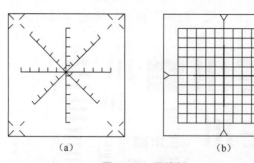

图 6-12 网格板

(a)星型网格板；(b)棋盘格网格板。

6.4 单光子成像系统的标定

6.4.1 可见光单光子成像系统的标定

为了准确知道实际进入光子计数成像系统的光子速率,可事先分别用弱光照度计和光子计数器作标定。由于光子计数器探测到的光电子通量不仅与光通量有关,而且在很大程度上取决于光源的光谱功率分布、所含光学系统的光谱透射比以及光电器件的光谱灵敏度,因此必须确定光通量与光子通量及光电子通量之间的关系。通过光学系统进入光子计数器的总光通量 Φ 及其对应的光子通量 P_{ph} 分别为

$$\Phi = 683\int_{\lambda_1}^{\lambda_2} CP_{\mathrm{L}}(\lambda)T(\lambda)V(\lambda)\mathrm{d}\lambda \tag{6-32}$$

式中:$P_{\mathrm{L}}(\lambda)$ 为光源的相对光谱功率分布;C 为 $P_{\mathrm{L}}(\lambda)$ 的系数;$T(\lambda)$ 为光学系统的光谱透射比;$V(\lambda)$ 为光谱光视效率。

$$P_{\mathrm{ph}} = \int_{\lambda_1}^{\lambda_2} CP_{\mathrm{L}}(\lambda)T(\lambda)N_{\mathrm{W}}(\lambda)\mathrm{d}\lambda \tag{6-33}$$

式中:$N_{\mathrm{W}}(\lambda) = 5.034\times10^{18}\lambda$(光子/J,$\lambda$ 以 $\mu\mathrm{m}$ 为单位)。

因为光源的绝对光谱功率分布很难准确测定,所以式(6-32)和式(6-33)所示的光通量 Φ 和光子通量 P_{ph} 的绝对值也就很难直接计算,但是光源的相对光谱功率分布 $P_{\mathrm{L}}(\lambda)$、光学系统的光谱透射比 $T(\lambda)$ 可以事先准确测定,所以它们的比值可计算如下:

$$K_{\mathrm{ph}} = \frac{P_{\mathrm{ph}}}{\Phi} = \frac{\int_{\lambda_1}^{\lambda_2} CP_{\mathrm{L}}(\lambda)T(\lambda)N_{\mathrm{W}}(\lambda)\mathrm{d}\lambda}{\left[683\int_{\lambda_1}^{\lambda_2} CP_{\mathrm{L}}(\lambda)T(\lambda)V(\lambda)\mathrm{d}\lambda\right]} \tag{6-34}$$

因为总光通量 Φ 可利用微照度计直接测定,所以总光子通量 P_{ph} 也就可以求得。考虑到光电子通量不仅与进入光子计数器的光子通量有关,还与光电探测器的光谱量子效率 $\eta(\lambda)$ 或光谱灵敏度 $S(\lambda)$ 有关,所以光电子通量的计算公式需改写为

$$P_{\mathrm{e}} = \frac{\Phi\int_{\lambda_3}^{\lambda_4} CP_{\mathrm{L}}(\lambda)T(\lambda)N_{\mathrm{W}}(\lambda)\eta(\lambda)\mathrm{d}\lambda}{\left[683\int_{\lambda_1}^{\lambda_2} CP_{\mathrm{L}}(\lambda)T(\lambda)V(\lambda)\mathrm{d}\lambda\right]}$$

$$= 0.907 \times 10^{13} EA \frac{\int_{\lambda_3}^{\lambda_4} P_L(\lambda) T(\lambda) S(\lambda) \mathrm{d}\lambda}{\left[\int_{\lambda_1}^{\lambda_2} P_L(\lambda) T(\lambda) V(\lambda) \mathrm{d}\lambda\right]} \tag{6-35}$$

式中:$\Phi=EA$ 为进入光子计数器的光通量(流明);E 为由微照度计测出的照度值(lx);A 为光子计数器的通光面积(mm^2);λ_1,λ_2 分别为为 400nm 和 780nm;λ_3 和 λ_4 取决于光子计数中光电倍增管的光谱响应范围。利用式(6-32)和式(6-33)可以分别计算出与不同光通量 Φ 或照度 E 的测量值相对应的光子通量 P_{ph} 和光电子通量 R_e。同时也可以利用光子计数器直接测量光电子通量 P_e 并与计算值相比较。

6.4.2 紫外 ICCD 的辐射标定

紫外 ICCD(UV-ICCD)相机由光电阴极、MCP 放大器、荧光屏、光纤光锥、可见光 CCD 及其驱动电路组成。成像的基本过程为:辐射源所发出的紫外光通过滤光片后照射到对紫外光敏感的光电阴极上进行光电转换,生成的光电子再经由高压电场加速后通过 MCP 进行电子倍增,从而实现对弱目标信号的放大,倍增后的电子轰击荧光屏实现光电子到光子的转换,光子经光纤光锥耦合到可见光 CCD 的光敏面上,最后经驱动电路、读出电路和 A/D 转换输出数字信号。

由于 UV-ICCD 探测器组件众多及制备工艺复杂等原因,器件的性能参数离散度较大,为保证成像测量数值结果的可靠性和准确性,在 UV-ICCD 探测器使用前要求对其进行辐射定标。图 6-13 为 UV-ICCD 辐射定标的实验原理框图[17,18]。

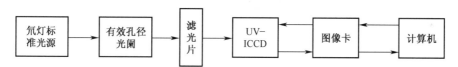

图 6-13 UV-ICCD 辐射定标原理图

标准氙灯的光谱辐亮度 $B(\lambda)$ 值由计量部门的最高计量标准标定,则标准光源的光谱辐射强度 $I(\lambda)$ 为

$$I(\lambda) = B(\lambda) S \tag{6-36}$$

式中:S 为有效孔径光阑的开口面积。

把 UV-ICCD 探测器共轴置于离标准氙灯有效孔径光栏的 L 处,则入射到 UV-ICCD 光电阴极光敏面处的光谱辐照度 $E(\lambda)$ 为

$$E(\lambda) = \frac{I(\lambda)}{L^2} = \frac{B(\lambda) S}{L^2} \tag{6-37}$$

依据 UV-ICCD 成像的基本原理,可推出在光谱范围 $\lambda_2 \sim \lambda_1$ 内探测器的一个像元产生的电子数,表示如下:

$$N_e(\lambda) = \int_{\lambda_1}^{\lambda_2} \frac{\lambda A_d}{hc} \cdot \eta(\lambda) \cdot \tau \cdot G \cdot t_{\mathrm{int}} \cdot E(\lambda) \mathrm{d}\lambda \tag{6-38}$$

式中:$N_e(\lambda)$ 为探测器一个像元产生的电子数;A_d 为探测器像元面积;h 为普朗克常数;c 为光速;$\eta(\lambda)$ 为 UV-ICCD 探测器的量子效率,包括光电阴极的光电转换效率、荧光屏转换效率和

可见光 CCD 的量子效率；τ 为光学元件的透过率；t_{int} 为探测器的积分时间；G 是 MCP 放大器的增益。

式(6-38)中除了 $E(\lambda)$，G 和 t_{int} 外的其他项是与目标无关的量，完全是由 UV-ICCD 探测器件的参数决定，可以看作是 UV-ICCD 探测器在波长 λ 处，窄带 $\Delta\lambda = \lambda_2 - \lambda_1$ 的响应度：

$$R(\lambda) = \frac{\lambda A_d}{hc} \cdot \eta(\lambda) \cdot \tau \tag{6-39}$$

而在一定波长范围 $\lambda_1 \sim \lambda_2$ 内，探测器产生的电子数为在该波段内的积分

$$E_e(\lambda_1 \sim \lambda_2) = \int_{\lambda_1}^{\lambda_2} R \cdot G \cdot t_{int} \cdot E(\lambda) d\lambda \tag{6-40}$$

探测器的像元产生的电子数可由图像的灰度值来代替，因为图像的灰度值也线性地反映了探测器的输出信号。这样就可以在 UV-ICCD 能接受的光谱内(240~280 nm)进行辐照度响应度和响应度线性的定标。

基于上述定标原理，建立如图 6-14 所示的定标装置。

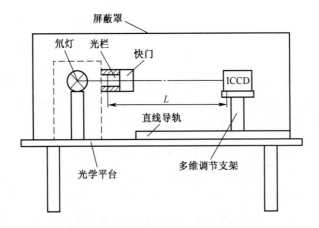

图 6-14 UV-ICCD 定标的实验装置

具体定标过程如下：

(1) 把标准氘灯的有效孔径光阑中心和 ICCD 光敏面中心用激光光束调节共轴，其次从精密位移平台上读出氘灯与 ICCD 光敏面的距离 L，然后将整个装置用屏蔽罩封闭，以避免环境杂散光辐射的影响。

(2) 开启氘灯和 UV-ICCD 的工作电源，待设备得到充分预热后(约 30min)，打开氘灯有效光栏前的快门，入射光照到 UV-ICCD 光敏面上，待 UV-ICCD 输出的灰度信号 $N_i(\Delta\lambda)$ 稳定后，经由图像采集卡和计算机采集 $N_i(\Delta\lambda)$ 值。

(3) 关闭光栏前的快门，此时 UV-ICCD 光敏面上无光照射，采集 UV-ICCD 的暗输出灰度信号 $N_{io}(\Delta\lambda)$。可得 UV-ICCD 在标准氘灯辐照时的净输出灰度信号：

$$AUT = N_i(\Delta\lambda) - N_{io}(\Delta\lambda)$$

(4) 调节有效光栏孔径大小及光源与 UV-ICCD 光敏面的距离进而改变 UV-ICCD 接收到的辐照度。然后重复操作步骤式(6-39)和式(6-40)，得到 11 组辐照度值 $E_i(\Delta\lambda)$ 及相应的 UV-ICCD 净输出灰度信号，从而完成 UV-ICCD 的辐射定标。

6.5 电子倍增 CCD 性能测试

6.1.2 节介绍了片上增益成像系统(EMCCD)的工作原理和组成。片上增益成像系统也称电子倍增 CCD,它集成像与放大于一体,是在科学级 CCD 的基础上发展而成,将成为具备模拟成像与单光子成像双重功能的新型成像系统。本节首先介绍 EMCCD 的主要性能参数[19,20],然后介绍各参数测量方法。

6.5.1 电子倍增 CCD 主要性能参数

1. 电子倍增 CCD(EMCCD)的增益

按照 CCD 相机参数的定义,CCD 相机电子学增益为某固定照度下成像系统输出码值与 CCD 图像传感器对应像元输出电子数之比(DN/e^-)。由于 EMCCD 是在科学级 CCD 基础上发展而来,所以可以沿用这个定义。

在 EMCCD 中,每一级增益寄存器增益(G)计算如下:

$$G = 1 + R \tag{6-41}$$

式中:R 为每一级增益放大器放大电子的增加值,$R \approx 0.01$。虽然每一级的增益非常小,但是总增益与单个增益成指数倍的关系,所以最终增益 G_m 很大,其表达式为

$$G_m = (1 + R)^n \tag{6-42}$$

式中:n 为增益放大器的级数。

2. EMCCD 的信噪比

由于增益寄存器产生的增益是雪崩增益,所以同样的电荷数通过增益寄存器后,得到的电荷数为一个随机数,因此也引入了新的噪声,降低了信噪比,信噪比公式为

$$S/N = \frac{S}{\sqrt{F^2 S + F^2 T + n\frac{\sigma^2}{G_m^2}}} \tag{6-43}$$

式中:S 为信号;F 为噪声因子;σ 为读出放大器的噪声;G_m 为增益寄存器的增益倍数;T 为热噪声。根据式(6-43)可以得出如下结论:在较暗的时候,EMCCD 可以有效控制读出噪声;随着信号强度的增强,EMCCD 的信噪比低于传统 CCD 的信噪比,性能反而不如传统的 CCD 芯片。

3. EMCCD 的噪声因子

定义噪声因子为

$$F^2 = \frac{\sigma_{out}^2}{G_m^2 \sigma_{in}^2} \tag{6-44}$$

式中:G_m 为电子倍增 CCD 的总增益;σ_{in}^2 为倍增寄存器输入信号的方差;σ_{out}^2 为倍增寄存器输出信号的方差。

首先考虑单一倍增极的情况

$$m = gn \tag{6-45}$$

式中:n 为倍增极上平均输入电子数;m 为倍增极上平均输出电子数;g 为单一倍增极的增益。

假设 g 和 n 相互独立,则

$$\sigma_m^2/m^2 = \sigma_n^2/n^2 + \sigma_g^2/g^2 \tag{6-46}$$

式中:σ_n^2 为倍增极上输入电子数方差;σ_m^2 为倍增极上输出电子数方差;σ_g^2 为增益方差。将倍增过程看作贝努利试验,则增加的电子数服从参量为 n,α 的二项分布,方差为

$$\sigma_{\text{added}}^2 = n\alpha(1 - \alpha) \tag{6-47}$$

$$\alpha = g - 1 \tag{6-48}$$

式中:α 为倍增事件发生的概率。

$$\sigma_g^2 = \frac{\sigma_{\text{added}}^2}{n^2} = \frac{\alpha(1-\alpha)}{n} \tag{6-49}$$

把式(6-45)和式(6-49)代入式(6-46),得到

$$\sigma_m^2 = (1 + \alpha)^2 \sigma_n^2 + n\alpha(1 - \alpha) \tag{6-50}$$

其次,考虑 N 个倍增极的情况,S_{in} 是平均输入信号,假设输入信号为散粒噪声,服从泊松分布,即 $\sigma_{\text{in}}^2 = S_{\text{in}}$,则输出信号方差 σ_{out}^2 可以用式(6-50)迭代得到。

$$N = 1, \sigma_{\text{out}}^2 = \sigma_{\text{in}}^2(3\alpha + 1) \tag{6-51}$$

$$N = 2, \sigma_{\text{out}}^2 = \sigma_{\text{in}}^2(\alpha + 1)(2\alpha^2 + 5\alpha + 1) \tag{6-52}$$

$$N = 3, \sigma_{\text{out}}^2 = \sigma_{\text{in}}^2(\alpha + 1)^2(2\alpha^3 + 6\alpha^2 + 7\alpha + 1) \tag{6-53}$$

对于任意的 N,

$$(\alpha + 1)^N = G \tag{6-54}$$

$$\sigma_{\text{out}}^2 = \sigma_{\text{in}}^2 (\alpha+1)^{(N-1)}[2(\alpha+1)^N + \alpha - 1] = \sigma_{\text{in}}^2 G\left(\frac{2G + \alpha - 1}{\alpha + 1}\right) \tag{6-55}$$

根据定义式(6-44)可得

$$F^2 = \frac{1}{G}\left(\frac{2G + \alpha - 1}{\alpha + 1}\right) = \left(\frac{2 + (\alpha - 1)/G}{\alpha + 1}\right) \tag{6-56}$$

4. EMCCD 的调制传递函数(MTF)

按照 EMCCD 的结构特点,可将其看成是由传统 CCD 和倍增寄存器两部分组成的系统。

图 6-15 为 EMCCD 系统信号传递模型框图。系统总的 MTF 等于各子系统 MTF 的乘积,故 EMCCD 的系统模型可表示为

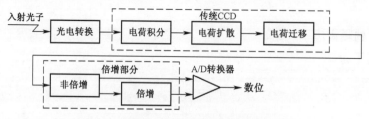

图 6-15 EMCCD 系统信号传递模型框图

$$\text{MTF}_{\text{EMCCD}} = \text{MTF}_{\text{CCD}} \cdot \text{MTF}_{\text{EM}} \tag{6-57}$$

式中:MTF_{EM} 为倍增寄存器的综合 MTF;MTF_{CCD} 为传统 CCD 的综合 MTF。

6.5.2 电子倍增 CCD 噪声因子测量

1. 测量装置

图 6-16 是电子倍增 CCD 噪声因子测量装置,包括高稳定度可控标准光源、积分球、电子倍增 CCD 和计算机。其中高稳定度可控标准光源位于积分球的入口处,EMCCD 位于积分球的出口处,计算机通过 USB 接口与 EMCCD 连接。实验在暗箱中完成,为了避免杂散光的影响,暗箱用遮光布和黑丝绒布覆盖[22]。

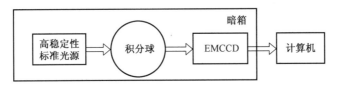

图 6-16 电子倍增 CCD 噪声因子测试装置

高稳定度可控标准光源可以提供照度为 0~10000lx,色温为 2856K 的入射光。为了能够突出图像中的噪声信号,高稳定度可控标准光源需要提供高均匀性的入射光,实验中通过在高稳定度可控标准光源出口处放置积分球实现,并且积分球的出入口均装有乳白磨砂玻璃。

2. 测量方法

噪声因子测试的关键是 σ_{in} 和 σ_{out} 的计算。通常采集到的是 EMCCD 最终输出的图像, σ_{in} 和 σ_{out} 是倍增寄存器输入和输出信号的均方差,属于中间量,无法直接获取。另外,在定义式中,σ_{in} 和 σ_{out} 均以电子(e^-)为单位;而 EMCCD 输出的是标准成像格式(SIF)的数字化图像,通常以模拟数字单位(ADU)为单位,需要进行单位换算。为了避免混淆,凡是以 ADU 为单位的参量均在其后加(ADU)以示区别。因此,要从 EMCCD 的输出图像中得到 σ_{in} 和 σ_{out} 需要解决两个问题:一是从输出图像中计算出 σ_{in}(ADU)和 σ_{out}(ADU);二是将 σ_{in}(ADU)和 σ_{out}(ADU)换算成定义式中的 σ_{in} 和 σ_{out},需乘以转换增益。转换增益定义为一个数字单位(ADU)对应的光生电子数 e^-/ADU。

倍增寄存器的输入信号服从泊松分布,根据泊松分布的统计特性可知

$$\sigma_{in} = \sqrt{S_{in}} \tag{6-58}$$

式中:S_{in} 为倍增寄存器输入信号的均值。

由 EMCCD 的工作原理可知,其输出图像信号均值 $S_{tot}(ADU)$ 为

$$S_{tot}(ADU) = GS_{in}(ADU) + S_B(ADU) \tag{6-59}$$

则

$$S_{in} = \frac{K[S_{tot}(ADU) - S_B(ADU)]}{G} \tag{6-60}$$

将式(6-60)代入式(6-58)得到

$$\sigma_{in} = \sqrt{\frac{K[S_{tot}(ADU) - S_B(ADU)]}{G}} \tag{6-61}$$

式中:G 为增益;$S_B(ADU)$ 为本底均值;K 为转换增益。

假设 EMCCD 输出图像信号均方差为 $\sigma_{tot}(ADU)$,读出噪声为 $\sigma_r(DN)$,由器件结构可知,倍增寄存器输出信号的均方差 σ_{out} 为

$$\sigma_{\text{out}} = K\sqrt{\sigma_{\text{tot}}^2(\text{ADU}) - \sigma_r^2(\text{ADU})} \tag{6-62}$$

将式(6-62)和式(6-61)代入式(6-44),可得

$$F = \sqrt{\frac{K(\sigma_{\text{tot}}^2(\text{ADU}) - \sigma_r^2(\text{ADU}))}{G[S_{\text{tot}}(\text{ADU}) - S_B(\text{ADU})]}} \tag{6-63}$$

式中:倍增增益和转换增益是已知的,只需测量 EMCCD 的本底均值、读出噪声、输出信号的均方差和均值即可计算出噪声因子。

3. 测试步骤

(1) 关闭光源、关闭 EMCCD 的增益和镜头光圈,盖上镜头盖,连续采集多幅本底图像,计算每幅本底图像的均值和均方差,再将所有图像的均值和均方差分别相加后求平均,得到 S_B(ADU)和 σ_r;

(2) 调节光源照度和 EMCCD 的镜头光圈,在增益最大时保证输出图像没有饱和,设置电子倍增 CCD 的增益,分别采集两幅数字图像 F_1 及 F_2;

(3) 对数字图像 F_1 与 F_2 逐像素进行灰度相减,得到数字图像 F_3,F_3 中不再包含固定图案噪声,计算数字图像 F_3 的均方差,该数值除以 $\sqrt{2}$ 就是 σ_{tot}(ADU);

(4) 对数字图像 F_1 与 F_2 逐像素进行灰度相加后求平均,得到数字图像 F_4,计算数字图像 F_4 的均值即为 S_{tot}(ADU);

(5) 将上述参量代入式(6-62)计算出该增益下的噪声因子;

(6) 逐级增加增益,重复步骤(2)~(5)。

6.5.3 电子倍增 CCD 调制传递函数的测量

1. 功率谱法基本原理

假设输入信号是一平稳随机过程,对于满足线性和时间空间不变性的成像系统,根据功率谱密度定义和 Pasval 定理,在傅里叶域有

$$E[|I(u,v)|^2] = E[|O(u,v)|^2] \cdot |H(u,v)|^2 \tag{6-64}$$

式中:$H(u,v)$ 为系统响应函数的傅里叶变换,即系统的光学传递函数,其模 $H(u,v)$ 称为调制传递函数,表示了被系统传递谐波成分调制度衰减的程度。而 $E[I(u,v)^2]$、$E[O(u,v)^2]$ 分别为输出和输入信号的功率谱密度,并设输出功率谱密度 $D_{\text{out}}(u,v) = E[I(u,v)^2]$ 和输入功率谱密度 $D_{\text{in}}(u,v) = E[O(u,v)^2]$,则

$$D_{\text{out}}(u,v) = D_{\text{in}}(u,v) \cdot |H(u,v)|^2 \tag{6-65}$$

有

$$|H(u,v)| = \sqrt{D_{\text{out}}(u,v)/D_{\text{in}}(u,v)} \tag{6-66}$$

式(6-66)表明,如果已知输入信号的功率谱,就可以通过计算输出信号的功率谱获得系统的 MTF,基于该原理的 MTF 测量方法统称为傅里叶功率谱方法。对于阵列成像器件,$D_{\text{out}}(u,v)$ 可通过对输出图像中各行或各列分别进行傅里叶变换并取模平方,然后计算行或列的均值获得,因此,基于傅里叶功率谱的方法可以获得整个阵列的统计 MTF[22]。

傅里叶功率谱方法的关键是已知功率谱密度分布的随机信号靶标的获得。为此,有人提出了随机白噪声图案透射靶标的方法,获得一具有均匀限带白噪声分布、不相关二维随机图案数据集,然后将该数据集转录复制在照相底片上,制作完成白噪声随机图案透射靶标。当用均匀非相干光源照射该靶标一端时,在靶标的另一端将产生均匀分布的随机白噪声图案。

随机白噪声定义为均值为零、功率谱密度为常数的平稳随机过程。若输入随机信号是限带白噪声,即在有限空间频率内,其功率谱为常数,由式(6-65)有

$$D_{\text{out}}(u,v) = A \mid H(u,v)\mid^2 \tag{6-67}$$

式中:A 为常数。则归化后的 MTF 为

$$\mid H(u,v)\mid = \sqrt{D_{\text{out}}(u,v)} \tag{6-68}$$

从式(6-68)可见,随机白噪声图案透射靶标方法只需计算输出信号的功率谱。

2. 测量装置

利用随机白噪声透射靶标测量 EMCCD 的 MTF 的测试系统如图 6-17 所示。光源通过积分球入口进入涂布漫反射材料的积分球,在出口处输出一均匀非相干光(均匀性非常重要),照射在随机白噪声图案透射靶标上,在靶标的另一面产生随机白噪声图案。

通过与电移台控制器相连的计算机,驱动三维电控位移台,调整 EMCCD 与靶标的相对位置,选择适当的成像放大倍率并完成对焦,靶标图案经光学系统后成像在位于像面上的 EMCCD 的光敏面上。

设置适当的曝光时间,完成 EMCCD 的曝光成像,通过图像采集卡将图像以数字形式记录下并保存在计算机里,用于下一步的数据计算和分析。曝光时间的选择必须保证输出信号在线性动态范围内,尤其是 EMCCD 在倍增状态下。

利用光源与积分球间的滤光片组,可根据测试需要,选择适当的入射光波长。由于倍增过程不受入射光波长影响,为了方便,实际测量中直接选用白光作为入射光源。

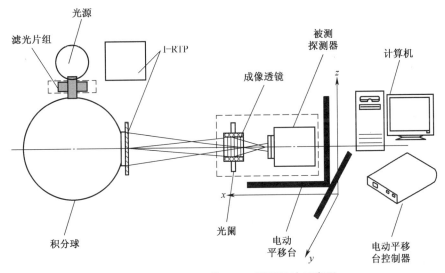

图 6-17 EMCCD 的 MTF 测量系统示意图

参 考 文 献

[1] 赵勋杰. 光子计数成像原理及其应用[J]. 红外与激光工程,2003,32[1]:42-45.
[2] 曹根瑞,俞信,胡新奇. 光子计数成像技术及其应用[J]. 光学学报,1996,16(2):167-172.
[3] 王传晋. 二维光子计数技术[J]. 紫金山天文台台刊,1992,11[J]:37-49.

[4] 朱延彬,郭周义,等.光子计数分布与生物光子辐射特性[J].光子学报,1999,8(1):25-29.
[5] 王苏生.显微光子计数成像系统及其应用[J].光学学报,1999,20(8):1072-1075.
[6] 朱宇峰,噪声对光子计数成像质量的影响评述[C].微光夜视技术09年学术交流会论文集,2009.西安:397-401.
[7] 刘广荣,左昉,周立伟,等.EBCCD的增益及信噪比研究[J].光学技术,2002,28(2):120-122.
[8] 韩露,熊平.EMCCD工作原理及性能分析[J].传感器世界,2009(5):24-28.
[9] 左昉,刘广荣,高稚允,等.用于微光成像的BCCD,ICCD,EBCCD性能分析[J].北京理工大学学报,2002,22(1):109-112.
[10] 谢剑锋,王英瑞.微光成像器件性能比较研究[J].红外与激光工程,2006,35(增刊):64-67.
[11] 孙立群,向世明,白丽华,等.微光图像光子计数器像管等效背景测试研究[J].应用光学,1996,17(1):7-11.
[12] 孙立群,黄运添,唐天同,等.微光图像光子计数器像管光子增益测试研究[J].光子学报,1997,26(6):498-503.
[13] 孙立群,黄运添,杨孝龙,等.微光图像光子计数器像管的测试研究[J].西安交通大学学报,1997,31(4):30-36.
[14] 孙立群,白丽华,向世明,等.微光像增强器光子增益的测试研究[J].应用光学,1995,16(5):20-23.
[15] 史继芳,李宏光,吴宝宁,等.三代微光像增强器信噪比弱光光源校准的新方法[C].微光夜视技术2009年交流会论文集,2009.西安:429-432.
[16] 刘永安,赵宝升,朱香平,等.楔条形阳极探测器的性能测试与分析[J].光子学报,2009,38(4):750-755.
[17] 赵玉环,闫丰,周跃,等.紫外ICCD的辐射定标[J].光学精密工程,2008,16(9):1572-1576.
[18] 赵玉环,闫丰,娄洪伟,等.紫外ICCD的线性测量[J].光电工程,2008,35(8):88-91.
[19] 段帷,赵昭旺.基于EMCCD的成像系统的构建[J].天文研究与技术(国家天文台台刊),2006,3(4):387-393.
[20] 张闻文,陈钱.电子倍增CCD噪音特性研究[J].光子学报,2009,38(4):756-760.
[21] 张闻文,钱月红,陈钱,等.电子倍增CCD噪声因子模型及测试方法[J].光子学报,2013,42(11):1345-1349.
[22] 冯志伟,程灏波,宋谦,等.电子倍增电荷耦合器件的调制传递函数测量[J].光学学报,2008,28(9):1710-1716.

第7章 微光夜视计量

微光夜视系统性能参数的测量,包括微光像增强器、微光夜视仪、微光电视等器件和系统性能参数的测量。这些测量方法是否正确,测量装置的测量结果是否准确可靠,就要对测量装置进行校准,在微光像增强器测量一章,我们就介绍了微光像增强器测量装置的校准问题。除此之外,在测量装置中经常要用到照度计、亮度计和光辐射计等,这些计量器具都有一个量值溯源问题。这就是本章要重点研究的微光夜视计量问题。

7.1 微光夜视计量问题的提出

微光夜视测试技术的核心是对微光像增强器和微光夜视仪性能的测试,而这些测试都是在微弱光情况下进行,对微弱光的度量参数是照度和亮度,所以微光夜视计量的重点是微弱光度学计量问题,这就涉及弱光照度计、弱光亮度计、弱光辐射计,涉及对这些计量器具的标定问题[1]。

微光夜视技术领域中所涉及的计量问题可以归纳为以下几点。

(1) 微光夜视技术领域中,与光辐射计量有关的大致可分为两个方面:一是微光夜视器件及系统在制造过程中所涉及的光学量测量;二是夜视仪在使用中所遇到的光学量测量问题。

(2) 微光夜视所涉及的光谱波段范围为380~930nm,在这个范围内的光谱辐射计量标准是有的。但随着微光夜视技术的发展,探测极限向弱光和极弱光扩展,波长向紫外和红外扩展,这就涉及新的计量问题,要解决标准传递和拓宽动态范围。

(3) 微光夜视中的色度计量问题,若用彩色亮度计,则分别要用各种对应的颜色(如夜视绿A,夜视绿B,夜视红)进行校准。相应的标准源,要用光谱辐射方法来测量和计算。

(4) 在飞机驾驶舱、座舱、坦克座舱等,舱内要有适当的照明,以便看清仪表、地图等,同时由于要通过夜视系统看清舱外远方的情况,照明光源不能影响夜视系统的使用者。为此,提出了一系列特殊要求,需要计量特定光亮度下的辐亮度。

(5) 微光夜视技术领域中所使用的光谱辐射计,应该具有一系列较高的性能指标,包括波长准确度、测量准确度、零漂、线性、信噪比、杂散光、测量孔径、瞄准系统等。

7.2 光度学和辐射度学测量仪器

在上面各章我们多次用到光度学测量仪器,例如在微光像增强器和微光夜视仪亮度增益测量中需要亮度计,在微光像增强器等效背景照度测量中需要照度计。每一套测量装置中都有光源,而这些光源都要模拟夜天光的光谱特性和光度特性,这就要用到光谱辐射计。由此可以看到,微光夜视测量的量值直接溯源于光度学标准和光辐射标准。而且,由于微光夜视技术主要用于夜间观察,夜间光照很弱,常规量限的光度学标准满足不了需要,需要在此基础上建立新的弱光度计量标准。本节我们从光度学基本概念出发,介绍微光夜视测量中需要用到的光度学和辐射度学测量仪器[2~4]。

7.2.1 光度学和辐射度学有关名词术语

1. 光度学主要名词术语

1) 光通量

光通量(Φ,Flux),单位流明,即 lm。

定义:光源在单位时间内发射出的光能量(功率)称为光源的发光通量。

这个量是对光源而言,是描述光源发光总量的大小,与光功率等价。光源的光通量越大,则发出的光线越多。对于各向同性的光,即光源的光线向四面八方以相同的密度发射,则$\Phi = 4\pi I$。也就是说,若光源的发光强度 $I = 1$cd,则总光通量为 $4\pi = 12.56$lm。要想被照射点看起来更亮,不仅要提高光通量,而且要增大会聚的手段,实际上就是减少面积,这样才能得到更大的发光强度。

2) 发光强度

发光强度(I,Intensity),单位坎德拉,即 cd。

定义:光源在给定方向的单位立体角中发射的光通量定义为光源在该方向的发光强度。

$$I = \mathrm{d}\Phi/\mathrm{d}\Omega \tag{7-1}$$

式中:$\mathrm{d}\Phi$ 为光源在给定方向上的立体角元 $\mathrm{d}\Omega$ 内发出的光通量。

发光强度是针对点光源而言的,或者发光体的大小与照射距离相比而较小的场合。这个量是表明发光体在空间发射的会聚能力。可以说,发光强度就是描述了光源到底有多"亮",因为它是光功率与会聚能力的共同描述。发光强度越大,光源看起来就越亮,同时在相同条件下被该光源照射后的物体也就越亮。

3) 光亮度

光亮度(L,Luminance),单位为坎德拉每平方米,cd/m^2,有时也称尼特,即 nt。

定义:光源在给定方向上的光亮度是在该方向上的单位投影面积上,单位立体角内发出的光通量。

$$L = \frac{\mathrm{d}I}{\mathrm{d}A \cdot \cos\theta} = \frac{\mathrm{d}^2\Phi}{\mathrm{d}A\mathrm{d}\Omega \cdot \cos\theta} \tag{7-2}$$

式中:θ 为给定方向与面源法线间的夹角。

亮度是针对光源而言,而且不是对点光源,是对面光源而言的,无论是主动发光的还是被动(反射)发光的。亮度是一块比较小的面积看起来到底有多"亮"的意思。这个多"亮",与取多少面积无关,但为了均匀,把面积取得比较小,因此才会出现"这一点的亮度"这样的说法。事实上,点光源是没有亮度概念的。另外,发光面的亮度与距离无关,但与观察者的方向有关。亮度不仅取决于光源的光通量,更取决于等价发光面积和发射的会聚程度。比如激光指示器,尽管其功率很小,但可会聚程度非常高,因此亮度非常高。

4) 光照度

光照度(E,Illuminance),单位勒克斯,即 lx。

定义:被照明物体给定点处单位面积上的入射光通量称为该点的照度。

$$E = \mathrm{d}\Phi/\mathrm{d}A \tag{7-3}$$

式中:$\mathrm{d}\Phi$ 为给定点处的面元 $\mathrm{d}A$ 上的光通量。

光照度是对被照地点而言的,但又与被照射物体无关。一个流明的光,均匀射到 $1\mathrm{m}^2$ 的物体上,照度就是 1lx。照度的测量用照度计。

2. 辐射度学主要名词术语

1) 辐射能量(Q)

以辐射形式传播或接收的能量,单位:焦耳(J)。当辐射能被其他物质吸收时,可以转变为其他形式的能量,如热能、电能等。

2) 辐射通量(Φ,P)

辐射通量 Φ 又称为辐射功率 P,是以辐射形式发射、传播或接收的功率,单位:W,即 $1\mathrm{W}=1\mathrm{J/s}$。如果用 t 表示时间,辐射通量的定义可以表示为

$$\Phi = \frac{\mathrm{d}Q}{\mathrm{d}t} \tag{7-4}$$

3) 辐射强度(I)

在给定方向上的立体角元内,离开点辐射源的辐射通量 $\mathrm{d}\Phi$ 除以该立体角元 $\mathrm{d}\Omega(\mathrm{W/sr})$,用于描述点源发射的辐射功率在空间的分布特性。

$$I = \frac{\mathrm{d}\Phi}{\mathrm{d}\Omega} \tag{7-5}$$

若点光源是各向同性的,即其辐射强度在所有方向上都相同,则上式中的立体角元 $\mathrm{d}\Omega$ 及通过其中的辐射通量 $\mathrm{d}\Phi$,可用有限立体角 Ω 及通过其中的辐射通量 Φ 替代,于是该辐射源的辐射强度为

$$I = \frac{\Phi}{\Omega} \tag{7-6}$$

由上式可得,对于各向同性的点辐射源,其辐射通量为

$$\Phi = I\Omega \tag{7-7}$$

令 $\Omega=4\pi$,则可得该辐射源向所有方向发出的总辐射通量为

$$\Phi = 4\pi I \tag{7-8}$$

由于大多数辐射源是各向异性的,其辐射强度随方向而异,因此,测量辐射强度时,重要的是应把探测器对准所需的方向。

4) 辐射亮度(L)

扩展源在某一方向的辐射亮度,就是源在该方向上的单位投影面积向单位立体角发射的功率。于是辐射亮度为

$$L = \frac{\mathrm{d}^2\Phi}{\mathrm{d}A\mathrm{d}\Omega \cdot \cos\theta} \tag{7-9}$$

式中:θ 为辐射面源 $\mathrm{d}A$ 与观测方向之间的夹角,单位:$\mathrm{W/(sr \cdot m^2)}$。

5) 辐射照度(E)

辐射照度就是被照表面单位面积上接收到的辐射通量,即

$$E = \frac{\mathrm{d}\Phi}{\mathrm{d}A} \tag{7-10}$$

单位:$\mathrm{W/m}^2$。

6）光谱辐射通量（Φ_λ）

辐射源发出的光在波长 λ 处的单位波长间隔内的辐射通量。即

$$\Phi_\lambda = \frac{\mathrm{d}\Phi(\lambda)}{\mathrm{d}\lambda} \tag{7-11}$$

单位：W/mm。

7）光谱辐射强度（I_λ）

辐射源在波长 λ 处的单位波长间隔内的辐射强度。即

$$I_\lambda = \frac{\mathrm{d}I(\lambda)}{\mathrm{d}\lambda} \tag{7-12}$$

单位：W/(sr·mm)。

8）光谱辐射亮度（L_λ）

辐射源在波长 λ 处的单位波长间隔内的辐射亮度。即

$$L_\lambda = \frac{\mathrm{d}L(\lambda)}{\mathrm{d}\lambda} \tag{7-13}$$

单位：W/(sr·m²·mm)。

9）光谱辐射照度（E_λ）

辐射源在波长 λ 处的单位波长间隔内的光谱辐射照度。即

$$E_\lambda = \frac{\mathrm{d}E(\lambda)}{\mathrm{d}\lambda} \tag{7-14}$$

单位：W/(m²·mm)。

3. 色度学主要名词术语

1）物体色

被感知为某一物体所具有的颜色。

2）表面色

被感知为某一漫反射或发射光的表面所具有的颜色。

3）色调

根据所观察区域呈现的感知色与红、绿、黄、蓝的一种或两种组合的相似程度来判定的视觉属性。

4）色刺激

能够通过视觉器官产生色知觉的辐射。

5）色温

光源发出的光色与黑体在某一温度下所发出的光色相同时的黑体温度。

6）颜色三刺激值

由色度学理论可知，通过红、绿、蓝三原色的相加混合可以得到许多不同的颜色，匹配出某种颜色的三原色刺激量称为此颜色的三刺激值。

颜色的三刺激值计算公式为

$$\begin{cases} X = k \sum_\lambda \varphi(\lambda) x(\lambda) \Delta\lambda \\ Y = k \sum_\lambda \varphi(\lambda) y(\lambda) \Delta\lambda \\ Z = k \sum_\lambda \varphi(\lambda) z(\lambda) \Delta\lambda \end{cases} \tag{7-15}$$

式中：$k = \dfrac{100}{\sum\limits_{\lambda} s(\lambda) y(\lambda) \Delta\lambda}$；$\varphi(\lambda)$ 为色刺激函数，$\varphi(\lambda) = \rho(\lambda) \cdot s(\lambda)$；$\rho(\lambda)$ 为物体表面的光谱反射率；$s(\lambda)$ 为光源的相对光谱功率分布；$x(\lambda), y(\lambda), z(\lambda)$ 是 CIE 标准色度观察者光谱三刺激值，反映人眼视觉灵敏度。

由三刺激值得到物体表面颜色的色度坐标为

$$x = \frac{X}{X+Y+Z}, y = \frac{Y}{X+Y+Z}, z = \frac{Z}{X+Y+Z} \tag{7-16}$$

7.2.2 光照度计

1. 常规照度计

照度计是依照照度定义而设计制作，其结构如图 7-1 所示。它由如下几部分构成：

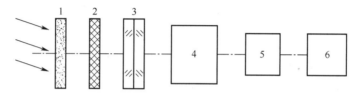

图 7-1 照度计结构原理图

1—光漫射器；2—减光器；3—校正滤光片；4—光电探测器；5—放大器；6—显示器。

（1）光漫射器。它作为余弦校正器使用，当有与光轴不平行的光束入射时，通过漫射器进行余弦校正，以满足光度量之间的变换关系。同时，漫射器也起到均匀照射光敏面的作用。

（2）减光器。照度计中使用减光器是为扩大量程，采用叠加发黑处理后的铜网作为减光器，其减光倍数为 10^{-4} 倍。

（3）校正滤光片。任何光电探测器的光谱特性和人眼视觉函数都不会完全一致，因此采用光电探测器作为光度测量元件时，必须进行光谱校正。使该滤光片和后面探测器的组合光谱特性尽可能与人眼视觉函数一致。一般由 CB 和 LB_6 两种有色玻璃的滤光片和长波截止膜组合而成。

（4）光电探测器。为了实现大量程测量，可选用高灵敏度的多碱光阴极光电倍增管。

（5）放大器和显示器。它们将光电倍增管输出的电信号进行直接放大，测量结果由数字显示器输出。

2. 宽量程弱光照度计

微弱光照度一般是指在人眼视觉所需最低视场亮度水平以下的光照度。对于普通的照度计一般只能测到 0.1lx 量级左右，因而远远满足不了对微弱光照度准确测量的需要。为此，需要一种宽量程弱光照度计，主要解决夜视仪器和微光像增强器的性能测试需要。

1）仪器工作原理及结构

宽量程照度计工作原理框图见图 7-2。

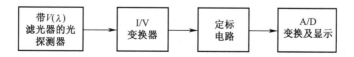

图 7-2 宽量程照度计工作原理框图

选用两种不同类型的探测器作接收器,即硅光电二级管和光电倍增管。两种探测器共用一套放大系统。只是各自用不同的定标电路,各用一个输入插头。不同的测量范围选用不同的探头。由于 1×10^{-4} lx 以上光照度测量用得较多,故用四挡调节,这样可根据实际测量的照度范围选择最佳灵敏度挡,从而提高测量精度。对于 1×10^{-4} lx 量级以下光照度的测量,用光电倍增管探测器。适用的测量光照度的范围为 1×10^{-6} lx~1×10^{-4} lx(最低能分辨 1×10^{-7} lx)。只用一挡,这样既可避免换挡误差,又保证光电倍增管工作在较好的线性区,从而保证整台仪器的测量精度。照度计结构如图 7-3 所示。

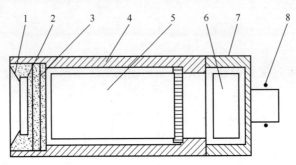

图 7-3 宽量程照度计结构示意图

1—光阑;2—漫射玻璃;3—$V(\lambda)$ 滤光片;4—金属外罩;5—光电倍增管;6—集成高压电源;
7—电源插座;8—输出输入接头。

2) 仪器技术指标

(1) 光照度测量范围

硅光电二极管探头: 1×10^{-4} lx~2000lx;光电倍增管探头: 1×10^{-6} lx~1×10^{-4} lx;最低能分辨 1×10^{-7} lx。

(2) 线性:硅探头在 8 个量级内优于 $\pm0.4\%$。光电倍增管探头在 4 个量级内优于 $\pm0.5\%$。

(3) 换挡误差:$\pm0.4\%$。

(4) 漂移:预热 30min 后 ±2 个字符。

(5) 示值误差:$\pm3.2\%$。

(6) 光探头的光谱响应度分布经 $V(\lambda)$ 滤光器修正后严格符合 CIE 规定的人眼光谱光效率函数。

7.2.3 光亮度计

亮度的测量较照度测量复杂,从亮度的定义可知待测表面的亮度和观察距离无关。所设计的亮度计在测发光面的亮度时,测得值应与测试距离无关。测量亮度按原理不同有成像和非成像两种类型。

1. 成像型亮度计

图 7-4 所示为成像型亮度测量原理。设发光面均匀发光,亮度计由物镜 L 和组合光电接收器组成。组合光电接收器又由光阑 B、漫射光器 M、校正光器 S 和光电探测器件 GD 组成。面发光经物镜 L 成像在光阑 B 上,通过光阑 B 的光通量由光电探测器接收。光阑 B 为视场光阑,光阑孔面积为 A_2,对应被测发光面面积为 A_1。改变光阑孔径 B,可改变所测发光面的面

积。图中 r 为物距，r_0 为像距，当 r 改变也就是测量距离改变时，r_0 也随之变化。按照几何光学中物、像亮度不变原理，待测发光面亮度为 L 时，对应像的亮度 L' 为

$$L' = \tau L \tag{7-17}$$

式中：τ 为物镜系统对光束的透射比。

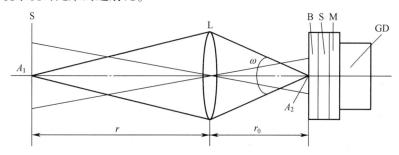

图 7-4　成像型亮度测量原理图

2. 非成像型亮度计

非成像型亮度计的结构原理如图 7-5 所示，在光电接收器组的前面增加一两端开孔的圆筒，远离接收器一端所开孔叫入射孔，孔的半径为 r_1，面积为 A_1；与接收器紧接的开孔叫限制孔，开孔半径为 r_2，对应面积为 A_2；筒长 l，内壁涂无光黑漆。

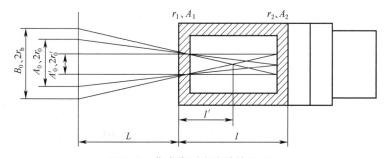

图 7-5　非成像型亮度计的原理图

设目标 s 的亮度为 L_0，这时探测器所接收到的光通量 Φ 为

$$\Phi = \frac{\pi L_0 A_1 \cdot r_2^2}{(r_2^2 + l^2)} \tag{7-18}$$

则

$$L_0 = \frac{\Phi}{\pi A_1} \cdot \frac{(r_2^2 + l^2)}{r_2^2} = \frac{\Phi}{\pi A_1} \cdot \left[1 + \left(\frac{l}{r_2}\right)^2 \right] \tag{7-19}$$

由上式可知，这种非成像型亮度计对一定亮度所获光通量值与测量距离无关，满足了亮度计的基本要求。此外，要提高测量灵敏度，可增大入射孔面积 A_1 或缩短圆筒的长度 l 来实现。但应注意上述变化将增大被测面的面积。测量距离 l 对测量结果没有直接影响，但应考虑被测面是否包含在均匀发光面之中。

上述非成像型亮度计结构简单，造价相对低廉。特别方便的是在一般光照度接收头前，附加一个这样的圆筒就可用于测量亮度。

3. 彩色亮度计

彩色亮度计是一种测量自发光体或物体亮度、色度的测光测色仪器，图 7-6 是 CL-I 型彩

色亮度计的光学系统,被测量的目标位于离仪器物镜的某一距离上,它发出的光辐射通过物镜成像在带孔反射镜上,其中一部份辐射穿过小孔、积分镜和滤光片被光电倍增管接收,转动一组滤光片可进行颜色参数的测量。在带孔反射镜上反射的光束经过目视系统的转向,使目标成像目于镜的分划板上,操作者可通过目视光学系统对被测量的目标进行瞄准、调焦和定位。

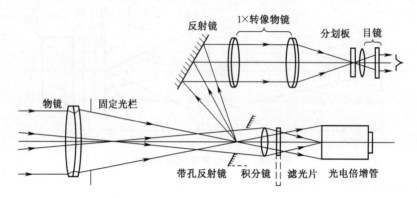

图 7-6　CL-I 型彩色亮度计的光学系统图

为了使仪器能测量从 $10^{-4}\mathrm{cd/m^2}$ 到 $10^{6}\mathrm{cd/m^2}$ 约十个数量级变化的物体亮度,通常以变换光学系统的测量视场来实现,所以带孔反射镜上开出若干大小不同的小孔,大孔相应于大的测量视场,当小孔则对应于小的测量视场。当对目标实施测量时,仪器应能对不同距离的目标进行调焦,因此,仪器需设计调焦机构。

7.2.4　分光辐射仪

传统的光谱测试仪器,采用机械式的波长扫描技术,可以满足稳态光源光谱特性。但由于采用测量时间长,不能同时满足稳态和瞬态光谱特性测量。近年来引入了线阵 CCD 探测器,研制了瞬态分光辐射仪,可以快速测量稳态光源和瞬态光源的光谱特性。

瞬态分光辐射仪的测量原理如图 7-7 所示,采用光电手段,通过一次闪光获得光源辐射光谱。具体工作原理是:被测光源通过分光后,在 CCD 表面成像,进行光电转换,然后经放大器放大,被放大的模拟信号再经过控制系统进行 A/D 转换和数据采集,最后由微机进行数据处理,通过监测系统输出测试结果(包括相对光谱功率曲线、色坐标、主波长、色温、色纯度、显色指数等)[5]。

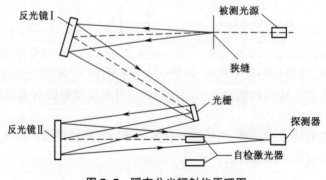

图 7-7　瞬态分光辐射仪原理图

测量装置由如下部分构成：

1. 闪光光路系统

闪光光路为一专用闪耀光栅摄谱仪。其作用是将从入射狭缝射入的复色光色散成所需的光谱带，再聚焦到出射狭缝外成像于探测器的光敏面上。

2. 探测器件

根据所测波长范围的不同，选用光谱响应不同的 CCD 作为阵列探测器件，同闪光光路配合使用。探测器件由阵列光电转换器件（CCD），驱动电路和处理电路三部分组成。其功能是将在光谱面上并行排列的光谱带转换成为与光谱分布强弱成正比的串行光电信号输出。

3. 控制与处理系统

控制与处理系统和探测系统之间所用的模数转换电路须采用程控手段，以便控制进入转换器前放大电路的放大量，确保模数转换电路在高精确度的中心数字区进行运转，使强光谱区大电荷数据不会溢出，弱光谱区小电荷数据采取多次曝光的办法能够采到，从而得到高精度相对光谱功率分布的测量结果。以硬、软件手段保证闪光这一高速测量过程的全自动化操作，用程控手段保证探测器驱动电路，处理电路，模数转换电路以及光电转换器件的电器元器件在其性能最佳的高精度区进行运转，确保测量数据的精度，控制与处理应具备不低于 5 套测量数据的容量；控制与处理除承担测量中的全部数据采集处理外，还应配有所测结果曲线和有关数据显示、输出的外部设备。

4. 外光路系统

在实际测量中，有时瞬态光源在室外，有时光源发散无法有效地直接进入测量仪器，这就要求用特定的外光路把光导入测量仪器。一般可选用如下外光路部件：

1）积分球导光光路

采用积分球导光的外光路如图 7-8 所示。用以消除偏振光和入射方向偏离光轴光的影响。

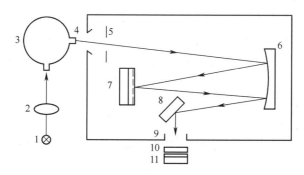

图 7-8 积分球导光外光路图

1—待测光源；2—透镜；3—积分球；4—光出射口；5—狭缝；6—球面反射镜；7—可移动反射镜；8—反射镜；9—光辐射测量仪入口；10、11—窗口。

2）光纤导光光路

当光源在室外无法直接进入仪器时，采用光导纤维导光，其原理如图 7-9 所示。在测量如火炸药等难以近身的光源光谱特性时采用这种导光方式。

3）椭球聚光光路

在测量弱光光谱特性时，采用椭球聚光光路，其原理如图 7-10 所示。样品置于后焦点 F_1

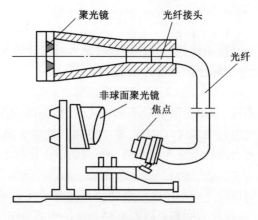

图 7-9 光纤导光部件图

处,前焦点 F_2 处位于入射狭缝口,特点是最大限度地利用弱点光源的光能。

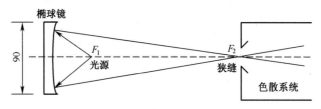

图 7-10 椭球聚光光路图

7.2.5 色温测量

色温是指当某一种光源的色品与某一温度下的完全辐射体的色品相同时,该完全辐射体的温度。色温代表着光源的颜色特性和光谱特性,与光源的内在特性有着密切的关系。如果两种光源的光谱功率分布相同,其色温必然是相同的。对于光谱功率分布近似于黑体的光源,即灰体光源来说,其光谱功率分布与色温之间有可逆关系;而对于气体放电灯来说,两者的关系就不可逆,也就是说,若两个光源具有相同的光谱功率分布,其色温必然相同,但反过来说,具有相同色温的两个光源并不一定具有相同的光谱功率分布。

颜色温度测量的基础是光源光谱功率分布的测量和研究。色温测量对于灯泡工业和照明工程等具有很重要的意义。

色温测量方法很多,包括用色温表测量色温,用光谱辐射法测量色温和用光电色度计测量色温的方法[6-7]。

1. 用色温表测量光源色温

用色温表测量光源色温是基于双色比法的原理,一般采用红色和蓝色。色温表装有三种接收器,配上不同厚度的颜色滤光片,使三种接收器的光谱灵敏度尽可能地近似于 CIE $\overline{X}(\lambda)$, $\overline{Y}(\lambda)$, $\overline{Z}(\lambda)$ 色匹配函数。

然后,根据蓝灵敏接收器 $\overline{Z}(\lambda)$ 和红灵敏接收器 $\overline{X}(\lambda)$ 的响应之比 Z/X 求出相应光源的色温度。Z/X 值与光源色温值的关系是预先用色温标准灯在几个定点上进行校准的。因此,只要求出 Z/X 值,便可获得相应的光源色温值。对于白炽灯,由于它的光谱分布与黑体近似,

只要 Z/X 值相同,则可认为色温相同。由于这类光源的色坐标大多落在色度图上的完全辐射体轨迹附近,所以用色温表测量白炽光源的色温是可以的;但对于气体放电光源来说,由于坐标大多偏离完全辐射体的轨迹,所以用色温表测量气体放电光源色温是不适宜的。

2. 用光谱辐射法测量色温

为了准确地测定光源的色温,必须准确地测定光源的相对光谱功率分布,尤其是气体放电光源。以光谱功率分布为基础,可计算出光源的色坐标、色温、显色指数、光强度和光通量。

光谱辐射法的测定装置包括单色仪、标准光源、接收器及示数仪表等。单色仪有棱镜式或光栅式两种,最近采用 2048 单元 CCD 阵列探测器作为光辐射计主要部件的单色仪。标准光源有光谱功率分布已知的色温标准灯,例如 A 光源,还有由高温黑体炉光谱辐射亮度复现的光谱辐射度灯。接收器是光电倍增管或硅光电二极管,其输出信号用数字电压表读出。

1) 白炽灯光谱功率分布测量

在同样的照明和接收条件下,读出标准灯和被测灯接收器的光电信号 $I_s(\lambda)$ 和 $I_t(\lambda)$。波长范围是(380~780)nm,波长间隔 $\Delta\lambda$ 一般采用 10nm,如果采用 5nm 或更小,测量精度会高一些,但工作量将明显地加大。

如果被测灯的光谱功率分布为 $P_t(\lambda)$,标准灯的光谱功率分布为 $P_s(\lambda)$,则被测灯的光谱功率分布可计算下:

$$P_t = \frac{I_t(\lambda)}{I_s(\lambda)} \cdot P_s(\lambda) \tag{7-20}$$

2) 气体放电灯的光谱功率分布测量

气体放电光源既有连续光谱又有线光谱,因此不能用白炽灯光谱测量的方法,而采取把连续光谱和线光谱分开来测量的方法。对于那些具有特征谱线的光源,例如荧光灯和高压汞灯等的汞谱线 404.7nm、407.8nm、435.8nm、491.6nm、546.1nm 和 578nm,关键是要准确地测定线光谱的光谱功率分布,因为这些灯的线光谱分量比连续光谱分量要大得多,所以其色坐标、色温和显色指数主要取决于线光谱的测定结果。

若某线光谱的峰值电信号为 $I_{tl}(\lambda)$(扣除响应波长的连续光谱光信号),标准光源的光信号为 $I_s(\lambda)$,单色仪的波长带宽为 W_λ,测量波长间隔为 $\Delta\lambda$,则被测灯线光谱功率分布 $P_{tl}(\lambda)$ 计算如下:

$$P_{tl}(\lambda) = \frac{I_{tl}(\lambda) \cdot W_\lambda}{I_s(\lambda) \cdot \Delta\lambda} \cdot P_s(\lambda) \tag{7-21}$$

式中:$P_s(\lambda)$ 是标准灯在 λ 处的光谱功率分布。

气体放电光源的光谱功率分布 $P_t(\lambda)$ 计算如下:

$$P_t(\lambda) = P_{tc}(\lambda) + P_{tl}(\lambda) \tag{7-22}$$

式中:$P_{tc}(\lambda)$ 是连续光谱功率分布。

3) 色温计算

测得光源的光谱功率分布之后,计算三刺激值 X、Y、Z:

$$\begin{cases} X = \int_{380}^{780} P_t(\lambda) \overline{X}(\lambda) \mathrm{d}\lambda \\ Y = \int_{380}^{780} P_t(\lambda) \overline{Y}(\lambda) \mathrm{d}\lambda \\ Z = \int_{380}^{780} P_t(\lambda) \overline{Z}(\lambda) \mathrm{d}\lambda \end{cases} \tag{7-23}$$

式中：$\overline{X}(\lambda),\overline{Y}(\lambda),\overline{Z}(\lambda)$ 为 CIE 色匹配函数。然后再由上式导出色坐标 x,y。

$x = \dfrac{X}{X+Y+Z}, y = \dfrac{Y}{X+Y+Z}$。

把 x,y 值换算为 CIE 1960 均匀色度图上的 $u、v$ 值：

$$\begin{cases} u = \dfrac{4X}{X+15Y+3Z} \\ v = \dfrac{6Y}{X+15Y+3Z} \end{cases} \quad (7-24)$$

再利用色度图上完全辐射体的轨迹可内插出光源的色温 $T(\mathrm{K})$。

如图 7-11 所示，如果被测光源在 uv 色度图上的色坐标点 $A(u_t,v_t)$ 处于两个等色温线 T_i 和 T_{i+1} 之间，那么可先求出从 A 到 T_i 和 T_{i+1} 的最短距离 d_i 和 d_{i+1}，计算光源的相关色温 $T_{\mathrm{cp}}(\mathrm{K})$ 如下：

$$T_{\mathrm{cp}}(\mathrm{K}) = \left[\dfrac{1}{T_i} + \dfrac{d_i}{d_i - d_{i+1}}\left(\dfrac{1}{T_{i+1}} - \dfrac{1}{T_i}\right)\right]^{-1} \quad (7-25)$$

还有一种方法是利用 u,v 值与倒数相关色温 $T_{\mathrm{cp}}^{-1}(\mathrm{MK}^{-1})$ 的关系，从 u,v 值求出相应的 $T_{\mathrm{cp}}^{-1}(\mathrm{MK}^{-1})$，然后再求出相关色温 $T_{\mathrm{cp}}(\mathrm{K})$ 如下：

$$T_{\mathrm{cp}}(\mathrm{K}) = \dfrac{10^6}{T_{\mathrm{cp}}^{-1}[\mathrm{MK}^{-1}]} \quad (7-26)$$

或者利用经验公式计算色温。

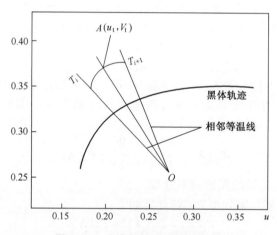

图 7-11 用内插法求光源的色温

3. 用光电色度计测量色温

光电色度计备有三个接收器，它们的光谱灵敏度分别近似于 CIE 的 $\overline{X}(\lambda),\overline{Y}(\lambda),\overline{Z}(\lambda)$。三个接收器的输出信号经放大和灵敏度调整后可获得三刺激值 $X、Y、Z$，然后利用式(7-23)或式(7-24)即可求得坐标 x,y 或 u,v。

利用 CIE 色度图上的等色温线和式(7-25)可算出光源的色温值 $T(\mathrm{K})$。但是式(7-25)的缺点是，距离测量的误差会导致色温计算上的误差，另外，该公式既有几何量测量，又有算术计算，不便于实用。式(7-26)的计算虽然比较方便，但是倒数相关色温 $T_{\mathrm{cp}}^{-1}(\mathrm{MK}^{-1})$ 与色坐标

u,v 的关系复杂。对于灰体光源来说,$T_{cp}^{-1}(MK^{-1})$ 与 u,v 之间有相关性,而对于气体放电光源来说,它们之间则不符合相关性,很难求得准确的 $T_{cp}^{-1}(MK^{-1})$,因此式(7-26)也具有明显的局限性。

7.3 光度学和辐射度学计量标准

7.2 节介绍了微光夜视测量中所用到的一些光度学和辐射度学测量仪器,这一节介绍用于这些仪器标定和溯源的计量标准[8-10]。

7.3.1 光照度计量标准装置

1. 检定系统表

光照度计量标准的建立和量值传递依据国家光照度计量器具检定系统表,表 7-1 为光照度计量器具检定系统表。国家检定系统表中,按照等级划分了三级,即计量基准、计量标准和工作计量器具。

2. 检定原理与装置

光照度标准装置主要由光度测量系统、九米光度测量系统、被检照度计组成。其中光度测量系统由发光强度标准灯、光轨测量系统、稳压源及数字电压表等组成。工作原理框图如图 7-12 所示。

图 7-12 光照度标准装置原理框图

当移动标准灯时,会在被测照度的接收器上产生不同的标准照度值,计算如下:

$$E = \frac{I}{l^2} \qquad (7-27)$$

式中:E 为在测试面上产生的照度(lx);I 为标准灯的发光强度(cd);l 为标准灯的灯丝平面到光度头测试面的距离(m)。

光照度的检定依据光照度计检定规程,其装置如图 7-13 所示。

图 7-13 光照度标准装置上标定照度计的示意图

3. 测量不确定度分析

1) 输出量

根据国家照度计检定规程规定,光照度标准装置中,给出标准照度值,检定参量为光源或照度计的照度值。

2) 数学模型

当光在照度计测试面上产生不同的照度时,其值计算见式(7-27)。

表 7-1 光照度计量器具检定系统表

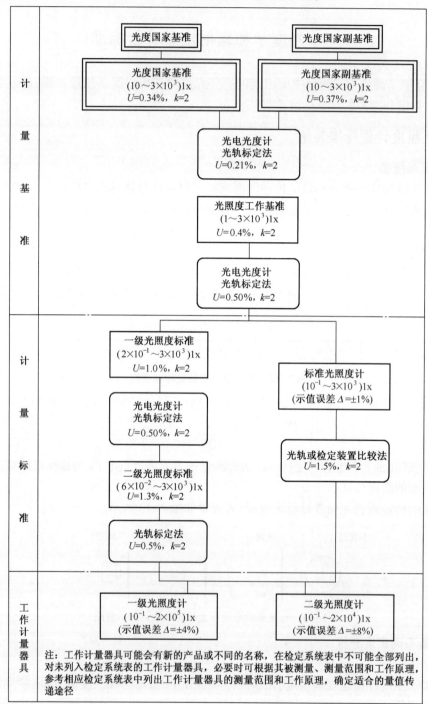

3) 不确定度来源

(1) 标准灯的不确定度；

(2) 灯与接收器调整的影响；

(3) 距离测量的影响；

(4) 杂散光的影响；

(5) 控制灯电流的影响；

(6) 灯的稳定性。

4) 标准不确定度的评定

(1) 标准灯不确定度引入的 u_1。

根据检定证书,扩展不确定度 $U=0.5\%$,并说明所用包含因子 $k=3$,则其标准不确定度 u_1 为

$$u_1 = 0.5\%/3 = 0.17\%$$

按 B 类评定,自由度 v_1 为

$$v_1 = 0.5(\Delta u_1/u_1)^{-2} = 0.5 \times (0.17\%)^{-2} \qquad v_1 \to \infty$$

(2) 标准灯与接收器调整的影响引入 u_2。

从有关资料及实验估计限为 0.6%,按三倍标准差计算,标准不确定度 u_2 为

$$u_2 = 0.6\%/3 = 0.20\%$$

按 B 类评定,自由度 v_2 为

$$v_2 = 0.5(\Delta u_2/u_2)^{-2} = 0.5 \times (0.20\%)^{-2} \qquad v_2 \to \infty$$

(3) 距离测量的影响引入的 u_3

由数学模型可知 $E = I/l^2$,则

$$dE = 2 \cdot I/l^3 \cdot dl$$

光轨刻度显示的分辨力为 1mm,其半宽度为 0.5mm,按 B 类评定,假设为均匀分布,则相对标准不确定度为

$$\frac{\Delta E}{E} = 2 \times \frac{0.5 \times 10^{-3}}{0.5} = 0.2\%$$

取 $k=\sqrt{3}$,则 $\qquad u_3 = 0.2\%/\sqrt{3} = 0.12\% \qquad$ 自由度 $v_3 \to \infty$。

(4) 杂散光的影响引入的 u_4。

用实验方法估计限为 0.7%,按三倍标准差计算,其标准不确定度为

$$u_4 = 0.7\%/3 = 0.24\% \qquad 自由度 v_4 \to \infty。$$

(5) 控灯电流的影响引入的 u_5。

根据出厂的说明书精度等级为 0.02,即在 10min 内电流的变化不超过 0.02A,由电流变化引起发光强度的变化可计算如下:

$$\frac{I_1}{I_0} = \left(\frac{i_1}{i_0}\right)^{3.6} = (0.02)^{3.6} = 7.6 \times 10^{-7}$$

求偏导,并与上式相比,有

$$\frac{\partial I_1}{I_2} = 3.6 \times \frac{\partial i}{i_0}$$

取最大影响点 $i_0 = 3A$，代入上式有

$$\frac{\partial I_1}{I_2} = 3.6 \times \frac{0.02}{3} \approx 0.03$$

则控灯电流的不确定度为

$$u_5 = 0.02/3 = 0.01$$

按 B 类评定，假设均匀分布取 $k=\sqrt{3}$，自由度 $v_5 \to \infty$。

(6) 标准灯的稳定性引入的 u_6。

由于灯端电压的变化反映了灯丝内阻的变化，而灯丝内阻的变化是影响灯发光稳定性的主要因素，所以标准灯的稳定性是通过测量灯端电压来计算的，方法如下：

控制通过灯丝的额定电流，使其不变，将发光强度标准灯点燃 10h，中间开关两次，每隔 1h 测量一次，共测约 10 次。测得值的实验标准偏差为

$$S = 0.7\%$$

A 类评定的标准不确定度为

$$u_6 = 0.7\%/\sqrt{10} = 0.23\%$$

自由度：

$$v_6 = 10 - 1 = 9$$

相对合成标准不确定度：

由于各分量之间独立不相关，所以有

$$u_c \sqrt{\sum_{i=1}^{k}(u_i)^2} = \sqrt{0.17^2 + 0.20^2 + 0.24^2 + 0.23^2 + 0.07^2 + 0.10^2} = 0.44\%$$

有效自由度

$$v_{\text{eff}} = \frac{u_c^4}{\sum_{i=1}^{6} \frac{u_i^4}{v_i}} = 120$$

相对扩展不确定度：

按置信概率 $P = 0.99$，查 P 分布表得 $k_{99}(120) = 2.58$，可得相对扩展不确定度为

$$U = ku_c = 2.58 \times 0.44\% = 1.14\%$$

$$\text{取 } U = 1.2\%$$

7.3.2 光亮度计量标准装置

1. 检定系统表

光亮度计量标准的建立和量值传递依据国家光亮度计量器具检定系统表，表 7-2 为光亮度计量器具检定系统表。国家检定系统表中，按照等级划分了三级，即计量基准、计量标准和工作计量器具。

2. 检定原理与装置

光亮度标准装置主要由发光强度标准灯、光轨测量系统、标准白板、稳压电源及数字电压表等组成。工作原理框如图 7-14 所示。

图 7-14 光亮度标准装置示意图

表 7-2 光亮度计量器具检定系统表

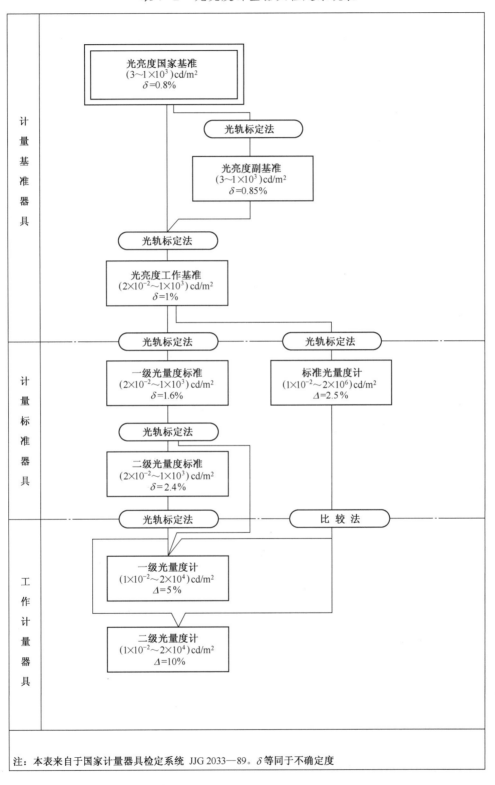

注：本表来自于国家计量器具检定系统 JJG 2033—89。δ 等同于不确定度

当移动标准灯时,会在被测亮度计上产生大小不同的标准亮度值,其标准亮度值 L 计算如下:

$$L = \frac{\rho I}{\pi l^2} \text{ 或 } L = \frac{\tau I}{\pi l^2} \tag{7-28}$$

式中: ρ 为标准白板的反射比; τ 为标准白板的透射比; I 为标准灯的发光强度值(cd); l 为标准白板迎光面与标准灯的灯丝平面间的距离(m)。

亮度的标定依据亮度计检定规程,标定方法如图 7-15 所示:

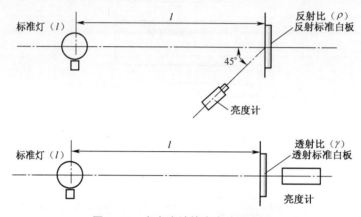

图 7-15　光亮度计检定方法原理图

3. 测量不确定度分析

1) 输出量

根据国家亮度计检定规程规定,光亮度标准装置中给出标准亮度值,检定参量为光源或亮度计的亮度值。

2) 数字模型

标准亮度值计算如下:

$$L = \frac{\rho I}{\pi l^2}$$

式中: ρ 为标准白板的反射比; I 为标准灯的发光强度值(cd); l 为标准白板迎光面与标准灯的灯丝平面间的距离(m)。

3) 测量不确定度的来源

(1) 标准灯的不确定度;

(2) 标准白板反射比的影响;

(3) 灯与接收器的调整;

(4) 杂散光的影响;

(5) 标准灯的稳定性;

(6) 距离测量的不准。

4) 标准不确定度评定:

(1) 标准灯不确定度引入的 u_1。

根据检定证书,扩展不确定度 $U=0.5\%$,包含因子 $k=3$,则其标准不确定度 u_1 为

$$u_1 = 0.5\%/3 = 0.17\%$$

按 B 类评定,自由度 v_1 为

$$v_1 = 0.5(\Delta u_1/u_1)^{-2} = 0.5(0.17\%)^{-2} \qquad v_1 \to \infty$$

(2) 标准白板反射比不准引入的 u_2。

根据检定证书极限误差为±0.8,并说明包含因子 $k=3$,则其标准不确定度 u_2 为

$$u_2 = 0.8\%/3 = 0.27\%$$

按 B 类评定,自由度 v_2 为

$$v_2 = 0.5(\Delta u_2/u_2)^{-2} = 0.5(0.27\%)^{-2} \qquad v_2 \to \infty$$

(3) 标准灯与接收器调整的影响引入 u_3。

从有关资料及实验估计限为 0.6%,按三倍标准差计算,标准不确定度 u_3 为

$$u_3 = 0.6\%/3 = 0.20\%$$

按 B 类评定,自由度 v_3 为

$$v_3 = 0.5(\Delta u_3/u_3)^{-2} = 0.5(0.20\%)^{-2} \qquad v_3 \to \infty$$

(4) 杂散光的影响引入的 u_4。

用实验方法估计限为 0.7%,按三倍标准差计算,其标准不确定度为

$$u_4 = 0.7\%/3 = 0.24\% \qquad 自由度 v_4 \to \infty \ 。$$

(5) 标准灯的稳定性引入的 u_5。

由于灯端电压的变化反映了灯丝内阻的变化,而灯丝内阻的变化是影响灯发光稳定性的主要因素,所以标准灯的稳定性是通过测量灯端电压来计算的,方法如下:

控制通过灯丝的额定电流,使其不变,将发光强度标准灯点燃 10h,中间开关两次,每隔 1h 测量一次,共测约 10 次。测得值的实验标准偏差为

$$S = 0.7\%$$

A 类评定的标准不确定度为

$$u_5 = 0.7\%/\sqrt{10} = 0.23\%$$

自由度: $\qquad v_5 = 10 - 1 = 9 \ 。$

(6) 距离测量的影响引入的 u_6。

光轨刻度显示的分辨力为 1mm,其半宽度为 0.5mm,按 B 类评定,假设为均匀分布,则相对标准不确定度为

取 $k=\sqrt{3}$,则

$$u_6 = 0.06\% \qquad 自由度 v_6 \to \infty \ 。$$

相对合成不确定度:

由于各分量不相关,所以有

$$u_c = \sqrt{\sum_{i=1}^{k}(u_i)^2} = \sqrt{0.17^2 + 0.27^2 + 0.20^2 + 0.24^2 + 0.23^2 + 0.06^2} = 0.52\%$$

有效自由度

$$v_{\text{eff}} = \frac{u_c^4}{\sum_{i=1}^{6}\frac{u_i^4}{v_i}} = 120$$

相对扩展不确定度:

按置信概率 $P=0.99$,查 P 分布表得 $k_{99}(120)=2.58$,可得相对扩展不确定度为
$$U = ku_c = 2.58 \times 0.44\% = 1.34\%$$
取 $U=1.4\%$。

7.3.3 弱光度计量标准装置

弱光度标准用于对弱光照度计和弱光亮度计的检定,国家建立了计量标准,编制了检定规程。弱光光度计量标准的建立和量值传递依据国家弱光光度计量器具检定系统表,表 7-3 为

表 7-3 弱光光度计量器具检定系统表

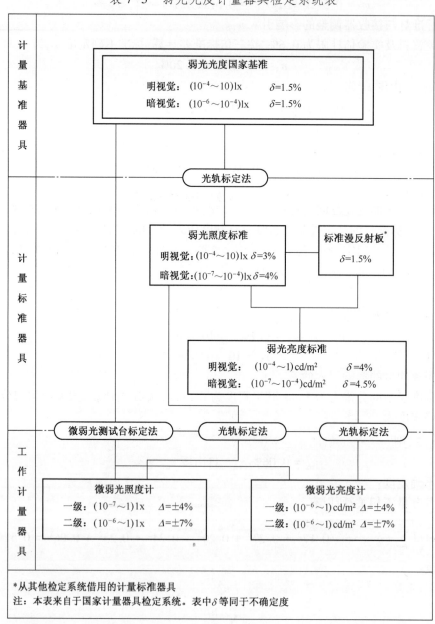

*从其他检定系统借用的计量标准器具

注:本表来自于国家计量器具检定系统。表中 δ 等同于不确定度

弱光光度计量器具检定系统表。国家检定系统表中,按照等级划分了三级,即计量基准、计量标准和工作计量器具。

弱光照度计的照度值范围一般为:$(1\times10^{-7}\sim1\times10^{-1})$ lx。

弱光度计量标准装置如图 7-16 所示,由弱光度测试台和标准探测器两部分组成。在测试台中溴钨灯和积分球组成了 2856K 稳定光源,积分球入射口和出射口处的可变光阑以及光路中的五片中性减光片组成的减光系统,检定时将标准探测器或照度计的探头放置于测试台的探测面处。

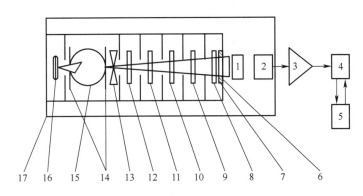

图 7-16 弱光度标准装置示意图

1—被检系统或标准探测器;2、3—信号放大系统;4、5—数据处理系统;
6—单层屏蔽暗箱;7—法兰盘;8~12—中性减光片;13—光快门;14—入、出射光阑;
15—积分球;16—溴钨灯;17—双层屏蔽暗箱。

该装置的检定方法是在保持光源与探测面的距离不变的情况下,先用标准探测器标定减光系统不同组合时在测试台探测右处的照度值。然后用待测照度计替换标准探测器采用减光系统的不同组合,实现对照度计的标定。

在此基础上,中国计量研究院提出改进的方法,其原理装置如图 7-17 所示。

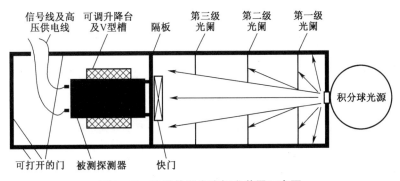

图 7-17 改进的弱光度标准装置示意图

装置的核心是光强可调式双积分球。双积分球光源系统如图 7-18 所示。通过一个开口大小精密可调的光阑控制溴钨灯入射到第一个积分球的有效光通量来实现出口光强的连续变化,同时在第一个球和第二个球中间加入了固定开口大小的光阑,最终通过两级控制可实现出口光强 6 个量级的连续变化,在暗箱的待测位置产生 $10^{-6}\sim10^{-1}$ lx 6 个量程的标准照度。

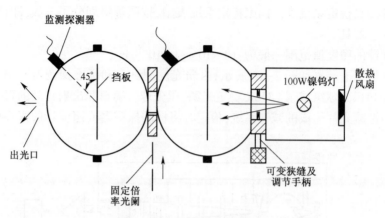

图 7-18 双积分球光源系统

7.3.4 光子计数弱光度标准

光子计数技术近年来得到了长足发展,光子计数技术的代表性应用是弱光度标准,它可以进一步扩展弱光度标准的量限,目前已经可以实现 10^{-8} lx 量限的标定。在采用光电倍增管作为探测器时,采用特殊结构和工艺制作的有明显单光子响应特性的光电倍增管和阴极致冷套,使光电倍增管的热噪声和暗计数降低到最低限度。选择适当的甄别器阈值和计数模式,既控制了残余热噪声,又排除了双光子堆积对测量结果的影响,使计数系统的输出与入射光光通量成正比。因此,只要标定出输出脉冲速率与光照度或光亮度的对应关系,便可将光子计数系统用于弱光度计量,实现对弱光照度计和亮度计的检定。

图 7-19 为光子计数系统用于弱光度计量的原理示意图。下面以检定弱光照度计为例简述检定过程。

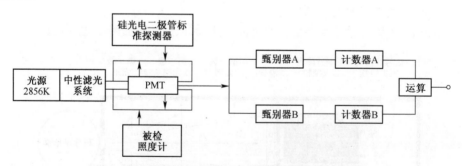

图 7-19 光子计数系统用于弱光度计量的原理示意图

先用通过高一级计量部门标定的硅光电二极管标准探测器对光子计数系统的响应度进行定标。将硅光电二极管标准探测器置于系统的接收面处。将光源及减光系统调整到硅光电二极管所能探测的下限,读出此时接收面处的光照度值(约为 10^{-3} lx)。保持光源及其减光系统稳定不变,用光子计数系统的光电倍增管替换硅光电二极管,读出光电倍增管的脉冲输出速率。此速率已接近计数器的最大容量(10^8 Hz)。此时的光照度值与光电倍增管的输出脉冲速率之比便为光子计数系统的响应度,将此值作为标准值保存。

再用光子计数系统检定弱光照度计。通过调整光源及其减光系统的减光量,在被检弱光照度计的量程范围内选择若干点。在每一点处分别用被检照度计和光子计数系统测量接收面处的光照度值,检查弱光照度计的示值是否在其误差允许的范围之内。这样便达到了检定弱光照度计的目的。

以光子计数系统作为标准器建立的弱光度计量标准,可检定弱光照度计的量程范围为 5×10^{-8}lx~1×10^{-4}lx。在保证相同不确定度的前提下,较基于直流输出的光电倍增管建立的弱光度标准,量程向下延伸了 4 个数量级,极大地拓宽了测量范围,显示了光子计数技术的明显优势。

7.3.5 分光辐射仪的校准

分光辐射仪参数校准一方面是对光源光谱辐射亮度校准,另一方面是对光谱测量仪器校准。

分光辐射仪校准原理如图 7-20 所示。

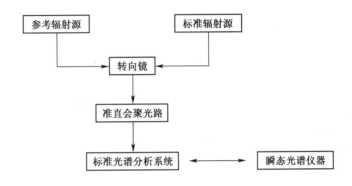

图 7-20 分光辐射仪校准原理框图

分光辐射仪校准装置如图 7-21 所示,主要由三大部分组成。

1. 标准辐射源系统

标准辐射源系统由标准辐射源、参考辐射源、准直光路、会聚光路构成。此系统可提供绝对能谱辐射源,实现对待测辐射源和瞬态分光辐射仪的校准。标准辐射源为 1800~3200K 标准高温辐射黑体,用于对参考辐射源实施标定。参考辐射源包括色温为 2856K 的钨带灯和紫外氙灯,用于对待测辐射源、瞬态光谱仪器进行标定。

2. 标准光谱分析系统

标准光谱分析系统由三个专用摄谱仪和光电高速采集系统构成,分别工作在紫外、可见光、近红外波段。此系统可将瞬态或稳态辐射源色散为紫外、可见光、近红外光谱三个波段。三个专用摄谱仪分别用相对应的线阵探测器按光谱进行全波段接收,大大提高了系统的测量速度,然后运用闪光采集专利技术采用高速数据采集系统将光谱数据采集存储。

3. 专用软件系统

专用软件可独立运行,程控整个装置。此系统利用通过一次闪光采集到的原始数据,经过修正处理获得瞬态光谱曲线;再利用瞬态光谱曲线按照国际 CIE 推荐的方法计算出瞬态色坐标、显色指数和色温等色度学参数。

其校准过程如下:

首先利用高温黑体对参考辐射源钨带灯和紫外氙灯标定,经过标定的参考辐射源再对标准光谱分析系统进行标定。

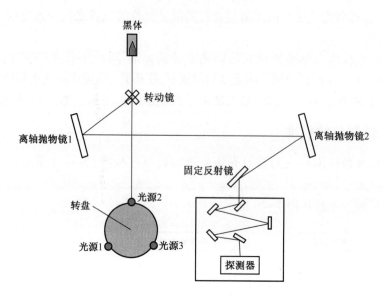

图 7-21　分光辐射仪校准装置原理图

4. 测量不确定度评定

瞬态光谱辐射量标准装置用于校准瞬态光谱仪的波长示值误差、色温示值误差、色品坐标示值误差等参数,下面对这几个参数的测量不确定度来源、不确定度分量及扩展不确定度进行分析和评估。

1) 波长示值误差测量不确定度评定

波长示值误差的测量不确定度来源为:由汞灯波长不准引入的不确定度分量和波长示值误差重复测量引入的不确定度分量。

(1) 汞灯波长不准引入的不确定度分量:

$$u_1 = \frac{a}{k} = 0.00577 \text{nm}$$

汞灯为自然标准,波长准确度 $a=0.01\text{nm}$。假设服从均匀分布,取 $k=\sqrt{3}$。

(2) 波长示值误差重复测量引入的不确定度分量:

$$u_2 = \left[\frac{\sum_{i=1}^{n}[(x_i - \bar{x})]^2}{n(n-1)} \right]^{\frac{1}{2}} = 0.04 \text{nm}$$

式中: x_i 为第 i 次测量得到的波长值; n 为测量次数。

由于各不确定度分量之间独立,且不相关,波长合成测量不确定度:

$$u_{c1} = \left[\sum_{i=1}^{2} u_i^2\right]^{\frac{1}{2}} = [0.0000332929 + u_4^2]^{\frac{1}{2}} = 0.04\text{nm},$$

扩展测量不确定度:

$$U_1 = k u_{c1} = 0.10 \text{nm}\ (k=2)。$$

2) 光谱分辨率测量不确定度评定

光谱分辨率的测量不确定度来源:由汞灯波长不准引入的不确定度分量,由待校瞬态光谱仪波长示值误差测量引入的不确定度分量;光谱分辨率重复测量误差引入的不确定度分量。

(1) 汞灯波长不准引入的不确定度分量：

$$u_1 = \frac{a}{k} = 0.00577\text{nm}$$

汞灯为自然标准，波长准确度 $a = 0.01\text{nm}$。假设服从均匀分布，取 $k = \sqrt{3}$。

(2) 由待校瞬态光谱仪波长示值误差测量引入的不确定度分量：

$$u_2 = 0.10\text{nm}$$

(3) 由待校瞬态光谱仪光谱分辨率重复测量引入的不确定度分量：

$$u_3 = \left[\frac{\sum_{i=1}^{n}[(x_i - \bar{x})^2]}{n(n-1)}\right]^{\frac{1}{2}} = 0.20\text{nm}$$

式中：x_i 为第 i 次测量得到的波长值；n 为测量次数。

由于各不确定度分量之间独立，且不相关，波长分辨率合成测量不确定度：

$$u_{c1} = \left[\sum_{i=1}^{3} u_i^2\right]^{\frac{1}{2}} = [0.0100333 + u_3^2]^{\frac{1}{2}} = 0.23\text{nm}$$

扩展测量不确定度：

$$U_1 = k u_{c1} = 0.50\text{nm}\ (k=2)$$

3）色温测量结果的不确定度评定

色温值由待校准瞬态光谱仪测量到 (380~780)nm 波段的相对光谱功率参数计算得到。故色温参数的测量不确定度来源为：

(1) 由标准钨带灯色温不准引入的不确定度分量； （B类）
(2) 由待校瞬态光谱仪波长示值误差测量引入的不确定度分量； （B类）
(3) 由待校瞬态光谱仪相对光谱功率示值测量不准引入的不确定度分量； （B类）
(4) 由待校瞬态光谱仪 2856K 色温下色温示值重复性引入不确定度分量。 （A类）

① 由标准钨带灯色温不准引入的不确定度分量；

由于计量检定部门给出的钨带灯色温不确定度 $U = 12\text{K}(k=2)$，所以

$$u(T) = \frac{12}{2} = 6K$$

因为给出的结果是在 2856K 时测量的，所以

$$u_1 = \frac{u(T)}{T} = \frac{6}{2856} = 0.21\%$$

② 由待校瞬态光谱仪波长示值误差测量引入的不确定度分量：

$$u_2 = \frac{u_\lambda}{\lambda_{\min}} = 0.04\%$$

式中：$u_\lambda = 0.1$，λ 取最小值 250nm。

③ 由待校瞬态光谱仪相对光谱功率测量不准引入的不确定度分量：

$$u_3 = \frac{a}{k} = \frac{0.005}{\sqrt{3}} = 0.29\%$$

式中：$a = 0.005$，假设为均匀分布 $k = \sqrt{3}$。

④ 由待校瞬态光谱仪在 2856K 色温下色温示值重复性引入不确定度分量；

$$u_4 = \left[\frac{\sum_{i=1}^{n}[(x_i - \bar{x})/\bar{x}]^2}{n(n-1)}\right]^{\frac{1}{2}} = 0.34\%$$

式中：x_i 为第 i 次测量得到的相对光谱功率值；$\bar{x}$ 为 n 次测量得到的平均值；n 为测量次数由于各分量之间独立不相关，测量结果合成标准不确定度

$$u_{c1} = \left[\sum_{i=1}^{4} u_i^2\right]^{\frac{1}{2}} = [0.00000441 + 0.00000016 + 0.00000833 + u_4^2]^{\frac{1}{2}} = [0.0000129 + u_4^2]^{\frac{1}{2}}$$
$$= 0.005;$$

测量结果扩展不确定度：

$$U_{rel1} = ku_{c1} = 1.0\%(k=2)$$

4）色品坐标测量结果的不确定度评定

由于国际照明委员会规定色温为 2856K 的标准 A 光源的色品坐标标准值 $x = 0.4476, y = 0.4075$。所以，色品坐标测量不确定度来源于以下三个分量。

（1）由标准钨带灯色温不准引入的不确定度； （B 类）
（2）待校瞬态光谱仪对 2856K 光源的色品坐标示值误差引入的不确定度分量； （A 类）
（3）待校瞬态光谱仪色品坐标重复测量误差引入的不确定度分量。 （A 类）

① 由标准钨带灯色温不准引入的不确定分量

由于计量检定部门给出的钨带灯色温不确定度 $U = 12K(k=2)$，所以

$$u(T) = \frac{12}{2} = 6K$$

因为给出的结果是在 2856K 时测量的，所以

$$u_1 = \frac{u(T)}{T} = \frac{6}{2856} = 0.0021$$

② 待校瞬态光谱仪对 2856K 光源的色品坐标示值误差引入的不确定度分量：

$$u_2 = \frac{a}{k} = 0.000115$$

式中：$a = \Delta x = \Delta y = 0.0002$，假设为均匀分布 $k = \sqrt{3}$。

③ 由待校瞬态光谱仪色品坐标重复测量误差引入的不确定度分量引入的不确定分量：

$$u_3 = \left[\frac{\sum_{i=1}^{n}[(x_i - \bar{x})]^2}{n(n-1)}\right]^{\frac{1}{2}} = 0.00068$$

式中：x_i 为第 i 次测量得到的色品坐标值；$\bar{x}$ 为 n 次测量得到的平均值；n 为测量次数。

由于各分量之间独立不相关，色品坐标测量结果合成标准不确定度：

$$u_{c2} = \left[\sum_{i=1}^{n} u_i^2\right]^{\frac{1}{2}} = 0.000004423 + u_3^2 = 0.0022$$

色品坐标测量结果扩展不确定度：

$$U_1 = ku_{c1} = 0.0050(k=2)$$

7.3.6 测色仪器的校准

分光式测色仪器由阵列式传感器模块完成光电转换，传感器的每个单元对应特定的波长，

传感器分别测量发光体在不同波长 λ 的光谱功率分布或物体本身的亮度特性,然后再由这些光谱测量数据通过软件计算的方法,求得物体在各种发光体和标准照明体下的三刺激值和色品坐标等色度参数。

分光式色度仪的测试精度很大程度上取决于所测目标光谱取样宽度和光谱分辨率(光谱半带宽)。如果光谱取样宽度足够窄,例如光谱宽度能窄至 5nm、2nm 等,则它不仅能精确测量光源的辐射度值或亮度值,还可以精确测量色度值。IEC 61966-4 中对光谱辐射计的扫描间隔和带宽规定小于 5nm,波长误差小于 0.5nm。

对于实际色温为 6520K、功率为 18W 的线状光谱的荧光灯(液晶显示器采用荧光灯作背光源,它就属于窄带的线状光谱),选用 $\Delta\lambda = 5nm$ 的取样间隔,则测得色温为 7539K;如果选用 $\Delta\lambda = 2nm$ 的取样间隔,则测得色温为 6520K,不同的波长偏差,也会得出不同结果。可见光谱宽度和波长精度对于分光式仪器的测试精度影响很大。一般来说,光谱取样间隔和光谱半带宽越窄,波长误差越小,测试精度越高。分光式测色仪器的色度由所测波长值计算得出,故原则上无需校正,但亮度值需要由国家计量单位定期校正,测试时亮度值需要根据校正值修正。下面以 CCD 测量系统为例分析测色系统的校准问题。

1. 波长校准

为了准确确定 CCD 输出脉冲序列和波长的对应关系,必须用已知波长谱线且宽度很窄的线谱光源进行波长校准。考虑到校准用谱线应尽可能多且较均匀地分布在测量范围内,可以选用汞灯和氦、氢低压放电光源的 12 条谱线作为已知标准谱线,实验测得系统输出信号的最大值所在光敏元序号与相应线谱波长的对应关系如表 7-4 所列。

表 7-4 校准用标准谱线与光敏元序号间的关系

波长/nm	388.9	404.7	435.8	447.2	471.3	492.2	501.6	546.1	557.0	587.1	667.8	760.6
光敏元序号	86	164	327	371	491	595	641	861	912	1062	1457	1653

由表 7-4 可知,光谱波长在空间的分布并非线性的,假设谱线波长和对应光敏元序号有如下关系(忽略高次项的影响):

$$\lambda(n) = an^2 + ba + c \quad (7-29)$$

式中:λ 为光谱波长;n 为光敏元序号;a、b、c 为波长标准系数。

由表 7-4 所列数据,按最小二乘法作二次曲线拟合,得到测量系统的波长校准系数。

2. 测量系统校准

为了得到被测光源准确的相对光谱功率分布 $E_t(\lambda)$,必须先用已知的标准光源校准测量系统。若已知标准光源的相对光谱功率分布为 $E_s(\lambda)$,系统的响应输出为 $R_s(\lambda)$,在相同条件下测得被测光源的系统响应为 $R_t(\lambda)$,则被测光源的相对光谱功率分布 $E_t(\lambda)$ 可计算如下:

$$E_t(\lambda) = \frac{R_t(\lambda) \cdot E_s(t)}{R_s(\lambda)} \quad (7-30)$$

实际测量中选用标准 A 光源(色温 2856K)校准系统,标准 A 光源的相对光谱功率分布由普朗克公式和钨的光谱发射率修正得到。测出标准 A 光源的系统响应输出,重复几次,将数据存盘备用。

7.3.7 单色仪的检定

1. 波长最大允许误差

1)汞灯及其光谱特性

汞灯的定义为:以汞作基本元素,并充有矢量其他金属(如 Cd、Zn)或其他化合物的弧光放电灯。

汞灯利用汞放电时产生汞蒸气获得可见光的电光源。汞灯可分为低压汞灯、高压汞灯和超高压汞灯三种。低压汞灯点燃时汞蒸气压小于一个大气压,此时汞原子主要辐射波长为 253.7nm 的紫外线。

低压汞灯是使用最多的一种标准光源,它的能量 90% 以上集中在 253.7nm 这一根谱线上。低压汞灯主要用来标定紫外可见分光光度计的波长准确度,也可用作光谱带宽的测试。

一般用来检测紫外可见分光光度计和单色仪波长准确度和光谱带宽的低压汞灯大约是 20W。图 7-22 为低压汞灯的外观照片,低压汞灯的特征谱线如表 7-5 所列。

图 7-22 低压汞灯的外观

表 7-5 低压汞灯的特征谱线

编号	波长/nm	编号	波长/nm
1	253.65	7	404.66
2	296.73	8	407.78
3	302.15	9	435.83
4	313.15	10	546.07
5	334.15	11	576.96
6	365.02	12	579.07

2)紫外、可见单色仪检定

将低压汞灯放置于单色仪入射狭缝处,选择低压汞灯发射谱线上的某个波长,调节单色仪输出波长到选定波长处,并在附近进行慢扫描,对于带有探测系统的单色仪读取信号最大时的波长值 λ_i;对于无探测系统的单色仪,用目视观察汞灯谱线,在谱线到达视场中央或视场最亮时,读取此时波长值 λ_i。重复测量 n 次($n \geq 6$)并取算术平均值,该平均值与选定的低压汞灯的波长 λ_0 之差就是该波长下的波长允许误差。在低压汞灯发射谱线上选择 2~3 个波长重复上述操作,取这几个波长处最大的波长允许误差作为单色仪的波长最大允许误差。

3) 红外单色仪检定

采用汞灯谱线的高级次光谱进行检定,选择低压汞灯发射谱线上的某个波长,选定级次 m ($m>1$),调节单色仪输出波长到 $m\lambda_0$ 处,并在附近进行慢扫描,读取信号最大时的波长值 λ_i,重复测量 n 次($n \geq 6$)并取算术平均值,该平均值与选定的低压汞灯的高级次波长 $m\lambda_0$ 之差就是该波长下的波长允许误差。选择 2~3 个低压汞灯的高级次波长重复上述操作,取这几个波长处最大的波长允许误差作为单色仪的波长最大允许误差。

2. 最小光谱带宽

用低压汞灯 435.83nm 发射谱线测量,在单色仪狭缝调至最小的情况下,波长扫描在该谱线处单方向移动,记录峰值波长两侧辐射强度下降时的波长读数 λ_1 和 λ_2,两者之差就是单色仪的最小光谱带宽。

3. 杂散辐射

紫外、可见单色仪使用截止玻璃测量,红外单色仪使用截止滤光片测量。将单色仪波长扫描调至截止波段中的确定波长 λ,并在入射狭缝处放置截止玻璃或截止滤光,测定单色仪波长 λ 处的输出信号 $I(\lambda)$,然后移去截止玻璃或截止滤光,再测定波长 λ 处的输出信号 $I_0(\lambda)$,$I(\lambda)/I_0(\lambda)$ 即为单色仪的杂散辐射。

参 考 文 献

[1] 郝允祥,陈遐举,张保洲. 光度学[M]. 北京:北京师范大学出版社,1988.
[2] 潘君骅. 计量测试技术手册(第 10 卷)[M]. 北京:中国计量出版社,1995.
[3] 郑克哲. 光学计量[M]. 北京:原子能出版社,2002.
[4] 朱清,詹云翔. 光度测量技术及仪器[M]. 北京:中国计量出版社,1992.
[5] 吴宝宁,刘建平,李宇鹏,等. 一种火炸药瞬态光谱测试的精确定位[J]. 应用光学,2001,22(1):39-42.
[6] 赵田冬. 彩色亮度计的光学系统设计[J]. 浙江大学学报,1987,21(3):109-114.
[7] 朴大植. 实用颜色温度测量方法的研究[J]. 现代计量测试,1999(1):48-53.
[8] 孙立群. 光子计数技术及其在弱光计量中的应用[J]. 应用光学,1993,14(6):46-49.
[9] 曹远生. 宽量程弱光照度计的研制[J]. 使用测试技术,1996(1):19-21,14.
[10] 吕亮,樊其明. 新型微弱光光度校准装置的建立[J]. 光学技术,2008,34(4):623-625.
[11] 刘宇. 微光计量的量值传递方案探讨[J]. 应用光学,1996,17(6):38-42.

下篇 红外热成像测试与计量

第8章 红外热成像技术

红外热像仪是一种光电成像装置,它的成像原理是利用目标与周围环境之间由于温度与发射率的差异所产生的热对比度不同,而把红外辐射能量密度分布图显示出来,称为"热像"。由于人的视觉对红外光不敏感,所以热像仪必须具有把红外光变成可见光的功能,将红外图像变为可见图像。近年来,各国在进一步发展军用高级热像仪的同时,也大力开发各种用途的民用热像仪。目前,热像仪已广泛应用于国民经济各个部门,在医疗诊断、无损探伤、故障探测、产品检验、污染监测、森林防火以及公安消防中均获得了越来越多的应用。

8.1 红外热像仪概述

红外热像仪是一种二维平面成像的红外系统,它通过光学系统将红外辐射能量聚集在红外探测器上,并转换为电子视频信号,经过电子学处理形成被测目标的红外热图像,该图像用显示器显示出来[1]。

红外热像仪最早是因军事需要而发展起来,它可在黑夜或浓厚的烟幕、云雾中探测和识别目标。现代战争,特别是海湾战争的经验表明,谁掌握了热成像技术,谁就取得了夜战的主动权。

红外热像仪的种类繁多,按用途分有军用热像仪和民用热像仪。军用热像仪包括各类红外观察仪、红外热瞄具、坦克及装甲车驾驶员用的潜望式热像仪、配于火控系统和跟踪系统的热像仪、前置红外装置以及红外摄像机等。民用热像仪包括各类工业用热像仪、勘查资源用热像仪、医用热像仪以及科研用热像仪等。

但是,为了反映热像仪的性能水平,更合理的分类方法是按热像仪用探测器的类型来划分热像仪的类别,这种分类方法也反映了红外技术的不同发展阶段,它包括单元探测器热像仪、多元探测器热像仪、SPRITE 探测器热像仪以及焦平面阵列探测器热像仪等。

红外热像仪一般分光机扫描成像系统和非扫描成像系统。光机扫描成像系统采用单元或多元(元数有 8、10、16、23、48、55、60、120、180 甚至更多)光电导或光伏红外探测器,用单元探测器时速度慢,主要是帧幅响应的时间不够快,多元阵列探测器可做成高速实时热像仪。非扫描成像的热像仪,如近几年推出的阵列式凝视成像的焦平面热像仪,属新一代的热成像装置,在性能上大大优于光机扫描式热像仪,有逐步取代光机扫描式热像仪的趋势。非扫描成像热像仪的关键技术是探测器由单片集成电路组成,被测目标的整个视野都聚焦在上面,并且图像更加清晰,使用更加方便,仪器非常小巧轻便,同时具有自动调焦、图像冻结、连续放大、点温、线温、等温和语音注释图像等功能,仪器采用 PC 卡,存储容量可高达 500 幅图像。

红外热电视是红外热像仪的一种。红外热电视是通过热释电摄像管(PEV)接收被测目标物体的表面红外辐射,并把目标内热辐射分布的不可见热图像转变成视频信号,因此,热释电摄像管是红外热电视的关键器件,它是一种实时成像,宽谱成像(对 $3\sim5\mu m$ 及 $8\sim14\mu m$ 有较好的频率响应)具有中等分辨率的热成像器件,主要由透镜、靶面和电子枪三部分组成。其技术功能是将被测目标的红外辐射线通过透镜聚焦成像到热释电摄像管,采用常温热电视探测器和电子束扫描及靶面成像技术来实现。

8.2 红外热像仪的成像原理

8.2.1 红外成像的物理原理

红外热像仪是一种光电成像装置。普通的照相机是一种可见光成像装置,它的成像原理基于目标表面的反射和反射比的差异。但热像仪与此不同,它是利用目标与周围环境之间由于温度与发射率的差异所产生的热对比度不同,而把红外辐射能量密度分布图显示出来,称为"热像"[2]。

在红外热像仪中,红外图像转换成可见图像分两步进行:第一步是利用对红外辐射敏感的红外探测器把红外辐射变为电信号,该信号的大小可以反映出红外辐射的强弱;第二步是通过电视显像系统将反映目标红外辐射分布的电子视频信号在电视荧光屏上显示出来,实现从电到光的转换,最后得到反映目标热像的可见图像。

8.2.2 红外热像仪的组成

采用焦平面凝视探测器的红外热像仪可以像 CCD 一样成像,无需扫描运动部分。而采用线阵器件的红外热像仪,人们不得不利用光机扫描的方式,对光点进行逐点逐行扫描,光学系统的瞬时视场一般在 0.08~1mrad 范围内,在扫描过程中,光学系统把每瞬间所会聚的红外辐射投射到红外探测器上,红外探测器依次把它们转变成强弱不同的电信号。电信号的强弱变化正好对应于目标辐射强弱的变化。这一电信号经过适当的电子学处理后,由显示器显示出目标的红外热图像。红外热成像系统的组成如图 8-1 所示。

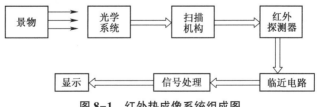

图 8-1 红外热成像系统组成图

1. 热成像光学系统

在热像仪中,红外光学系统的作用是会聚被测目标的红外辐射,经过光学和空间滤波,将景物的辐射热图聚焦到探测元件的焦平面上。由于探测器的尺寸很小,所以系统的瞬时视场也很小,一般为毫弧度数量级。为了对径向、纬向几十度的物面成像,需借助于扫描器以瞬时视场为单位,由探测器连续地分解图像的方法,移动光学系统,从而实现大视场成像。

热成像光学系统的设计中,除需考虑上述一般红外光学系统的特点外,还应考虑热成像系统的特点,而红外热像仪最重要的光学特点是必须做到光瞳耦合设计,严格限制因壳体辐射产生的"杂散光"对成像的影响。为了对空间目标进行扫描成像,对扫描器的放置位置应特别注意。对于物面扫描方式,扫描器放置在成像系统之前,这时系统尺寸大,功率消耗大,对光学系统的成像质量影响较小。

红外光学会聚系统和可见光会聚系统有很大的不同,首先前者工作在中、远红外区,后者的工作波段在可见光区。其次红外光学系统的空间分辨率比可见光系统的空间分辨率要低。物镜有采用透射形式的,也有采用反射形式的。这两种形式各有自己的优点和不足。归纳起来有如下几点:

(1) 反射光学系统材料便宜,使用一般的光学玻璃或金属材料都可以。而透射形式的物镜必须采用昂贵的红外光学材料,要求其具有高红外透射性能、良好的温度特性等要求。

(2) 一般反射形式的物镜中心有遮拦,一会影响它的红外能量的接收;二将导致红外光学系统高频区红外传递函数下降。而透射形式的物镜就没有这些问题。

(3) 反射形式的物镜在成像时尽管不产生色差,但很难消除远轴像差,一般用在小于 3° 的小视场成像系统中。要进一步改善像质或增大视场时,可采用折反式系统。

红外光学系统对平行光束成像的像点要求达到探测器灵敏单元的尺寸,即几十微米大小,其瞬时视场只有 0.1mrad 左右,为了获得大的视场,对于线阵探测器而言,必须采用光机扫描方式。

图 8-2 示出了由折—反射望远系统和准直透镜组成的热成像光学系统实例。物镜采用卡塞格林系统。为了使像质满足要求,后组(相当于望远镜目镜)采用三片式锗透镜,准直透镜组采用二片式锗透镜。行扫描八面外反射转鼓安置在望远系统的出瞳位置上。为了减小帧扫描镜的尺寸与准直透镜的孔径,应使摆镜在结构尺寸能安排的情况下,尽量靠近行扫描八面外反射转鼓。

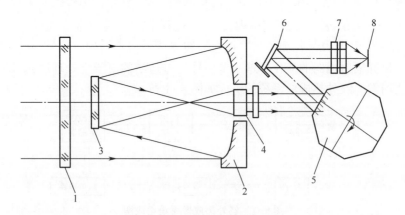

图 8-2 热成像光学系统

1—保护窗口;2—主反射镜;3—次反射镜;4—望远镜后组锗透镜;5—八面外反射行扫描转鼓;
6—平面摆动帧扫描镜;7—准直透镜;8—探测器。

2. 热像仪用红外探测系统

红外探测器是热像仪的核心部件。在现代热成像装置中广泛应用了基于窄禁带半导体材料的光子探测器,其中,HgCdTe 器件占大多数。这种器件之所以受到重视,主要是它具有高的探测率和较合适的工作温度,而且其工作波段可以通过改变材料中 CdTe 和 HgTe 的组分配比加以调整。

原则上,选择高探测率的探测器最好,而对探测器的响应时间也有一定要求,它不应低于瞬时视场在探测器上的驻留时间,同时还要求探测器的输出阻抗与紧接在后面的电路参数相匹配,这样才能获得较好的传输效率。此外,在致冷方面,要求工作温度不能太低,致冷量不能太大。

总之,热像仪的性能、维修的方便性以及外型尺寸决定了采用探测器及致冷系统的类型。有关红外探测器的内容我们将在 8.3 节详细介绍。

3. 信号处理系统

在热像仪中,红外探测器输出的信号非常微弱,只有通过充分放大和处理后才能加以显示,因此信号放大和处理电路是热成像装置中的重要组成部分。

通常热像仪利用隔直流电路将探测器信号耦合到放大电路中,这样既可以抑制背景,又可消除探测器上的直流偏置电位,还能把探测器 $1/f$ 噪声的干扰减至最小。此外,在设计电路时,必须考虑信号电平及各级所需增益。一般探测器噪声电平可达数十微伏,而显示器需要几十伏甚至一百伏以上的输入,因此净增益约需 10^7 倍以上。有时,也会遇到高信号电平的情况,故要求信号处理电路能提供大的动态范围,这需要采用自动增益控制技术。

通常,探测器所处空间有限,并且还可能处于运动机构上,所以在探测器上进行信号处理十分困难。为此常在靠近探测器的地方放置小型前置放大器,使弱信号经过适当放大后,通过低阻抗屏蔽式的电缆、传输到信号处理电路上。

可以说,前置放大器是整个信号处理系统中最关键的部分,它的噪声指数必须很低,其动态范围也不宜过大,因它受到输入端探测器噪声电平和允许的最大输出的限制,而且,前置放大器应具有低输出阻抗,这样可保证电缆电容不衰减信号的高频分量。

前置放大器后的信号处理一般包括进一步的放大、带宽的限制、检波、控制及终端输出显示等,其中,最佳带宽的确定十分重要,它取决于信号和噪声二者的频谱特性。在大多数系统中,输出信号的峰值功率与带宽的平方成正比,随着带宽的增加,响应时间减小,输出信号的峰值功率很快达到某一与带宽无关的常数值,另外,又由于输出的噪声功率随带宽线性地增加,因而存在一最佳带宽,这时脉冲峰值功率与噪声功率之比达到最大值。

热成像系统当使用多元探测器列阵时,原则上应有与列阵元件数相等的信号通道数,但从成本、尺寸和重量考虑,这是难于实现的。一种可行的办法是使用时间分配多路传输器,近年来,新的固态开关技术的开发,已用于光电导探测器的低电平开关系统中。

信号处理的基本内容都是围绕所采用探测器类型展开的:线阵列探测器热像仪信号处理包括:整机(包括探测器和光学系统的)响应一致性校正处理、扫描转换处理、图像视觉增强处理。(现有探测器的临近放大器已经封装在探测器读出电路内,其输出已经不属于微弱信号处理范畴) 面阵列探测器热像仪信号处理包括:整机(包括探测器和光学系统)响应一致性校正处理、图像视觉增强处理。

随着探测器性能的不断提高,热像仪信号处理变得越来越简单。

4. 显示系统

热像仪的图像显示有如下两种方法：

1) 光源显示法

视频信号经放大与处理后，其输出信号直接驱动发光二极管、等离子显示板或辉光放电管等光源，使之显示出目标表面红外辐射能量分布情况。这种显示方法的优点是可以得到亮度较高的图像，但图像清晰度不甚好。

2) 电视屏幕显示法

这种方法使用较为普遍。它是把经放大和处理的信号输入到电视显像管中，在荧光屏上便显示出目标的红外图像。对于黑白显像管，将显示出明暗不同的黑白图像，所呈现的不同灰度等级，代表着不同温度。对于彩色显像管，视频信号经分层和编码处理后，输入到管中，其荧光屏上便显示出目标的彩色图像。必须指出，这时的彩色图像并不代表目标的真实颜色，而只反映不同温度的分布，称为假彩色热像。通常用红、黄等暖色表示较高的温度，而用紫、蓝等颜色表示较低的温度。

8.3　红外探测器

8.3.1　红外探测器的发展历程及发展趋势

红外探测器是军用红外系统中不可或缺的核心元器件，主要功能是将目标场景红外辐射转变成电信号，经过某些信号处理后输出给成像整机系统。

红外探测器自 1940 年发明 PbS 探测器以来主要经历了三个阶段：1960—1970 年研制出称为第一代的单元或小规模多元器件，在夜视、遥感和制导上获得成功应用。第二代红外焦平面探测器技术研究始于 20 世纪 70 年代末，90 年代末进入批量生产阶段，并已大量装备。20 世纪末，以美国为代表的西方发达国家提出了第三代红外焦平面探测器的概念，并投入巨资大力推进第三代红外探测器和前视红外系统(FLIR)的发展。迄今为止，用于第三代热成像技术的各种红外焦平面探测器取得了多方面的突破，并获得实际应用，目前已开始新一代红外材料及探测器的探索。

红外探测器材料与器件的种类主要包括碲镉汞、锑化铟、量子阱、超晶格、氧化钒等，响应波段包括长波($8 \sim 14 \mu m$)、中波($3 \sim 5 \mu m$)、短波($1 \sim 3 \mu m$)，阵列规格包括 64×64、128×128、320×256、640×512、1024×1024、2048×2048、4096×4096、288×4、576×4、768×6、1024×6、3000×1、6000×1 等，不同国家和公司选择的技术路线和产品各不相同。双色器件的研发水平已达到长波双色 640×480、中/长波双色 1280×720 和 1280×1024 的规模[1,3-9]。

国内外面阵器件发展的趋势都是向双(多色)、甚长波、百万像数高性能器件和数字化等方面发展。性能指标提升主要集中在响应波段变化(波段扩展、双色或多色)，规模的提升，像元间距的减小，读出电路的变化(大电荷处理能力、高速或数字化)等。线列器件发展历程基本和面阵器件一样，主要集中在美国、法国、英国、德国等国，768×8 和 3000 元等线列器件已经得到实际应用。

8.3.2　热探测器

热探测器的工作原理是：热探测器在接收入射辐射时，引起材料温度变化，造成器件某一项物理参数发生变化,产生可度量的输出。热探测器通常在常温下工作,主要有四种类型:测辐射热计、温差电偶、气动探测器和热电探测器。

根据材料的电阻或介电常数的热敏效应,即辐射引起温升改变材料电阻用以探测热辐射而研制的探测器称为测辐射热计。由于半导体有高的温度系数特性,所以应用也最多,这类探测器包括电容式和电阻式。电容式探测器是利用材料的介电常数的温度关系来探测热辐射,由于温度系数不够大、制备和使用方面都不如电阻式方便,所以测辐射热计以电阻式为主。电阻式测辐射热计吸收红外辐射引起温度改变,它的电阻相应地发生变化,在电路中就有电信号输出。它们大体有三种类型:金属、半导体和超导体。随着小的温度变化,金属电阻线性改变。半导体电阻随温度升高而下降,变化呈明显的指数关系。半导体测辐射热计常被称为"热敏电阻"。由于高温超导材料的出现,转变温度T_c高过77K,超导探测器引起了人们的重视。超导探测器有两类:其一是利用转变温度附近电阻巨变做测辐射热计;其二是用薄绝缘层隔开的两个超导体构成约瑟夫森(Josephson)结,红外辐射使其温度变化导致超导带隙改变,最终引起电流关系的变化。如果室温超导成为现实,这将是21世纪最引人注目的探测器。

20世纪80年代后期以美国为主,开发一种用氧化钒(VO_x)作热敏电阻材料,以氮化硅(Si_3N_4)作绝热支撑材料,在Si片上形成的微桥面阵,利用大规模集成电路技术,在Si片上直接制造读出电路,形成微测辐射热计焦平面探测器。由于规模大(已有320×240和640×480面阵),噪声等效温差小于0.1K。特别引人注目的是可以室温工作,而无需制冷,使得冷落多年的测辐射热计在红外领域成为新的热点。

热释电探测器是根据热释电效应,它的灵敏元件在接收红外辐射后升温,快速的温度变化使晶体自发极化强度改变,表面电荷发生变化。将器件接入电路中,这一表面电荷变化就构成电信号。

具有优异热释电性能并已获得应用的材料中大部分是铁电体晶体,如钽酸锂($LiTiO_3$)、铌酸锶钡(SBN)、硫酸三甘肽(TGS)和聚合物(PVDF)材料。随后又发展了更为优越、容易制备和控制的铁电氧化物陶瓷材料,如碱性锆酸铅陶瓷(PZ)、钛酸锶钡(BST)和更新的$PbSc_{1/2}Ta_{1/2}O_3$(PST)等。

热释电探测器响应速度比其他热探测器快(图8-3),所以在红外探测器中占有重要地位。

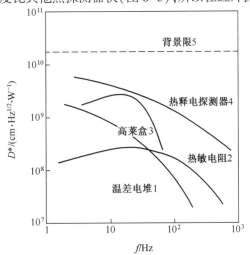

图8-3　热释电探测器探测率随频率变化

热探测器一般不需致冷(超导除外)而易于使用、维护,可靠性好;光谱响应与波长无关,为无选择性探测器;制备工艺相对简易,成本较抵。但灵敏度低,响应速度慢。热探测器性能限制的主要因素是热绝缘的设计问题。

8.3.3 光电探测器

光电探测器是用半导体材料制造而成。光电探测器吸收光子后,使材料中的电子从半导电状态上升到导电状态,在半导体材料中激发非平衡载流子(电子或空穴),引起电学性能变化。探测器吸收光子所产生的载流子类型和探测器材料有关。如果材料是本征型,即没有掺杂的纯净半导体材料,那么每吸收一个光子,材料中就产生一个电子空穴对,它们分别携带正电荷和负电荷。如果材料是非本征型,即掺杂的半导体材料,光子产生的不是正电荷便是负电荷,不会同时产生两种载流子。因为载流子不逸出体外,所以称内光电效应。光电探测器有如下几种。

1. 光导型探测器

在探测器两端电极间加一个偏压,便将产生的载流子变成光电流,这就完成了光电转换,这种工作方式称为光电导效应。这类探测器称为光导器件。人们又将光导型探测器称为光敏电阻。入射光子激发均匀半导体中价带电子越过禁带进入导带并在价带留下空穴,引起电导增加,为本征光电导。从禁带中的杂质能级也可激发光生载流子进入导带或价带,为杂质光电导。截止波长由杂质电离能决定。量子效率低于本征光导,而且要求更低的工作温度。

2. 光伏型探测器

如果在灵敏材料中构成 P-N 结,光子便在 P-N 结附近产生电子空穴对,结区电场使两类载流子分开,形成光伏电压,这就是光伏效应。这类探测器称为光伏器件。光伏型探测器不需要外加偏压,因为 P-N 结本身已提供了偏压。与光导探测器比较,光伏探测器背景限探测率要大40%;不需要外加偏置电场和负载电阻,不消耗功率;有高的阻抗。这些特性给制备和使用焦平面列阵带来很大好处。除了 P-N 结,Schottkey 势垒和 MIS 结构探测器也都属光伏型。

3. 光发射-Schottky 势垒探测器

金属和半导体接触由于功函数不同,半导体表面能带发生弯曲,在界面形成 Schottky 势垒。作为探测器的 Schottky 势垒,典型的有 PtSi/Si 结构,形成 Schottky 势垒,通常以 Si 为衬底淀积一薄层金属化的硅化物而成结。红外光子(其能量小于硅禁带宽度 E_g)透过 Si 为硅化物吸收,低能态的电子获得能量跃过 Fermi 能级并留下空穴。这些"热"空穴只要能量超过势垒高度,进入硅衬底,即产生内光电发射,截止波长取决于势垒高度 ψ_m;聚集在硅化物电极上的电子被收集转移到 CCD 读出电路,完成对红外信号的探测,其工作原理见图8-4。

此类探测器一般都要与 Si 读出电路(CCD)联合做成红外焦平面,正好利用成熟的 Si 大规模集成技术。这也正是选用硅和硅化物的原因。研制较多的有 PtSi/Si($\lambda_c \sim 6\mu m$,77K)、IrSi/Si($\lambda_c \sim 9.5\mu m$,62K)和 Ge_xSi_{1-x}/Si($\lambda_c \sim 9.3\mu m$,53K)等几种类型。括号中是截止波长和工作温度。

但是量子效率低,例如 PtSi/Si 在 $3\mu m$,η 仅有 1%,而且随波长增加而减小,到 $5\mu m$,η 只有 0.1%,即使采用衬底后镀抗反膜形成光学谐振腔也不超过 2%。所以只有作成大的二维列阵,提高灵敏度和分辨率,才有实用价值。充分利用 Si 集成技术,便于制作,成本低,而且均匀性好是它的优势。可做成大规模(1024×1024 甚至更大)焦平面列阵来弥补量子效率低的缺

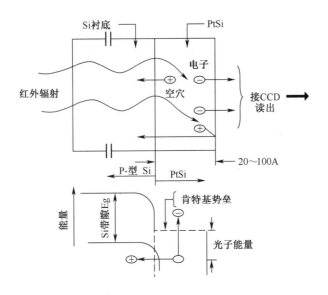

图 8-4 Schottky 势垒探测器工作原理

陷。由于要求在 77K 甚至更低温度工作,使其应用受到限制。

可用于半导体光子红外探测器的还有光磁电效应和 MIS 光电容结构等。或因结构复杂(要有磁场)或因一些技术障碍而很少研制和运用,至少目前是这样。

4. 量子探测器—量子阱(QWIP)、量子线和量子点探测器

随着凝聚态物理和低维材料生长技术进展,器件尺寸不断缩小,量子效应明显,出现了一批新原理红外探测器。

将两种半导体材料薄层 A 和 B,用人工的办法交替生长形成超晶格结构(见图 8-5)。在其界面能带有突变,电子和空穴被限制在 A 层内,好像落入陷阱,而且能量量子化,称为量子阱。利用量子阱中能级电子的跃迁原理可以做红外探测器。现代晶体生长技术如分子束外延(MBE)和金属有机化学气相淀积(MOCVD)生长薄膜,可以精密控制其组分、掺杂和厚度,多层交替淀积便可形成量子阱和超晶格,促进了这类探测器迅速发展。

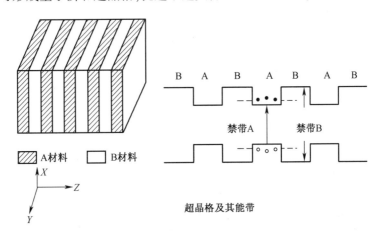

图 8-5 超晶格及其能带

QWIP 也有它的缺点：

（1）首先，入射电磁波辐射到 n 型多量子阱表面，只有垂直与超晶格生长面的电场分量起作用，这是由量子力学的选择定则所决定，可见并非所有辐射都有用。为提高利用率，要求入射辐射有一定的入射角（斜入射或光栅结构），增加结构和制备的复杂性。

（2）属非本征激发，需要掺杂以增加阱中基态电子浓度而受外延生长技术的限制，需在液氮或更低温度工作。

上述两个因素限制了量子效率，目前好的器件仅 10% 左右。

（3）另外阱内能带窄，响应光谱较窄，对热目标探测不利。人们正深入研究努力加以改进，可望与碲镉汞探测器一争高低。

以上是目前在应用和发展的四种典型的探测器。

光子探测器的响应是随波长而变化，其探测率比热探测器高一到两个数量级。它们大多数需要在低温下才具有高灵敏度。在光子探测器中，光子和材料中的电子直接发生作用，所以它的响应时间很短，一般在微秒量级。

8.3.4 几种典型红外探测器

下面介绍几种典型的高性能红外探测器。

1. SPRITE 探测器

第一代碲镉汞探测器主要是多元光导型，美国采用 60、120 和 180 元光导线列探测器作为热像仪通用组件，英国则以 20 世纪 70 年代中期开发的 SPRITE 为通用组件。SPRITE 是一种三电极光导器件，利用半导体中非平衡载流子扫出效应，当光点扫描速度与载流子双极漂移速度匹配，使探测器在完成辐射探测的同时实现信号的时间延迟积分功能。8 条 SPRITE 的性能可相当 100 元以上的多元探测器。结构、制备工艺和后续电子学大大简化，有人称之为一代半探测器。

SPRITE 探测器的全称是信号在器件内部处理。我们先看一下光点扫过串接的 N 多元探测器的情况-串扫，如图 8-6。假定有 8 元，用不同的探测元重复扫描同一视场（目标元），然后叠加。每一元的输出信号 v_s 经放大、延迟与后一元输出叠加，总的输出信号 V_s 为单元输出信号的 N 倍，有

$$V_s = Nv_s \tag{8-1}$$

假定各探测元噪声不相关，各元的噪声功率相加，即总的噪声压平方等于各元的噪声电压的平方和：

$$\begin{cases} V_N^2 = Nv_n^2 \\ V_N = \sqrt{N}\,v_n \\ \dfrac{V_S}{V_N} = \sqrt{N}\,\dfrac{v_s}{v_n} \end{cases} \tag{8-2}$$

式中：v_s/v_n 为单元信噪比，可见多元探测器总的输出信噪比也就是探测率增加了 $\sqrt{N}$ 倍。

顺便提及并扫体制，在扫描方向上只有一元，而同时有 N 元并列。与单元比，扫一帧所扫描的步数减少为 $1/N$，在探测元的滞留时间（分辨时间）增加 N 倍，后接放大器通带就可减小

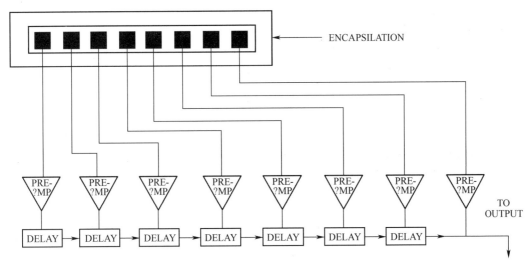

图 8-6　多元探测器的时间延迟积分

N 倍,噪声减小 $\sqrt{N}$ 倍,信噪比因而探测率增加 $\sqrt{N}$ 倍。或者说在一帧期间,探测元对同一目标元探测次数增加到 N,信号增长 N 倍,噪声增长 $\sqrt{N}$ 倍,探测率增 $\sqrt{N}$ 倍。如果有一 $M×N$ 列阵,可知探测率将增长 $\sqrt{MN}$ 倍。

SPRITE 探测器采用羊角型条状结构,图 8-7 表示一个 8 条 SPRITE 探测器。

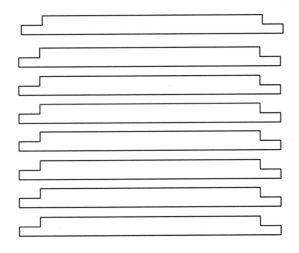

图 8-7　SPRITE 探测器

2. 红外焦平面(IRFPA)探测器

红外焦平面(IRFPA)探测器是一种新型的红外探测器,用途非常广泛,它可以探测目标发出的红外辐射,通过光电转换、电信号处理等手段,得到目标物体的温度分布。红外焦平面阵列的特性参数有很多,常见的有响应率、响应率不均匀性、噪声、噪声等效温差、动态范围、探测率、相对光谱响应、串音、调制传递函数等。

作为新一代的红外探测器,红外焦平面阵列集成了材料、探测器阵列、微电子、互连、封装等多项尖端技术,成为现代红外成像系统的关键器件。红外焦平面阵列已广泛应用于红外热成像、红外搜索与跟踪系统、导弹寻的器、空中监视和红外对抗等军事系统中,使得武器系统的性能大大增强。毫无疑问,红外焦平面阵列是现在和将来光电武器装备的关键技术之一。目前许多国家,尤其是美国等西方军事发达国家都花费大量的人力、物力和财力进行红外焦平面阵列的研究和开发,并获得了成功。

1) 红外焦平面阵列工作机理及分类

红外焦平面阵列由许许多多排列成阵列状的探测器组成,红外辐射经过光学系统成像在位于系统焦平面的这些探测器上,探测器将接收到的光信号转换为电信号并进行积分放大、采样保持,通过输出缓冲和多路传输系统,最终送到监视器上形成图像。

红外焦平面阵列可以根据其结构形式、光学系统扫描方式、读出电路方式、焦平面上的制冷方式、所采用的不同响应波段的材料等方面进行分类,如表8-1所列。

表8-1 红外焦平面阵列分类

分类方式	类 型
结构形式	单片式、混合式
光学系统扫描方式	扫描型、凝视型
读出电路	CCD(电荷耦合器件)、MOSFET(金属—氧化物—半导体场效应晶体管)、CID(电荷注入器件)、CIM(电荷成像矩阵)
制冷方式	制冷型、非制冷型
响应波段和材料	短波红外($1\sim3\mu m$):HgCdTe 中波红外($3\sim5\mu m$):HgCdTe、InSb、PtSi 长波红外($8\sim12\mu m$):HgCdTe、VOx

(1) 按照结构形式划分。

红外焦平面阵列主要由红外探测器阵列和读出电路两部分组成。按照结构形式分类,红外焦平面阵列可分为单片式和混合式两种。其中,单片式是在同一个芯片上完成光信号探测、电荷存储、多路传输等功能。混合式是指红外探测器和读出电路分别选用两种材料单独制备,再通过镶嵌技术把二者互连在一起。

(2) 按照光学系统扫描方式划分。

按照光学系统扫描方式划分,红外焦平面阵列分为扫描型和凝视型两种,其区别在于扫描型一般采用时间延迟积分(TDI)技术,采用串行方式对电信号进行读取,需要光机扫描才能成像;凝视型则利用了二维探测器阵列覆盖整个视场,无需光机扫描,无需延迟积分,采用并行方式对电信号进行读取。凝视型成像速度比扫描型成像速度快,但其成本高,电路也更复杂。采用凝视型红外焦平面阵列的红外系统可以大大简化设计,达到小型化。成像扫描方式与探测器的匹配如图8-8所示。

(3) 按照读出电路方式划分。

来自探测器阵列的信号需要经过前置放大并由多路传输器组合成单一视频输出。目前红外焦平面阵列通用的读出电路类型有:CCD(电荷耦合器件)、MOSFET(金属—氧化物—半导体场效应晶体管)、CID(电荷注入器件)、CIM(电荷成像矩阵)等。其中CCD和MOSFET是应用最广的两种读出电路。读出电路的主要设计要求为高电荷容量、高转移效率、低噪声和低功耗。

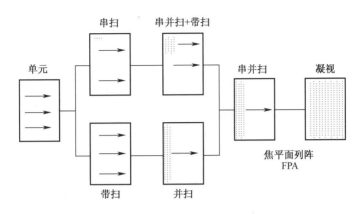

图 8-8 成像扫描方式与探测器的匹配

（4）根据制冷方式划分。

根据制冷方式,红外焦平面阵列可分为制冷型和非制冷型。目前制冷型红外焦平面阵列主要采用杜瓦瓶/快速启动节流制冷器集成体和杜瓦瓶/斯特林循环制冷器集成体。与非制冷型红外焦平面阵列相比,制冷型红外焦平面阵列的响应速度更快,探测率指标通常可大两个数量级。

制冷型红外焦平面阵列主要有 HgCdTe、InSb 光量子型和 GaAs/AlGaAs 量子阱型红外焦平面阵列。成熟的非制冷型红外焦平面阵列主要有微测辐射热计型和热释电型两种。

（5）根据响应波段和材料划分。

红外焦平面阵列通常工作于短波红外($1\sim3\mu m$)、中波红外($3\sim5\mu m$)、长波红外($8\sim12\mu m$)三个大气窗口,多数探测 300K 背景中的目标。$1\sim3\mu m$ 波段的探测器材料主要有 HgCdTe;$3\sim5\mu m$ 波段的探测器材料主要有 HgCdTe、InSb、PtSi;$8\sim12\mu m$ 波段的探测器材料主要有 HgCdTe、VO_x。

2) 红外焦平面阵列的用途

长期以来,红外焦平面阵列主要用于军事用途,广泛用于红外热成像、夜间驾驶与导航、武器夜间瞄准、红外制导、红外搜索与跟踪、红外告警、空中侦察等领域,在陆、海、空三军都有大量装备,成为获取信息的重要手段。

随着高密度、高性能非制冷红外焦平面阵列技术的飞速发展,尤其是制造成本的大幅度降低,红外焦平面阵列在工业、医疗、民用方面的应用也日渐增多,应用领域已拓展到测温、工业设备监控、无损探伤、质量控制、安全监视、医学热诊断、森林防火和消防、大气环境检测、救灾、交通管理、安全警戒、刑侦、卫星遥感等方面。可以预见,随着价格的继续走低,红外焦平面阵列的市场销售量将会像可见光。

3) 焦平面(FPA)探测器的特点

灵敏度高的探测器需要在低温下工作,光敏元必须封装在杜瓦瓶中,穿过杜瓦瓶的引出线和受微型制冷机的限制,由于电极、杜瓦瓶设计和制冷机方面的重重困难,第一代碲镉汞探测器元数一般无法超过 200。不能满足高灵敏度和高分辨率要求。即使非制冷探测器面阵,众多引出线也很困难。利用 Si 集成电路技术开发两维焦平面列阵(FPA),情况大大改观。大的碲镉汞光敏两维列阵和 Si 读出集成电路分别制备并达到最佳化结合,两者进行电学偶合和机械联结形成混合式焦平面列阵(FPA),产生了新一代碲镉汞探测器。目前国际上已有256×256甚至640×480规模的长波IRFPA。中波红外已有4096×4096的规模,用于天文。

通常焦平面是光学轴上这样一个位置:光在这里被聚焦以用于成像系统。红外系统中探测器敏感元件必须位于焦平面上。与单元、线列探测器不同,由于元数很多(可高达10^6),探测器往往做成二维平面列阵。它的每个探测元称像素(pixel)、探测元(unit)或通路(channel)。探测元将红外辐射能量转换为电学量,在探测器内部进行收集、存储、记录并传输这个量,进行电子学处理,此功能由多路传输读出电路(ROIC)完成,它通常是Si集成电路。光敏列阵和紧贴连接的多路传输读出电路两部分(工艺上称为芯片)一起安置在光学焦平面上,构成所谓红外焦平面列阵(IRFPA)。因此红外焦平面列阵(IRFPA)是兼具辐射敏感和信号处理功能的新一代红外探测器。读出电路以时序和空间安排在数量有限的少量输出线(取决于传输线的数据速率和动态范围)上依次读出。例如,一个640×480的FPA有307200个像素要读出,多路传输器仅需在4或8条输出线按时序和空间读出。比第一代探测器探测元独立读出优越得多,比如降低功耗、减少了放大器、穿过杜瓦瓶的引线大大减少(这是一代探测器元数受限制的主要原因)等。FPA的好处有:

(1) 高性能:因为探测元数量大(高密度),意味着灵敏度和分辨率的增长。高灵敏度和高分辨率总是和探测器的信噪比相关,好的探测器在最佳工作条件(背景限)下,响应率与总的光敏面积成正比,而噪声则与其方根成比例,因此灵敏度也就与总面积或探测元数N的方根成比例(探测率D^*已归一化为单位面积)。但分辨率反比于灵敏元的尺寸,所以高性能系统要求元数多,小而紧凑的即高密度的FPA。

(2) 性能的改进允许信号处理在焦平面上进行,可以优化设计系统参数,可以弥补系统参数如孔径和频带等方面的限制,如较小的光学孔径和较高的帧速等。给设计带来相当的灵活性。

(3) 简化系统:减少穿过杜瓦瓶或其他封装的引线,大大减少现行系统要求的分立信号处理电路,消除操作-观察系统中的电-光(E-O)多路传输器等。

3. 非致冷焦平面(UFPA)红外探测器

非制冷焦平面列阵省去了昂贵的低温制冷系统和复杂的扫描装置,敏感器件以热探测器为主。突破了历来热像仪成本高昂的障碍"使传感器领域发生变革"。另外,它的可靠性也大大提高,维护简单,工作寿命延长,因为低温制冷系统和复杂扫描装置常常是红外系统的故障源。非致冷探测器的灵敏度(D^*)比低温碲镉汞要小1个量级以上,但是以大的焦平面列阵来弥补,便可和第一代MCT探测器争雄。对许多应用,特别是监视与夜视而言已经足够。广阔的准军事和民用市场更是它施展拳脚的领域。为避免大量投资,把硅集成电路工艺引入低成本、非制冷红外探测器开发生产,制造大型高密度列阵和推进系统集成化的信号处理,即大规模焦平面列阵技术,潜力十分巨大。正因为如此,单元性能较低的热电探测器又重新引人注目,而且可能成为21世纪最具竞争力的探测器之一。目前发展最快、前景看好的有两类UFPA:

1) 热释电FPA

热释电探测器研究20世纪60、70年代就盛行,有过多种材料,较新型的有钛酸锶钡(BST)陶瓷和钛酸钪铅(PST)等。美国TI公司推出的328×240钛酸锶钡(BST)FPA已形成产品,NETD优于0.1K,有多种应用。计划中有640×480的FPA。发展趋势是将铁电材料薄膜淀积于硅片上,制成单片式热释电焦平面,有很高的潜在性能,可望实现 1000×1000 列阵的优质成像。

2) 微测辐射热计

它是在 IC-CMOS 硅片上以淀积技术,用 Si_3N_4 支撑有高电阻温度系数和高电阻率的热敏电阻材料 VO_x 或 a-Si,做成微桥结构器件(单片式 FPA)。接收热辐射引起温度变化而改变阻值,直流偶合无需斩波器,仅需一半导体制冷器保持其稳定的工作温度。20 世纪 90 年代初,由 Honeywell 公司首先开发。研制成 320×240 UFPA,工作在 8~14μm。以此制成实用的热像系统,NETD 已达到 0.1K 以下,可望在近期达到 0.02K。此类 FPA 发展神速,成为热点。与热释电 UFPA 比较,微测辐射热计采用硅集成工艺,制造成本低廉;有好的线性响应和高的动态范围;像元间好的绝缘而有低的串音和图像模糊;低的 $1/f$ 噪声;以及高的帧速和潜在高灵敏度(理论 NETD 可达 0.01K)。其偏置功率受耗散功率限制和大的噪声带宽是不如热释电的地方。特别 VO_x 非致冷探测器的性能引人注目。

8.3.5 红外探测器性能参数

1. 响应率

红外探测器的基本功能是将输入的红外辐射转换为电信号,电信号可以是电压 V_s 或电流 i_s。定义单位入射功率的输出电信号为响应率,即响应率 R 是均方根(rms)信号电压 V_s 或电流 i_s 与均方根入射功率 P 之比为电压响应率,单位为 v/W:

$$R_v = \frac{V_s}{P} = \frac{V_s}{JA_d} \tag{8-3}$$

$$R_i = \frac{i_s}{P} = \frac{i_s}{JA_d} \tag{8-4}$$

式中:R_i 为电流响应率(A/W);J 为接收辐射功率密度(辐照度);A_d 为探测器光敏面积。

响应率是探测器的重要参数,它告诉用户如何设计测量电路灵敏度以得到预期的输出或确定放大器增益以得到满意的信号电平。响应率还指示:测定输出信号就可知道入射辐射的大小。

除了理想热探测器,多数探测器的响应率因接收辐射波长不同而不同。常用有连续波谱的 500K 的黑体作辐射源测量响应率,称为黑体响应率,记作 $R(500K)$ 或 R_{bb},如果入射的是单色辐射则为单色响应率 $R(\lambda)$,最常用的是所谓峰值响应率 $R(\lambda_p)$,λ_p 是峰值波长,一个探测器的峰值响应率与黑体响应率之比是恒定的,在光谱响应一节我们再作进一步讨论。

2. 噪声等效功率(NEP)

正因为有噪声存在,目标辐射产生的输出信号起码要等于探测器噪声才有效,也就是说探测器能够感知探测目标,对入射辐射功率有一最低要求,这个最低功率产生的探测器输出信号恰好等于其噪声输出,即所得信噪比为 1,这个最低功率便是噪声等效功率(NEP),它直接指示探测器的最终灵敏度。它的定义式可由信号 V_s、噪声 V_n 和接收入射功率 P 给出:

$$\text{NEP} = \frac{P}{V_s/V_n} = \frac{V_n}{R} \tag{8-5}$$

表征探测器灵敏度,NEP 是十分重要的参数,并且有明确的物理意义。如果已知入射功率,根据 NEP 可方便地估计信噪比。虽然人们更多采用随后定义的探测率来评价探测器的灵敏度,许多红外系统设计人员仍喜欢用 NEP 作设计依据。

3. 探测率 D^*

用噪声等效功率仍然有不尽人意的地方,首先 NEP 越小灵敏度越高,这不符合人们思维定式;此外,仔细分析,多数探测器的响应率通常与光敏面积成反比,而噪声反比于光敏面积的平方根,正比于噪声带宽的方根,因而 NEP 与探测器光敏面积 A_d 和噪声等效带宽 Δf 有关,即比例于($\sqrt{\Delta f} \cdot \sqrt{A_d}$),所以噪声等效功率一般还不能比较探测器的好坏,除非限定探测器尺寸和测量噪声等效带宽。

综合考虑到这两个因素,1959 年 Jones 建议用 NEP 的倒数并归一化面积和带宽定义参数探测率:

$$D^* = \frac{\sqrt{A_d} \times \sqrt{\Delta f}}{\text{NEP}} = \frac{R \times \sqrt{A_d} \times \sqrt{\Delta f}}{v_n} = \frac{(v_s/v_n) \times \sqrt{A_d} \times \sqrt{\Delta f}}{P} \quad (8-6)$$

单位是 $cm \cdot Hz^{1/2}/W$,有人称它为"Jones"。D^* 消除了前面提到的两个缺憾,D^* 越大越好,好的探测器应当有差不多相同的 D^*,与面积、带宽不再有关。

早先曾把 NEP 的倒数称探测率记作 D,为和它区别,新定义的参数称为"比探测率",而且更普遍地被采纳,用多了就直接称为探测率或"D 星"。事实上由于探测器种类繁多,会有某些特例,不一定满足上述讨论关系,但只要涉及红外探测器,都用探测率这个定义,再作进一步限定。

探测率是表征灵敏度比较理想的参数,也是探测器最重要的参数之一。但它的物理意义不是一下就能看清,测量中常用定义式(8-8)的最后表达方式,据此,探测率可理解为:归一化到单位光敏面、单位噪声等效带宽时,单位入射功率产生的探测器输出信噪比。

在给出 D^* 时必须阐明其测量条件。例如 $D^*(500K、900、1) = 2 \times 10^{11} cm \cdot Hz^{1/2}/W$,它说明照射探测器是以 500K 黑体作辐射源,调制频率是 900Hz、噪声等效带宽 1Hz 下测量的黑体探测率,也简写为 D^*_{bb};如果记为 $D^*(\lambda,f,1)$ 则表示波长为 λ 时的单色探测率,简作 $D^*(\lambda)$ 或 D^*_λ,如果 $\lambda = \lambda_p$(峰值波长),便是峰值 D^*。峰值与黑体探测率的比就是前面提到的响应率相应的比值。

4. 光谱响应

探测器有其响应的红外波段,响应率随辐射波长的变化称为光谱响应。对于热探测器,响应率仅与入射功率有关,只要入射功率相同,并且吸收系数不随波长变化则不论其波长如何,响应率都一样,光谱响应曲线(称响应光谱)应为一平直线,实际热探测器会有偏差。对光子探测器,因为是量子(光子)效应,尽管入射功率 P 相同,因波长不同而光子到达速率不同,为

$$R(\lambda) = \frac{\lambda P}{hc} \quad (8-7)$$

式中:h 为普朗克常数;c 为真空中的光速;λ 为光波长。

由式(8-9)可知,光谱响应率与波长成正比。因此响应率随波长增大而线性增加,直到截止波长 λ_c 下降为零,这是理想探测器光谱响应,$\lambda_p = \lambda_c$。

这里讨论的是等能量光谱响应,即设定接收能量相同时比较响应。事实上光子探测器应以接收光子数相同进行比较(等量子谱),那么其响应光谱应为一平直线。由于历史原因,人们习惯于等能量谱,沿用至今。

实际光子探测器响应光谱随波长增长达到最大后并不立即降为零,而是渐变下降,尽管陡度较大(因种种原因光谱形状往往比较复杂)。为此,定义对应最大响应率(峰值响应率)的波长为峰值波长 λ_p,大于 λ_p,下降至峰值响应率的一半时对应的波长为截止波长 λ_c。对 MCT 探测器一般 $\lambda_c \approx 1.1\lambda_p$。$\lambda_c$ 满足关系

$$\lambda_c = \frac{1.24}{E_c} \mu m \tag{8-8}$$

式中:E_c 为光激载流子必须跃过的能隙(eV)。

5. 频率响应

入射辐射经常是随时间变化的调制辐射。如果是频率为 f 的正弦调制辐射(非正弦调制是各种频率正弦调制的组合),探测器响应是调制频率 f 的函数:

$$R(f) = \frac{R(f=0)}{[1+(2\pi f\tau)^2]^{1/2}} = \frac{R(f=0)}{[1+(f/f_c)^2]^{1/2}} \tag{8-9}$$

低频范围响应几乎不变,当 $f=f_c$ 时,响应率下降 3dB,f_c 为高频拐角频率。在讨论噪声时也有一高频拐角频率 f_c,当 f_c 高于低频拐角频率 f_1 时,噪声与响应率有相同的频率关系(式(8-11))。从响应率确定 f_c 需要高速、频率可调的调制辐射,这不容易实现,通过噪声频谱测量确定 f_c 则要方便得多。有了 f_c 就可得探测器的时间常数(响应时间):

$$\tau = \frac{1}{2\pi f_c} \tag{8-10}$$

响应时间和高频拐角频率反映探测器的响应速度和信息容量。应用时总希望有快的反应和大的信息容量即小的 τ 和大的 f_c,但往往是要牺牲探测器的灵敏度为代价的。

6. 串音

一个多元或列阵探测器含有很多探测元,如果像点落在某一探测元上,则其他元不应有信号输出,实际上却存在输出,尽管很小。某一元因邻近元的大信号引发而产生信号输出,这就是串音。本质上可认为是一种不希望的噪声,它还损害探测器的分辨力和传递函数。串音包括光串音和电串音,光串音由入射辐射的反射、散射和衍射等原因引起;电串音则因耦合电容、电感和电阻产生。电串音较易测量,测定光串音需有小光点光学系统。串音通常以百分比(或分贝 dB)表示:

$$串音 = \frac{\sqrt{S_k^2 - N_k^2}}{\sqrt{S_j^2 - N_j^2}} \tag{8-11}$$

式中:j 为辐照元,S_j 和 N_j 是该元的输出信号和噪声;S_k 和 N_k 是像元 k(无辐照元)的信号和噪声。

7. 调制传递函数(MTF)

调制传递函数反映探测器的空间响应特性,一般用对比度随空间频率的变化来描述。由于光敏面上各处入射功率不一样以及探测器本身的不均匀性,探测器上响应在各处是不一样的,即响应率是位置的函数:$R = R(x)$。

8. 线性度和动态范围

在一定入射功率范围内,探测器输出信号随输入线性增长,更大的入射功率就非线性了。即信号随输入的变化开始偏离直线最后趋平-饱和。线性度说明描述客体的精确性。线性度

的要求并不总是用同一方法规定,其中之一是以测量信号与入射率的关系图偏离最佳拟合直线的程度来表示。

参 考 文 献

[1] 王小鹏. 军用光电技术与系统概论[M]. 北京:国防工业出版社,2011.
[2] 吴宗凡. 红外热像仪的原理和技术发展[J]. 现代科学仪器,1997(2):28-30,40.
[3] 徐国森,方家熊,朱三根,等. 多元多色 HgCdTe 红外探测器[J]. 红外与激光工程,1999,28(3):37-40.
[4] 王宏臣,易新建,陈四海,等. 128 元非致冷氧化钒红外探测器的制作[J]. 红外与毫米波学报,2004,23(2):99-102.
[5] 孙志君. 红外焦平面阵列技术的未来二十年[J]. 传感器世界,2002,8(11):1-8.
[6] 蔡毅. 红外系统中的扫描型和凝视型 FPA[J]. 红外技术,2001,23(1):3-8.
[7] 刘武,孙国正. 多色红外焦平面器件的现状、发展趋势及军事应用分析[J]. 红外技术,2004,26(3):1-5.
[8] 吴诚,苏君红. 非制冷红外焦平面技术述评[J]. 红外技术,1999,21(1):6-9.

第9章 红外探测器参数测量

红外探测器是红外热像仪的重要组成部分,也是红外热像仪的核心部件。红外探测器有单元探测器和多元探测器之分。早期热像仪采用单元探测器,通过光机扫描方式实现热成像。多元探测器和红外焦平面探测器的出现,简化甚至省去了光机扫描机构,大大简化了红外热像仪的结构。红外热像仪的性能很大程度上取决于红外探测器的性能。因此,红外探测器性能参数的精确测量尤为重要。为此,国家专门制定了红外探测器测量方法标准。本章主要介绍单元探测器性能测试,多元及焦平面探测器性能测试将在第10章介绍。

9.1 光辐射探测器光谱响应度测量

9.1.1 光谱响应度测量概述

由响应度的定义可以看出,只要知道探测器接收到的光辐射通量 Φ 以及相应的输出电流值 i,即可得到探测器的响应度 R。输出电流(电压)值的测量是很容易获得的,关键是获知探测器接收到的光辐射通量。光辐射通量用精密辐射计测量,也可用定标后的辐射源计算。

响应度是光辐射探测器最重要的一个参数,无论是制造方,还是使用方都很关心它的测量。但从工程使用和计量测试角度考虑,更关心的是光谱响应度,所以我们下面主要介绍光谱响应度计量测试。光谱响应度的定义和测量方法对可见光探测器和红外探测器都是一样的,所以下面我们从普遍的定义及方法开始讨论[1-4]。

光谱响应度有相对光谱响应度和绝对光谱响应度之分。对探测器的一般使用来讲,大多关心前者;对光学计量工作者来说,主要关心的是后者。相对光谱响应度测量是只要求测量出关心的波长范围内的相对光谱响应曲线,而绝对光谱响应度测量不仅要求测量出关心的波长范围内的光谱响应曲线,而且要把量值溯源于最高标准,得到光谱响应的绝对值。

探测器相对光谱响应度有两种基本测量方法:

1. 比较法

该方法是把被测探测器与已知光谱响应度的基准探测器比较。这种方法中,需要一个辐射源、一台单色仪和一个基准探测器。

2. 滤光器法

该方法是利用已知光谱功率分布的标准光源和一组已知光谱透射比函数的滤光器进行测量。

依照上面两种基本方法,有各种测量方案,下面介绍国内外普遍采用的几种方案。

9.1.2 相对光谱响应度测量

1. 测量原理及装置

相对光谱响应度测量装置一般包含四个部分:标准光源、分光单色仪、光学系统及标准探测系统。

选用无光谱选择性的腔体热释电探测器为基准,首先将腔体热释电探测器置于双单色仪出射狭缝后面,转动光栅使需要的各种单色辐射依次入射到腔体热释电探测器接收面上,所输出的电信号 $i_{st}(\lambda)$ 与光源的光谱功率分布 $\phi(\lambda)$,单色仪的仪器函数 $F(\lambda)$,单色仪的透射比 $\tau(\lambda)$ 以及腔体热释电探测器的灵敏度 $R_{st}(\lambda)$ 成正比。即

$$i_{st}(\lambda) \propto \phi(\lambda) \cdot F(\lambda) \cdot \tau(\lambda) \cdot R_{st}(\lambda) \tag{9-1}$$

在保持光源和单色仪不变情况下,用待测探测器代替腔体热释电探测器,其输出的电信号类似的有:

$$i_t(\lambda) \propto \phi(\lambda) \cdot F(\lambda) \cdot \tau(\lambda) \cdot R_t(\lambda) \tag{9-2}$$

比较上边两式整理后得到

$$R_t(\lambda) = K \cdot \frac{i_t(\lambda)}{i_{st}(\lambda)} \cdot R_{st}(\lambda) \tag{9-3}$$

式中:K 为比例常数,通常腔体热释电探测器无光谱选择性,所以 $R_{st}(\lambda)$ 也等于常数。由此式即可算出待测探测器的相对光谱响应度 $R_t(\lambda)$。一般在相对光谱响应度最大的地方进行归一化,便得到百分比光谱响应度。

图 9-1 是探测器相对光谱响应度测量装置图,该装置中央位置是一个双单色仪,前部是光源和输入光学系统,后部是探测器系统及输出光学系统。

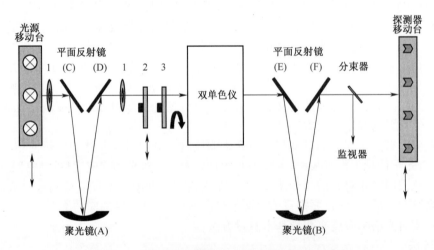

图 9-1 光辐射探测器相对光谱响应度测量装置图
1—快门;2—斩波器;3—滤光盘。

光源部分用一个直径 150mm、焦距 300mm 的球面反射镜(A)将光源(氘灯、钨带灯、硅碳棒)成一实像(1∶1)于双单色仪入口狭缝处,两个直径 75mm 的平面反射镜(C、D)用于改变光束方向,并使球面反射镜(A)尽可能工作于最小的离轴角度以减小像差。

探测器及输出光学系统的光路与光源部分相似,从双单色仪出口狭缝出射的单色辐射经球面反射镜(B)和两个平面反射镜(E、F)成像于标准探测器和待测探测器的光敏面上,探测器均安装在一个高精度自动平移滑台上,当需要对某个探测器进行测量时,该探测器将被自动移入光路,光源和斩波器(2)也各安装在一个精密自动滑台上,根据测量时的需要可自动地移入移出光路。在该测量装置上可以标定紫外到红外波段的探测器的相对光谱响应度。

从上面的介绍可以看到,在探测器光谱响应度测量中,腔体热释电探测器作为基准器,发挥关键作用。

图 9-2 为腔体热释电探测器结构示意图。一个大面积(直径 16mm)涂有漫反射性很好的铂金黑吸收层的热释电探测器安装在一个直径 25mm 的半球反射镜(根据测量波段需要选择镀铝或镀金的半球反射镜)中央。反射半球上有一个直径为 3mm 的小孔,孔径中心轴与腔体热释电探测器的中心轴重合。热释电接收表面与入射光束之间的夹角为 47°,这样可以确保 F/4 光束能够在反射半球的 3mm 的孔径平面上聚焦成 2mm 的光斑,从而使得入射到热释电晶体上的光不会反射到小孔上而损失。入射光束经过小孔由热释电探测器接收,少量辐射会被反射到半球反射镜表面再重新反射回探测器表面。当然这些少量辐射还会有极少量再次从探测器表面反射到半球反射镜而又一次被反射回探测器表面。

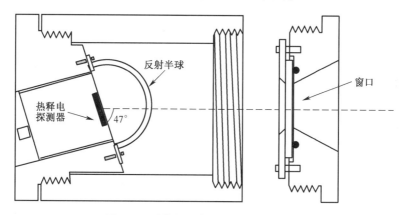

图 9-2 腔体热释电探测器结构示意图

从原理上讲,由于腔体热释电探测器工作波段在紫外到红外全波段,所以上面所述方法适用于紫外波段至红外波段,不同的是,在设计光学系统时要考虑工作波长范围。

2. 腔体热释电探测器相对光谱响应度的自校准原理

考虑到腔体热释电探测器还是有光谱选择性的,且这种选择性越到远红外波段越明显,为了提高探测器光谱响应度的测量准确度,应该对腔体热释电探测器的光谱选择性进行测量(测量腔体热释电探测器的相对光谱响应度),通过腔体热释电探测器相对光谱响应度的自校准可以解决这个问题。腔体热释电探测器相对光谱响应度的自校准原理是:辐射功率为 P、波长为 λ 的入射光入射到热释电探测器上,令热释电探测器的黑涂层的反射率为 $r(\lambda)$,则黑涂层在同一波长处的吸收率为 $[1-r(\lambda)]$,由黑涂层吸收的辐射功率为 $P[1-r(\lambda)]$。将内表面镀铝或镀金的半球反射镜安装在热释电探测器上,构成如图 9-2 所示的结构,现假定半球反射镜在波长 λ 处的有效反射率为 $R_e(\lambda)$。之所以叫有效反射率是因为半球反射镜上开了一个 3mm 的孔径,而且有一部分辐射被损失是由于半球反射体漫反射引起的。因此 $R_e(\lambda)$ 总是小于镀金的半球反射镜的反射率。由于黑涂层吸收的辐射功率为 $P[1-r(\lambda)]$,则有 $P_r(\lambda)$ 的辐射被反射到半球反射镜,再由半球反射镜反射到热释电探测器的辐射功率为 $R_e(\lambda)P_r(\lambda)$,如此反复下去,最后得到由黑涂层吸收的辐射功率 P_a 为

$$P_a \propto [1-r(\lambda)]P\{1 + R_e(\lambda)r(\lambda) + [R_e(\lambda)r(\lambda)]^2 + [R_e(\lambda)r(\lambda)]^3\} \quad (9\text{-}4)$$

上式可近似为

$$P_a = \frac{[1-r(\lambda)]P}{1-R_e(\lambda)r(\lambda)} \quad (9\text{-}5)$$

所以通过安装半球反射镜而引起的增益 $G(\lambda)$ 为

$$G(\lambda) = \frac{1}{1 - R_e(\lambda)r(\lambda)} \quad (9-6)$$

因为 $r(\lambda)$ 很小,因此上式又可简化为

$$G(\lambda) = 1 + R_e(\lambda)r(\lambda) \quad (9-7)$$

式中:$G(\lambda)$ 可以利用红外探测器相对光谱响应度测量装置在相同条件下分别测量全波段腔体热释电探测器和去掉腔体的热释电探测器的输出信号而得到,而 $R_e(\lambda)$ 可以被测量或估算,$r(\lambda)$ 就可以通过计算得到。由此可以得到腔体热释电探测器全波段的吸收率(相对光谱响应度)。

9.1.3 绝对光谱响应度测量

绝对光谱响应度的测量是要把探测器的响应值溯源到最高标准或基准。用低温辐射计测量 He-Ne 激光器的激光功率标定探测器在 632.8nm 处的绝对光谱响应(也可选其他波长的激光器,根据需要和实际条件确定)。其实验装置图如图 9-3 所示。

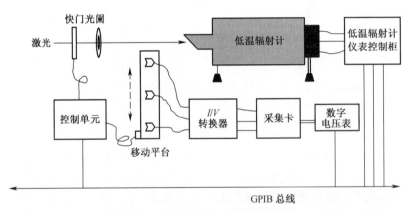

图 9-3 绝对光谱响应度测量装置

由高精度激光稳功率系统出射的激光经光阑分别由低温辐射计和陷阱探测器接收。陷阱探测器接收的光信号经过 I/V 转换由采集卡采集信号,再由数字电压表读取电压值 V,电压值换算成电流值 i 输入计算机。低温辐射计测得激光功率 $\Phi(632.8)$ 后,便可得到陷阱探测器在 632.8nm 处的绝对光谱响应 $R(632.8)$

$$R(632.8) = i/\Phi(632.8) \quad (9-8)$$

日常测量中,用陷阱探测器替代低温辐射计在绝对光谱响应度测量装置上标定探测器在 632.8nm 处的绝对光谱响应度,再通过测量该探测器归一化相对光谱响应曲线,由 632.8nm 处的绝对光谱响应 $R(632.8)$ 值进行计算,可以实现探测器所测波段绝对光谱响应度的测量。

9.1.4 探测器响应度均匀性测量

1. 探测器面响应度均匀性的定义

探测器面响应度均匀性是指探测器光敏面上不同位置响应度的不一致性。对单元探测器,用一确定小面积的响应度与整个面积内响应度的平均值之比衡量探测器的面响应度均匀性。对面阵探测器如 CCD 或焦平面探测器,用每一个光敏元的响应度与整个面积内响应度的

平均值之比衡量探测器的面响应度均匀性。由此可见,探测器面响应度均匀性的测量是在光谱响应度基础上,测量接收面上不同部位的相对响应度。与光谱响应度测量不同的是,要在接收面上用小光点进行扫描[5]。

探测器面响应度均匀性可用下面的函数表示

$$u(x,y,\lambda) = \frac{S(x,y,\lambda)}{S(x_0,y_0,\lambda)} \times 100\% \tag{9-9}$$

式中:$S(x,y,\lambda)$为波长λ处,探测器上任一点的响应度;$S(x_0,y_0,\lambda)$为探测器有效光敏面几何中心的光谱响应度。

由上式可知,$u(x,y,\lambda)$的值越趋近1,则探测器的面响应度均匀性越好,$u(x,y,\lambda)=1$是理想情况。

2. 探测器面响应度均匀性测量

一般采用小光点法测量探测器面响应度均匀性,测量中,保持小光点的辐射通量不变,在指定波长上等间距地逐点扫描小光点在探测器光敏面上的位置,并测得对应点上探测器的光电流值$i(x,y,\lambda)$,就可求得该探测器的面响应度均匀性:

$$\begin{aligned} u(x,y,\lambda) &= \frac{S(x,y,\lambda)}{S(x_0,y_0,\lambda)} \times 100\% = \frac{i(x,y,\lambda)\Phi(\lambda)}{i(x_0,y_0,\lambda)\Phi(\lambda)} \times 100\% \\ &= \frac{i(x,y,\lambda)}{i(x_0,y_0,\lambda)} \times 100\% \end{aligned} \tag{9-10}$$

典型的测量装置如图9-4所示。装置主要由以下五部分组成:

第一部分为标准光源系统,包括所需测量波长范围的标准光源及聚光系统。光源包括硅碳棒和钨带灯,光源部分提供很宽的波长范围,覆盖了从可见光到红外$0.4\sim20\mu m$。

第二部分为前置成像系统,包括一对离轴抛物面镜、快门、光栏、滤光片和针孔。离轴抛物面镜把光源成像在针孔上,滤光片用于波长选择。一组针孔光栏提供了一组大小不同的扫描光点,可根据测量的需要,选取理想的光点对探测器的光敏面进行均匀等距的扫描。

第三部分为后置成像系统,包括一对离轴抛物面镜和一个平面反射镜,其作用是把针孔成像在探测器接收面。

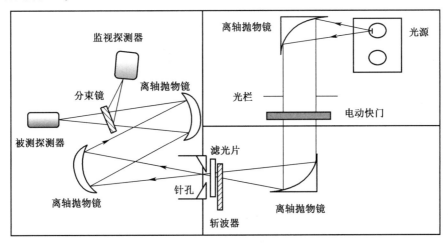

图9-4 探测器面响应度均匀性测量装置

第四部分为探测器系统,包监视探测器和被检探测器。

第五部分为控制及数据采集与处理系统,包括放大电路、驱动器、控制软件和计算机系统,其作用是实现控制、测量与数据处理。

光辐射探测器面响应度均匀性测量过程如下:

(1) 打开所选择的光源的电源,缓慢升高电流值至标准值(钨带灯的电流为20A,硅碳棒的电流为7A),预热15min,并调节光源灯丝平面位于离轴抛物面镜的焦点上。

(2) 根据探测器光敏面的大小,选择大小合适的针孔光阑,针孔光阑的大小与光敏面大小相比可以忽略。

(3) 安装被测探测器,调节二维精密电动平台,使被测探测器位于离轴抛物面镜的焦平面上,并使光照射在被测探测器中心。

(4) 打开测量软件,选择空间均匀性测试模式,根据测量波长需要选择合适的滤光片(干涉滤光片),设置二维精密电动平台平移距离。

(5) 测量软件通过控制二维平台移动,采集探测器输出信号,自动确定探测器有效光敏面的边界,建立(x,y)坐标轴。

(6) 开始自动化测试。首先将小光点照射在探测器坐标为(x_0,y_0)的位置上,测量探测器输出的电信号$I(x_0,y_0,\lambda)$,保持小光点的辐射通量不变,程序控制二维精密电动平台按设置的移动距离,平移到下一个坐标处,重复测量小光点照射在探测器该坐标处探测器输出的电信号,直到整个光敏面被扫描完毕。按式(9-10)计算该探测器在(x,y)处的空间均匀性。

9.1.5 光辐射探测器响应度直线性测量

线性有时也可定义为在规定范围内探测器的响应度是常数。对大多数光度、辐射度的测量,往往采用比值测量。探测器可用已知特性的标准光源标定,然后可从对未知光源的响应比值计算出未知光源的性能。测量方法有多种,下面介绍常用的几种。

1. 双孔法实现探测器响应度直线性测量

采用双孔法测量探测器响应度直线性的测量装置如图9-5所示。

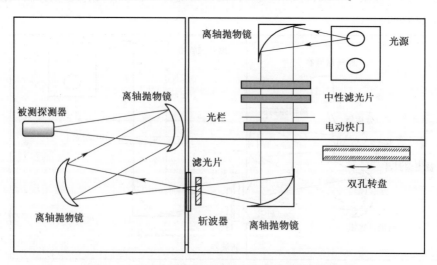

图9-5 双孔法探测器光谱响应度的直线性测量装置

该装置与面响应度均匀性测量装置基本相同,最大的区别是在光学系统中加入双孔转盘和中性滤光片,同时去掉参考部分。

双孔法测量原理如图9-6所示,双孔转盘结构如图9-7所示。在可转动的圆盘上,开有若干对圆孔,每对圆孔的面积是相等的,转动圆盘使每对圆孔依次对准光源,这样,从光源发出的光经过该对圆孔后,被均分成两束光斑,然后在经离轴抛物镜(或透镜)成像后汇聚,在探测器表面叠加,分别测量探测器对应于两束光及每一单束光的输出电流,则有如下关系:

$$L = \frac{i_{(1+2)}}{i_1 + i_2} = 1 + \delta \tag{9-11}$$

式中:$i_{(1+2)}$为两束光叠加时探测器的输出电流;i_1和i_2分别为某一单束光入射时探测器的输出电流。

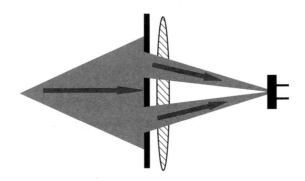

图9-6 双孔法测量响应度直线性原理图

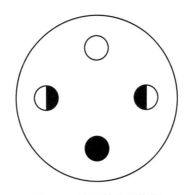

图9-7 双孔转盘结构图

当$\delta=0$时表示该探测器在照度变化2倍范围内严格线性,δ的值是对传感器在某一特定辐照度变化范围内非直线性的评价。改变衰减片的衰减倍率(2倍变化),便可得到不同辐照度范围内探测器的非线性,累积得到所要求范围内探测器的总的非线性:

$$L = 1 + \delta_z = \prod_{i=1}^{n} L_i \tag{9-12}$$

双孔法实现光辐射探测器响应度直线性测量过程如下:

(1) 打开所选择的光源电源,缓慢升高电流值至标准值(钨带灯的电流为20A,硅碳棒的电流为7A),预热10min,并调节光源灯丝平面位于离轴抛物面镜的焦点上。

(2) 安装被测探测器,调节二维移动平台,使被测探测器位于离轴抛物面镜的焦平面上,并使光照射在被测探测器中心。

(3) 打开测量软件,选择直线性测试模式,根据测量波长需要选择合适的干涉滤光片。

(4) 开始自动化测试。程序控制中性滤光片轮,首先在光路中不加中性滤光片,并控制转动双孔转盘,使光源的辐射照射在其中一个半圆孔上,通过光学系统后,由探测器接收,探测器输出的电信号为 i_1;转动圆盘使光源的辐射照射在另外一个半圆孔上,通过光学系统后,探测器输出的电信号为 i_2;转动圆盘使光源的辐射照射在圆孔上,通过光学系统后,探测器输出的电信号为 $i_{(1+2)}$,按式(9-12)计算出被测探测器的直线性。

(5) 程序控制中性滤光片轮使中性滤光片依次移入光路,每次移入中性滤光片程序都会控制转动双孔转盘使两个半圆孔和圆孔依次移入光路,测量探测器直线性。

2. 多光源法实现探测器响应度直线性测量

多光源法测量探测器响应度直线性装置如图 9-8 所示。两个光源分别为 S_1 和 S_2,辐射探测器为 D。光源 S_1 经透镜 L_1 汇聚,通过玻璃分束器 B 后到达探测器 D。光源 S_2 经透镜 L_2 汇聚后通过分束器 B 反射到达探测器 D。光源 S_2 在探测器 D 上产生的辐照度应等于光源 S_1 在探测器 D 上产生的辐照度的很小的一部分。光源 S_2 保持不变,而光源 S_1 可变换不同值。两光栏 SH_1 和 SH_2 能分别挡去两光源来的辐射。

假设 S_2 产生的辐射增量为 E_2,且保持常数。S_1 产生的辐射为 E_1。测量从 $E_1=0$ 开始,直接测出由 S_2 产生的 E_2。关闭 S_2,调节 S_1,使其给出的辐照度 $E_1=E_2$。若探测器是线性的,打开 S_2 应给出 E_1+E_2 的读数。随后关 S_2,把 S_1 调至 $E_1=2E_2$,再打开 S_2,读数应为 $2E_2$。重复这一过程,每次递增 E_2。也可从高的值开始,依次递减 E_2。

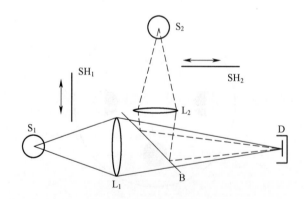

图 9-8 多光源法测量响应度直线性原理图
S1、S2—光源;L_1、L_2—透镜;SH_1、SH_2—光栏;B—分束器;D—探测器。

9.1.6 红外探测器光谱响应测量不确定度评定

上面我们介绍了光辐射探测器光谱响应度测量原理和测量装置组成,也介绍了光谱响应线性度、均匀性测量原理。从计量角度讲,有了测量装置,测量结果是否准确,还要进行测量不确定度评定。所以本节以国防科技工业光学一级计量站所建测量装置为例进行测量不确定度评定。

1. 被测量

红外探测器光谱响应测量装置采用腔体热释电探测器为标准探测器,用被测探测器接收辐射所产生的电流与腔体热释电探测器接收辐射所产生的电流进行比较,直接实现对被测探测器相对光谱响应度的测量。

2. 测量不确定度分量来源

从测量原理可知,不确定度分量主要有如下9项:

(1) 辐射源不稳定性;
(2) 双单色仪波长的校准;
(3) 杂散光的影响;
(4) 腔体热释电探测器的温度变化;
(5) 腔体热释电探测器的非线性;
(6) 腔体热释电探测器的空间非均匀性;
(7) 腔体热释电探测器的光谱选择性;
(8) 锁相放大器的非线性;
(9) 测量的重复性。

3. 测量不确定度评定

根据测量原理和方法,经分析,影响测量不确定度的分量主要有:

(1) 辐射源不稳定性引入的不确定度分量 u_1,根据使用说明书 $u_1 = 0.1\%$,假设均匀分布,$k = \sqrt{3}$,对不确定度进行 B 类评定:

$$u_1 = 0.1\% / \sqrt{3} = 0.058\%$$

(2) 双单色仪波长的校准引入的不确定度分量 u_2,根据使用说明书 $u_2 = 0.04\%$,假设均匀分布,$k = \sqrt{3}$,对不确定度进行 B 类评定:

$$u_2 = 0.04\% / \sqrt{3} = 0.023\%$$

(3) 杂散光的影响引入的不确定度分量 u_3,根据使用说明书 $u_3 = 0.02\%$,假设均匀分布,$k = \sqrt{3}$,对不确定度进行 B 类评定:

$$u_3 = 0.02\% / \sqrt{3} = 0.012\%$$

(4) 腔体热释电探测器的温度变化引入的不确定度分量 u_4,根据使用说明书 $u_4 = 0.04\%$,假设均匀分布,$k = \sqrt{3}$,对不确定度进行 B 类评定:

$$u_4 = 0.04\% / \sqrt{3} = 0.023\%$$

(5) 腔体热释电探测器的非线性引入的不确定度分量 u_5,根据使用说明书 $u_5 = 0.1\%$,假设均匀分布,$k = \sqrt{3}$,对不确定度进行 B 类评定:

$$u_5 = 0.1\% / \sqrt{3} = 0.058\%$$

(6) 腔体热释电探测器的空间不均匀性引入的不确定度分量 u_6,根据使用说明书 $u_6 = 0.01\%$,假设均匀分布,$k = \sqrt{3}$,对不确定度进行 B 类评定:

$$u_6 = 0.01\% / \sqrt{3} = 0.006\%$$

(7) 腔体热释电探测器光谱选择性引入的不确定度分量 u_7,根据校准证书,对不确定度进行 B 类评定:

$(1\sim3)\mu m \quad u_7 = 0.26\%$

$(3\sim5)\mu m \quad u_7 = 0.52\%$

$(5\sim8)\mu m \quad u_7 = 0.83\%$

$(8\sim14)\mu m \quad u_7 = 1.3\%$

(8) 锁相放大器的非线性引入的不确定度分量 u_8,根据使用说明书 $u_8=0.1\%$,假设均匀分布,$k=\sqrt{3}$,对不确定度进行 B 类评定:

$$u_8 = 0.1\%/\sqrt{3} = 0.058\%$$

(9) 重复性测量引入的测量不确定度 u_9,对不确定度进行 A 类评定:

$(1\sim3)\mu m \quad u_9 = 0.43\%/\sqrt{10} = 0.14\%$

$(3\sim5)\mu m \quad u_9 = 2.0\%/\sqrt{10} = 0.64\%$

$(5\sim8)\mu m \quad u_9 = 1.4\%/\sqrt{10} = 0.46\%$

$(8\sim14)\mu m \quad u_9 = 2.3\%/\sqrt{10} = 0.72\%$

以上各分量相互独立,则合成标准不确定度 u_c 为

$(1\sim3)\mu m \quad u_c = \sqrt{\sum_{i=1}^{9} u_i^2} = 0.31\%$

$(3\sim5)\mu m \quad u_c = \sqrt{\sum_{i=1}^{9} u_i^2} = 0.84\%$

$(5\sim8)\mu m \quad u_c = \sqrt{\sum_{i=1}^{9} u_i^2} = 0.95\%$

$(8\sim14)\mu m \quad u_c = \sqrt{\sum_{i=1}^{9} u_i^2} = 1.5\%$

取 $k=2$,则扩展不确定度 U 为

$$U = 2u_c = 0.6\% \sim 3\%$$

9.2 黑体响应率测量

9.2.1 黑体响应率测量原理及测量装置

1. 黑体响应率测量原理

红外探测器的响应率测量一般都是指黑体响应率的测量。红外探测器黑体响应率(R_{bb})即以黑体作为辐射源测得的响应率。从响应率的定义中可知:响应率测量即入射辐射功率和响应信号的测量,入射辐射功率 P 由式(9-13)给出,这样光辐射功率就可以通过准确的测量探测器的有效面积和光阑面积、黑体温度和环境温度、黑体有效发射率,以及光阑到探测器的距离而计算出来。而响应信号测量主要有直接测量法和标准替代测量法[6,7]。

$$P = \alpha \frac{\varepsilon\sigma(T_b^4 - T_0^4)A_d A_b}{\pi L^2} \tag{9-13}$$

式中:ε 为黑体辐射源的有效发射率;α 为调制因子;σ 为斯芯藩-玻耳兹曼常数(5.67×10^{-12}

$W \cdot cm^{-2} \cdot K^{-4}$);$T_b$ 为黑体温度(K);T_0 为环境温度(K);A_b 为黑体辐射源的光阑面积(cm^2);L 为黑体辐射源的光阑至被测探测器之间的距离(cm)。

1) 直接测量法

早期对红外探测器响应率测量采用直接测量法,原理框图如图 9-9 所示。探测器接收调制黑体辐射后产生响应信号,经放大倍数已知的放大器放大,由均方根电压表指示,其示值除以放大倍数就折算成探测器输出的电信号。

由于探测器输出的电信号在微伏量级甚至更小,容易被噪声和干扰所淹没,所以采用有带通滤波器(BPF)且中心频率可调的选频放大器,只能允许频率 F 的信号和通带 ΔF 的噪声通过,因而大大降低了噪声的影响,但 BPF 的带宽是有一定范围,即其 Q 值是有限的,用它直接进行更微弱信号检测是比较困难的。

其次放大器的输入阻抗不可能做得很高,因而偏置电路到放大器的总转移增益随探测器的阻抗不同而改变,这样测量结果不可能真实的反映探测器的响应开路电压或短路电流。

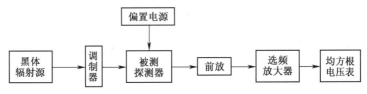

图 9-9 红外探测器响应率直接法测量原理框图

2) 标准替代法

标准替代法,是在探测器的接地端与地之间连接一固定的小电阻,把一个经过校准的电压信号以串联方式注入被测探测器,以替代有辐射时探测器本身的电输出,只要两次测量放大器的输出一致,我们就可以把注入的电压信号等效地认为是探测器的输出电信号。测量原理框图如图 9-10 所示,这种方法不存在探测器电路因子的影响,测得的结果准确的反映了探测器的电输出。

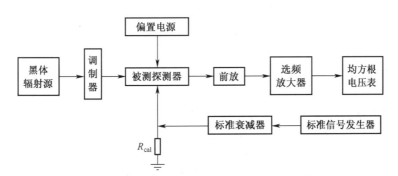

图 9-10 红外探测器响应率标准替代法测量原理框图

2. 黑体响应率测量装置的组成

按照国标规定,黑体响应率测量装置如图 9-10 所示。测量装置由如下几部分构成。

1) 黑体辐射源

黑体温度为 500K,从腔底到腔长的 2/3 处的温差小于 1K,温度的稳定性优于±0.5K;黑体辐射源的有效发射率优于 0.99;带有调制盘并给出调制转换因子。优选下列各调制频率为调制频率：1Hz、10Hz、12.5Hz、60Hz、300Hz、400Hz、600Hz、800Hz、1000Hz、1250Hz、2500Hz 和 20000Hz。优选下列各孔径为黑体辐射孔径：0.5mm、1mm、2mm、3mm、4mm、5mm、6mm、7mm、8mm、10mm。被测探测器与黑体辐射孔径之间的距离可调，入射到被测探测器整个灵敏面上的黑体辐照应是均匀的。

2）前置放大器

前置放大器与被测探测器实现最佳源阻抗匹配，其噪声系数应小于1dB，前置放大器应工作在线性范围，并具有平坦的幅频特性，其带宽和增益应满足测量要求，增益的稳定性优于±0.1%。

3）标准信号发生器

标准信号发生器输出均方根值确知的正弦波电压，其精度应优于±1%，输出电压可调，对50Ω负载能输出不小于1V的均方根值，频率可调，其可调范围应满足测量要求。

4）标准衰减器

标准衰减器的频率范围应满足测量要求，其精度应优于±1%。

5）偏置电源

偏置电源采用电池，其内阻与负载电阻相比可忽略不计，偏置电源应装有一只高阻电压表或一只低阻电流表，当这些仪表装在偏置电路中时，它的内阻应不影响测量精度。

6）探测器电路

探测器电路包括探测器、探测器的负载电阻、联结偏置电源和联结探测器。

7）频谱分析仪

频谱分析仪的频率范围应满足测量要求，其带宽应小于中心频率的1/10，电压读数精度应优于±1%。

9.2.2 黑体响应率测量过程及数据处理

黑体响应率测量过程如下：

（1）将被测探测器置于黑体辐射源的光轴上，使辐射信号垂直入射到被测探测器上，被测探测器光敏面法线与辐射信号入射方向的夹角应小于10°，调节黑体辐射孔径与被测探测器之间的距离，使被测探测器输出足够大的信号。

（2）调节偏置电源，确定出被测探测器的偏置范围，但不得超过被测探测器连续工作时的最大偏置值。

（3）调节频谱分析仪的中心频率与调制频率 f 相同，标准信号发生器的输出调到零，记下频谱分析仪的读数；然后移去辐照，将标准信号发生器的频率置于 f，调节标准衰减器，使频谱分析仪的读数不变，记下标准信号发生器的输出信号电压和标准衰减器的衰减值，从输出信号电压中扣除标准衰减器的衰减量，得出被测探测器的信号电压 V_s。对各种偏压值重复上述测量，得出不同偏置下的信号电压 V_s。通过计算得到黑体响应率。

（4）计算黑体辐照度。

黑体辐照度 E 为

$$E = \alpha \frac{es(T^4 - T_0^4)A}{pl^2} \tag{9-14}$$

式中：e 为黑体辐射源的有效发射率；α 为调制因子；s 为斯芯藩-玻耳兹曼常数；T 为黑体温

度(K); T_0 为环境温度(K); A 为黑体辐射源的光阑面积(cm^2); l 为黑体辐射源的光阑至被测探测器之间的距离(cm); E 为黑体辐照度(W/cm^2)。

(5) 计算入射到探测器上的辐射功率。

入射到探测器上的辐射功率 P 为

$$P = A_n E \tag{9-15}$$

式中: P 为辐射功率(W); A_n 为探测器标称面积(cm^2)。

(6) 计算黑体响应率。

黑体响应率 R_{bb} 为

$$R_{bb} = \frac{V_S}{P} \tag{9-16}$$

式中: R_{bb} 为黑体响应率(V/W); V_S 为信号电压(V)。

9.3 红外探测器其他参数的测量

除过光谱响应和黑体响应率外,红外探测器主要参数还包括噪声、探测率、噪声等效功率、频率响应等,其测量方法已经比较成熟[6-8]。

9.3.1 噪声测量

1. 红外探测器的噪声测量的主要方法

红外探测器噪声输出是一随机量,它的幅度都比较小,不遵从确定的函数关系,测量结果一般都是以单位带宽的噪声电压表示。红外探测器噪声测量方法有如下三种:

(1) 方法一:首先测出探测器和放大器总的噪声输出 V_{n0},然后直接把探测器短路,测出放大器输出 V_{sh},再测量出测量系统的增益 K_t,折算出探测器的噪声 E_{nd}。

$$E_{nd}^2 = \frac{V_{n0}^2 - V_{sh}^2}{K_t^2} \tag{9-17}$$

(2) 方法二:先测出探测器和放大器总的噪声输出 V_{n0},然后用线绕电阻替换探测器和负载电阻(阻值等于探测器和负载电阻的并联值),控制线绕电阻的温度,使其热噪声比放大器噪声小得多,测出此时放大器的输出 V_a;再测出系统放大倍数 K_t,直接扣除放大器的噪声,折算到探测器上即得到探测器的噪声。

$$E_{nd}^2 = \frac{V_{n0}^2}{K_t^2} - \frac{V_a^2}{K_t^2} - E_{nl}^2 \left(\frac{R_d}{R_l}\right)^2 \tag{9-18}$$

(3) 方法三:先测出探测器和放大器总的噪声输出 V_{n0},然后用线绕电阻替换探测器,测出放大器的输出噪声电压 V_b;再测出系统放大倍数 K_t,让信号发生器加在校准电阻 R_{cal} 的校准电压为 V_{cal},测出放大器的输出为 mV_{n0}(m 约为 10~100),由式(9-19)给出系统放大倍数 K_t,探测器的噪声即为扣除放大器的噪声同时考虑替代电阻的噪声除去放大增益 K_t,其噪声测量等效电路如图 9-11 所示。

$$K_t^2 = \frac{(m^2 - 1)V_{n0}^2}{V_{cal}^2} \tag{9-19}$$

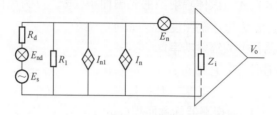

图 9-11　测量系统的噪声等效电路

E_n、I_n—放大器的等效噪声电压源和等效噪声电流源；Z_i—放大器的输入阻抗；R_d、E_{nd}—探测器的阻抗值和等效噪声电压源；R_l、I_{nl}—负载电阻的阻值和等效噪声电流源；E_s 为信号源，噪声测量时取 $E_s = 0$。

由图 9-11 可知 V_{n0}^2 为

$$V_{n0}^2 = E_{nd}^2 K_t^2 + E_n^2 (1 + R_d/R_l)^2 K_t^2 + (I_n^2 + I_{nl}^2) R_d^2 K_t^2 \tag{9-20}$$

用线绕电阻替代探测器后有

$$V_b^2 = E_t^2 K_t^2 + E_n^2 (1 + R_d/R_l)^2 K_t^2 + (I_n^2 + I_{nl}^2) R_d^2 K_t^2 \tag{9-21}$$

其中电阻的热噪声为（波耳兹曼常数 $k = 1.38 \times 10^{-23}$）

$$E_t^2 = 4kTR_d \Delta f \tag{9-22}$$

由式(9-19)、式(9-20)、式(9-21)可得探测器的噪声为

$$E_{nd}^2 = \frac{V_{n0}^2}{K_t^2} - \frac{V_b^2}{K_t^2} + 4kTR_d \Delta f \tag{9-23}$$

即：

$$E_{nd} = \left(\frac{V_{n0}^2}{K_t^2} - \frac{V_b^2}{K_t^2} + 4kTR_d \Delta f \right)^{1/2} \tag{9-24}$$

上述三种方法中，方法一必须满足两个假设条件：①前放的输入阻抗无穷大；②前放的噪声与源电阻无关，测量结果才能真实地反映探测器噪声。方法二要求替代电阻的阻值等于探测器与负载电阻的并联值，而且为了使等效电阻的噪声忽略不计，必须让替代电阻工作在相当低的温度（一般液氮温度）下，实现起来不太方便。只有方法三克服上述缺点，替代电阻工作在常温下，也不必要求放大器满足两假设条件，测量结果真实地反映了探测器的噪声。

随着电子测量仪器的发展，高阻抗低噪声前置放大器和专用检测噪声的高性能仪器的研制成功，用方法一（直接测量法）测量探测器的噪声输出，特别是测量那些带有前放的探测器组件有很小的测量不确定度，现在一般都采用该方法测量阻抗较小探测器或带有前放的探测器组件；对具有较高阻抗的红外探测器，一般采用方法三（替代法）测量探测的噪声输出，以提高测量精度。

2. 噪声测量装置的组成

按照国家标准规定，噪声测量装置框图如图 9-12 所示。

测量步骤如下：

偏压加在探测器上，将标准信号发生器的输出信号调到零，用频谱分析仪测量噪声 n_n，改变频谱分析仪的中心频率，记录不同频率下的 n_n。

用阻值约等于被测探测器阻值的精密线绕电阻代替被测探测器，该线绕电阻器的温度应保持在使其产生的热噪声远小于放大器的噪声，对于很高阻值的探测器（例如热释电探测

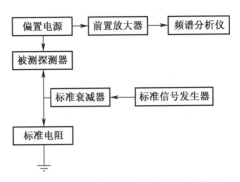

图 9-12 探测器噪声测量装置原理框图

器),应将被测探测器连同其阻抗变换器作为探测器的一个整体,用频谱分析仪测量噪声 n_n,改变频谱分析仪的中心频率,记录不同频率下的噪声 n_n。

标准信号发生器的频率置于 f,把标准衰减器调到比被测探测器的噪声约大 100 倍的标准信号,跨接到标准电阻 R_{cal} 上,将频谱分析仪调到标准信号的频率,测量跨接在 R_{cal} 上的电压和频谱分析仪上的电压,后者被前者除,得出增益 G。

通过计算,得到探测器噪声 n_n 为:

$$n_n = \frac{(n_N^2 - n_n^2 - n_{Ln}^2 \cdot R_d^2/R_L^2)^{1/2}}{G(\Delta f)^{1/2}} \tag{9-25}$$

式中:n_{Ln} 为负载电阻的热噪声(V);R_L 为标准电阻,(Ω);R_d 为探测器电阻(Ω);Δf 为频谱分析仪带宽(Hz)。

9.3.2 探测率的测量

按照定义,探测率是响应率除以均方根噪声,折算到放大器的单位带宽,并按平方根面积关系折算到探测器的单位面积的值。用黑体辐射源测得的探测率称为黑体探测率,以 D_{bb}^* 表示。用单色辐射源测得的探测率称为光谱探测率,以 D_λ^* 表示。

关于黑体响应率和噪声的测量方法及测量装置在上面已经介绍,这里不再重复,下面介绍关于探测率的计算方法。

1. 计算黑体探测率

探测器的黑体探测率 D_{bb}^* 为

$$D_{bb}^* = \frac{R_{bb}}{V_n}\sqrt{A_n \cdot \Delta f} \tag{9-26}$$

式中:A_n 为探测器标称面积(cm²);Δf 为频谱分析仪带宽。

2. 计算光谱探测率

光谱探测率 D_λ^* 为

$$D_\lambda^* = \frac{D_{bb}^*}{\sum_\lambda F_\lambda \cdot R_\lambda} \cdot R(\lambda) \tag{9-27}$$

式中:F_λ 为黑体光谱能量因子;$R(\lambda)$ 为探测器的相对光谱响应。

9.3.3 噪声等效功率的测量

噪声等效功率是指使探测器的输出信噪比为 1 时,所需入射到探测器上的入射功率,用 NEP 表示。关于测量信号和噪声的方法与装置在前面已经介绍,这里不再重复。下面介绍 NEP 计算公式。

1. 计算入射到探测器上的辐射功率

入射到探测器上的辐射功率 P 按式(9-15)计算。

2. 计算探测器的噪声等效功率

探测器的噪声等效功率:

$$\text{NEP} = \frac{P}{V_s/V_n} \qquad (9\text{-}28)$$

式中:P 为入射到探测器上的辐射功率(W);V_s 为信号电压(V);V_n 为噪声电压(V)。

9.3.4 频率响应测量

频率响应是指探测器的响应率随调制频率的变化关系。

如果探测器的响应率与调制频率的关系满足下式:

$$\begin{cases} R(f) = \dfrac{R(0)}{\sqrt{1 + 4\pi^2 f^2 \tau^2}} \\ \tau = \dfrac{1}{2\pi f} = \dfrac{1}{\omega} \end{cases} \qquad (9\text{-}29)$$

式中:ω 为角频率(rad/s)。

则时间常数是指响应率下降到最大值的 0.707 时的角频率 ω 的倒数值,与该角频率对应的频率 f 就是探测器的响应率下降到最大值的 0.707 时的调制频率(即截止频率),如图 9-13 所示:

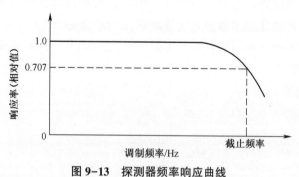

图 9-13 探测器频率响应曲线

探测器频率响应测量装置原理框图如图 9-14 所示。

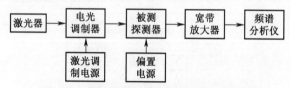

图 9-14 探测器频率响应测量装置原理框图

在测量装置中,激光器应选单模、偏振的连续波激光器,其波长应在被测探测器的工作波段范围内,功率稳定度应优于±4%。激光调制电源应能输出电压确知的正弦波信号,输出电压的大小应能满足测量要求。

9.4 光辐射探测器时间特性与温度特性测量

9.4.1 时间特性测量

时间特性是表征光辐射探测器高速响应的重要参数。按照定义,描述探测器时间特性的表征量是响应时间,定义其阶跃脉冲前沿的幅度从最大值的10%上升到90%所需的时间为上升时间,其阶跃脉冲后沿的幅度从最大值的90%下降到10%所需的时间为下降时间。

响应时间的测量通常是将在高频信号发生器下工作的发光二极管作为脉冲信号发射到探测器 T 的光敏面上,探测器输出端接示波器,测量装置原理如图 9-15 所示。

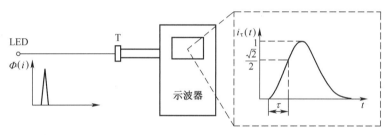

图 9-15 响应时间测量示意图

9.4.2 温度特性测量

一般温度特性的测量就是将探测器放入温度可调的恒温箱中,使恒温箱分别工作在几个不同的稳定温度下观察探测器的响应度以及暗流、噪声、阻值等特性的变化情况。恒温箱要求温度稳定可调,在放入探测器后温度场分布不应有大的变化,恒温箱要事先校准,溯源于热力学温度标准。

9.5 杜瓦瓶的性能测试

9.5.1 杜瓦瓶在红外探测器中的作用及对器件寿命的影响

金属杜瓦瓶是红外探测器的核心组件,红外探测器经杜瓦瓶封装后组成了探测器/杜瓦瓶/制冷器组件。封装探测器用的杜瓦瓶为探测器与热像仪电信号处理系统提供了电连接,也为将探测器制冷至 77K 的工作温度提供了相应的绝热环境和传热媒介。因此,杜瓦瓶的真空寿命直接影响到探测器的使用寿命,其质量直接影响整个热成像系统的可靠性。

为保证探测器的正常使用及充分降低热负载,杜瓦瓶内应保持足够的真空度。当杜瓦瓶内真空度下降到一定程度时,窗口便起雾、结霜,使探测器芯片的红外光学信号迅速减弱。与此同时,杜瓦瓶内对流传热加剧导致热负载迅速上升,使制冷机无法制冷到工作温度,此时探测器/杜瓦瓶组件的寿命终止。探测器/杜瓦瓶组件从排气台上冷剪下来后到其寿命终止所能维持的正常搁置和使用时间即为其真空寿命。

根据有关试验数据和技术资料,当杜瓦瓶真空腔体内气压达(1.1~1.3)Pa 时,窗口起雾、结霜,造成组件失效。另外,当杜瓦瓶内气压在 1.1Pa 附近时,气体分子平均自由程逐渐缩小并接近绝热距离,使得腔体内对流传热迅速上升,从而导致热负载上升。

探测器/杜瓦瓶组件在排气台上经高真空长时间排气,在其腔体内形成稳定的高真空环境。此时并不表明杜瓦瓶可保持很长的真空寿命,因为杜瓦瓶的真空寿命是由其真空完善性决定的,而影响真空完善性的因素是漏气和出气,其中漏气是不可避免的,只有通过工艺上的改进来减小器件的漏气率。因而对于探测器/杜瓦瓶组件来说,漏气率是影响其真空寿命的主要因素之一,降低器件的总漏气率是提高真空完善性的关键。

漏气率可以通过改进结构设计和工艺来控制,直至控制在理论计算真空寿命要求之下,关键是解决测量手段和方法。

杜瓦瓶的真空寿命与其腔体内的压强有关,可通过压强的变化来描述:

$$\tau = (P_t - P_0)V/Q_T \tag{9-30}$$

式中:P_t 为器件寿命终止压强;P_0 为器件从排气台上冷剪下来的初始压强;V 为器件真空腔体容积;Q_T 为器件总漏气率。

一般来说,根据式(9-30),在不考虑器件再排气,并且已测到器件总漏气率的情况下,即可从气密性出发计算其真空寿命。

对于金属杜瓦瓶系列,根据式(9-30)进行计算,目标寿命 5 年,内控寿命 10 年。另外在应寿命终止压强时应有一定的安全系数,计算和选取出器件总漏气率 Q_T 的控制线:

$$Q_T \leqslant 2 \times 10^{-11} P_a L/s \tag{9-31}$$

由此可见,杜瓦瓶是红外探测器一个重要的组件,精确的测量杜瓦瓶的漏气情况是保证红外探测器正常工作一个重要方面[9,10]。

9.5.2 常规微漏气率的测量

由于杜瓦瓶的容积很小,一个极小的漏孔即可导致内部压强的急剧上升。因而准确测量器件及各部件的漏率是十分重要的。

在各种常规检漏方法中,氦质谱检漏仪是最为灵敏的一种。氦质谱检漏是一种精度很高的不停机查漏方法,具有灵敏度高、抗干扰、不污染环境、不危及安全生产等优点。以氦质谱检漏仪进行真空系统查漏为例,其连接如图 9-16 所示。

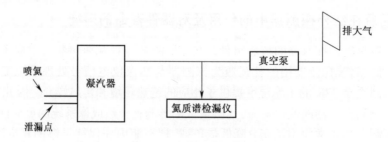

图 9-16 氦质谱检漏仪检漏连接图

正常运行时,空气经过漏点被吸入凝汽器后由真空泵抽出,排至大气。试验时在真空泵入口的空气管上接一根软管至氦质谱检漏仪,在真空系统的漏点处喷氦气,由于氦质谱检漏仪工作时能形成比水环式真空泵更高的真空。因此,漏入真空泵入口管上氦气与空气的混合元体,有一部分被吸入到氦质谱检漏仪,由于氦分子质量与其他分子质量不一样,通过磁场产生的偏转磁力不一样。仪器上设计有一狭缝,刚好使氦分子通过而其他分子无法通过,这样,通过狭缝后的氦分子打在收集板上,通过靶板计数,即可知道通过的分子数泄漏量的相对大小。

9.5.3 高灵敏度微漏率测量

常规检漏仪受检漏方法和制造工艺的限制,其检漏极限灵敏度只能达到 1×10^{-10} Pa·L/s, 在其检测接口处的极限灵敏度则更低,仅为其内部极限灵敏度的 1/3,即约为 3×10^{-10} Pa·L/s, 而且在实际使用中仪器极限灵敏度对理论计算已无多大用处,只能判别常规下漏气与否,这就意味着所测杜瓦瓶及其部件的漏率往往小于检漏仪的灵敏度范围。

因而,为实现军用杜瓦瓶的气密性控制必须采用非常规的超高灵敏微漏率检测手段。目前,能够满足军用杜瓦瓶微漏率测量要求的方法主要有以下几种。

1. 静态累积测量法

静态累积测量装置如图 9-17 所示。当系统达到一定真空度(1.5×10^{-5} Pa 以上)后,打开吸气阀、关闭系统主阀,以吸气泵维持系统于高真空状态,通过质谱仪测量检漏工质 He 气分压强,作 3min 累积并测量 He 气的信号上升率即可测得系统的背景信号;打开主阀将累积的气体抽除干净;待测工件罩氦,同样作 3min 累积测量,得到工件罩氦的信号上升率,将其与背景信号上升率比较得到信号净增值;信号净增值与标准漏孔氦信号累积测量的信号上升率比较可得到待测工件漏率。

$$Q_{工件} = (S_{罩氦} - S_{背景})Q_{标准}/S_{标准} \quad (9-32)$$

式中:$Q_{工件}$ 为待测工件漏率;$S_{罩氦}$ 为工件罩氦的信号上升率;$S_{背景}$ 为背景信号上升率;$Q_{标准}$ 为标准漏孔漏率;$S_{标准}$ 为标准漏孔氦信号上升率。

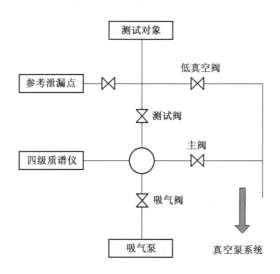

图 9-17 静态累积法检漏系统示意图

2. 信号峰值测量法

信号峰值测量装置结构如图 9-18 所示。

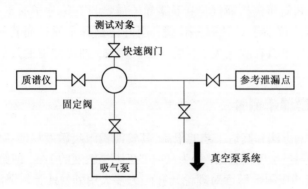

图 9-18　信号峰值法检漏系统示意图

在质谱仪和测试对象之间装一个快速阀门，检漏时待测工件罩氦。通过微漏孔的氦气在工件内积累，待累积时间 T 后，打开快速阀门，工件内的氦气分压强迅速降低，而质谱室内的氦气分压强迅速上升，此时质谱仪可测到一个峰值信号；同样方法在工件未罩氦时测得峰值背景信号，通过峰值信号和峰值背景信号可计算出待测工件漏率。

$$Q_{工件} = K(I_{峰值} - I_{背景})T \tag{9-33}$$

式中：$I_{峰值}$ 为待测工件罩氦峰值信号；$I_{背景}$ 为待测工件峰值背景信号；T 为累积时间；K 为与 T、Q 无关的常数，可通过在装置上接一标准漏孔后实验确定。

3. 信号电流测量法

信号电流测量装置结构如图 9-19 所示。

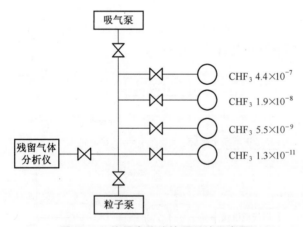

图 9-19　信号电流法检漏系统示意图

所用标准漏孔为 Freon 23(CHF_3)。先测量 m/e51 的背景噪声，打开标准漏孔(CHF_3)，测量所产生的电流，算出灵敏度 PaL/sA。灵敏度乘噪声电流得最小可检漏率。

9.5.4　测量漏率值的修正

为达到尽可能高的检漏灵敏度，漏率测量均需采用特定的检漏工质，如 He、Freon 等，器件经检漏测量所得的漏率仅仅是针对检漏工质的漏率，并非对大气的漏率，而封装后的探测器/杜瓦瓶将在大气环境中使用，因而为尽可能准确地判断器件的寿命，必须对检漏结果进行修正。

从气流特性方面进行分析：由于气体通过漏孔的过程十分复杂，包括黏滞流、过渡流、分子流等气流状态，因而通常采用克努曾的半经验公式进行简化分析，假设漏孔为均匀圆截面漏孔，如图9-20所示。其流导为

$$C = \frac{\pi d^4}{128\eta \Delta L}\overline{P} + \frac{1}{6}\sqrt{\frac{2\pi kT}{m}}\frac{d^3}{\Delta L}\left(\frac{1+\sqrt{\frac{m}{kT}}\frac{\overline{P}_d}{n}}{1+1.24\sqrt{\frac{m}{kT}}\frac{\overline{P}_d}{n}}\right) \tag{9-34}$$

式中：C 为流导；d 为漏孔的直径；ΔL 为漏孔长度的变化量；η 为黏滞系数；k 为玻耳兹曼常数；m 为分子质量；T 为热力学温度。

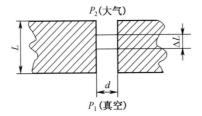

图9-20 微漏孔示意图

气体稳定流动时，根据流导定义可知，漏率为

$$Q_{漏} = CdP \tag{9-35}$$

在式(9-31)两边各乘以 dL，并对 L 积分可得，微漏孔漏率的理论计算公式：

$$Q_{漏} = \frac{1}{L}\left[\frac{\pi d^4}{256\eta}(P_2^2 - P_1^2) + \frac{1}{7.44}\sqrt{\frac{2\pi kT}{m}}d^3(P_2 - P_1) + 2.6\times 10^{-2}\sqrt{2\pi}\frac{kT}{m}\eta d^2\ln\left(\frac{1.24\sqrt{\frac{kT}{m}}\frac{d}{\eta}P_2}{\sqrt{\frac{kT}{m}}\frac{d}{\eta}P_1}\right)\right] \tag{9-36}$$

由于这里仅考虑微漏情况，漏孔直径很小，属分子流漏孔，即流过漏孔的气流呈分子流状态。考虑在 $T=300\text{K}$，$P=1.01\times 10^5 \text{Pa}$，且 $P_2 \gg P_1$ 的情况，式(9-36)可简化为

$$Q_{漏} = \frac{\sqrt{2\pi}}{6}\sqrt{\frac{kT}{m}}\frac{d^3}{L}P_2 \tag{9-37}$$

针对不同种类气体，漏率与质量数呈反比关系，由此可得

$$\frac{Q_{He}}{Q_{air}}\sqrt{\frac{m_{air}}{m_{He}}} = 2.7 \tag{9-38}$$

式中：Q_{He} 为对氦气漏率；Q_{air} 为对大气漏率。

9.5.5 探测器/杜瓦组件的热负载测试

热负载是决定探测器/杜瓦组件与制冷机适配性能的重要指标之一，也是间接判断探测器/杜瓦组件内部真空度的手段[11-13]。

1. 探测器/杜瓦组件的热负载

引起杜瓦瓶自身漏热的主要因素有 5 个：

（1）沿杜瓦瓶内壁由冷端与室温端形成的温差造成固体传热引起的漏热；
（2）探测器必须的引线两端温差造成的固体热传导以及产生的焦尔热引起的漏热；
（3）杜瓦瓶外壁与内壁之间的温差造成的热辐射所引起的漏热；
（4）杜瓦瓶顶部内外温差造成的热辐射引起的漏热；
（5）由于真空度不够高,杜瓦瓶夹层残留气体导致漏热。

引起漏热的原因是杜瓦瓶本身的结构和功能上造成的,但可以通过提高制造水平来减小这 5 个方面的漏热。微型非灌注式杜瓦瓶有很多种类、结构,相同种类和结构的杜瓦瓶自身漏热因素大体相同,但漏热不外乎以下 3 种类型由上述因素决定,自身漏热量为

$$Q_s = Q_c + Q_r + Q_t \tag{9-39}$$

式中：Q_s 为杜瓦瓶自身漏热量；Q_c 为杜瓦瓶内壁和引线产生的导热（含焦尔热），通常这是主要热负载的来源；Q_r 为杜瓦瓶内外温差引起的辐射漏热量；Q_t 为杜瓦瓶内气体对流换热引起的漏热量。

1）对流传热

在环境温度和大气压条件下, 对流换热量大约在 $(0.1 \sim 0.5) \text{W/cm}^2$,毫无疑问,对流换热会带来非常大的漏热。杜瓦瓶内气体对流换热引起的漏热量在杜瓦瓶真空优于 10^{-3}Pa 时,可以忽略对流传热,通常 10^{-2}Pa 的真空环境会使对流换热降低一个数量级,故一个存储寿命超过 5 年以上的杜瓦瓶在计算热负载时,因杜瓦瓶真空度较高,可以不考虑对流引起的漏热。

2）辐射传热

辐射传热是另一个主要的漏热方式,计算方法（稳态、一维）表达如下：

$$Q_r = XeVF(T_1 - T_2) \tag{9-40}$$

式中：X 为物体的发射率；e 为 Stefan-Boltzmann 常数；V 为观察因子；F 为表面积；T_1 为辐射表面温度；T_2 为冷表面温度。

3）导热

导热是最主要的漏热因素,计算方法（稳态、一维）表达如下：

$$Q_c = KF(T_3 - T_4)/L \tag{9-41}$$

式中：K 为材料的导热率；F 为横截面积；T_3 为热端温度；T_4 为冷端温度；L 为热端与冷端之间的距离。

2. 热负载测试方法

目前探测器/杜瓦组件热负载指标通常采用两种测试方法,称重测试方法和液氮保持时间测试方法。

1）称重测试方法

称重测试方法就是将一杜瓦瓶装满液氮,然后放进精密天秤来进行称重。分别记录液氮装满时的质量和液氮耗尽所用的时间,然后计算出杜瓦瓶的漏热

$$Q_1 = m \times Q_m / t \tag{9-42}$$

式中：m 为液氮质量（g）；$Q_m = 199\text{J/g}$ 为液氮质量潜热；t 为质量（m）的液氮耗尽时间（s）。

2）液氮保持时间测试方法

液氮保持时间测试方法是对杜瓦瓶的电压进行实时的监测。先对一空杜瓦瓶缓慢倒入液

氮,直到将杜瓦瓶灌满液氮,此时探测器的开路电压已经上升到某一阈值,启动计时器记录时间。当液氮挥发完后,探测器的开路电压迅速降低,当开路电压下降到阀值时记录时间,这两个时间差就是杜瓦瓶的液氮保持时间。

3. 热负载自动测试系统

为适应批量生产的测试要求,有人建立了基于称重法的热负载自动测试系统。测试系统原理如图 9-21 所示。为了计算 Q_1,必须测定在时间 t 内耗散的液氮质量 m。测量 m 用电子天秤,时间由计算机给出,测试过程由编定的软件程序控制,测量由计算机自动完成,给出 $m \sim t$ 关系曲线,据此求出热负载值。

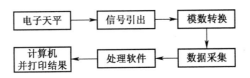

图 9-21 热负载自动测试系统原理框图

根据测试系统要求并结合各型号探测器/杜瓦组件的特性及热负载控制指标要求,确定测试系统主要技术指标如下:

(1) 探测器/杜瓦组件测试质量范围:0~210g;感量:0.1mg;
(2) 测试系统采样时间间隔(0.1~10)s;
(3) 热负载测试工质潜热预设;
(4) 热负载计算测重点任选;
(5) 测试曲线、计算结果和测试记录等打印输出。

测试程序为:

(1) 打开电子天秤,预热半小时;
(2) 打开计算机中热负载测试软件;
(3) 称量探测器质量,记录读数后,天秤置零;
(4) 将一定量的液氮注入探测器内管,为尽可能准确模拟探测器/杜瓦/制冷机组合的使用状态,只能在杜瓦内管中灌入少量液氮并考虑测试过程中内管口结霜的影响;
(5) 设置相关测试参数,如取样周期、采集时间等;
(6) 采集结束后,由测试曲线计算出探测器组件的热负载值。

为了验证系统测试结果的准确性,我们从理论上计算了该系统的测试误差。

$$\begin{cases} Q_1 = m \times Q_m/t \\ m = \dfrac{Q_m}{Q_1} \cdot t \\ \sigma_{max} = \dfrac{\Delta Q_1}{\Delta Q_{1min}} \cong \dfrac{\Delta m}{m_{min}} + \dfrac{\Delta t}{t_{min}} \end{cases} \quad (9\text{-}43)$$

天秤的灵敏度是 0.1mg,时间的取样周期是 10ms,测量时取 $m = 0.3$g;当 $Q_1 \leq 180$mW 时,探测器真空合格,故取 $t_{min} = 330$s,则有

$$\sigma_{max} \approx \dfrac{0.1 \times 10^{-3}}{0.3} + \dfrac{10 \times 10^{-3}}{330} \approx 0.36\% \quad (9\text{-}44)$$

该误差基本可以忽略不计。但实际上，由于环境误差、方法误差以及人员误差的影响，实际测出的热负载值与理论值还是存在一定的偏差。所以，在测量的时候，对环境、人员及方法都要严格要求。

参 考 文 献

[1] 郑克哲．光学计量[下册][M]．北京:原子能出版社,2002.

[2] 范纪红,侯西旗,杨照金,等．红外探测器光谱响应度测试技术研究[J]．应用光学,2006,27(5): 460-462.

[3] 林志强,郑小兵,张磊,等．红外探测器光谱响应率定标方法[J]．光电工程,2008,35(2):118-122.

[4] 王骥,郑小兵,张磊,等．一种近红外探测器的光谱响应率测量[J]．应用光学,2007,28(3):313-316.

[5] 占春连,李燕梅,刘建平,等．红外探测器光谱响应度的均匀性及直线性测试研究[J]．应用光学, 2004,25(6):34-37.

[6] 中华人民共和国信息产业部电子计量检定规程．红外探测器黑体探测率及测试系统 JJG(电子)30904-2008.

[7] 王群,朱牡丹,赵亮．红外探测器参数测试研究[J]．红外技术,2006,28(10):599-601.

[8] 徐海涛,许路铁,俞卫博,等．红外探测器灵敏度的测量方法[J]．四川兵工学报,2009,11:123-124.

[9] 高满生．氦质谱检漏仪查漏原理及其应用[J]．湖北电力,2009,33(1):47-49.

[10] 朱颖峰,卢云鹏,李海英,等．金属杜瓦瓶微小漏率检测[J]．红外与激光工程,2001,30(2):143-146,154.

[11] 田立萍,朱颖峰,魏东红,等．探测器/杜瓦组件热负载自动测试系统及其应用[J]．红外技术,2005,27(3):257-259.

[12] 刘永强,金慧颖,郑宾,等．微型金属复合杜瓦瓶漏热测试系统的设计[J]．红外,2008,29(2):9-13.

[13] 王武杰,刘永强,郑宾．红外探测器杜瓦瓶漏热测试技术研究[J]．测试技术学报,2008,22(3):222-224.

第 10 章 红外焦平面阵列及多元探测器参数测量

红外焦平面阵列和多元红外探测器已广泛应用于红外热成像、红外搜索与跟踪、导弹寻的器、空中监视和红外对抗等军事系统中,使得武器系统的性能得到很大提升。毫无疑问,红外焦平面阵列和多元红外探测器是现在和将来光电武器装备的关键技术之一。本章从红外焦平面探测器特性参数的定义出发,介绍红外焦平面探测器及红外多元探测器主要参数的测量方法。

10.1 红外焦平面探测器特性参数及定义

国家标准《红外焦平面阵列特性参数测试技术规范》中,对红外焦平面阵列器件的主要性能参数进行了严格定义,有关的测试方法都是以该标准为依据[1]。

1. 积分时间

像元累积辐照产生电荷的时间,符号为 t_{int},单位为秒(s)。

2. 帧周期

面阵焦平面一帧信号读出所需要的时间,符号为 t_{frame},单位为秒(s)。

3. 行周期

线列焦平面一行信号读出所需要的时间,符号为 t_{line},单位为秒(s)。

4. 最高像元速率

焦平面像元信号读出的最高速率,符号为 f_{max},单位为赫兹(Hz)。

5. 电荷容量

焦平面像元能容纳的最大信号电荷数,符号为 N_s,单位为电子电荷(e)。

6. 辐照功率

入射到一个像元上的恒定辐照功率,符号为 P,单位为瓦(W)。

7. 辐照能量

辐照功率 P 与积分时间之积,符号为 E,单位为焦耳(J),表达如下:

$$E = P \times t_{in} \tag{10-1}$$

8. 饱和辐照功率

焦平面在一定帧周期或行周期条件下,输出信号达到饱和时的最小辐照功率,符号为 P_{sat},单位为瓦(W)。

9. 响应率

1) 像元响应率

焦平面在一定帧周期或行周期条件下,在动态范围内,像元每单位辐照功率产生的输出信

号电压,符号为 $R(i,j)$,单位为伏特每瓦(V/W),表示如下:

$$R(i,j) = \frac{V_s(i,j)}{P} \qquad (10\text{-}2)$$

式中:$V_s(i,j)$ 为第 i 行第 j 列像元对应于辐照功率 P 的响应电压(V);P 为第 i 行第 j 列像元所接收到的辐照功率(W)。

2) 平均响应率

焦平面各有效像元响应率的平均值,符号为 $\overline{R}$,单位为伏特每瓦(V/W),表示如下:

$$\overline{R} = \frac{1}{M \cdot N - (d+h)} \sum_{i=1}^{M} \sum_{j=1}^{N} R(i,j) \qquad (10\text{-}3)$$

式中:M,N 分别为焦平面像元的总行数和总列数;d,h 分别为死像元数和过热像元数;求和中不包括无效像元。

3) 响应率不均匀性

焦平面各有效像元响应率 $R(i,j)$ 均方根偏差与平均响应率 $\overline{R}$ 的百分比,符号 U_R,单位为%。表示如下:

$$U_R = \frac{1}{\overline{R}} \cdot \sqrt{\frac{1}{M \cdot N - (d+h)} \sum_{i=1}^{M} \sum_{j=1}^{N} [R(i,j) - \overline{R}]^2} \cdot 100\% \qquad (10\text{-}4)$$

求和中不包括无效像元。响应率不均匀性可归纳为空间噪声。

10. 无效像元

无效像元包括死像元和过热像元。

1) 死像元

像元响应率小于平均响应率 1/10 的像元,死像元数记为 d。

2) 过热像元

像元噪声电压大于平均噪声电压 10 倍的像元,过热像元数记为 h。

11. 像元总数与有效像元率

1) 像元总数

焦平面像元的总行数 M 与总列数 N 之积,记为 $M \cdot N$。

2) 有效像元率

焦平面的有效像元数占总像元数的百分比,符号为 N_{ef},单位为%。表示如下:

$$N_{ef} = \left(1 - \frac{d+h}{M \cdot N}\right) \cdot 100\% \qquad (10\text{-}5)$$

12. 噪声

1) 像元噪声电压

焦平面在背景辐照条件下,像元输出信号电压涨落的均方根值,符号为 $V_N(i,j)$,单位为伏特(V)。

2) 平均噪声电压

焦平面各有效像元噪声电压的平均值,符号为 $\overline{V}_N$,单位为伏特(V)。表示如下:

$$\overline{V}_N = \frac{1}{M \cdot N - (d+h)} \sum_{i=1}^{M} \sum_{j=1}^{N} V_N(i,j) \qquad (10\text{-}6)$$

求和中不包括无效像元。

13. 噪声等效辐照功率

信噪比为 1 时,焦平面像元所接收的辐照功率。即焦平面的平均噪声电压 $\overline{V}_N$ 与平均响应率 $\overline{R}$ 之比,符号为 NEP,单位为瓦(W),表示如下:

$$\text{NEP} = \frac{\overline{V}_N}{\overline{R}} \tag{10-7}$$

14. 噪声等效温差

平均噪声电压 $\overline{V}$ 与目标温差产生的信号电压相等时,该温差称为噪声等效温差,即目标温差与信噪比之比,符号为 NETD,单位为热力学温度(K),表示如下:

$$\text{NETD} = \frac{T - T_0}{(V_S / \overline{V}_N)} \tag{10-8}$$

式中:T 为面源黑体温度(K);T_0 为背景温度(K);V_S 为对应面源黑体与背景温差的焦平面信号电压(V)。

15. 探测率

1) 像元探测率

当 1W 辐照,投射到面积为 1cm² 的像元上,在 1Hz 带宽内获得的信噪比。即像元响应率 $R(i,j)$ 与像元噪声电压 $V_N(i,j)$ 之比,并折算到单位带宽与单位像元面积之积的平方根值,符号为 $D^*(i,j)$,单位为 $cm \cdot Hz^{1/2} \cdot W^{-1}$,表示如下:

$$D^*(i,j) = \sqrt{\frac{A_D}{2 \cdot t_{int}}} \cdot \frac{R(i,j)}{V_N(i,j)} \tag{10-9}$$

式中:A_D 为像元面积(cm²);t_{int} 为积分时间(s)。

2) 平均探测率

焦平面各有效像元探测率的平均值,符号为 $\overline{D^*}$。单位为 $cm \cdot Hz^{1/2} \cdot W^{-1}$,表示如下:

$$\overline{D^*} = \frac{1}{M \cdot N - (d+h)} \sum_{i=1}^{M} \sum_{j=1}^{N} D^*(i,j) \tag{10-10}$$

求和中不包括无效像元。

16. 动态范围

饱和辐照功率与噪声等效辐照功率 NEP 之比,符号为 DR,表示如下:

$$\text{DR} = \frac{P_{sat}}{\text{NEP}} \tag{10-11}$$

17. 相对光谱响应

焦平面在不同波长 λ,相同辐照能的单色光照射下的光谱响应 $S(\lambda)$ 与其最大值 S_m 之比值,符号为 $S_r(\lambda)$,表示如下:

$$S_r(\lambda) = \frac{S(\lambda)}{S_m} \tag{10-12}$$

18. 光谱响应范围

相对光谱响应为 0.5 时,所对应的入射辐照最短波长与最长波长之间的波长范围。

19. 串音

由于像元对相邻像元的串扰,使相邻像元引起的信号 V_{NB} 与本像元信号 V_{LC} 的百分比,为该像元对相邻像元的串音,符号为 CT。单位为%,表示如下:

$$CT = \frac{V_{NB}}{V_{LC}} \cdot 100\% \qquad (10\text{-}13)$$

10.2 红外焦平面响应率、噪声、探测率和有效像元率测量

10.1 节我们介绍了红外焦平面阵列参数的定义,接下来我们介绍红外焦平面参数的测量。在红外焦平面测量中,一般把响应率、噪声、探测率和有效像元用一套测量装置进行测量[1-3]。

10.2.1 响应率、噪声、探测率和有效像元率测量装置的基本构成

响应率、噪声、探测率和有效像元率等参数的测试,可归结为两种辐照条件下的响应电压测量。即背景辐照条件下的响应电压测试、背景加黑体辐照条件下的响应电压测试,简称背景响应电压测试及黑体响应电压测试。这两种辐照都必须是恒定均匀的。在测得背景响应电压和黑体响应电压后,响应率等各特性参数可根据定义计算得到。

红外焦平面探测器响应率、噪声、探测率和有效像元率等参数测量系统如图 10-1 所示,包括黑体源、杜瓦瓶、电子电路及计算机四大部分。

黑体源温度范围:室温约 1000K,输出不加调制;黑体辐射孔到焦平面的距离应大于辐射孔径的 20 倍,以保证点光源辐照;黑体辐射入射方向与焦平面光敏面的法线夹角小于 5°;焦平面的输出信号电压经放大和预处理后,不得超过 A/D 转换器的动态范围。

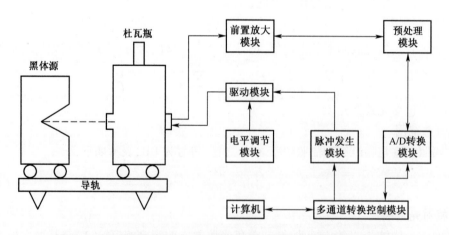

图 10-1 焦平面响应率、噪声、探测率和有效像元率等参数测量系统

10.2.2 响应电压测量

利用图 10-1 所示的测试系统,分别在背景条件下及黑体加背景条件下,连续采集 F 帧数据,得到如图 10-2 所示的两组 F 帧二维数组;在背景条件下,测得的 F 帧二维数组为 $V_{DS}[(i,$

j),背景,f];在黑体加背景条件下,测得的 F 帧二维数组为 $V_{\mathrm{DS}}[(i,j),$背景 + 黑体,$f]$。

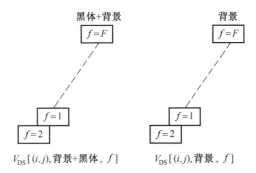

图 10-2 响应电压测量

10.2.3 响应率等参数计算

在测得如图 10-2 所示两组 F 帧二维数组后,响应率等参数可按 10.1 节的定义计算得到。

1. 像元黑体响应电压计算

1) 像元(黑体+背景)响应电压

$$\overline{V}_{\mathrm{DS}}[(i,j),\text{黑体} + \text{背景}] = \frac{1}{F}\sum_{f=1}^{F} V_{\mathrm{DS}}[(i,j),\text{黑体} + \text{背景},f] \qquad (10\text{-}14)$$

式中:$\overline{V}_{\mathrm{DS}}[(i,j),$黑体 + 背景$]$ 为在黑体+背景辐照条件下,第 i 行第 j 列像元输出信号电压,F 次测量的平均值,单位为(V);$V_{\mathrm{DS}}[(i,j),$黑体 + 背景,$f]$ 为在黑体+背景辐照条件下,第 i 行第 j 列像元输出信号电压第 f 次的测量值,单位为(V);F 为采样总帧数(或行数),不小于 100。

2) 像元(背景)响应电压

$$\overline{V}_{\mathrm{DS}}[(i,j),\text{背景}] = \frac{1}{F}\sum_{f=1}^{F} V_{\mathrm{DS}}[(i,j),\text{背景},f] \qquad (10\text{-}15)$$

式中:$\overline{V}_{\mathrm{DS}}[(i,j),$背景$]$ 为在背景辐照条件下,第 i 行第 j 列像元输出信号电压,f 次测量的平均值(V);$V_{\mathrm{DS}}[(i,j),$背景,$f]$ 为在背景辐照条件下,第 i 行第 j 列像元输出信号电压,f 次测量的值,单位(V)。

3) 像元黑体响应电压

$$V_{\mathrm{S}}(i,j) = \frac{1}{K}\{\overline{V}_{\mathrm{DS}}[(i,j),\text{黑体} + \text{背景}] - \overline{V}_{\mathrm{DS}}[(i,j),\text{背景}]\} \qquad (10\text{-}16)$$

式中:K 为系统增益。

上述式(10-14)~式(10-16)的运算,可用图 10-3 表示。

2. 像元响应率计算

像元响应率按式(10-2)计算:

$$R(i,j) = \frac{V_{\mathrm{S}}(i,j)}{P} \qquad (10\text{-}17)$$

其中:$V_{\mathrm{S}}(i,j)$ 由式(10-16)求得;P 由式(10-18)求得。

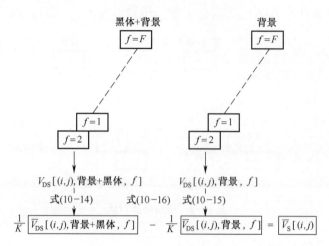

图 10-3 像元黑体响应电压计算

$$P = \frac{\sigma \times (T^4 - T_0^4) \times d^2 \times A_D}{4 \times L^2} \tag{10-18}$$

式中：σ 为斯忒-潘常数 $5.673\times10^{-12}\,\mathrm{W\cdot cm^{-2}\cdot K^{-4}}$；$T$ 为黑体温度(K)；T_0 为背景温度(K)；d 为黑体辐射孔径(cm)；A_D 为焦平面像元面积(cm²)；L 为黑体出射孔至焦平面像元面垂直距离(cm)。

3. 像元噪声电压计算

根据定义，将图 10-4 中背景条件下采集的 F 帧二维数组 $V_{DS}[(i,j),背景,f]$，及由式(10-15)求得的二维数组 $\overline{V}_{DS}[(i,j),背景]$ 代入式(10-19)，则像元噪声电压 $V_N(i,j)$：

$$V_N(i,j) = \frac{1}{K}\sqrt{\frac{1}{F-1}\sum_{f=1}^{F}\{\overline{V}_{DS}[(i,j),背景] - V_{DS}[(i,j),背景,f]\}^2} \tag{10-19}$$

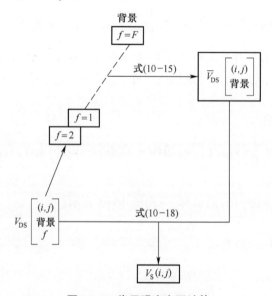

图 10-4 像元噪声电压计算

4. 像元探测率计算

根据式(10-9)求得像元探测率：

$$D^*(i,j) = \sqrt{\frac{A_\mathrm{D}}{2 \cdot t_\mathrm{int}}} \cdot \frac{R(i,j)}{V_\mathrm{N}(i,j)}$$

5. 有效像元率计算

根据定义，有效像元率 N_ef 的计算涉及4个参数：死像元 d、过热像元 h、平均响应率 $\overline{R}$ 和平均噪声电压 $\overline{V}_\mathrm{N}$。这4个参数中，前两个分别与后两个相互牵制，即要想求出前两个，必须先知道后两个；反之，要想求出后两个，就必须先知道前两个。因此，只能采取近似，引入响应率和噪声电压的中间平均值 $\overline{R}'$ 和 $\overline{V}'_\mathrm{N}$，按下列步骤求出死像元和过热像元。

1) 死像元

所有像元参加运算，求得中间平均响应率：

$$\overline{R} = \frac{1}{M \cdot N} \sum_{i=1}^{M} \sum_{j=1}^{N} R(i,j) \tag{10-20}$$

根据死像元定义，符合下列不等式的像元为死像元，记为 d：

$$R(i,j) - \frac{1}{10}\overline{R}' < 10 \tag{10-21}$$

2) 过热像元

扣除死像元 d 后，余下的像元参加运算，求得中间平均噪声电压：

$$\overline{V}'_\mathrm{N} = \frac{1}{M \cdot N - (d+h)} \sum_{i=1}^{M} \sum_{j=1}^{N} V_\mathrm{N}(i,j) \tag{10-22}$$

根据过热像元定义，符合下列不等式的像元为过热像元，记为 h：

$$V_\mathrm{N}(i,j) - 10\overline{V}'_\mathrm{N} > 0 \tag{10-23}$$

3) 有效像元率

由式(10-21)和式(10-23)求得的死像元 d 和过热像元 h，代入式(10-5)，可求得有效像元率 N_ef。

6. 平均黑体响应电压计算

$$\overline{V}_\mathrm{S} = \frac{1}{M \cdot N - (d+h)} \sum_{i=1}^{M} \sum_{j=1}^{N} V_\mathrm{S}(i,j) \tag{10-24}$$

求和中不包括无效像元。

7. 平均响应率计算

平均响应率按式(10-3)计算求得

$$\overline{R} = \frac{1}{M \cdot N - (d+h)} \sum_{i=1}^{M} \sum_{j=1}^{N} R(i,j)$$

求和中不包括无效像元。

8. 平均噪声电压计算

平均噪声电压按式(10-6)计算求得

$$\overline{V}_\mathrm{N} = \frac{1}{M \cdot N - (d+h)} \sum_{i=1}^{M} \sum_{j=1}^{N} V_\mathrm{N}(i,j)$$

求和中不包括无效像元。

9. 平均探测率计算

平均探测率按式(10-10)计算：

$$\overline{D^*} = \frac{1}{M \cdot N - (d+h)} \sum_{i=1}^{M} \sum_{j=1}^{N} D^*(i,j)$$

求和中不包括无效像元。

10. 响应率不均匀性计算

响应率不均匀性，按式(10-4)计算：

$$U_R = \frac{1}{\overline{R}} \cdot \sqrt{\frac{1}{M \cdot N - (d+h)} \sum_{i=1}^{M} \sum_{j=1}^{N} [R(i,j) - \overline{R}]^2} \cdot 100\%$$

求和中不包括无效像元。

10.3 红外焦平面噪声等效温差及动态范围测试

10.3.1 噪声等效温差测量

1. 测量装置

红外焦平面探测器噪声等效温差测量装置如图10-5所示,条状孔板作为目标,经透镜聚焦,其像成在焦平面的像元上。条状孔板的孔内温度为面源黑体温度 T,条状孔板的温度为 T_0,故目标温差为 $T-T_0$。

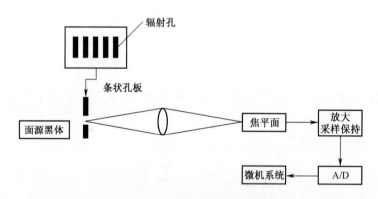

图 10-5 噪声等效温差测量装置

测量装置必须具备如下条件：
(1) 条状孔板及面源黑体应分别进行控温。
(2) 聚焦在焦平面上的条状孔和条状板的像的宽度,不得小于焦平面4个像元的宽度。

2. 测量方法

条状孔板的像聚集在焦平面上时,得到的焦平面某一行的输出信号,如图10-6所示。噪声等效温差按式(10-8)计算：

$$NETD = \frac{T - T_0}{(V_S / \overline{V}_N)}$$

式中：$V_S = V_B - V_G$，V_B 为对应条状"孔"的各像元信号的平均值，即对应温度 T 的面源黑体的平均信号；V_G 为对应条状"板"的各像元信号的平均值，即对应温度 T_0 板的平均信号；$\bar{V}_N$ 按上面所述方法求得。

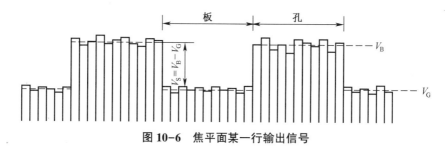

图 10-6　焦平面某一行输出信号

3. 测量装置的校准

由图 10-5 可以看到，测量装置主要由面源黑体、条状孔板和放大电路等部分组成。因此，对测量装置的校准主要是对面源黑体、条状孔板、放大器等校准。面源黑体的校准将在第 12 章介绍，校准参数为发射率、等效温度和面均匀性。对条状孔板的校准溯源于几何量计量标准，放大器溯源于电学计量标准。

10.3.2　动态范围测试

根据定义，只要分别测得饱和辐照功率 P_{sat} 和噪声等效辐照功率 NEP，动态范围可由式(10-11)求得。

1. 饱和辐照功率测试

利用图 10-1 所示的测试系统，通过改变黑体与焦平面的距离，或改变黑体出射孔径，来改变黑体投射在焦平面像元上的辐照功率 P；按响应电压测试方法和平均黑体响应电压计算公式。测出各 P 值条件下的平均黑体响应电压 $\bar{V}_S$，得到如图 10-7 所示的关系曲线。

按最小二乘法，分别在曲线的线性区和饱和区拟合出两条直线，两直线的交点 A 对应的横坐标 P_{sat} 为饱和辐照功率的测量值。

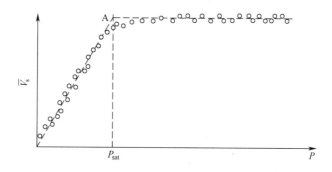

图 10-7　平均黑体相应电压与辐照功率关系曲线

2. 噪声等效辐照功率计算

以式(10-6)及式(10-3)中求得的 $\bar{V}_N$ 及 $\bar{R}$，代入式(10-7)，求得噪声等效辐照功率：

$$\text{NEP} = \frac{\overline{V}_N}{\overline{R}}$$

3. 动态范围计算

由图 10-7 曲线求得的 P_{sat} 和式(10-7)求得的 NEP,代入式(10-11)求得动态范围:

$$\text{DR} = \frac{P_{\text{sat}}}{\text{NEP}}$$

10.4 红外焦平面相对光谱响应测试

光谱响应是红外焦平面探测器最重要的参数之一,和单元探测器一样,光谱响应有绝对光谱响应和相对光谱响应之分。从实际使用需要来讲,研究、生产和使用单位主要关心的是相对光谱响应。所以我们主要介绍相对光谱响应测试问题[4,5]。

10.4.1 相对光谱响应测量装置

红外焦平面探测器相对光谱响应测量装置如图 10-8 所示,装置由辐射源、单色仪、分束光路、参考探测器、信号处理电路及微机系统组成。

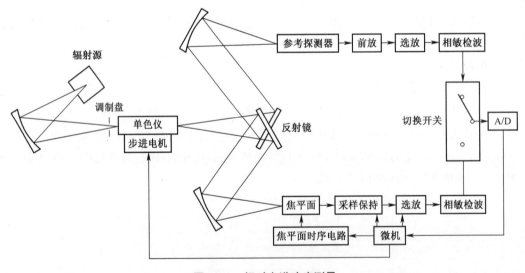

图 10-8 相对光谱响应测量

1. 辐射源

一般采用硅碳棒。

2. 单色仪

由单色仪的波长鼓,由微机通过步进电机控制,以实现波长的逐点扫描。

3. 分束光路

由单色仪输出的单色光,经反射镜分成两束:一束输入参考探测器,另一束输入被测焦平面。

4. 参考探测器

一般选用热释电器件,它的相对光谱响应 $S_{or}(\lambda)$ 是已知的。

5. 信号处理电路

焦平面的信号必须先经过采样保持,而且,采样保持电路只对焦平面接收到单色仪出射的单色光的像元中的某一个或某几个进行采样。经过采样保持后的信号,才进行与参考探测器信号一样的处理,即选放及相敏检波。

6. 计算机控制系统

步进电机的步进脉冲、采样保持电路的采样脉冲、切换开关的控制脉冲及 A/D 转换脉冲均由微机系统统一协调产生;整个数据的采集处理和输出也由微机完成。

10.4.2 相对光谱响应测试方法

当单色仪的波长鼓在微机控制下,进行全波段扫描时,数据采集系统同时测得各波长点下参考探测器的信号电压 $V_0(\lambda)$,和被测焦平面的输出信号电压 $V(\lambda)$。被测焦平面的相对光谱响应 $S_r(\lambda)$ 计算如下:

$$S_r(\lambda) = \frac{S(\lambda)}{S_m} = \frac{1}{S}\left[\frac{V(\lambda)}{V_0(\lambda)}S_{0r}(\lambda)\right] \tag{10-25}$$

式中: S_m 为焦平面峰值波长处的相对响应值,即规一化基数; $S_{0r}(\lambda)$ 为参考探测器的相对光谱响应(已知)。

以波长为横坐标,相对光谱响应 $S_r(\lambda)$ 为纵坐标,绘制出相对光谱响应曲线,从曲线上查出光谱响应范围。

10.5 红外焦平面阵列串音测试

相对单元探测器而言,串音是红外焦平面阵列特有的一个参数。在焦平面阵列成像系统中,串音会使系统的调制传递函数(MTF)降低,从而导致成像系统整体性能的下降。串音是红外焦平面阵列的一个重要参数[6],美国军方将其列为红外焦平面阵列性能评价时的必测参数。

10.5.1 参数定义

在红外焦平面阵列中,由于像元对相邻像元的串扰,使相邻像元引起的信号(V_{NB})与本像元信号(V_{LC})之百分比,称为该像元对相邻像元的串音,用 CT 表示:

$$CT = \frac{V_{NB}}{V_{LC}} \cdot 100\% \tag{10-26}$$

10.5.2 测试原理和方法

串音测量时,利用聚焦光学系统得到直径非常小的红外小光点,照在被测焦平面阵列某一像元的中心(图10-9),测出小光点照射像元的响应信号以及该像元相邻上下左右 4 个像元的响应信号,按定义计算出 4 个串音值,求平均后作为结果。然后选取另外的光照像元,将不同光照像元处测得的串音值取平均,作为被测焦平面阵列串音的总体评价。测量时应避开那些无效像元。

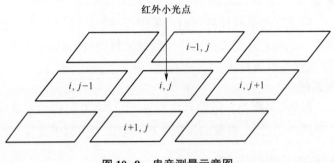

图 10-9　串音测量示意图

10.5.3　串音测量装置

如图 10-10 所示,串音测试装置由红外小光点光路、低温杜瓦瓶、微动台及电子电气等四部分组成。

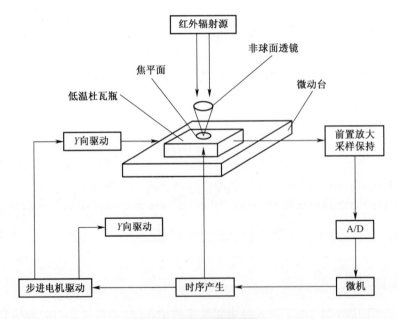

图 10-10　串音测量装置

1. 必要条件

(1) 红外小光点直径必须小于焦平面像元尺寸,保证小光点只照到一个像元。

(2) 微动台定位误差,需小于焦平面像元尺寸的 1/10。

2. 测试方法

图 10-9 中,当红外小光点入射在第 i 行第 j 列像元中心时,测定该像元的信号 $V_{LC}(i,j)$;同时,测得该像元相邻上下左右 4 个像元的信号 $V_{NB}(i \pm 1, j)$ 与 $V_{NB}(i, j+1)$。

根据定义,该像元对相邻各像元的串音计算如下:

$$\mathrm{CT}(i \pm 1, j) = \frac{V_{\mathrm{NB}}(i \pm 1, j)}{V_{\mathrm{LC}}(i, j)} \times 100\% \tag{10-27}$$

$$\mathrm{CT}(i, j \pm 1) = \frac{V_{\mathrm{NB}}(i, j \pm 1)}{V_{\mathrm{LC}}(i, j)} \times 100\% \tag{10-28}$$

该像元对相邻像元的平均串音为

$$\mathrm{CT}(i,j) = \frac{1}{4}[\mathrm{CT}(i+1,j) + \mathrm{CT}(i-1,j) + \mathrm{CT}(i,j+1) + \mathrm{CT}(i,j-1)] \tag{10-29}$$

10.5.4 测量装置的校准

红外焦平面阵列串音测量装置的校准主要是对辐射功率的稳定性测量以及响应信号测量进行溯源。

辐射功率的稳定性校准是利用红外辐射计测量辐射源的功率稳定性,红外辐射计的校准溯源于红外辐射计校准装置。响应信号测量仪器溯源于电学计量标准。有关校准问题我们将在第12章介绍。

10.6 红外焦平面阵列调制传递函数测试

调制传递函数(MTF)是红外焦平面阵列(IRFPA)的主要性能参数之一。根据 Wittenstein 等人假设,对于离散阵列器件是空间离散采样系统,存在混淆、串音、非等晕等现象,严格来讲并不满足 MTF 的使用条件。但如果重新定义等晕条件,则可以将光学传递函数(OTF)概念扩展到有混淆效应的红外焦平面阵列传像系统[7]。

10.6.1 红外焦平面探测器调制传递函数的定义

在奈奎斯特频率范围内,在正弦空间频率 f 的调制辐照作用下,红外焦平面阵列输出信号的调制度 $M_o(f)$ 与辐照信号调制度 $M_i(f)$ 之比称为调制传递函数,符号为 MTF。MTF 是空间频率 f 的函数。

$$\mathrm{MTF}(f) = \frac{M_o(f)}{M_i(f)} \tag{10-30}$$

10.6.2 红外焦平面探测器调制传递函数测试原理和方法

MTF 通常有直接测量和间接测量两种方法。直接测量法通过测量红外焦平面阵列对于正弦函数或条形目标的响应,由不同空间频率下物和像的对比度之比来得到。间接测量法通过测量红外焦平面阵列对脉冲光信号的响应,然后进行傅里叶变换得到 MTF。

直接测量法也称对比度法。根据定义,MTF 为红外焦平面阵列对正弦图案的对比度传递系数,因此只需将测得的正弦图案物和像的对比度相除即可得到 MTF。如果取物的对比度为1,则其像的对比度就等于 MTF。直接测量时可以利用干涉激光器形成杨氏条纹来实现,但由于激光器输出的是单一波长,测得的 MTF 值不能反映被测红外器件的多光谱 MTF 特性,因而激光器方法适用性不强,通常只用作对比测试分析。直接测量法也可利用白噪声目标,这些目标包含所有的频率,将白噪声目标的输出、输入噪声功率谱相除后开方得到 MTF,但这种方法测量精度差。总的来讲,直接测量法的测量精度有限,人们更多采用的是间接测量法。

间接测量法采用目标扫描移动,通过测量红外焦平面阵列对目标信号的响应,最后进行傅里叶变换得到 MTF。目标扫描移动的方式有多种,可以是目标固定不动,通过摆镜或转鼓等扫描装置将目标扫描到红外焦平面阵列上,也可以用步进系统将目标移动,将目标像扫描到红外焦平面阵列上,或者是目标固定不动,将红外焦平面阵列固定在位移工件台上随之作扫描移动实现目标像的扫描。

按照所使用目标的不同,间接测量法可分为点光源扫描法、狭缝扫描法、刀口扫描法等。红外焦平面阵列对目标光信号的响应包含了 MTF 信息。如果目标是一个点光源,红外焦平面阵列的响应是点扩展函数;如果目标是一个狭缝,红外焦平面阵列的响应是一个线扩展函数;而如果目标是一个刀口,则红外焦平面阵列的响应为刀口扩展函数。下面对点光源扫描法、狭缝扫描法、刀口扫描法进行比较,最后介绍测量数据的处理方法。

1. 点光源扫描法

当目标辐射为理想的点光源时,利用其对红外焦平面阵列作二维扫描,红外焦平面阵列的响应为点扩展函数(PSF)。对 PSF 作二维傅里叶变换,所得复数的幅值即为二维 MTF。

实际测量时,理想的点光源不可能得到,通常用尺寸很小的红外小光点来近似。小光点目标是对冲击函数的逼近,测得的 MTF 还需要加修正因子进行修正。照射红外焦平面阵列的红外小光点可采用黑体加小孔径光阑再用离轴抛物镜准直和透镜聚焦后得到。为便于计算和处理,红外光点的尺寸要求小于红外焦平面阵列像元的尺寸。如果红外小光点的尺寸大于红外焦平面阵列像元的尺寸,则小光点的光强分布必须全面表述,以便计算照射到像元上的辐射量,这样会给计算带来极大困难。然而在长波红外波段,由于衍射效应比较显著,要得到光斑尺寸小于 30μm 的红外小光点已经比较困难,因此点光源法存在较大的局限性。

2. 狭缝扫描法

狭缝扫描法的思路是模拟一个理想的线光源(可用 $\delta(x)$ 来描述),输入到被测红外焦平面阵列上,然后对输出的像函数 $LSF(x)$ 进行傅里叶变换,求模后得到 MTF。

如果将物的亮度函数记为 $L(x)$,像的亮度函数记为 $L'(x)$,$L(x)$ 的傅里叶变换记为 $F[L(x)]$,$L'(x)$ 的傅里叶变换记为 $F[L'(x)]$,则光学传递函数为

$$\text{OTF}(f) = \frac{F[L'(x)]}{F[L(x)]} \tag{10-31}$$

设狭缝的宽度为 b,狭缝亮度分布为矩形函数,即

$$L(x) = \begin{cases} \dfrac{1}{b}, & |x| < \dfrac{b}{2} \\ 0, & |x| > \dfrac{b}{2} \end{cases} \tag{10-32}$$

则狭缝的傅里叶变换为

$$F[L(x)] = \frac{\sin(\pi bf)}{\pi bf} = \text{sinc}(\pi bf) \tag{10-33}$$

将式(10-32)代入式(10-30)式后可得

$$\text{OTF}(f) = \frac{F[L'(x)]}{\text{sinc}(\pi bf)} \tag{10-34}$$

可以看出,当入射狭缝为有限宽度时,像函数的傅里叶变换并不等于 OTF,而是相差一个修正因子。人们将 $\text{sinc}(\pi bf)$ 称为狭缝目标修正因子。

MTF 为 OTF 的模,即

$$\text{MTF}(f) = |\text{OTF}(f)| = \frac{|F[L'(x)]|}{|\text{sinc}(\pi bf)|} \tag{10-35}$$

当狭缝宽度趋于 0 时,修正因子趋于 1;而当狭缝宽度增加时,修正因子对于 MTF 结果的影响增加。因此理想情况下,狭缝做得越小越好。但实际应用时,如果狭缝太小,通过它的光强就会很弱,造成信噪比很低。此外过小的狭缝还会带来衍射效应的影响,尤其是在长波红外波段。这是一个矛盾的问题,只能采取折衷的办法。可以看出,狭缝法也存在较大的局限性。

3. 刀口扫描法

当物为刀口时,其亮度分布为阶跃函数 $E(x)$,对应的像的亮度分布为刀口扩展函数 $\text{ESF}(x)$。$\text{ESF}(x)$ 函数可用于定性地评价成像质量,对应的曲线越陡,说明器件的成像质量越高。由于阶跃函数 $E(x)$ 的导数为 $\delta(x)$ 函数,故刀口扩展函数 $\text{ESF}(x)$ 的导数为线扩展函数 $\text{LSF}(x)$。

可以看出,当目标为刀口时,只需对刀口扩展函数 $\text{ESF}(x)$ 进行求导,数据可以转换为线扩展函数来处理,最后进行傅里叶变换得到 MTF。刀口目标可采用矩形孔、矩形挡板、阶梯型刀口等多种形式。刀口的直边要求十分平直没有缺陷,其长度只要足够即可。测量时刀口直边应垂直于扫描方向。由于采用的微分运算对噪声比较敏感,所以应尽量减小噪声,增加目标信号值,最终提高信噪比。

刀口扫描法测量红外焦平面阵列调制传递函数的原理框图如图 10-11 所示,整套测量装置主要由黑体辐射源、刀口、成像光学系统、精密位移工件台、直流偏置源、时钟驱动源、数据采集系统、计算机及测量软件等组成。黑体发出的红外辐射照在刀口上,通过高质量的成像光学系统将刀口像成像在被测焦平面阵列的光敏面上。被测红外焦平面阵列固定在可 X、Y、Z 方向三维移动的精密位移工件台上,随工件台作扫描移动。直流偏置和时钟驱动用于提供红外焦平面阵列所需的工作条件。数据采集系统采集焦平面阵列的信号输出,然后送到计算机进行计算处理。

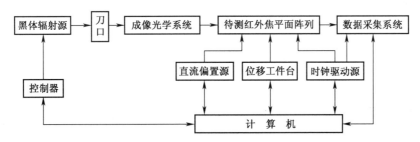

图 10-11 刀口扫描法测量红外焦平面阵列调制传递函数原理框图

MTF 测量过程如下:将被测红外焦平面阵列固定在三维工件台上,利用工件台的调平、调旋转旋钮将其调平并将刀口像直边调节到与工件台扫描方向垂直。执行手动调焦,将光敏面移到 3 倍焦深范围之内,然后使用综合动态调焦技术进行精确定焦。完成精确定焦之后,移动工件台使刀口像相对于被测器件各光敏元作小步距扫描移动,同时由数据采集系统采集每个扫描位置上被测器件的信号输出,得到像元刀口扩展函数(ESF)。计算机将 ESF 数据进行平滑、插值、拟合、微分处理,计算出线扩展函数(LSF),再通过离散傅里叶变换得到 MTF,它是空间频率的函数,如图 10-12 所示。实际测量得到的 MTF 中包含了光学部件的 MTF,可事先标定好光学部件的 MTF,测量时将其扣除,从而得到被测红外焦平面阵列的 MTF。

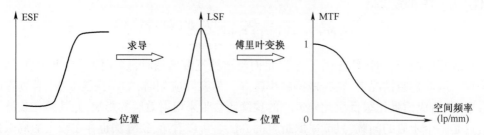

图 10-12　被测红外焦平面阵列 ESF、LSF 和 MTF 曲线

4. 数据处理

红外焦平面阵列 MTF 测量过程中,通常需要对测量得到的数据进行曲线平滑、曲线拟合、傅里叶变换等处理,下面给出了一种常用的处理方法。

1) 曲线平滑

曲线平滑可采用 5 点三次平滑法。设原始测量数据为 (x_i, y_i),$i=1,2,\cdots,n$。考虑相邻的 5 个节点:x_{-2}、x_{-1}、x_0、x_1、x_2,它们之间满足 $x_{-2}<x_{-1}<x_0<x_1<x_2$,假设各节点是等间距的,采用三次多项式进行拟合,可以得到节点 x_0 的平滑公式为

$$\hat{y}_0 = \frac{1}{35}(-3y_{-2} + 12y_{-1} + 17y_0 + 12y_1 - 3y_2) \tag{10-36}$$

2) 曲线拟合

在进行曲线数据拟合时,多项式拟合是比较常见的处理方式。仔细研究刀口扫描曲线形状,我们发现刀口边缘部分的数据点可以采用多项式进行拟合,但离刀口边缘稍远处的数据点以及高低亮度部分的数据点,就不太适合用多项式进行拟合,否则会造成平坦的亮边和暗边出现振荡。因此多项式拟合具有不能充分利用刀口两端亮度均匀数据点的缺点。费米函数曲线与刀口扫描曲线非常相似,利用费米函数进行拟合,可以充分利用整个刀口扫描数据,提高调制传递函数的测量精度。

费米函数的一般表达式为

$$f(x) = d + \frac{a}{\exp[(x-b)/c] + 1} \tag{10-37}$$

式中:a,b,c,d 分别为拟合曲线待定参数。

考虑到费米函数曲线关于中点对称,而实际扫描得到的刀口扫描曲线通常不是关于中点严格对称,因此直接使用单个费米函数进行拟合不够准确。要解决这个问题,可以使用三项费米函数之和进行拟合,拟合后可以得到各个待定参数:

$$f(x) = d + \sum_{i=1}^{3} \frac{a_i}{\exp[(x-b_i)/c_i] + 1} \tag{10-38}$$

式中:$a_1,b_1,c_1,a_2,b_2,c_2,a_3,b_3,c_3,d$ 分别为拟合曲线待定参数。

3) 离散傅里叶变换

对刀口扫描函数 $ESF(x)$ 进行求导运算后即可得到线扩展函数 $LSF(x)$,线扩展函数再进行傅里叶变换,即可得到 MTF,具体计算公式为

$$\mathrm{LSF}(x) = \frac{\mathrm{d}[\mathrm{ESF}(x)]}{\mathrm{d}x} \tag{10-39}$$

$$\mathrm{MTF}_R(f) = \frac{\int_{-\infty}^{\infty} \mathrm{LSF}(x) \cdot \cos(2\pi f x) \mathrm{d}x}{\int_{-\infty}^{\infty} \mathrm{LSF}(x) \mathrm{d}x} \tag{10-40}$$

$$\mathrm{MTF}_I(f) = \frac{\int_{-\infty}^{\infty} \mathrm{LSF}(x) \cdot \sin(2\pi f x) \mathrm{d}x}{\int_{-\infty}^{\infty} \mathrm{LSF}(x) \mathrm{d}x} \tag{10-41}$$

$$\mathrm{MTF}(f) = \sqrt{\mathrm{MTF}_R^2(f) + \mathrm{MTF}_I^2(f)} \tag{10-42}$$

实际测量得到的是一系列相同扫描间隔的离散值 $\mathrm{ESF}(x_0), \mathrm{ESF}(x_1), \cdots, \mathrm{ESF}(x_i), \cdots, \mathrm{ESF}(x_n)$，设 $x_0, x_1, \cdots, x_n$ 等间距增加，即 $x_i = i \cdot \Delta x$，则上面的计算公式变为

$$\mathrm{LSF}(x_i) = \frac{\mathrm{ESF}(x_{i+1}) - \mathrm{ESF}(x_i)}{\Delta x} \tag{10-43}$$

$$\mathrm{MTF}_R(f) = \frac{\sum_{i=0}^{n-1} \mathrm{LSF}(i \cdot \Delta x) \cdot \cos(2\pi f i \cdot \Delta x) \cdot \Delta x}{\sum_{i=0}^{n-1} \mathrm{LSF}(i \cdot \Delta x) \cdot \Delta x} \tag{10-44}$$

$$\mathrm{MTF}_I(f) = \frac{\sum_{i=0}^{n-1} \mathrm{LSF}(i \cdot \Delta x) \cdot \sin(2\pi f i \cdot \Delta x) \cdot \Delta x}{\sum_{i=0}^{n-1} \mathrm{LSF}(i \cdot \Delta x) \cdot \Delta x} \tag{10-45}$$

10.7 多元红外探测器参数测量

10.7.1 多元红外探测器概述

1. 多元红外探测器的内涵

多元红外探测器是由多个单元红外探测器按一定规则排列而成的线列或面阵器件，有时也称为多元阵列器件。多元探测器可由光电导探测器或光伏探测器组成，也可以由热释电型探测器组成。利用光刻、离子蚀刻等半导体工艺技术，可在组分均匀、结构完整的单片半导体材料上制成一维线列或二维面阵，或以其他几何方式排列的多元探测器。也可以用镶嵌的方式制成多元探测器。常用的多元探测器的形状有 6×8 二维面阵、20 元竖线列阵和 16 元横线列阵。采用多元探测器的优点是：

① 提高成像系统的信噪比。如采用 n 元探测器线列器件实行并扫，则成像系统的信噪比可比使用单元探测器提高 $\sqrt{n}$ 倍。

② 降低对探测器性能的要求。由于探测器元数增加而扫描一幅图像的时间不变,像元在每个敏感元上的滞留时间可增加到单元器件的 n 倍,从而使一些响应时间较长的探测器能得到应用。

③ 降低成像系统的扫描速度,简化扫描机构。当多元面阵器件的元数与像元数相等时(即"凝视"器件),成像系统可免去机械扫描机构。

由此可以看到,凝视焦平面阵列是多元探测器的最高形式,也是多元探测器的特殊形式。和焦平面探测器相比,多元探测器形式多样,其测量问题和焦平面有所不同[8,9]。

2. 多元红外探测器性能参数

1) 动态阻抗 R_d

动态阻抗是指红外探测器受到红外辐射时,将红外探测器看作具有高阻抗的恒流源。其动态阻抗测试原理如图 10-13 所示。

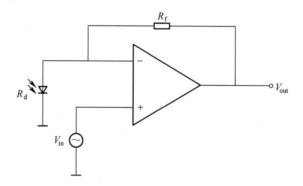

图 10-13　多元红外探测器动态阻抗测试原理图

计算模型如下:

$$R_d = \frac{R_f}{V_{out}/V_{in} - 1} \quad (10\text{-}46)$$

2) I-V 曲线

I-V 曲线测试原理如图 10-14 所示。V_s 为信号源的信号电压。由 V_{out} 可以计算出电流 I_s,从而绘制出 I_s-V_s 曲线。电流 I_s 的计算如下:

$$I_s = V_{out}/R_f \quad (10\text{-}47)$$

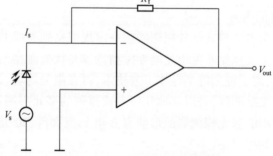

图 10-14　I-V 曲线测试原理图

3) 探测率 D_{bb}^*

探测率 D_{bb}^* 定义为：在光敏面积为 $1cm^2$ 的探测器上，有 1W 的入射功率，并用带宽为 1Hz 的电路来测量测出的信噪比，即

$$D_{bb}^* = V_s (A\Delta f)^{1/2}/(V_n E A)(\text{cm} \cdot \text{H}_z^{1/2} \cdot \text{W}^{-1}) \tag{10-48}$$

式中：V_s 为探测器信号；A 为灵敏元面积；V_n 为探测器噪声；Δf 为放大器带宽；E 为黑体红外源辐照度。

4) 电压响应率 R_v 和电流响应率 R_i

电压响应率 R_v 和电流响应率 R_i 分别定义为：在入射辐射垂直投射到探测器敏感面的情况下，探测器输出基频信号电压(开路)的均方根值或基频信号电流(短路)的均方根值与入射辐射功率的基频均方值之比，即

$$\begin{cases} R_v = \dfrac{V_s}{E \cdot A} = \dfrac{I_s \cdot R_d}{E \cdot A}(\text{V/W}) \\ R_i = \dfrac{V_s}{E \cdot A} = \dfrac{I_s}{E \cdot A}(\text{A/W}) \end{cases} \tag{10-49}$$

式中：V_s 和 I_s 分别为探测器的信号电压和信号电流；E 为黑体红外源辐照度；A 为灵敏元面积。

5) 启动时间 T_s

启动时间 T_s 定义为：从探测器充气开始到输出信号幅度达到信号稳态输出时幅度的 90% 所需的时间。

6) 续冷时间 T_k

续冷时间 T_k 定义为：从探测器的供气关闭到输出信号幅度下降到信号稳态输出时幅度的 90% 所需的时间。

7) 探测器元间均匀性

黑体的辐射输出是以球面的方式入射到探测器的敏感面上的，每个元都有输出。设有 n 个元，每个元输出电压为 $v_i(i=1,2,\cdots,n)$，则多元的元间均匀性按下式计算：

$$\begin{cases} \text{电压平均}: \bar{v} = \dfrac{\sum\limits_{i=1}^{n} v_i}{n} \\ \text{均匀性}: U = \dfrac{|v_i - \bar{v}|_{\max}}{\bar{v}} \end{cases} \tag{10-50}$$

10.7.2 多元红外探测器综合参数测量装置

10.7.1 节我们介绍了多元红外探测器的基本概念和主要性能参数的定义。这一节我们介绍用于这些主要参数测量的综合参数测量系统。

1. 测试系统的构成

多元红外探测器综合参数测量系统如图 10-15 所示，测试系统由红外辐射源(黑体)、控温测温仪、调制盘及其控制器、高压电动可控供气系统、光学系统、探测器专用测试夹具、前置放大及预处理电路、信号源、示波器、计算机及其控制采集系统、显示打印装置、故障报警单元、系统电源等几部分组成。

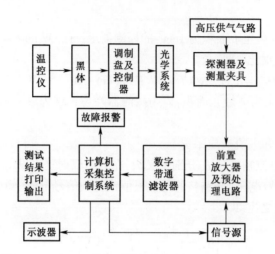

图 10-15 多元红外探测器综合参数测试系统组成框图

2. 测试功能的实现

1) 光路通断自动控制装置

探测器测试时,有时需要黑体辐射(如信号测试时),有时则不需要黑体辐射(如开路电压测试)。因此,需要设置一装置实现光路的通断控制。传统的手动测试系统均由人工完成。为此,基于一台带电子快门的照相机机身,通过控制电子快门来控制相机卷帘的开闭,从而实现了光路的通断自动控制。

如图 10-16 所示,将照相机的镜头和后盖去掉,则照相机机身中央是一个 20mm×30mm 通孔,中间有一个卷帘遮挡住该孔,卷帘的开闭由快门控制。由计算机控制一路继电器来控制快门电源,当继电器闭合,电源接通,卷帘打开,光路导通;当继电器断开,则电源断开,卷帘关闭,光路截止。

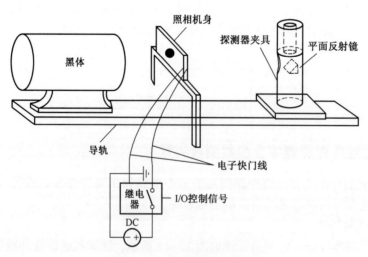

图 10-16 光路通断控制装置

2) 前放电路系统

对于 64 元探测器,其自身带有放大环节,因此其输出直接经两片低噪声 16 路模拟开关

MAXIM 306 进行自动切换,并以差分的方式连到采集卡的输入端直接进行采集。

对于 20 元以下探测器,由于信号微弱,因此前端设置并行 20 路前级电流型运放 LF15(噪声电流小和噪声电压均很小),首先将电流信号转换成电压并放大。然后,设置两片低噪声 16 路模拟开关 MAXIM 306 对不同路信号进行自动切换选择。模拟开关后端接一路噪声电压低的仪器运算放大器 OP27,放大倍数为 10,进一步将信号放大。最后,OP27 的输出以差分的方式接到采集卡的差分输入端。

整个放大电路系统的逻辑关系如图 10-17 所示。

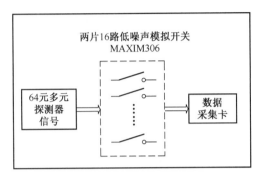

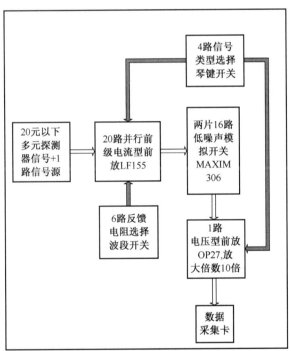

图 10-17 放大电路系统逻辑关系图

3) 高压供气气路控制装置

探测器制冷后才能正常工作,制冷气为纯净高压氮气。高压氮气的供给在采用自动通断控制时必须考虑安全性,具体设计如下:高压电磁阀串连到气路中,其电源通过继电器两两并联再串联,继电器由计算机控制通断,如图 10-18 所示。这样,两组并联的继电器中只要同时各有一个继电器闭合,就可以接通电源,只要断开其中任意一个闭合的继电器,就可以断开电磁阀的电源。这是一种双余度的控制,该设计使得在某路继电器失效时,仍然有备份通路可以使电磁阀正常工作。

压力传感器串联到电磁阀的后端,实时把气路的压力转换成相应的电压信号,并由计算机采集,进行实时监控,以及时发现气路压力异常情况。电磁阀的前端安装手动控制阀,在电磁阀万一失效的情况下可以通过它关闭气路,避免危险情况的发生或者损坏探测器。

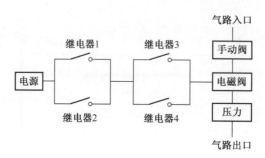

图 10-18 高压供气气路控制关系图

4)带通数字滤波器

设带通滤波器的上、下边带的最大衰减为 α_p,截止频率分别为 f_{c1}、f_{c2},两边过渡带宽为 Δf,阻带最小衰减为 α_s,采样周期为 T_s。依据双线性变换法设计带通数字滤波器。

根据上述设计指标可计算出模拟带通滤波器的中心频率 Ω_{co}、通带带宽 Ω_{BW},以及模拟低通滤波器 $G(p)$ 及其阶次 n,其中:

$$\begin{cases} G(p) = \dfrac{1}{(p-p_1)(p-p_2)\cdots(p-p_n)} \\ p_k = \exp\left(j\dfrac{2k+2n-1}{2n}\pi\right), \quad k=1,2,\cdots n \end{cases} \tag{10-51}$$

在综合参数测量装置上,可以按照上一节介绍的定义和方法测量各参数。

10.7.3 小光点法多元红外探测器均匀性测试

对多元探测器来讲,均匀性是一项重要指标,特别是直接用于红外热成像的多元探测器,均匀性直接影响成像质量。多元探测器均匀性测量采用小光点扫描原理进行[8]。

1. 测量装置组成

小光点扫描法多元红外探测器均匀性测量装置如图 10-19 所示。光源发出的光经过小直径光栅孔后,形成小直径发散光束。该光束经过平面镜多次反射后,部分光线进入镜筒,形成准平行光。再经过凸透镜聚焦,可以在空间某点形成小直径光点。通过二维步进电机移动,可带动固定于步进电机上的探测器在二维空间移动。在 X 移动台上固定 Y 移动台,X 移动台与 Y 移动台的运动方向互相垂直。通过这两个移动台的移动,可实现光点对探测器的扫描。Z 移动台固定于 Y 移动台上,其上固定探针及其控制装置,通过移动台的移动实现探针对多元红外探测器电极的准确定位。

系统采用以 PC 机为平台的测试方案,基于 PC 技术的优点在于简单易行、成本低、可用资源丰富。系统的控制核心是计算机,在测试过程中数据采集、控制指令、控制指令的传输都由计算机完成。依据测试原理完成自动化测试系统的总体方案设计,结构图如图 10-20 所示。

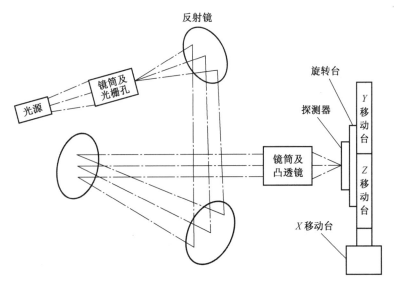

图 10-19 小光点扫描红外多元探测器均匀性测试系统原理图

其中 A/D 转换卡实现模拟量到数字量的转换，D/A 功能实现探针开启和闭合控制。

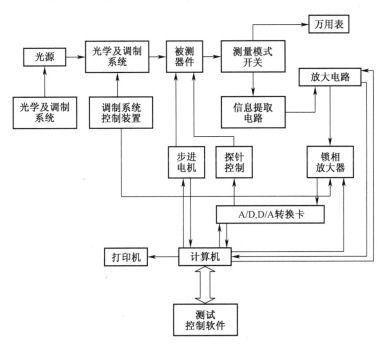

图 10-20 自动化测试系统方框图

2. 测量原理

电导率 R 是表征红外探测器光敏特性的重要物理量。无光照时，半导体电导率为

$$\sigma_0 = q(n_0\mu_e + p_0\mu_h) \quad (10\text{-}52)$$

式中：q 为电子电荷量；n_0，p_0 为平衡载流子浓度；μ_e，μ_h 分别为电子和空穴的迁移率。光照射到探测器表面后，红外探测器产生非平衡载流子，使探测器电导率发生变化。光照时电导

率表示为

$$\sigma = \sigma_0 + \Delta\sigma \quad (10\text{-}53)$$

式中：$\Delta\sigma$ 称为附加光电导率；由于光点照射到探测器不同点时，产生的光生载流子数量不同，导致探测器电导率不同，所以与之对应的电阻值也不同。光照前电阻表示为

$$R_0 = \frac{l}{\sigma_0 S} \quad (10\text{-}54)$$

式中：l 为光敏元长度；S 为光敏元横截面积。光照后电阻表示为

$$R_1 = \frac{l}{(\sigma_0 + \Delta\sigma) S} \quad (10\text{-}55)$$

从式(10-55)可知在光照后红外探测器电阻发生变化，测试系统采用电压检测法进行检测。由于对直流信号进行放大时存在放大器漂移、探测器直流偏压和电路中的 $1/f$ 噪声影响，在测试系统的构成中采用调制测量法。调制测量法可使探测器输出调制信号，并用窄带滤波器使之低噪声化，可有效抑制噪声。

3. 探针定位

由于探测器电极间间距只有 $20\mu m$，要实现探针对几十个元电极的准确定位是十分困难的。实现自动化测试前提条件之一便是设计完成探针定位算法。探测器各个元之间的尺寸已知(可以通过读数显微镜测得)，只要探针能够准确定位到第一元电极所在的位置，其他元电极定位就可以通过步进电机移动相应的距离得以实现，探测器定位原理如图 10-21 所示。当探针落在公共电极时，数字万用表的测试结果为 0Ω，当探针落在公共电极与第一元电极之间时，数字万用表显示超量程状态(此时数字万用表在与计算机通信过程中传输"1000"字符表示这种状态)；当探针落到光敏元电极时，数字万用表的测量值为该光敏元阻值。探针由公共端向第一元移动，最初阻值为 0Ω，当它刚好落到公共端与第一元间隙区域时，阻值为 $1000M\Omega$，

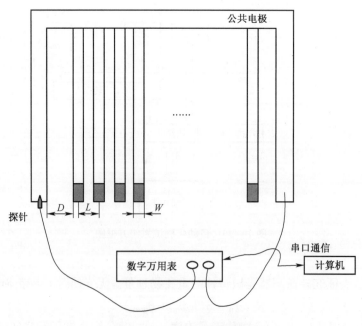

图 10-21 探针定位原理图

此时探针再向右移动 $D+W/2$ 距离，便可实现探针准确定位。其中 D 表示公共电极与第一元之间的间距，W 表示电极宽度。当第一元位置确定后，由于其他光敏元与第一元的距离为固定的常数，因此其他光敏元探针定位就可以以第一元为基准，通过探针移动相应的距离实现。探针定位算法程序流程图如图 10-22 所示。

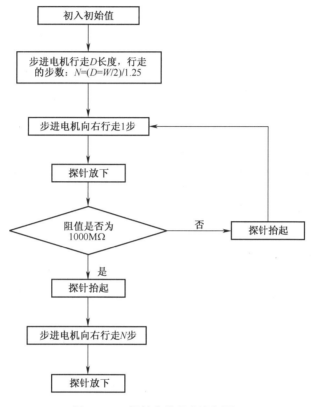

图 10-22 探针定位程序流程图

10.8 红外焦平面探测器的非均匀性校正

10.8.1 红外焦平面探测器非均匀性的基本概念

红外焦平面探测器成像非均匀性定义为：红外焦平面探测器在同一均匀辐射输入时单元之间输出的不一致性，又称为固有空间噪声。造成图像非均匀的因素是多方面的，起主要作用的是：响应率的非均匀性，包括光谱响应的非均匀性；读出电路自身及读出电路与探测器耦合的非均匀性；暗电流的非均匀性。工作在不同波段的 FPA 探测器非均匀性指标的典型值为：PtSi FPA(SBD) 在 0.5%~1%；InSb FPA 在 3%~10%；HgCdTe FPA(CT) 则在 10%~30%。

10.8.2 探测器非均匀性的校正

焦平面像元非均匀性产生的所谓固有空间噪声是 FPA 探测器应用中不可回避的主要问题之一。人们在补偿焦平面探测器非均匀性的研究探索中采取了多种技术途径，但由于此类噪声的来源与瞬态噪声不同,不能采用通常的处理方法(帧/场处理)。因此抑制固有空间噪声比抑制瞬态噪声更困难,必须采用现代数据处理的方法。到目前为止还没有找到适应性较强的算法,方法的研究都是面向某种特定条件和工作模式。国外普遍采用的成熟方法都是建立在光敏元参数是线性不变的假定下。这样,理论上认为经过校正可以完全抑制非均匀性引起的固有空间噪声,但因为这种假设是理想化的,实际情况并非如此。一般来说光敏元的响应曲线在中段具有较好的线性度,而两端则较差,参数特性本身也随时间和环境变化,所以,实际情况是:经过非均匀性校正后,只能在有限的温度动态范围内和工作状态下改善探测器的非均匀性,使固有空间噪声降低,而算法的适应性和改善程度在很大程度上由像元的线性度及校正方法实施时的精度决定[10-13]。

1. 两点校正法

两点校正法是最早开展研究的基本方法之一,也是使用最广泛的一种校正方法。其原理如下。

在光敏元响应为线性的条件下,其响应可以表示为

$$S_n(W) = K_n W + S_{no} \tag{10-56}$$

式中:$S_n(W)$ 为光敏元 n 的输出信号;K_n 为光敏元 n 的响应率;W 为入射能量;S_{no} 为光敏元 n 的暗电流。

图 10-23(a)是具有不同响应率和不同暗电流的两个光敏元的输入输出曲线的示意图,从图中可以看到输入输出曲线的截矩反映出暗电流的不均匀性,曲线的斜率反映出响应率的不均匀性。非均匀性校正就是要使曲线 A,B 重合于一条曲线,为此拟定一条标准曲线 S。将曲线 A,B 作平移变换可得到图 10-23(b)所示的三条曲线,再将 A,B 曲线以 S 曲线为标准做旋转变换得到的情况如图 10-23(c)所示,三条曲线完全重合。由此可以得到原理性的校正公式如下:

$$\begin{cases} S_n''(W) = \eta_n [S_n(W) - S_{no}(W)] + S_c \\ \eta_n = K_c / K_n \end{cases} \tag{10-57}$$

式中:$S_n''(W)$ 为经校正后的光敏元 n 的输出信号;K_c 为标准曲线的斜率(响应率);S_c 为标准曲线的截矩(暗电流);η_n 为标准曲线的斜率与光敏元固有斜率之比;K_n 为固有曲线的斜率。

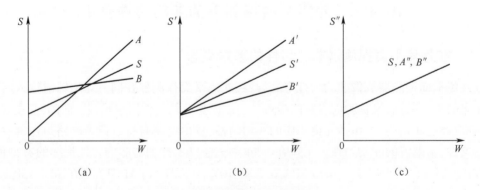

图 10-23 两点校正法示意图

焦平面在实际工作中运行时,每帧信号都应进行校正,即每个信号都应经过上述公式的运算,才能得到正确的像元校正参数。问题的复杂性还表现在焦平面运行过程中,直流失调电压

会随着时间和外部情况的改变而漂移,所以原则上每帧定标是必须的。因此所有校准处理算法和图像处理器的硬件结构都面临实时性的考验。图 10-24 给出了实时两点温度定标法在焦平面成像系统中运行的一般结构。

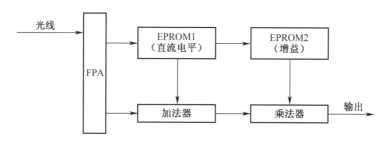

图 10-24 两点校正法的功能原理图

实际应用表明,这种结构支持像元流水线运算,完全可以实现帧实时校正,还可以简化和改善乘法运算器的硬件结构,使算法更加简化,两点温度定标法除需定标外,对景像内涵无任何要求,在体积、质量、功耗、成本等方面也最为理想。但缺点是对参数变化敏感,当非线性严重时精度很差,因此适合于非线性不严重的焦平面探测器或小动态范围成像系统。同时受 $1/f$ 噪声和系统漂移(如偏压和温度)的影响较大,需对校正系数定期更新,帧间参数更新量较大。

上述方法阐明了两点温标校正原理的数学描述在实际的系统设计中,应根据性能参数曲线的不同以及参数的精度、方法上的差别做相应的演变。另外,在考虑到非线性等因素的影响时(特别是系统动态范围较大时),校正方法必须做适当的改造,甚至重新考虑处理器的结构,由此引出了扩展两点校正法(又称多点温度标定法)。

2. 扩展两点校正法

两点温度定标的先天不足是校准精度随参数非线性的增加而变坏,如图 10-25 所示。依据上面的运算公式(10-57),对应于辐照度 ϕ_S 的响应电压原本为 $V_A(\phi_S)$,经运算校正后的响应电压应该被调整为 $V_D(\phi_S)$。由于响应率参数曲线实际的非线性,求得的辐照度不是 ϕ_S 而是 ϕ'_S,所以校正响应电压调整为 $V_D(\phi'_S)$,因此两点温度定标的原理误差必然存在。响应率非线性造成的残留空间噪声与标定点数和位置有很大关系,远离标定点的部分空间噪声大,因此采用多点法校准成像系统的动态范围受响应线性度和校准精度的双重限制。为了降低非线性引起的残留固有空间噪声,可采用"多点法"校正。图 10-26 是以"三点"校正为例的响应曲线,从图中可清楚看出定标点越多,残留空间噪声(误差)越小。但标定点越多数据量越大,校正算法越复杂,甚至要重新考虑处理器的结构问题。

3. 时域高通滤波器法

为了克服暗电流的不稳定性对校准系数的影响,时域高通滤波器法是正在开展研究的技术途径之一,其原理如图 10-27 所示,其中,

$$y(n) = x(n) - f(n) \tag{10-58}$$

低通采样输出为

$$f(n) = x(n)/N + (1 - 1/N)f(n-1) \tag{10-59}$$

式中:N 为设置的帧数。

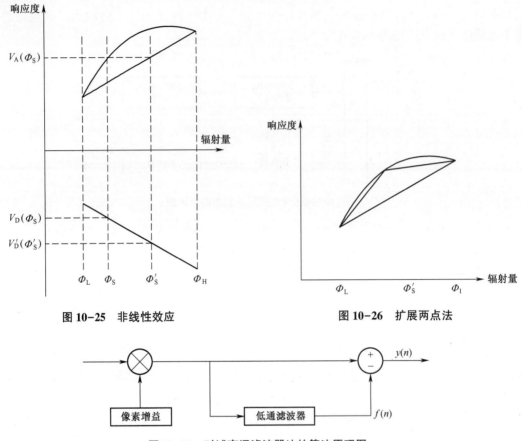

图 10-25 非线性效应　　　　图 10-26 扩展两点法

图 10-27 时域高通滤波器法的算法原理图

可以先假设某像素在第 n 帧经增益校正后得到一个滤波器输入量 $x(n)$，经过无限冲击响应滤波器(IIR-DF)低通处理后得到了低通输出 $f(n)$，再通过减法运算得到一个高通输出 $y(n)$。经 Z 变换得到传递函数为

$$H(z) = Y(z)/X(z) = (N-1)(z-1)/[N_z - (N-1)] \tag{10-60}$$

这种方法抑制了 $1/f$ 噪声对图像和 NUC 的影响，克服了参数高重复率定标的问题，但也要求探测器响应率有较好的线性。

4. 人工神经网络法

可以完全不对 FPA 进行标定(或自动标定)，是红外成像系统的理想境界，依赖于神经网络方法自动实时地进行校正系数的更新是目前实验室研究的热点之一。该法采用一个隐含层计算某像素邻域输出的平均值，并以此作为该像素的输出，反馈给线性校正神经元计算 NUC 系数。过程如下：

(1) 计算邻域平均值：

$$f_{i,j} = (x_{i,j-1} + x_{i,j+1} + x_{i-j,j} + x_{i+1,j})/4 \tag{10-61}$$

(2) 令(略去下标 ij) $y = G_x + o$，误差函数：$F(G,o) = (G_x + o - f)^2$

利用此函数的梯度函数和快速下降法，对该像元的后继输入计算出合适的 G, o：

$$\begin{cases} F_G = \partial F/\partial G = 2x(Gx + o - f) = 2x(y - f) \\ F_O = \partial F/\partial O = 2(Gx + o - f) = 2(y - f) \end{cases} \quad (10\text{-}62)$$

对后继各帧重复以下迭代:

$$\begin{cases} G_{n+1} = G_n - 2\alpha x(y - f) \\ O_{n+1} = O_n - 2\alpha(y - f) \end{cases} \quad (10\text{-}63)$$

式中:α 为下降步长,需保证迭代的稳定性。

(3) 利用线性校正算法,计算 $y_{n+1} = G_{n+1}X_{n+1} + O_{n+1}$

可见,神经网络方法在理论上完全不需对 FPA 进行定标,校正系数可以经过学习连续更新,对探测器参数的线性和稳定性要求不高,但研究工作量大,应用时计算量大,需要特殊并行计算机结构来实现。

以上的讨论涉及为解决探测器非均匀性问题而采取的不同方法,还有很多方法仍在探索中。但目前这些方法都存在各自的缺陷,实际应用时需要权衡取舍。

5. 基于场景的代数算法

1) 原理

考虑由一个焦平面阵列探测器产生的 $M \times N$ 像序列 y_n,$n = 1,2,\cdots,$ 表示帧数。焦平面探测输出的线性模式为

$$y_n(i,j) = a_n(i,j)z_n(i,j) + b(i,j) \quad (10\text{-}64)$$

式中:$z_n(i,j)$ 为帧时间内对探测器有效面积积分的辐射通量;$a(i,j)$ 和 $b(i,j)$ 分别为探测器的增益和偏移量。在多数探测器中,由于偏移非均匀性占主要地位,增益非均匀性可以忽略,假设所有探测器的增益相同且为1,则式(10-64)简化为

$$y_n(i,j) = z_n(i,j) + b(i,j) \quad (10\text{-}65)$$

为了方便,$M \times N$ 探测器的偏移非均匀性矩阵 $\boldsymbol{B}$ 定义为

$$\boldsymbol{B} = \begin{bmatrix} b(1,1) & b(1,2) & \cdots & b(1,N) \\ b(2,1) & b(2,2) & \cdots & b(2,N) \\ \cdots & \cdots & \cdots & \cdots \\ b(M,1) & b(M,2) & \cdots & b(M,N) \end{bmatrix} \quad (10\text{-}66)$$

假定在帧时间内被观测的物体温度恒定,可用内插法对与第 n 帧相临两帧场景模拟出第 $(n+1)$ 帧场景。为了简单方便,选择线性内插法。对于出现 A 个像素纯垂直亚像素偏移的相临两帧场景,第 k 帧场景和第 $k+1$ 帧场景间的像素数关系为

$$y_{k+1}(i+1,j) = \alpha z_m(i,j) + (1-\alpha)z_m(i+1,j) + b(i+1,j) \quad 0 < \alpha \leq 1$$
$$(10\text{-}67)$$

同样,对于出现 B 个像素纯水平亚像素偏移的相临两帧场景,第 m 帧场景和第 $m+1$ 场景间的像素数关系为

$$y_{m+1}(i,j+1) = \beta z_m(i,j) + (1-\beta)z_m(i,j+1) + b(i,j+1) \quad 0 < \beta \leq 1$$
$$(10\text{-}68)$$

规定 α 正号表示场景向下运动,B 正号表示向左运动。原理就是把一个探测单元的偏移值转换为它的垂直相邻的探测单元的偏移值,把整个一列探测器的偏移归化为统一的数值,同

理,对所有列和行进行同样处理,最终把阵列上所有的偏移归化为统一的数值。

2) 算法

对于探测器 B,定义 α 个像素偏移中间校正矩阵为 V_B,当 $j=1,2,\cdots,N$ 时,令:$V_B(1,j)=0$,定义:

$$V_B(i,j) = \frac{1}{\alpha}[\alpha y_n(i-1,j) + (1-\alpha)y_n(i,j) - y_{n+1}(i,j)] \tag{10-69}$$

式中:$i=2,3,\cdots,M;j=1,2,\cdots,N,M\times N$ 为帧图像的尺寸。将 $y_k(i-1,j),y_k(i,j)$ 和 $y_k+1(i,j)$ 代入式(10-70)可得

$$\begin{aligned} V_B(i,j) &= \frac{1}{\alpha}[\alpha Z_B(i-1,j) + \alpha b(i-1,j) + (1-\alpha)Z_B(i,j) + (1-\alpha)b(i,j) - \\ & \quad \alpha Z_B(i-1,j) - (1-\alpha)Z_B(i,j) - b(i,j)] \\ &= b(i-1,j) + b(i,j) \end{aligned} \tag{10-70}$$

10.9 红外焦平面探测器读出电路参数测试

10.9.1 红外焦平面阵列的信号读出电路参数

红外焦平面阵列的信号读出电路(ROIC)通过扫描焦平面阵列的不同部位或按顺序将电荷传送到读出器件中,然后信号经放大和处理后就可以实现成像。读出电路(ROIC)是混合式 IRFPA 的关键组成部分之一,其性能的好坏直接影响到 IRFPA 的性能。

为了在与红外探测阵列互连前测试 ROIC 的性能,通常采用光注入或电注入方式。光注入方式是在 ROIC 的每个像元输入端设计一个很小的硅光电二极管(各像元的光电二极管完全相同);电注入方式则在每个像元输入端设计一个电注入 MOS 晶体管[14-16]。

要正确评价红外 IRFPA 的 CMOS 读出电路的性能,通常需要测试以下参数。

1. 饱和输出电压

入射到光敏元上的曝光量大于某一限度时,器件输出不再随曝光量的增加而变化,此时器件输出的信号电压值即为饱和输出电压,符号为 V_{sat},单位为 V。

2. 响应不均匀性

响应不均匀性表征器件各光敏元在 1/2 饱和曝光量的均匀光照条件下,各个像元输出信号的不均匀性。符号为 NU,表示公式为

$$\mathrm{NU} = \sqrt{\frac{1}{M}\sum_{1}^{M}(V_i - V_{\mathrm{ave}})^2} / V_{\mathrm{ave}} \tag{10-71}$$

式中:M 为像元数;V_i 为第 i 位像元的输出电压值;V_{ave} 为所有像元输出电压的算术平均值。

3. 暗噪声

暗噪声是指器件在无光照的条件下暗输出电压 V_t 随时间涨落的均方根值与饱和信号 V_{sat} 之比,符号为 V_n,表示如下:

$$V_n = \sqrt{\frac{1}{M}\sum_{1}^{M}(V_t - \overline{V}_t)^2} / V_{\mathrm{sat}} \tag{10-72}$$

式中:M 为采样次数;V_t 为 t 时刻暗输出电压;$\overline{V}_t$ 为 M 次采样的暗电压算术平均值。

4. 动态范围

动态范围表征器件探测光信号大小的相对范围,用符号 D_r 表示,可以证明,D_r 实际上为暗噪声 V_n 之倒数,即

$$D_r = 1/V_n \tag{10-73}$$

5. 死像元数

死像元数指器件中视频输出电压值不随光强变化而变化的像元总数,用符号 N_b 表示。为了统计出死像元数,可以比较器件在饱和与无光照两种状态下的视频输出,如相应像元的输出无明显变化,则认为该像元为死像元。

10.9.2 红外焦平面阵列信号读出电路参数测量

要正确测量以上参数,只需准确测量出 ROIC 的视频信号输出电压值。为此,该测试系统要有良好的抗干扰能力和良好的线性,以保证视频信号能不失真地被采集到计算机里。

红外焦平面阵列信号读出电路参数测试系统一般由驱动信号源、光源、A/D 卡和微机等构成,如图 10-28 所示。

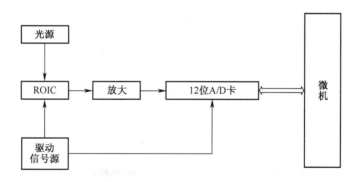

图 10-28　读出电路参数测试系统原理框图

(1) 驱动信号源:由于 IRFPA 的 ROIC 的类型、信号处理方式、积分方式的不同,所需的驱动信号源也就不同。为此,需要一种适用范围广、功能强的信号源。

(2) 放大电路:采用程控增益放大电路,可以根据不同的信号幅度来调整运放的增益,以充分利用 ADC 的转换范围,提高测试精度。

(3) A/D 卡:采用 12 位的 MAX120 ADC,精度高、速度快,最高可达 500ks/s,对于工作在 200kHz 下、输出信号为箱型波的 ROIC 来说,其转换速度是足够了。

(4) 光源:采用 5V 直流电压驱动的灯泡作为光源。

为了避免外界光源特别是日光灯 50Hz 的光干扰,将光源和器件均置于一个暗箱中。实验发现,由信号源送到 A/D 卡的控制信号相互干扰,严重影响了 A/D 卡的正确转换,同时还干扰了 ROIC 输出的视频信号;另外,视频信号还受到微机、工作台及测试人员等耦合进来的干扰。为了消除干扰,对送入 A/D 卡的控制信号及视频信号均采用了同轴电缆,并在恰当的位置采取了接地措施。将信号源、被测器件、光源及暗箱用屏蔽板同工作台隔开,同时,将信号源地、微机机壳地、暗箱外壳以及屏蔽板在稳压电源地一点接地然后接大地(图 10-29)。实验表明系统的可靠性和抗干扰能力得到了大幅度的提高。

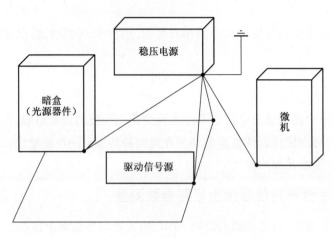

图 10-29　测试系统的一点接地示意图

由于 Windows 操作系统是一个多任务操作系统，并不能保证数据采集的实时性，为此，用 Turbo C2.0 编写了 DOS 操作系统下的图形界面系统软件，界面友好，使用方便，除了可以测量 V_{sat}、NU、V_n、D_r 等之外，还可以采用多种方式显示 ROIC 的视频波形，比用示波器观察更为方便。系统软件构成框图如图 10-30 所示。

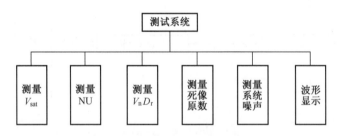

图 10-30　系统软件构成框图

为了进一步增加抗干扰能力，在软件设计中，采用限幅滤波以抑制测试系统中的随机脉冲干扰，用算术平均滤波来尽量减小一般随机噪声的影响。

10.10　红外探测器件在低温背景下的探测率测试

10.10.1　低温背景测试问题的提出

随着红外探测技术和器件工艺水平的不断提高，凝视型红外焦平面探测器件越来越多地应用于红外天文观测与空间碎片探测等研究领域。这些红外探测系统通常都是以深空为观测背景，由于目标距离远且温度低，最终到达红外焦平面上的信号一般都非常微弱，对于红外探测系统，光机系统自身热辐射引起的热背景辐射噪声是限制其探测灵敏度提高的关键因素之一。因此，从 20 世纪 70 年代开始，以美国为首的发达国家开始研究低温光学技术，通过降低光机元件的工作温度来抑制热背景辐射噪声。

为了最大限度地提高红外探测器件的探测灵敏度，发挥背景极限探测器的作用，必须采用全低温光学系统。空间低温光学技术是宇宙中低温物质探测的最好手段，对降低仪器辐射噪声、提高系统探测灵敏度、发现和锁定观测目标、解决天体的起源和演化等问题具有重要意义。

空间低温光学系统的设计核心是综合考虑观测目标与背景的红外辐射特性、红外探测器件自身的探测性能确定探测器背景辐射噪声的极限允许值,从而合理地确定光学系统的制冷温度,发挥背景极限探测的能力,同时保证光学系统各项参数达到系统的指标要求。为了支持红外探测器件低温光学系统的合理设计与研制,亟需开展低温背景下红外探测器件的性能检测与评价方法研究。

10.10.2 低温背景测试的基本思路与方法

天文观测以深空作为观测背景,目标/背景的辐射量极其微弱,此时对光子噪声的抑制非常重要,但抑制多少能够刚好满足探测灵敏度的需要,同时又能保证低温光学制冷系统的合理设计及优化利用,则必须在红外探测系统设计,尤其是低温光学系统指标设计时,通过假定的目标/背景辐射特性,基于实验测试的方法考察红外探测器件低温背景下的性能指标,而后反过来对低温光学系统整体提出噪声抑制要求及制冷温度要求。另外,由于红外探测器件所给定的 D^* 一般都是 500K 黑体背景辐射时的值,当实际辐射源的温度与测试 D^* 用的黑体温度不同时,红外系统设计和计算是不能直接引用 D^* 的,否则,会产生较大的设计偏差;同时,仅考虑目标到达靶面上的辐射功率是否满足探测的要求是不够的,还需考虑背景的影响。这正是红外探测器件低温背景探测性能测试技术的主要目的。

王世涛等人在分析红外探测器热噪声特性的基础上,提出一种低温背景下红外探测系统探测率的测量方法[17]。

采用面源黑体对组件进行测试,分别采集探测器组件各像元在两个不同黑体温度 T_1 及 T_2 下的输出电压值,连续采集 F 帧($F \geq 100$),各像元在 T_1 及 T_2 时输出电压的平均值为 V_{T_1} 及 V_{T_2},通过以下各式计算得到各特性参数。

各像元的响应信号电压 V_s:

$$V_s = V_{T_2} - V_{T_1} \tag{10-74}$$

各像元的噪声电压 V_n 是指在 T_1 温度下各像元 F 次输出电压涨落的均方根。

各像元黑体响应率 R_{BB}:

$$\begin{cases} R_{BB} = \dfrac{V_s}{\Delta I_{PFBB} \cdot FOV \cdot A_d} \\ \Delta I_{PFBB} = \dfrac{1}{\pi} \cdot \sigma \cdot \varepsilon (T_2^4 - T_1^4) \end{cases} \tag{10-75}$$

式中:ΔI_{PFBB} 为面源黑体在 T_1 和 T_2 时的辐照功率变化量;ε 为面源黑体的辐射率;σ 为黑体辐射常数 $\sigma = 5.67 \times 10^{-12} \mathrm{W \cdot cm^{-2} \cdot K^{-4}}$;FOV 为探测器组件的视场角;$A_d$ 为探测元的光敏面积。

各像元的峰值响应率 R_p:

$$R_p = G \cdot R_{BB} \tag{10-76}$$

式中:G 因子可通过相对光谱响应计算。

各像元的黑体探测率 D_{BB}^*:

$$D_{BB}^* = \sqrt{\dfrac{A_d}{2t_{int}}} \dfrac{R_{BB}}{V_n} \tag{10-77}$$

式中：t_{int} 为探测器的积分时间。

各像元的峰值探测率 D_p^*：

$$D_p^* = G \cdot D_{BB}^* \tag{10-78}$$

10.10.3 低温背景下红外探测系统探测率测量系统

低温背景下红外探测系统探测率测试原理流程如图 10-31 所示。进行试验时，探测器件工作温度恒定在 85K；常温、低温背景辐射采用高性能面源黑体及其加热、制冷装置，黑体与探测器件间距为 70mm；试验还需采用直流稳压电源、示波器、器件低温制冷组件、真空排气机组以及探测器噪声、D^* 的专用焦平面性能综合测试系统。

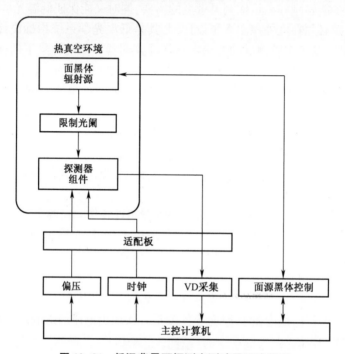

图 10-31 低温背景下探测率测试原理流程图

探测器性能测量装置如图 10-32 所示。将被测红外探测器件、黑体背景置于热真空舱中，

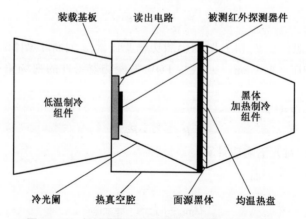

图 10-32 低温背景下探测器性能测量装置示意图

通过调节装置使二者中心在同一条直线上,使黑体面充满探测器视场,并分别与制冷设备连接。黑体背景温度可调,可通过加热、制冷等措施进行变温。在常/低温条件下分别设定2个黑体温度点,接通探测器并通过专用的测试设备,连续采集 F 帧($F \geqslant 100$)器件各像元在两个不同黑体温度 T_1 及 T_2 下的输出电压值,在不同的探测器积分时间下完成红外探测器极限积分时间、探测器 D^* 等探测特性的检测。

参 考 文 献

[1] 中华人民共和国国家标准. 红外焦平面阵列特性参数测试技术规范[S]. GB/T 17444-1998:209-222.
[2] 肖静,周昊,何兆湘,等. 红外焦平面阵列性能参数测试平台[J]. 红外技术,2004,26(5):75-79.
[3] 董亮初,丁瑞军,何震凯,等. 红外焦平面参数定义和测试方法的讨论[J]. 红外与激光工程,1997,26(3):14-18.
[4] 李福巍,张运强. 红外焦平面探测器光谱响应率测量方法分析[J]. 红外与激光工程,2008,37(增刊):527-530.
[5] 费丰. 红外焦平面阵列相对光谱响应测试系统[J]. 新技术新仪器,2002,22(6):26-30,40.
[6] 应承平. 红外焦平面阵列串音测试技术研究[J]. 新技术新仪器,2006,26(2):24-28.
[7] 童默颖,常本康,钱芸生,等. 红外焦平面阵列调制传递函数研究[J]. 红外与毫米波学报,2003,22(5):365-367.
[8] 么忆权,严昕. 多元红外探测器均匀性自动化测试[J]. 计测技术,2009,29(2):29-32.
[9] 魏振忠,樊巧云,张广军,等. 多元红外探测器综合性能参数自动测试系统[J]. 红外技术.2008,30(1):1-5.
[10] 胡晓梅. 红外焦平面探测器的非均匀性与校准方法研究[J]. 红外与激光工程,1999,28(3):9-12.
[11] 侯和坤,张新. 红外焦平面阵列非均匀性校正技术的最新进展[J]. 红外与激光工程,2004,33(1):79-82.
[12] 曹治国,李辉,张天序. 一种新的红外焦平面阵列非均匀性校正技术[J]. 华中科技大学学报,2001,29(12):55-57.
[13] 殷世民. 基于低次插值的红外焦平面器件非均匀性多点校正算法[J]. 光子学报,2002,31:715-718.
[14] 贾功贤,袁祥辉,汪涛,等. 红外焦平面阵列 CMOS 读出电路参数的计算机辅助测试系统[J]. 红外技术,2001,23(2):38-40.
[15] 王强,易新建,陈西曲,等. 非制冷红外焦平面读出电路的设计与测试分析[J]. 红外,2006,27(1):5-10.
[16] 高峻,陈中建,鲁文高,等. 逐行复位快闪式 CMOS 焦平面读出电路的测试方法[J]. 激光与红外,2004,34(6):460-463.
[17] 王世涛,张伟,王强. 红外探测器件在低温背景下的探测率测试[J]. 光学精密工程,2012,20(3):484-491.

第 11 章　红外热像仪参数测量

随着红外热成像技术的发展和日趋广泛的应用,对其性能参数的精确测量和对测量装置的校准越来越重要。国内各相关单位不同程度的建立了主要参数测量装置,计量部门正在研究校准方法,建立校准装置。本章我们重点介绍红外热像仪主要参数最小可分辨温差(MRTD)、最小可探测温差(MDTD)、信号传递函数(SiTF)、调制传递函数(MTF)、噪声等效温差(NETD)等的测量原理、测量方法和校准方法。同时也介绍红外热像仪作用距离的评价方法。

11.1　红外热像仪评价参数

下面简要介绍与红外热像仪光学性能有关的参数的定义[1-4]。

1. 信号传递函数(SiTF)

红外热像仪信号传递函数定义为:红外热像仪入瞳上的输入信号与其输出信号之间的函数关系。换句话说:信号传递函数指在增益、亮度、灰度指数和直流恢复控制给定时,系统的光亮度(或电压)输出对标准测量靶标中靶标—背景温差输入的函数关系。输入信号一般规定为靶标与其均匀背景之间的温差,输出信号可规定为红外热像仪监视器上靶标图像的对数亮度($\log L$),现在一般规定为红外热像仪输出电压,所以,信号传递函数 SiTF 等于被测量红外热像仪观察刀口靶或其他合适的靶时,红外热像仪的输出电压相对于输入温差的斜率。

2. 噪声等效温差(NETD)

衡量红外热像仪判别噪声中小信号能力的一种广泛使用的参数是噪声等效温差(NETD)。噪声等效温差(NETD)有几种不同的定义,最简单且通用的定义为:噪声等效温差(NETD)是红外热像仪观察试验靶标时,基准电子滤波器输出端产生的峰值信号与均方根噪声比为 1 的试验靶标上黑体目标与背景的温差。

实际测量时,为了取得良好的结果,通常要求目标尺寸 W 超过被测红外热像仪瞬时视场若干倍,测量目标和背景的温差超过被测红外热像仪 NETD 数十倍,使信号峰值电压 V_s 远大于均方根噪声电压 V_n,然后按下式计算被测红外热像仪的 NETD:

$$\text{NETD} = \frac{\Delta T}{V_s/V_n} \tag{11-1}$$

式中:ΔT 为目标和背景的温差;V_s 为信号峰值电压;V_n 为热像仪的噪声均方根电压。

3. 调制传递函数(MTF)

调制传输函数的定义是对标称无限的周期性正弦空间亮度分布的响应。对一个光强在空间按正弦分布的输入信号,经红外热像仪输出仍是同一空间频率的正弦信号,但是,输出的正弦信号对比度下降,且相位发生移动。对比度降低的倍数及相位移动的大小是空间频率的函数,分别被称为红外热像仪的调制传递函数(MTF)及相位传递函数(PTF)。红外热像仪的 MTF 及 PTF 表征了该红外热像仪空间分辨能力的高低。

我们知道,红外热像仪由光学系统、探测器、信号采集及处理电路、显示器等部分组成。因此,红外热像仪的调制传递函数为各分系统调制传递函数的乘积,即

$$\mathrm{MTF}_s = \prod_{i=1}^{n} \mathrm{MTF}_i = \mathrm{MTF}_0 \cdot \mathrm{MTF}_d \cdot \mathrm{MTF}_e \cdot \mathrm{MTF}_m \cdot \mathrm{MTF}_{eye} \tag{11-2}$$

式中:MTF_i 为红外热像仪各分系统的调制传递函数;MTF_0 为红外热像仪光学系统的调制传递函数;MTF_d 为红外热像仪探测器的调制传递函数;MTF_e 为红外热像仪电子线路的调制传递函数;MTF_m 为红外热像仪显示器的调制传递函数;MTF_{eye} 为人眼的调制传递函数。

4. 最小可分辨温差(MRTD)

MRTD 是一个作为景物空间频率函数的表征系统的温度分辨率的量度。MRTD 的测量图案为四条带,带的高度为宽度的 7 倍,目标与背景均为黑体。由红外热像仪对某一组四条带图案成像,调节目标相对于背景的温差,从零逐渐增大,直到在显示屏上刚能分辨出条带图案为止,此时的目标与背景间的温差就是该组目标基本空间频率下的最小可分辨温差。分别对不同基频的四条带图案重复上述过程,可得到以空间频率为自变量的 MRTD 曲线。

红外热像仪 MRTD 分析是根据图像特点及视觉特性,将客观信噪比修正为视在信噪比,从而得到与图案测量频率有关的极限视在信噪比下的温差值,即 MRTD。

红外热像仪接收到的目标图像信噪比 $(S/N)_0$ 为

$$(S/N)_0 = \Delta T / \mathrm{NETD} \tag{11-3}$$

式中:ΔT 为目标与背景的温差。

在红外热像仪的输出端,一个条带图案的信噪比 $(S/N)_i$ 为

$$(S/N)_i = R(f) \frac{\Delta T}{\mathrm{NETD}} \left[\frac{\Delta f_n}{\int_0^\infty S(f) \mathrm{MTF}_e^2(f) \mathrm{MTF}_m(f) \mathrm{d}f} \right]^{1/2} \tag{11-4}$$

式中:$R(f)$ 为红外热像仪的方波响应,即对比度传递函数;$\mathrm{MTF}_e(f)$ 为电子线路的调制传递函数;$\mathrm{MTF}_m(f)$ 为显示器的调制传递函数;Δf_n 为噪声等效带宽。

采用基频为 f_T 的条带(方波)图案时,$R(f)$ 应为

$$R(f) \approx \frac{4}{\pi} \mathrm{MTF}_s(f) \tag{11-5}$$

式中:$\mathrm{MTF}_s(f)$ 为系统调制传递函数。

下面在红外热像仪 MRTD 的测量条件下对 $(S/N)_i$ 进行修正:眼睛感受到的目标亮度是平均值,因正弦信号半周内的平均值是幅值的 $2/\pi$,则对信噪比修正因子为 $2/\pi$。由于眼睛的时间积分效应,信号将按人眼积分时间($t_e = 0.2s$)一次独立采样积分,同时噪声按平方根叠加,因此信噪比将改善 $(t_e f_p)^{1/2}$,f_p 为帧频。在垂直方向,人眼将进行信号空间积分,并沿线条去噪声的均方根值,利用垂直瞬时视场 β 作为噪声的相关长度,得到修正因子为

$$\left(\frac{L}{\beta}\right)^{1/2} = \left(\frac{\varepsilon}{2f_T \beta}\right)^{1/2} \tag{11-6}$$

式中:L 为条带长(角宽度);ε 为条带长宽比($q = L/W$),$\varepsilon = 7$;f_T 为条带空间频率。

对有频率 f_T 的周期矩形线条目标存在时,人眼的窄带空间滤波效应近似为单个线条匹配

滤波器,匹配滤波函数为 $\mathrm{sinc}(\pi f/2f_T)$。

在白噪声情况下,电路、显示器及眼睛匹配滤波器的噪声带宽 $\Delta f_{\mathrm{eye}}(f_T)$ 为

$$\Delta f_{\mathrm{eye}}(f_T) = \int_0^\infty \mathrm{MTF}_e^2(f)\mathrm{MTF}_m^2(f)\mathrm{sinc}(\pi f/2f_T)\mathrm{d}f \tag{11-7}$$

即信噪比修正因子 $\left(\dfrac{\Delta f_n}{\Delta f_{\mathrm{eye}}}\right)^{1/2}$ 为

$$\left(\frac{\Delta f_n}{\Delta f_{\mathrm{eye}}}\right)^{1/2} = \left[\frac{\int_0^\infty \mathrm{MTF}_e^2(f)\mathrm{MTF}_m^2(f)\mathrm{d}f}{\Delta f_{\mathrm{eye}}(f_T)}\right]^{1/2} \tag{11-8}$$

把上述四种效应与现显示信噪比结合,就得到视觉信噪比 $(S/N)_v$ 为

$$(S/N)_v = \frac{8}{\pi^2}\mathrm{MTF}_s(f)(t_e f_p)^{1/2}\left(\frac{\varepsilon}{2f_T\beta}\right)\left(\frac{\Delta f_n}{\Delta f_{\mathrm{eye}}}\right)^{1/2}\frac{\Delta T}{\mathrm{NETD}} \tag{11-9}$$

令观察者能分辨线条的阈值视觉信噪比为 $(S/N)_{\mathrm{DT}}$,则由上式解出的 ΔT 就是 MRTD 表达式:

$$\mathrm{MRTD}(f) = \frac{\pi^2}{8}\frac{\mathrm{NETD}(2f\beta)^{1/2}(S/N)_{\mathrm{DT}}}{(t_e f_p \varepsilon)^{1/2}\mathrm{MTF}_s(f)}\left(\frac{\Delta f_n}{\Delta f_{\mathrm{eye}}}\right)^{1/2} \tag{11-10}$$

式中:NETD 为热像仪的噪声等效温差;$(S/N)_{\mathrm{TD}}$ 为观察者能分辨线条的阈值视觉信噪比;f 为图像的空间频率;Δf_n 为噪声等效带宽;Δf_{eye} 为考虑人眼匹配滤波器作用的噪声等效带宽;β 为垂直方向瞬时视场;$\mathrm{MTF}_s(f)$ 为热像仪系统调制传递函数;t_e 为人眼积分时间;f_p 为热像仪的帧频;ε 为条带长宽比。

5. 最小可探测温差(MDTD)

最小可探测温差(MDTD)是将噪声等效温差 NETD 与最小可分辨温差 MRTD 的概念在某些方面作了取舍后而得到的。具体地说,MDTD 仍是采用 MRTD 的观测方式,由在显示屏上刚能分辨出目标对背景的温差来定义。但 MDTD 测量采用的标准图案是位于均匀背景中的单个方形或圆形目标,对于不同的尺寸的靶,测出相应的 MDTD。因此,MDTD 与 MRTD 相同之处是二者既反映了红外热像仪的热灵敏性;也反映了红外热像仪的空间分辨率。MDTD 与 MRTD 不同之处,MRTD 是空间频率的函数,而 MDTD 是目标尺寸的函数。

设目标为角宽度为 W 的方形,在考虑了目标图案及视觉效应后,从对视觉信噪比作修正入手分析并推导出红外热像仪 MRTD 表达式。视觉信噪比修正具体表现在:

(1) 视觉平均积分作用对信号的修正;
(2) 人眼的时间积分效应对信噪比的修正;
(3) 在垂直方向上,人眼对空间积分作用对信噪比的修正;
(4) 人眼频域滤波作用对信噪比的修正。

得到外热像仪 MDTD 表达式为

$$\mathrm{MDTD}(f) = \sqrt{2}(S/N)_{\mathrm{DT}}\frac{\mathrm{NETD}}{\bar{I}(x,y)}\left[\frac{f\beta \Delta f_{\mathrm{eye}}(f)}{t_e f_p \Delta f_n}\right]^{1/2} \tag{11-11}$$

式中:$\bar{I}(x,y)$ 为显示器上振幅规格化为 1 时方块目标的像。

6. 动态范围

对于红外热像仪的输出,不致因饱和与噪声而产生令人不能接受的信息损失时所接收的

输入信号输入值的范围。

7. 均匀性

均匀性定义为:在红外热像仪视场(FOV)内,对于均匀景物输入,红外热像仪输出的均匀性。

对焦平面阵列热像仪,均匀性表征成像器件各有效像元响应度的一致性,其定义如下:

$$U(\%) = 100 - \frac{V_{\max} - V_{\min}}{V_{\max} + V_{\min}} \times 100 \tag{11-12}$$

式中:$V_{\max}$、$V_{\min}$分别为选定目标靶信号区域像素灰度值的最大值和最小值。一般取75%饱和响应值的条件下测量其均匀性。

8. 焦距 f_{sys}

计算光学成像镜头焦距f_{sys},表达如下:

$$f_s = f_{co} \cdot \frac{l_{CCD}}{l_{LIN}} \tag{11-13}$$

式中:f_{co}为准直光管的焦距;l_{LIN}为选择的玻罗板线对间距;l_{CCD}为对应玻罗板线对间距在红外焦平面上成像的大小。

9. 视场角 FOV

视场角在测得成像光学系统焦距f_s和红外焦平面有效光敏面的几何尺寸即可计算得到。视场角指成像系统所能观察到的最大垂直和水平角度:

水平视场角:
$$H_{LFOV} = \arctan\frac{D_x}{f_s} \tag{11-14}$$

垂直视场角:
$$H_{HFOV} = \arctan\frac{D_y}{f_s} \tag{11-15}$$

式中:D_x、D_y分别为红外焦平面器件水平和垂直方向的几何尺寸。

10. 分辨率

比较通用的有瞬时视场(IFOV)和像分辨率两种。IFOV等于探测器有效尺寸除以成像系统的有效焦长。像分辨率是狭缝响应函数为0.5处狭缝的张角。狭缝响应函数是固定靶的强度和变化靶的张角的输出/输入转换。理想系统,像分辨率是瞬时视场的一半。像分辨率包括系统的光学和电子电路两部分响应,与几何瞬时视场相比更能表征实际系统的响应。

11. 畸变

在红外热像仪整个视场FOV内,放大率的变化对轴上放大率的百分比。畸变提供关于把观察景物按几何光学传递给观察者的情况。

系统的几何畸变由系统的中心放大率与离心处的放大率的不同而引起,它表示点或线与理想位置偏移的程度,其定义为点源成像的实际位置与理想位置之间的极距除以视场值。畸变计算如下:

$$q = \frac{D_{1a} - D_{1b}}{V_{FOV}} \tag{11-16}$$

由于造成几何畸变的原因是成像的光学系统其中光轴中心的放大率M_o和边缘的放大率M_b不同而造成,因其畸变表示如下:

$$q = \frac{M_b}{M_0} \times 100\% \qquad (11-17)$$

式中:当 $q>0$ 时称为枕形畸变;反之 $q<0$ 称为桶形畸变。

一般情况下,通过信号传递函数(SiTF)、噪声等效温差(NETD)、调制传输函数(MTF)、最小可探测温差(MDTD)和最小可分辨温差(MRTD)的测量,基本上可实现红外热像仪较为全面的测量。

11.2 红外热像仪参数测量装置

红外热像仪参数测量装置主要包括:准直辐射系统、光电测量平台、被测红外热像仪承载平台、信噪比测量仪、帧采样器、微光度计、读数显微镜和计算机及测量软件[5-7]。其中准直辐射系统由温差目标发生器及准直光管组成。红外热像仪参数测量装置组成及功能模块如图11-1所示。

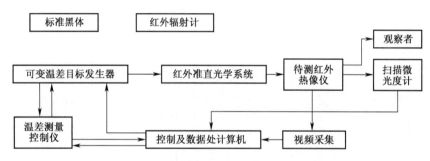

图 11-1 红外热像仪参数测量装置组成及功能模块

红外热像仪参数测量装置涉及到多种技术:精密面源黑体制造技术,精密仪器加工技术,光学技术,微机测控技术,红外测量技术等。红外热像仪参数测量装置示意图如图 11-2 所示。

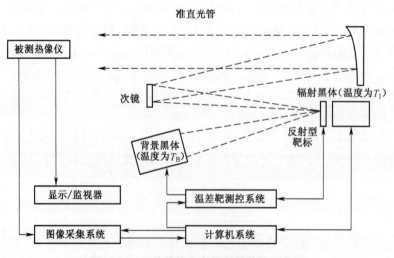

图 11-2 红外热像仪参数测量装置示意图

1. 标准准直辐射系统

准直辐射系统的功能是给被测红外热像仪提供多种图案的目标。准直辐射系统一般分为两种类型,一种是采用单黑体的准直辐射系统,又称为辐射靶系统,其组成如图 11-3 所示。在工作时,辐射靶本身的温度 T_B 始终处于被监控状态。当 T_B 改变时,黑体本身温度 T_T 随之相应改变,使预先设定的温差 ΔT 保持恒定。

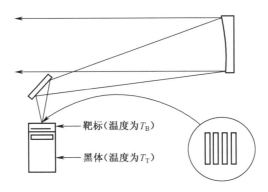

图 11-3 单黑体的准直辐射系统示意图

另一种是采用双黑体的准直辐射系统,又称反射靶系统,其组成如图 11-4 所示。反射靶与辐射靶的主要区别是反射靶表面具有高反射率。通过第二个黑体,辐射背景温度得到精确的设定和控制,由于采用了背景辐射黑体,有效地减少了反射靶面的温度梯度。

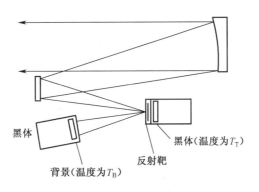

图 11-4 双黑体准直辐射系统

测量靶包括一系列各种空间频率的四条靶,中间带圆孔的十字形靶,方形窗口靶及圆形的窗口靶,针孔靶,狭缝靶等,以实现红外热像仪各种参数的测量。

2. 承载被测量红外热像仪转台

承载被测量红外热像仪转台的主要功能是通过转动,精确调节被测红外热像仪光轴对准准直光管的光轴。同时,还可以利用承载被测量红外热像仪转台进行承载被测量红外热像仪视场 FOV 大小的测量。

3. 光学测量平台

光学测量平台承载整个红外热像仪测量系统,提供一个水平防震的设备安装平台。

4. 信噪比测量仪

信噪比测量仪由基准电子滤波器、均方根噪声电压表、数字电压表等仪器组成,通过测量在一定输入下的信噪比,从而可计算出被测量红外热像仪的噪声等效温差 NETD 和噪声等效通量密度 NEFD。

5. 帧采样器

对于在被测量红外热像仪的测量过程中,通过帧采样器与被测量红外热像仪接口,帧采样器对被测量红外热像仪视频输出采样、数字化,然后传输到计算机进行数据处理与分析,可测量出被测量红外热像仪的噪声等效温差 NETD、线扩展函数 LSF、调制传输函数 MTF、信号传递函数 SiTF、亮度均匀性、光谱响应及客观 MRTD、客观 MDTD 等参数。

6. 微光度计

利用微光度计可测量被测红外热像仪显示器上特定靶图所成像的亮度大小及分布,完成 NETD、LSF、SiTF、MTF、亮度均匀性、光谱响应及客观 MRTD 和 MDTD 的测量。

7. 读数显微镜

测量被测量红外热像仪显示器上对特定靶图案所成像的尺寸大小,完成畸变性能测量。

8. 计算机系统

计算机系统的功能主要是:第一,提取每次测量所得到的被测量红外热像仪的输出信息,通过自动测量软件,计算出被测量红外热像仪的各种参数。第二,实施黑体温度和靶标定位的控制和整个测量过程的自动化管理。

11.3 红外热像仪主要参数测量方法

在 11.2 节我们介绍了红外热像仪主要参数测量装置的组成,下面我们介绍各参数的测量方法[8-12]。

11.3.1 红外热像仪信号传递函数(SiTF)测量

红外热像仪信号传递函数(SiTF)是说明目标温度变化 ΔT 与被测量红外热像仪输出(显示器亮度或输出电压)之间的一个函数。红外热像仪 SiTF 测量原理如图 11-5 所示。测量靶标采用圆孔靶。

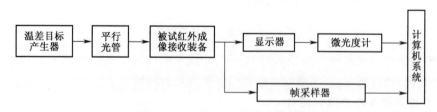

图 11-5 红外热像仪 SiTF 测量原理

在预定的温度范围内,等间隔的改变目标与背景之间的温差,记录相应的被测量红外热像仪输出视频信号的电压值或显示器上的目标亮度(由微光度计对显示器上的亮度信号采样或由视频帧采集器对视频输出信号采样),最后画出信号电压或亮度与相对应的目标与背景之间的温差关系曲线,由曲线可得到被测量红外热像仪的线性工作区域。

红外热像仪 SiTF 具体测量方法如下:

(1) 如果校准装置有背景黑体,则设置背景黑体温度至用户方要求的温度。否则,将背景黑体温度设置于默认的 20℃。如校准装置无背景黑体,则以实验室环境温度为靶标背景温度。

(2) 选择刀口靶标或其他合适的靶标,调节被校红外热像仪的位置,使靶标成像在视场中心,使靶标图像清晰。

(3) 将被校红外热像仪增益设置于最高值,电平设置于中间值。

(4) 在校准装置的测控计算机上设置以下参数。

超过温差线性响应区的温差范围;

温差变化步长值;

被校红外热像仪视频制式;

被校红外热像仪帧频;

在每个温差下采集被校红外热像仪的视频帧数。

(5) 从负温差开始按设定温差步长逐渐增加温差,连续采集并存储被校红外热像仪对靶标在一系列温差下的图像。

(6) 以校准装置温差发生器提供的目标辐射温差为横坐标,以被校红外热像仪对应输出的差分视频电压的多帧平均值为纵坐标,绘制二者关系曲线。取该曲线的线性区的斜率来表示红外热像仪信号传递函数。以饱和值的 80% 来截取该曲线中间线性段部分,计算信号传递函数为

$$\text{SiTF} = \frac{\Delta U}{\phi \cdot \Delta T} \tag{11-18}$$

式中:SiTF 为被校红外热像仪的信号传递函数(mV/℃);ΔU 为被校红外热像仪输出的差分视频电压(mV);ϕ 为红外热像仪成像特性参数校准装置的仪器常数;ΔT 为靶标上目标与其均匀背景之间的温差(℃)。

(7) 按(6)~(7)测量 6 次,计算 SiTF 算术平均值。

(8) 将被校红外热像仪增益设置于最低值,电平保持在中间值,重复(5)~(7)步骤。

(9) 将被校红外热像仪增益设置于最高值,电平设置于最低值,重复(5)~(7)步骤。

(10) 将被校红外热像仪增益设置于最高值,电平设置于最高值,重复(5)~(7)步骤。

(11) 如用户方需要校准红外热像仪在其他增益和电平设置下的 SiTF,则将被校红外热像仪的增益、电平设置于用户方需要的量值,重复(5)~(7)步骤。

11.3.2 红外热像仪噪声等效温差(NETD)测量

测量噪声等效温差时,一般采用方形窗口靶,尺寸为 $W \times W$,温度为 T_T 的均匀方形黑体目标,处在温度为 $T_B(T_T > T_B)$ 的均匀黑体背景中构成红外热像仪噪声等效温差 NETD 的测量图案。被测红外热像仪对这个图案进行观察,当系统的基准电子滤波器输出的信号电压峰值和噪声电压的均方根值之比等于 1 时,黑体目标和黑体背景的温差称为噪声等效温差 NETD。

噪声等效温差 NETD 作为红外热像仪性能综合量度有一些局限性:

(1) NETD 的测量点是在基准化电路的输出端。由于从电路输出端到终端图像之间还有其他子系统(如被测量红外热像仪的显示器等),因而 NETD 并不能表征整个被测量红外热像仪的整机性能。

(2) NETD 反映的是客观信噪比限制的温度分辨率,但人眼对图像的分辨效果与视在信噪比有关。NETD 并没有考虑人眼视觉特性的影响。

(3) 单纯追求低的 NETD 值并一定能达到好的系统性能。例如增大工作波段的 $\lambda_1 \sim \lambda_2$ 的宽度,显然会使红外热像仪的 NETD 减小。但是在实际应用场合,可能会由于所接收的日光成分的增加,使红外热像仪的测出的温度与真实温度的差异加大。这表明 NETD 公式未能保证与红外热像仪的实际性能的一致性。

(4) 红外热像仪 NETD 反映的是红外热像仪对低频景物(均匀大目标)的温度分辨率,不能表征系统红外热像仪用于观测较高空间频率景物时的温度分辨性能。

尽管 NETD 作为系统性能的综合量度有一定局限性。但是,NETD 参数概念明确,易于测量,目前仍在广泛采用。尤其是在红外热像仪的设计阶段,采用 NETD 作为对红外热像仪诸参数进行选择的权衡标准是有用的。

红外热像仪 NETD 的测量原理如图 11-6 所示。其中 ΔT 等于温度为 T_T 的均匀方形或圆形黑体目标与处在温度为 $T_B(T_T>T_B)$ 的均匀黑体背景之间的温差,其数值可由温差目标发生器直接给出。信号电压 V_s 和均方根电压 V_n 可由数字电压表和均方根噪声表分别测出。同样,红外热像仪的信噪比 V_s/V_n 还有另一种基于帧采样器的测量方法,通过帧采样器对被测量红外热像仪的视频输出采样、数字化,然后传输到计算机进行数据处理与分析,可计算出其信噪比。从而计算出被测量红外热像仪的噪声等效电压 NETD。

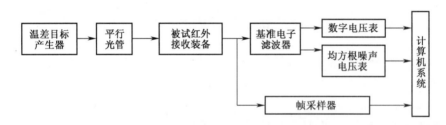

图 11-6　红外热像仪 NETD 测量原理图

具体方法如下:

(1) 保持设置不变,换用空靶或者大开口的矩形或圆形靶标;

(2) 将校准装置温差设置为零,输入被校红外热像仪的帧频。设置采样的图像帧数,采样帧数可取 50 帧;

(3) 待黑体温度稳定,温差达到零后,按采样的视频图像帧数,连续采集并存储被校红外热像仪视频图像;

(4) 某区域像素(或整个热图像)的噪声电压计算如下:

$$S = \sqrt{\frac{1}{(M \times N \times F - 1)} \sum_{k=1}^{F} \sum_{j=1}^{N} \sum_{i=1}^{M} \left[u(i,j,k) - \frac{1}{M \times N \times F} \sum_{k=1}^{F} \sum_{j=1}^{N} \sum_{i=1}^{M} u(i,j,k) \right]^2}$$

(11-19)

式中:S 为某区域像素(或整个热图像)的噪声电压值(mV);k 为视频帧序列,$k=1,2,\cdots,F$,其中 F 为采集的视频帧数;M 为一组像素的行数;N 为一组像素的列数;$u(i,j,k)$ 为某区域像素(或整个热图像)的第 i 行、第 j 列像素第 k 帧的视频电压,单位为 mV。

(5) 计算一组像素(或整个热图像)的 NETD:

$$\text{NETD} = \frac{S}{\text{SiTF}} \tag{11-20}$$

式中：NETD 为一组像素（或整个热图像）的噪声等效温差，单位为℃；S 为某区域像素（或整个热图像）的噪声电压值，单位为 mV；SiTF 为在与测量噪声时相同增益、电平及背景温度设置下红外热像仪的信号传递函数，单位为毫伏每摄氏度（mV/℃）。

利用这套测量装置还可计算出被测量红外热像仪的噪声等效通量密度 NEFD 及噪声等效辐照度 NEI 的测量。

11.3.3 红外热像仪时间域高频 NETD 测量

时间域高频噪声使热像仪的输出随时间相对快速地变化，将热像仪输出的时间域高频噪声等效为靶标的温差，称为时间域高频噪声等效温差，简称高频时间域 NETD。时间域高频 NETD 测量方法如下：

保持测量装置、热像仪设置不变，换用空靶或者大开口的矩形或圆形靶标；将校准装置温差设置为零，输入被校红外热像仪的帧频。设置采样的图像帧数，帧数一般可以取 20~60 帧之间；待黑体温度稳定，温差达到零后，按采样的视频图像帧数，连续采集并存储被校红外热像仪各帧视频图像；单个像素的视频电压随序列分布如图 11-7 所示。由于测量时间在几秒钟内完成，默认状态下，1/f 噪声的影响可以忽略不计。单个像素的时间域高频噪声电压就是此像素视频电压帧序列分布的实验标准偏差，被校红外热像仪某一像素的时间域高频噪声电压计算如下：

$$S(i,j) = \sqrt{\frac{1}{F-1}\sum_{k=1}^{F}[U(k,i,j) - \bar{U}(i,j)]^2} \tag{11-21}$$

式中：$S(i,j)$ 为某一像素的时间域高频噪声电压（mV）；k 为帧序列，$k=1,2,\cdots,F$，其中 F 为采集的视频帧数；i 为某一像素在热图像中的行次序；j 为某一像素在热图像中的列次序；$U(k,i,j)$ 为某一像素按帧序列分布的视频电压（mV）；$\bar{U}(i,j)$ 为某一像素按帧序列分布视频电压的平均值（mV）。

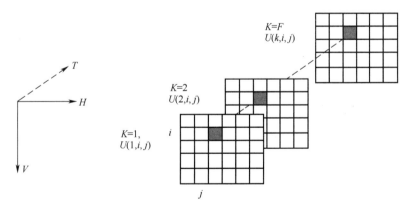

图 11-7　单个像素的视频电压随帧序列分布

（1）计算一组像素（或整个热图像）的时间域高频 NETD，首先按式（11-21）计算组中每个像素视频电压随帧序列分布的实验标准偏差 $S(i,j)$。计算一组像素（或整个热图像）的时间域高频噪声电压值 $\bar{S}_T$：

$$\bar{S}_T = \sqrt{\frac{1}{M \times N} \sum_{j=1}^{N} \sum_{i=1}^{M} S(i,j)^2} \quad (11-22)$$

式中：$\bar{S}_T$ 为一组像素(或整个热图像)的时间域高频噪声电压值(mV)；M 为一组像素的行数；N 为一组像素的列数；$S(i,j)$ 为一组像素(或整个热图像)中某一像素的时间域高频噪声电压(mV)。

(2) 计算单个像素的时间域高频噪声等效温差：

$$\text{NETD}_t = \frac{S(i,j)}{\text{SiTF}} \quad (11-23)$$

式中：NETD_t 为单个像素的时间域高频噪声等效温差(℃)；$S(i,j)$ 为某一像素的时间域高频噪声电压(mV)；SiTF 为在与测量噪声时相同增益、电平及背景温度设置下红外热像仪的信号传递函数(mV/℃)。

(3) 计算一组像素(或整个热图像)的时间域高频噪声等效温差：

$$\text{NETD}_t = \frac{\bar{S}_T}{\text{SiTF}} \quad (11-24)$$

式中：NETD_t 为一组像素(或整个热图像)的时域高频噪声等效温差(℃)；$\bar{S}_T$ 为一组像素(或整个热图像)的时间域高频噪声电压(mV)；SiTF 为在与测量噪声时相同增益、电平及背景温度设置下红外热像仪的信号传递函数(mV/℃)。

(4) 按(1)~(3)重复测量 6 次，计算时域高频 NETD 算术平均值。

11.3.4 红外热像仪空间域 NETD 测量

红外热像仪的空间噪声包括空间低频噪声(即非均匀性)和空间高频噪声(即固定模式噪声 FPN)，是热像仪噪声中不随时间变化的噪声部分。将热像仪的空间噪声等效为靶标的温差，称为空间域噪声等效温差。

空间域 NETD 测量方法如下：

(1) 将校准装置温差设置为零，输入被校红外热像仪的帧频。设置采样帧数大于或等于 100；

(2) 待黑体温度稳定，温差达到零后，按采样帧数，连续采集被校红外热像仪的视频图像；

(3) 选中一组像素(或整个热图像)，对其每个像素视频电压帧序列分布取平均值，所采集的各帧图像由一帧图像取代，方法如图 11-8 所示。

(4) 一组像素(或整个热图像)中某一像素取帧序列分布平均值 $\bar{U}(i,j)$ 表达如下：

$$\bar{U}(i,j) = \frac{1}{F} \times \sum_{k=1}^{F} U(k,i,j) \quad (11-25)$$

式中：$\bar{U}(i,j)$ 为一组被分析像素(或整个热图像)中某一像素的帧序列平均值(mV)；k 为帧序列，$k = 1,2,\cdots,F$，其中 F 为采集的视频帧数；i 为某一像素在热图像中的行次序；j 为某一像素在热图像中的列次序；$U(k,i,j)$ 为某一像素按帧序列分布的视频电压(mV)。

(5) 被分析区域内像素帧序列平均值随空间分布的平均值 $\bar{U}$，如图 11-8 所示，表达

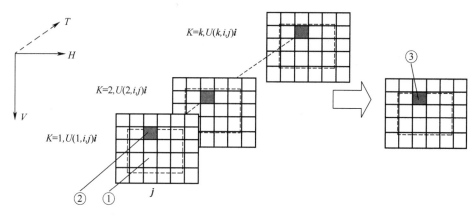

图 11-8　每个像素取帧序列平均值,所采集的各帧图像由一帧图像取代

①—一组被分析像素在视场中的位置;②—一组被分析像素中的某一像素;
③—一组被分析像素中的某一像素视频电压的帧序列平均值为 $\overline{U}(i,j)$。

如下:

$$\overline{U} = \sqrt{\frac{1}{M \times N} \sum_{j=1}^{N} \sum_{i=1}^{M} \overline{U}(i,j)^2} \tag{11-26}$$

式中:$\overline{U}$ 为一组像素(或整个热图)视频电压帧序列平均值 $\overline{U}(i,j)$ 随空间分布的平均值 (mV);M 为一组被分析像素的行数;N 为一组被分析像素的列数;$\overline{U}(i,j)$ 为某一像素按帧序列分布视频电压的平均值(mV)。

(6) 如图 11-9 所示,一组像素(或整个热图像)中像素视频电压帧序列平均值随空间分布的标准偏差 S_{VH},就是该组像素的空间噪声电压值,计算如下:

$$S_{VH} = \sqrt{\frac{1}{M \times N - 1} \sum_{j=1}^{N} \sum_{i=1}^{M} [\overline{U}(i,j) - \overline{U}]^2} \tag{11-27}$$

式中:S_{VH} 为一组像素的空间噪声电压(mV);M 为一组像素的总行数;N 为一组像素的总列数;$\overline{U}(i,j)$ 为某一像素按帧序列分布视频电压的平均值(mV);$\overline{U}$ 为一组像素(或整个热图像)中像素视频电压帧序列平均值 $\overline{U}(i,j)$ 随空间分布的平均值(mV)。

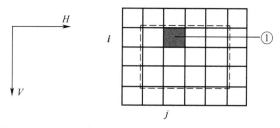

图 11-9　一组像素中像素视频电压帧序列随空间的分布

①:一组被分析像素中某一像素视频电压的帧序列平均值为 $\overline{u}(i,j)$;

空间噪声等效温差值,计算如下:

$$\text{NETD}_s = \frac{S_{VH}}{\text{SiTF}} \tag{11-28}$$

式中:$NETD_s$ 为一组被分析像素(或整个热图像)的空间噪声等效温差(℃);S_{VH} 为一组被分析像素(或整个热图像)的空间噪声电压(mV);SiTF 为在与测量噪声时相同增益控制、电平控制、背景温度设置下的信号传递函数(mV/℃)。

(7) 按(1)~(6)重复测量 6 次,计算空间噪声等效温差算术平均值。

11.3.5 外热像仪最小可分辨温差(MRTD)测量

1. 红外热像仪 MRTD 主观测量

红外热像仪 MRTD 主观测量方法如下:

1) 测量装置标定

MRTD 主观测量中涉及测量装置的标定包括:红外差分准直系统仪器常数的标定;红外差分准直系统中四杆靶标空间频率、针孔靶标张角的标定。

标定仪器常数用的仪器是标准黑体和辐射计。先用标准黑体对辐射计进行标定,然后用辐射计对红外热像仪 MRTD 测量装置的稳定度、均匀性和温差进行标定,并由此计算出仪器常数 ϕ。

采用经纬仪测量红外差分准直系统焦距,采用测量显微镜测量四杆靶标狭缝及狭缝间距、圆孔靶标直径或者方孔靶标边长。

2) 空间频率选择

在测量红外热像仪 MRTD 时规定至少在 4 个空间频率 f_1、f_2、f_3、f_4(周每毫弧度)上进行,频率选择以能反映红外热像仪的工作要求为准。通常选择 $0.2f_0$、$0.5f_0$、$1.0f_0$、$1.2f_0$,f_0 为被测量红外热像仪的特征频率的 1/2(DAS)。DAS 是红外热像仪探测器尺寸对它的物镜的张角(毫弧度)。

3) 测量程序

首先把较低空间频率的标准四杆图案靶标置于准直光管焦平面上,并把温差调到高于规定值进行观察。调节红外热像仪,使靶标图像清晰成像。

降低温差,继续观察,把目标黑体温度从背景温度以下调到背景温度以上,分辨黑白图样,记录当观察到每杆靶面积的 75% 和两杆靶间面积的 75% 时的温差,称之为热杆(白杆)温差。继续降低温差,直到冷杆(黑杆出现),记录并判断温差,判断时以 75% 的观察者能分清图像为准。

4) 测量结果处理

上述测量中,当目标温度高于背景温度时(白杆)称为正温差 ΔT_1,目标温度低于背景温度时(黑杆)称为负温差 ΔT_2,取其绝对值的平均值,并考虑到准直光管的透射比(准直光管的 MTF 不计)及温差发生器的发射率校正,计算被测红外热像仪的 MRTD(f)值:

$$\begin{cases} \text{MRTD}(f) = \dfrac{|\Delta T_1| + |\Delta T_2|}{2} \cdot \phi \\ \Delta T_1 = T_1 - T_0 \\ \Delta T_2 = T_2 - T_0 \end{cases} \quad (11-29)$$

式中:ϕ 为测量装置常数,与红外热像仪参数测量装置的调制传输函数 MTF、光谱透射比及温差发生器的发射率等有关;T_0 为温差发生器采用双黑体方案时,T_0 为背目标与背景的最小温差 $T_1 > T_0$ 景辐射黑体温度;采用单黑体发案时,T_0 为等效环境温度;T_1 为观察者能分辨出四杆靶条图案时的目标温度；T_2 为观察者能分辨出四杆黑条图案时的目标温度；ΔT_1 为观察者能分辨出四杆白条图案时目标与背景的最小温差 $T_1 > T_0$；ΔT_2 为观察者能分辨出四杆黑条图案时目标与背景的最小温差 $T_2 < T_0$。

一般情况下，对于每一种空间频率的图案都要在三个典型区域进行测量，求每一区域除垂直方向外，还要测量与之相对应的 ±45° 取向的 MRTD。典型的红外热像仪 MRTD 曲线如图 11-10 所示。

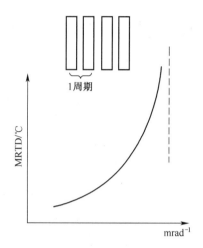

图 11-10　典型的红外热像仪 MRTD 曲线

2. MRTD 客观测量

红外热像仪 MRTD 主观测量法中，由于观察者响应有较大的分散性和占用时间较长等问题，近年来红外热像仪参数测量向客观即自动测量方向发展。红外热像仪 MRTD 客观测量法目前分三种，即光度法、MTF 法和图像识别法。

1) 光度法

所谓光度法就是使用 CCD 摄像机对热像仪的显示器进行测试，得到四杆靶图案目标与背景的信噪比。根据温差与信噪比的线性关系，利用线性插值方法即可得到与特定信噪比对应的温差（即为某一频率下的 MRTD 值）。

监视器亮度可用扫描测微光度计、静态固态相机或可移动的光缆来测量（图 11-11）。

具体测量方法如下：

（1）选择某一频率的标准四杆靶图案，设定目标与背景温差为一较高值，把 CCD 阵列的一帧数据存入 PC 机中，PC 机使用这些数据来建立与四杆靶目标相对应的图像。

（2）将温差减小到接近该空间频率下的 MRTD 值，把此时的 CCD 阵列数据存入 PC 机中，在对暗电流和响应率变化进行修正之后，这些数据与 (1) 中的数据一起来计算信噪比 S/N。

（3）将此信噪比与阈值信噪比进行比较。如果它等于人眼视觉阈值信噪比，那么现在的温差就是 MRTD。如果不等于阈值信噪比，就使用线性插值方法来求 MRTD。如果只测量 1 次，就利用坐标原点和 1 次测量的结果来插值。如果测量 2 次，就利用 2 次测量结果来插值。

（4）设置目标与背景温差为所求得的值，重复测量过程，直到得到正确的信噪比。

（5）对目标与背景的负温差，重复上述过程，计算正、负温差时 MRTD 的平均值。

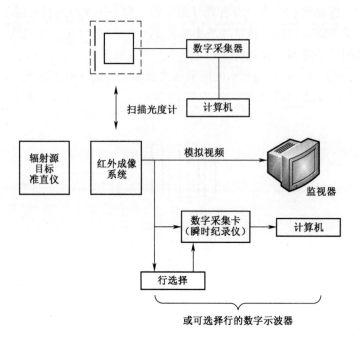

图 11-11　热像仪监视器测量示意图

(6) 选择其他频率的目标,对每个目标重复上述过程。

2) MTF 法

MTF 方法是基于一维测量调制传递函数(MTF)、噪声功率谱(NPS)、噪声等效温差(NETD)和一些常数来确定的,其工作原理如图 11-12 所示。

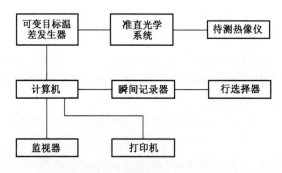

图 11-12　视频信号 MTF 方法

可依据两类不同的方程(或数学模型)来测量。

(1) SEO 方程法:该方法是利用一个点使之与主观方法测量的 MRTD 相符。

$$\mathrm{MRTF}(f) = \frac{K \cdot \mathrm{NETD} \cdot A \cdot B}{\mathrm{MTF}_s(f)} \tag{11-30}$$

其中,K 对给定的热像仪是一个常数,NETD 为测量值,A 为与 NPS、$\mathrm{MTF}_{眼}$、$\mathrm{MTF}_{显示器}$、$\mathrm{MTF}_{透镜}$ 等有关的值,B 为与帧时和人眼积分时间有关的值。

(2) 匹配方程法:该方法需利用两个点使之与主观测量的 MRTD 相符合。

$$\mathrm{MRTF}(f) = \frac{K(f) \cdot \mathrm{NETD}}{\mathrm{MTF}_s(f)} \qquad (11-31)$$

式中：$K(f)$是在这两个频率上与主观法测量的 MRTD 符合的值。

3）图像识别法

所谓图像识别法就是先对所得到的四杆靶红外热图像进行处理，然后提取图像的特征参数，并通过这些特征参数来对图像进行识别，最后对识别结果进行描述或判断。

11.3.6 红外热像仪最小可探测温差（MDTD）测量

红外热像仪的 MDTD 测量方法与 MRTD 测量方法相同，只是将靶标换成圆形或方形靶。对不同尺寸的靶，测出相应的 MDTD，然后作出 MDTD 与靶标尺寸的关系曲线。典型的 MDTD 曲线如图 11-13 所示。

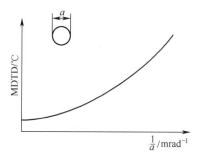

图 11-13　典型的红外热像仪 MDTD 曲线

11.3.7 红外热像仪调制传递函数（MTF）测量

在各种空间频率下，红外成像系统输出正弦波图形的调制度与输入正弦波图形的调制度之比，称为热像仪的调制传递函数。测量 MTF 的方法主要有扫描法、干涉法、激光散斑法等。

1. 扫描法

调制传递函数 MTF 用来说明景物（或图像）的反差与空间频率的关系。直接测量红外热像仪的调制传递函数 MTF，测量和计算都很复杂。所以，在实验室中，通常先测量红外热像仪的线扩展函数 LSF，然后由线扩展函数的傅里叶变换可得红外热像仪的调制传递函数 MTF。

用测量线扩展函数 LSF 来计算 MTF 的测量原理框图如图 11-14 所示。测量靶可采用矩形刀口靶，也可采用狭缝靶。

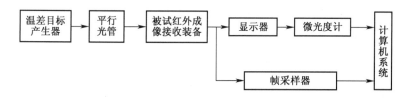

图 11-14　MTF 测量原理框图

因为调制传递函数是对线性系统而言的，由测得的红外热像仪 SiTF 曲线可知其非线性区。根据测得的 SiTF 曲线找出被测红外热像仪的线性工作区，再进行 MTF 参数测量。采用狭缝靶测量红外热像仪 MTF 的程序如下：

(1) 将红外热像仪的"增益"和"电平"控制设定为 SiTF 线性区的相应值,靶标温度调到 SiTF 线性区的中间位置的对应位置。

(2) 把狭缝靶置于准直光管焦平面上,使其投影像位于被测红外热像仪视场内规定区域,并使图像清晰。对被测红外热像仪输出狭缝图案采样(由微光度计对显示器上的亮度信号采样或由帧采集器对输出电信号采样)得到系统的线扩展函数 LSF。

(3) 关闭靶标辐射源,扫描背景图像并记录背景信号。两次扫描的信号相减,对所得结果进行快速傅里叶变换,求出光学传递函数 OTF,取其模得到被测量红外热像仪的 MTF。

(4) 由于测量的结果包括靶标的 MTF、准直光管的 MTF、被测红外热像仪的 MTF 及图像采样装置的 MTF,扣除靶标的 MTF、准直光管的 MTF 及图像采样装置的 MTF,并归一化后得到被测量红外热像仪的 MTF。

(5) 对每一要求的取向(测量方向为狭缝垂直方向或±45°方向)、区域、视场等重复上述步骤。

典型的 LSF 和 MTF 曲线如图 11-15 所示。

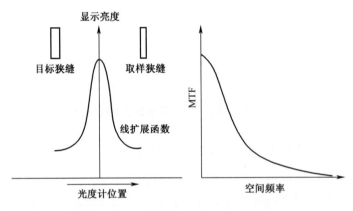

图 11-15 典型的 LSF 和 MTF 曲线

2. 干涉法

干涉法是通过光干涉的方法产生不同空间频率的干涉条纹,得出系统的光瞳函数,再进而得到系统的 MTF。

3. 激光散斑法

激光散斑实际上是一种空间噪声。对一个具有一定功率能谱密度分布 $PSD_{in}(\varepsilon,\eta)$ 的随机目标,系统输出功率谱密度 $PSD_{in}(\varepsilon,\eta)$ 与系统调制传递函数的关系为

$$PSD_{in}(\varepsilon,\eta) = |MTF|^2 \cdot PSD_{out}(\varepsilon,\eta) \tag{11-32}$$

激光散斑法测 MTF 的原理框图如图 11-16 所示。

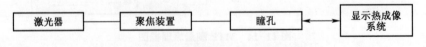

图 11-16 激光散斑法测 MTF 的原理框图

利用激光散斑方法测试凝视成像系统的 MTF 的突出优点是,它反映的是包括整个成像面的系统 MTF。而且它不需要复杂的红外光学系统。

11.3.8 红外热像仪视场测量

1. 视场测量原理

对无限远物体成像时,热像仪接收的是无限远物体发出的平行光,对无限远物体成像时热像仪的视场用视场角 2ω 来表示,ω 为平行光与光轴的最大夹角。将热像仪固定在转台上并对准红外差分准直辐射系统,红外差分准直辐射系统焦点处放置的针孔、方孔或者狭缝靶标发出的光经红外差分准直辐射系统物镜后成为平行光进入热像仪,成像在阵列探测器上,并在显示器上显示出来。旋转转台,让针孔靶标的像从显示器上整个图像的一边移动到另一边,此过程中转台转过的角度即为所测的视场角 2ω。测量完一个方向的视场角后,把摄像机绕光轴旋转 90°,再测量另一个方向的视场角。

测量用的红外差分准直辐射系统的口径要越大越好,至少应该不小于热像仪的入瞳直径。旋转时热像仪的旋转中心要尽量接近热像仪的入瞳中心。

2. 视场测量步骤

(1) 红外热像仪视场测量用靶标可选用十字靶(或狭缝靶、方孔靶等);

(2) 转动承载被测量热像仪的转台,将十字靶标定位于热像仪垂直视场中心,水平(垂直)视场方向上使靶标的中心在消除空回的情况下成像于热像仪监视器一侧的边缘,记录水平角读数 θ_1,旋转承载热像仪转台,使靶标中心成像于监视器另一侧边缘,记录水平(垂直)角读数 θ_2;

(3) 计算水平(垂直)方向视场角 θ:

$$\theta = \theta_2 - \theta_1 \quad (11-33)$$

式中:θ 为水平(垂直)视场角(°);θ_2 为靶标中心成像于监视器一侧边缘时工作台转角读数(°);θ_1 为靶标中心成像于监视器另一侧边缘时工作台转角读数(°)。

11.4 红外热像仪参数测量不确定度分析

红外热像仪静态参数测量中,需要同时给出测量结果的测量不确定度,本节以常规热像仪参数测量中的不确定度分析为例,分析某型号热像仪 SiTF、NETD、时间域高频 NETD、空域 NETD、MRTD、MDTD 等参数测量结果的不确定评定。

11.4.1 信号传递函数(SiTF)测量不确定度评定

1. 数学模型

信号传递函数测量公式:

$$\mathrm{SiTF} = \frac{\Delta U}{\phi \cdot \Delta T} \quad (11-34)$$

式中:ΔU 为红外热像仪的视频差分电压(mV);ϕ 为测量装置的仪器常数;ΔT 为测量装置向热像仪提供的温差,即黑体温度测控仪器显示的温差值(℃ 或 mK)。

2. SiTF 的相对合成标准不确定度模型

SiTF 的相对合成标准不确定度 u_c 模型为

$$u_c = \sqrt{\left(1 \times \frac{u_\phi}{\phi}\right)^2 + \left(1 \times \frac{u_{\Delta T}}{\Delta T}\right)^2 + \left(1 \times \frac{u_{\Delta U}}{\Delta U}\right)^2 + u_4^2} \qquad (11-35)$$

式中:u_c 为 SiTF 的相对合成标准不确定度;$\frac{u(\phi)}{\phi}$ 为测量装置仪器常数的相对标准不确定度;$\frac{u(\Delta T)}{\Delta T}$ 为测量装置提供温差的相对标准不确定度;$\frac{u(\Delta U)}{\Delta U}$ 为红外热像仪视频差分信号的相对标准不确定度;u_4 为测量重复性引入的相对标准不确定度分量。

3. 测量不确定度来源

(1) 测量装置仪器常数引入的不确定度 u_1;

(2) 测量装置温差引入的不确定度分量 u_2;

(3) 测量装置测量差分视频电压引入的不确定度分量 u_3;

(4) 测量重复性引入的不确定度分量 u_4。

4. 测量不确定度评定

(1) 测量装置仪器常数引入的不确定度分量 u_1。

测量装置仪器常数不准,引入的 SiTF 相对标准不确定度 u_1 按 B 类评定。

已知测量装置仪器常数的相对扩展不确定度为 3.0%,$k=2$。因此,仪器常数的相对标准不确定度为 1.5%。

由测量红外热像仪 SiTF 的相对合成标准不确定度 u_c 模型公式可知,仪器常数相对标准不确定度的灵敏度系数为 1。因此,由于测量装置仪器常数不准引入的 SiTF 相对标准不确定度 u_1 为:

$$u_1 = 1 \times u_\phi/\phi = 1.5\%$$

(2) 测量装置温差引入的不确定度分量 u_2。

测量装置提供的温差扩展不确定度 $U_{\Delta T} = 0.025℃$,置信因子 $k=2$;因此,测量装置提供的温差的标准不确定度为 0.0125℃。

在测量 SiTF 时,测量装置小温差 ΔT 均大于 1℃,因此,测量装置温差相对不确定度为:$u_{\Delta T}/\Delta T = 1.25\%$。

由测量红外热像仪 SiTF 的相对合成标准不确定度 u_c 模型公式可知,温差相对不确定度的灵敏度系数为 1。因此,由于测量装置温差不准,引入的 SiTF 测量相对标准不确定度 u_2 为

$$u_2 = 1 \times (u_{\Delta T}/\Delta T) = 1.25\%$$

(3) 测量装置测量差分视频电压引入的不确定度 u_3。

已知测量装置测量差分视频电压的相对扩展不确定度 $\leq 0.3\%$,$k=2$。由此得到测量装置测量差分视频电压的标准不确定度:

$$u_{\Delta U}/\Delta U = 0.15\%$$

由式(11-35)可知,视频电压测量相对不确定度的灵敏度系数为 1。因此,由于测量装置测量差分视频电压不准,引入的 SiTF 测量相对标准不确定度 u_3 为

$$u_3 = 1 \times u_{\Delta T}/\Delta U = 0.15\%$$

(4) 测量重复性引入的不确定度分量 u_4。

对红外热像仪进行重复性测量,结果见表 11-1,利用贝塞尔公式对 6 次测量结果计算标

准偏差。由测量红外热像仪 SiTF 的相对合成标准不确定度 u_c 模型公式可知,相对标准偏差 u_4 为

$$u_4 = 0.058/(\sqrt{6} \times 10.645) = 0.20\%$$

表 11-1　SiTF 重复性测量结果

序 数	1	2	3	4	5	6	平均值	实验标准偏差
SiTF /(mV/℃)	10.568	10.704	10.712	10.664	10.621	10.601	10.645	0.058

5. SiTF 相对合成标准不确定度

SiTF 相对合成标准不确定度的来源、量值、灵敏度系数,评定方法及分布如表 11-2 所列。

表 11-2　SiTF 测量不确定度一览表

不确定度分量	不确定度来源	不确定度值	灵敏度系数	评定方法	分布
u_1	仪器常数不准	1.50%	1	B 类	正态
u_2	测量装置温差不准	1.25%	1	B 类	正态
u_3	差分视频电压不准	0.15%	1	B 类	正态
u_4	测量重复性	0.20%	1	A 类	正态

由于各不确定度分量之间独立不相关,因此,SiTF 测量相对合成标准不确定度为

$$u_c = \sqrt{u_1^2 + u_2^2 + u_3^2 + u_4^2} = 2.0\%$$

6. SiTF 相对扩展测量不确定度

在置信水平 95% 情况下,取 $k=2$,SiTF 相对扩展测量不确定度为

$$U_{\text{rel}} = ku_c = 4.0\%$$

11.4.2　噪声等效温差(NETD)测量不确定度评定

1. 数学模型

NETD 的测量公式为

$$\text{NETD} = \frac{U_N}{\text{SiTF}} \tag{11-36}$$

式中:NETD 为一组被分析像素(或整个热图像)的噪声等效温差(℃);U_N 为被分析像素(或整个热图像)的噪声电压(mV);SiTF 为在与测量噪声时时相同增益、电平及背景温度设置下红外热像仪的信号传递函数(mV/℃)。

2. NETD 合成标准不确定度模型

计算测量红外热像仪 NETD 的合成标准不确定度公式为

$$u_c = \sqrt{\left[\frac{1}{\text{SiTF}} \times u_N\right]^2 + [\text{NETD} \times u_{\text{SiTF}}]^2 + [1 \times u_T]^2 + u_4^2} \tag{11-37}$$

式中:u_c 为测量红外热像仪 NETD 的合成标准不确定度;SiTF 为红外热像仪信号传递函数(mV/℃);u_N 为测量装置测量视频电压的标准不确定度(mV);NETD 为红外热像仪噪声等效温差(℃);u_{SiTF} 为红外热像仪信号传递函数的相对标准不确定度;u_T 为测量装置中黑体温度

稳定性及非均匀性引入的标准不确定度；u_4 为测量重复性引入的不确定度分量。

3. 测量不确定度来源

（1）测量装置测量差分视频电压引入的不确定度分量 u_1：

$$u_1 = \frac{1}{\text{SiTF}} \times u_N$$

式中：u_1 为测量装置测量差分视频电压引入的不确定度分量；u_N 为测量装置测量噪声的标准不确定度；SiTF 为在与测量噪声时相同增益、电平及背景温度设置下红外热像仪的信号传递函数(mV/℃)。

（2）测量装置测量 SiTF 引入的不确定度分量 u_2：

$$u_2 = \text{NETD} \times u_{\text{SiTF}}$$

式中：u_2 为测量装置测量 SiTF 引入的不确定度分量；NETD 为红外热像仪噪声等效温差(℃)；u_{SiTF} 为测量装置测量 SiTF 的相对标准不确定度。

（3）测量装置中黑体温度不稳定及非均匀性引入的不确定度 u_3：

$$u_3 = 1 \times u_T$$

（4）测量重复性引入的不确定度分量 u_4。

4. 测量不确定度评定

（1）测量装置测量差分视频电压不准引入的不确定度分量 u_1

由于测量装置中测量视频电压的相对扩展不确定度为 0.3%，置信因子 $k=2$，因此测量装置测量差分视频电压的标准不确定度为 0.15%。取 SiTF = 100mV/℃，视频电压 100mV。

由测量红外热像仪 NETD 的合成标准不确定度式(11-37)可知，测量装置测量差分视频电压标准不确定度的灵敏度系数为 1/SiTF，则由于测量装置测量差分视频电压不准而引入的不确定度分量 u_1：

$$u_1 = \frac{1}{\text{SiTF}} \times u_N = 0.002℃$$

（2）测量装置测量 SiTF 引入的不确定度分量 u_2

测量装置测量 SiTF 的相对扩展不确定度为 4%。置信因子 $k=2$，得到测量装置测量 SiTF 的相对标准不确定度 = 2.0%。

红外热像仪 NETD = 0.5℃。由式(11-36)可知，测量装置测量视频电压标准不确定度的灵敏度系数为 NETD。则由测量红外热像仪 SiTF 不准而引入的 NETD 测量不确定度分量 u_2：

$$u_2 = \text{NETD} \times u_{\text{SiTF}} = 0.010℃$$

（3）测量装置中黑体温度不稳及非均匀性引入的不确定度 u_3

在测量 NETD 时，不使用任何红外靶标，只有目标黑体中心区域辐射经主镜和次镜的反射后充满红外热像仪视场，此时测量装置温差设置为 0℃。因此，目标黑体的稳定性及均匀性影响红外热像仪 NETD 测量的准确性。

已知目标黑体温度稳定性 $U_{\text{stb}} \leq 0.003℃$，置信因子 $k=2$，由此得到：

$$U_{\text{stb}}/2 ℃ \leq 0.0015℃$$

已知目标黑体温度均匀性不确定度 $U_{\text{uni}} \leq 0.010℃$，置信因子 $k=2$，由此得到：

$$U_{\text{uni}}/2 \leq 0.005℃$$

因此，测量装置中黑体温度稳定性及均匀性合成标准不确定度：

$$\sqrt{\left[\frac{U_{stb}}{2}\right]^2 + \left[\frac{U_{uni}}{2}\right]^2} = 0.006℃$$

由式(11-37)可知,此灵敏度系数为1。则由黑体温度不稳及非均匀性引入而引入的 NETD 测量不确定度分量 u_3:

$$u_3 = 1 \times 0.006℃ = 0.006℃$$

(4)测量重复性引入的不确定度分量 u_4

对红外热像仪进行重复性测量,结果见表11-3,利用贝塞尔公式对6次测量结果计算标准偏差 u_4:

$$u_4 = 0.008℃/\sqrt{6} = 0.003℃$$

表 11-3 NETD 重复性测量结果

序 数	1	2	3	4	5	6	平均值	实验标准偏差
NETD/℃	0.686	0.686	0.675	0.667	0.675	0.683	0.678	0.008

5. NETD 的合成标准不确定度

NETD 测量合成标准不确定度的来源、量值、灵敏度系数,评定方法及分布如表11-4 所列。

表 11-4 NETD 测量不确定度一览表

不确定度分量	不确定度来源	灵敏度系数	灵敏度/(℃/mV)	不确定度分量/℃	评定方法	分布
u_1	差分视频电压测量不准	1/SiTF	0.1	0.002	B类	正态
u_2	SiTF 不准	NETD	0.500	0.010	B类	正态
u_3	黑体温度不稳及非均匀性	1	1	0.006	B类	正态
u_4	测量重复性	1	1	0.003	A类	正态

各分量之间独立不相关,所以,NETD 测量合成标准不确定度 u_c:

$$u_c = \sqrt{u_1^2 + u_2^2 + u_3^2 + u_4^2} = 0.0125℃$$

6. NETD 扩展测量不确定度

在置信水平95%情况下,取 $k=2$,NETD 扩展测量不确定度为

$$U = ku_c = 0.025℃$$

11.4.3 时域高频 NETD 测量不确定度评定

1. 数学模型

测量装置测量红外热像仪时域高频 NETD 的测量公式为

$$\text{NETD}_t = \frac{U_N}{\text{SiTF}} \quad (11-38)$$

式中：NETD_t 为一组被分析像素（或整个热图像）的时域高频噪声等效温差（℃）；U_N 为被分析像素（或整个热图像）的时域高频噪声电压，单位为 mV；SiTF 为在与测量时域高频噪声时相同增益、电平及背景温度设置下红外热像仪的信号传递函数（mV/℃）。

2. 高频时域 NETD 合成标准不确定度模型

计算测量热像仪高频时域 NETD 的合成标准不确定度 u_c 为

$$u_c = \sqrt{\left[\frac{1}{\text{SiTF}} \times u_N\right]^2 + [\text{NETD}_t \times u_{\text{SiTF}}]^2 + [1 \times u_T]^2 + u_4^2} \quad (11-39)$$

式中：SiTF 为红外热像仪信号传递函数（mV/℃）；u_N 为测量装置测量视频电压的标准不确定度（mV）；NETD_t 为红外热像仪高频时域噪声等效温差（℃）；u_{SiTF} 为红外热像仪信号传递函数的相对标准不确定度；u_T 为测量装置中黑体温度稳定性引入的不确定度；u_4 为测量重复性引入的不确定度分量。

3. 测量不确定度来源

（1）测量装置测量差分视频电压引入的不确定度分量 u_1：

$$u_1 = \frac{1}{\text{SiTF}} \times u_N$$

式中：u_N 为测量装置测量噪声的标准不确定度；SiTF 为在与测量噪声时相同增益、电平及背景温度设置下红外热像仪的信号传递函数（mV/℃）。

（2）测量装置测量 SiTF 引入的不确定度分量 u_2：

$$u_2 = \text{NETD}_t \times u_{\text{SiTF}}$$

式中：NETD_t 为红外热像仪时域高频噪声等效温差（℃）；u_{SiTF} 为测量装置测量 SiTF 的相对标准不确定度。

（3）测量装置中黑体温度不稳定引入的不确定度 u_3。

（4）测量重复性引入的不确定度分量 u_4。

4. 测量不确定度评定

（1）测量装置测量差分视频电压不准引入的不确定度分量 u_1

测量装置测量视频电压的相对扩展不确定度 ≤ 0.3%，置信因子 $k=2$。因此测量装置测量差分视频电压的标准不确定度 ≤ 0.15%。为了降低测量装置测量视频电压引起的测量不确定度，在测量 SiTF 与 NETD 时，设置红外热像仪为高增益，取 SiTF = 100mV/℃，视频电压为 100mV。

由测量红外热像仪时域高频 NETD 的合成标准不确定度公式（11-39）可知，测量装置测量视频电压标准不确定度的灵敏度系数为 1/SiTF，则由于测量装置测量差分视频电压不准而引入的不确定度分量 u_1：

$$u_1 = \frac{1}{\text{SiTF}} \times u_N = 0.002℃$$

（2）测量装置测量 SiTF 引入的不确定度分量 u_2

测量装置测量 SiTF 的相对扩展不确定度为 4%。取置信因子 $k=2$，得到测量装置测量 SiTF 的相对标准不确定度 $u_{\text{SiTF}} = 2.0\%$。

由测量热像仪高频时域 NETD 的合成标准不确定度公式可知，测量 SiTF 标准不确定度的

灵敏度系数为 $\text{NETD}_t = 0.5℃$。得到由于测量红外热像仪 SiTF 不准而引入的 NETD 测量不确定度分量 u_2：

$$u_2 = \text{NETD}_t \times u_{\text{SiTF}} = 0.010℃$$

(3) 测量装置中黑体温度不稳引入的不确定度 u_3

在测量时域高频 NETD 时，将测量装置温差设置为 0℃。因此，测量装置中目标黑体的稳定性影响红外热像仪时域高频 NETD 测量的准确性。

已知目标黑体温度稳定性 $U_{\text{stb}} \leq 0.003℃$，置信因子 $k=2$，由此得到：

$$u_T = U_{\text{stb}}/2 = 0.0015℃$$

由式 (11-39) 可知，黑体温度稳定性标准不确定度的灵敏度系数为 1。则由黑体温度不稳定引入的测量不确定度分量 u_3：

$$u_3 = 1 \times u_T = 0.0015℃$$

(4) 测量重复性引入的不确定度分量 u_4

对红外热像仪进行重复性测量，结果见表 11-5，利用贝塞尔公式对 6 次测量结果计算标准偏差 u_4：

$$u_4 = 0.007℃/\sqrt{6} = 0.003℃$$

表 11-5 时域高频 NETD 重复性测量结果

序 数	1	2	3	4	5	6	平均值	实验标准偏差
时域高频 NETD/℃	0.525	0.524	0.516	0.504	0.514	0.521	0.520	0.007

5. 时域高频 NETD 的合成标准不确定度

时域高频 NETD 测量合成标准不确定度的来源、量值、灵敏度系数，评定方法及分布如表 11-6 所列。

表 11-6 时域高频 NETD 合成标准不确定度一览表

不确定度分量	不确定度来源	灵敏度系数表达式	灵敏度系数	不确定度分量值/℃	评定方法	分布
u_1	差分视频电压测量不准	$\dfrac{1}{\text{SiTF}}$	0.1(℃/mV)	0.002	B 类	正态
u_2	SiTF 不准	NETD_t	0.5℃	0.010	B 类	正态
u_3	黑体温度不稳及非均匀性	1	1	0.002	B 类	正态
u_4	测量重复性	1	1	0.003	A 类	—

由于各分量之间独立不相关，所以，高频时域 NETD 测量合成标准不确定度 u_c：

$$u_c = \sqrt{u_1^2 + u_2^2 + u_3^2 + u_4^2} = 0.011℃$$

6. 时域高频 NETD 扩展测量不确定度

在置信水平 95% 情况下，取 $k=2$，测量高频时域 NETD 的扩展测量不确定度为

$$U = k u_c = 0.022℃$$

11.4.4 空域 NETD 测量不确定度评定

1. 数学模型

测量装置测量红外热像仪空域 $\mathrm{NETD_s}$ 的测量公式为

$$\mathrm{NETD_s} = \frac{U_\mathrm{N}}{\mathrm{SiTF}} \tag{11-40}$$

式中:$\mathrm{NETD_s}$ 为一组被分析像素(或整个热图像)的噪声等效温差(℃);U_N 为被分析像素(或整个热图像)的噪声电压(mV);SiTF 为在与测量噪声时相同增益、电平及背景温度设置下红外热像仪的信号传递函数(mV/℃)。

2. 测量空域 NETD 合成标准不确定度模型

空域 NETD 的合成标准不确定度公式为

$$u_c = \sqrt{\left[\frac{1}{\mathrm{SiTF}} \times u_\mathrm{N}\right]^2 + \left[\mathrm{NETD_s} \times u_{\mathrm{SiTF}}\right]^2 + \left[1 \times u_\mathrm{T}\right]^2 + u_4^2} \tag{11-41}$$

式中:u_c 为测量红外热像仪空域 NETD 的合成标准不确定度;SiTF 为在与测量噪声时相同增益、电平及背景温度设置下红外热像仪的信号传递函数(mV/℃);u_N 为测量装置测量空域噪声电压的标准不确定度;$\mathrm{NETD_s}$ 为红外热像仪空域噪声等效温差(℃);u_{SiTF} 为红外热像仪信号传递函数的相对标准不确定度;u_T 为测量装置中黑体温度稳定性及均匀性引入的标准不确定度;u_4 为测量重复性引入的不确定度分量。

3. 测量不确定度来源

(1) 测量装置测量空域噪声不准而引入的不确定度分量 u_1:

$$u_1 = \frac{1}{\mathrm{SiTF}} \times u_\mathrm{N}$$

式中:u_N 为测量装置测量空域噪声的标准不确定度;SiTF 为在与测量噪声时相同增益、电平及背景温度设置下红外热像仪的信号传递函数(mV/℃)。

(2) 测量装置测量 SiTF 不准引入的不确定度分量 u_2:

$$u_2 = \mathrm{NETD_s} \times u_{\mathrm{SiTF}}$$

式中:$\mathrm{NETD_s}$ 为红外热像仪噪声等效温差(℃);u_{SiTF} 为测量装置测量 SiTF 的相对标准不确定度。

(3) 测量装置中黑体温度不稳定及非均匀性引入的不确定度 u_3。

(4) 测量重复性引入的不确定度分量 u_4。

4. 测量不确定度评定

1) 测量装置测量空域噪声不准引入的不确定度分量 u_1

已知测量装置测量空域噪声的相对扩展不确定度≤0.3%,置信因子 $k=2$。因此测量装置测量空域噪声的标准不确定度≤0.15%。

由测量热像仪空域 NETD 的合成标准不确定度公式可知,测量装置测量空域噪声标准不确定度的灵敏度系数为 1/SiTF。为了降低测量装置测量视频电压引起的测量不确定度,在测量 SiTF 与 NETD 时,设置被测量红外成像系统为高增益控制,取 SiTF = 100mV/℃,视频电压为 100mV。则由于测量装置测量差分视频电压不准而引入的不确定度分量 u_1:

$$u_1 = \frac{1}{\text{SiTF}} \times u_N = 0.002\ ℃$$

2) 测量装置测量 SiTF 引入的不确定度分量 u_2

测量装置测量 SiTF 的相对扩展不确定度为 4%。置信因子 $k=2$，得到测量装置测量 SiTF 的相对标准不确定度 $u_{\text{SiTF}} = 2.0\%$。

由测量红外热像仪 NETD 的合成标准不确定度式(11-41)可知，测量装置 SiTF 标准不确定度的灵敏度系数为 NETD_s，取 $\text{NETD}_s = 0.5\ ℃$。则由测量红外热像仪 SiTF 不准而引入的空域 NETD 测量不确定度分量 u_2：

$$u_2 = \text{NETD}_s \times u_{\text{SiTF}} = 0.010\ ℃$$

3) 测量装置中黑体温度不稳及非均匀性引入的不确定度 u_3

在测量空域 NETD 时，不使用任何红外靶标，只有目标黑体中心部分辐射经主镜和次镜的反射后充满被测量红外成像系统视场，温差设置为 0℃，因此，目标黑体的稳定性及均匀性影响被测量红外成像系统空域 NETD 测量的准确性。

已知目标黑体温度稳定性 $U_{\text{stb}} \leq 0.003\ ℃$，置信因子 $k=2$，由此得到：

$$U_{\text{stb}}/2 \leq 0.0015\ ℃$$

已知目标黑体温度均匀性不确定度 $U_{\text{uni}} \leq 0.010\ ℃$，置信因子 $k=2$，由此得到：

$$U_{\text{uni}}/2 \leq 0.005\ ℃$$

因此，测量装置中黑体温度稳定性及均匀性合成标准不确定度 u_T：

$$u_T = \sqrt{\left[\frac{U_{\text{stb}}}{2}\right]^2 + \left[\frac{U_{\text{uni}}}{2}\right]^2} = 0.006\ ℃$$

由测量热像仪空域 NETD 的合成标准不确定度公式可知，此灵敏度系数为 1。则由测量黑体温度不稳及非均匀性引入而引入的 NETD 测量不确定度分量 u_3：

$$u_3 = 1 \times u_T = 0.006\ ℃$$

4) 测量重复性引入的不确定度分量 u_4

对红外热像仪进行空域 NETD 重复性测量，结果见表 11-7，利用贝塞尔公式对 6 次测量结果计算标准偏差 u_4：

$$u_4 = 0.008\ ℃ / \sqrt{6} = 0.003\ ℃$$

表 11-7 空域 NETD 重复性测量结果

序数	1	2	3	4	5	6	平均值	试验标准偏差
空域 NETD/℃	0.443	0.454	0.435	0.437	0.438	0.442	0.441	0.007

5. 空域 NETD 的合成标准不确定度

空域 NETD 测量合成标准不确定度的来源、量值、灵敏度系数，评定方法及分布如表 11-8 所列。

表 11-8 空域 NETD 测量不确定度一览表

不确定度分量	不确定度来源	灵敏度系数表达式	灵敏度系数值	不确定度分量/℃	评定方法	分布
u_1	测量差分视频电压不准	1/SiTF	0.1℃/mV	0.002	B 类	正态
u_2	测量 SiTF 不准	NETD_s	0.500℃	0.010	B 类	正态

(续)

不确定度分量	不确定度来源	灵敏度系数表达式	灵敏度系数值	不确定度分量/℃	评定方法	分布
u_3	黑体温度不稳定及非均匀性	1	1	0.006℃	B类	正态
u_4	测量重复性	1	1	0.003	A类	正态

各分量之间独立不相关,所以,空域 NETD 测量合成标准不确定度 u_c:

$$u_c = \sqrt{u_1^2 + u_2^2 + u_3^2 + u_4^2} = 0.0125℃$$

6. 空域 NETD 扩展测量不确定度

在置信水平 95% 情况下,取 $k=2$,空域 NETD 扩展测量不确定度为

$$U = ku_c = 0.025℃$$

11.4.5 MRTD 测量不确定度评定

1. 数学模型

计算被测量红外热像仪在某一空间频率 f 下的最小可分辨温差 MRTD(f) 公式如下:

$$\text{MRTD}(f) = \left| \frac{\Delta T_+ - \Delta T_-}{2} \right| \cdot \phi \tag{11-42}$$

式中:ΔT_+ 为热杆温差(℃ 或 mV);ΔT_- 为冷杆温差(℃ 或 mV);ϕ 为红外热像仪参数测量装置的仪器常数。

2. MRTD 测量合成标准不确定度数学模型

测量不确定度评定时,选择一个性能稳定的红外热像仪为被测量对象,测量红外热像仪 MRTD 的合成标准不确定度 u_c 模型为

$$u_c = \sqrt{\left[\frac{\phi}{2} \times (u_{\Delta T_+} + u_{\Delta T_-})\right]^2 + \left[\frac{\Delta T_+ - \Delta T_-}{2} \times u_\phi\right]^2 + \left(\frac{\text{MRTD}_{\text{Ave}}}{\sqrt{N}} \times u_{\text{Observer}}\right)^2 + u_4^2} \tag{11-43}$$

式中:ϕ 为测量装置的仪器常数;$u_{\Delta T_+}$ 为测量装置热杆温差的标准不确定度;$u_{\Delta T_-}$ 为测量装置冷杆温差的标准不确定度;ΔT_+ 为热杆温差(℃ 或 mV);ΔT_- 为冷杆温差(℃ 或 mV);u_ϕ 为测量装置仪器常数的标准不确定度;MRTD_{Ave} 为红外热像仪在某一空间频率下 MRTD 的测量平均值;N 为 MRTD 测量人员人数;u_{Observer} 为 MRTD 测量人员主观性造成的相对偏差;u_4 为测量重复性引入的不确定度分量。

由于热杆温差和冷杆温差使用同一测量仪器实现量值溯源,因此,在红外热像仪 MRTD 测量中,这两项温差引入的不确定度分量完全相关。

3. 测量不确定度来源

(1) 测量装置温差引入的不确定度分量 u_1;

(2) 测量装置仪器常数引入的不确定度分量 u_2;

(3) 测量人员引入的不确定度分量 u_3;

(4) 测量重复性引入的不确定度分量 u_4。

4. 测量不确定度评定

(1) 测量装置温差不准引入的不确定度分量 u_1

测量热像仪 MRTD 过程中,测量装置冷杆温差与热杆温差引入的不确定度分量 u_1:

$$u_1 = \frac{\phi}{2} \times (u_{\Delta T_+} + u_{\Delta T_-})$$

式中:ϕ 为红外热像仪参数测量装置仪器常数,$\phi \approx 90\%$;$u_{\Delta T_+}$ 为热杆温差的标准不确定度;$u_{\Delta T_-}$ 为冷杆温差的标准不确定度。

灵敏度系数为 $\phi/2 = 0.45 \approx 0.5$。

已知测量装置冷杆温差、热杆温差扩展不确定度 $U_{\Delta T} = 0.025℃$,置信因子等于 2。由此得到冷杆温差、热杆温差的标准不确定度 $u_{\Delta T_+} = u_{\Delta T_-} = U_{\Delta T}/2 = 0.0125℃$,$\phi = 95\%$,因此测量装置温差不准而引入的 MRTD 测量不确定度 u_1:

$$u_1 = \frac{\phi}{2} \times (u_{\Delta T_+} + u_{\Delta T_-}) \approx 0.0125℃$$

(2) 测量装置仪器常数引入的不确定度分量 u_2

测量装置仪器常数量值不准引入 MRTD 测量不确定度分量 u_2:

$$u_2 = \frac{\Delta T_+ - \Delta T_-}{2} \times u_\phi$$

式中:ΔT_+ 为热杆温差(℃ 或 mV);ΔT_- 为冷杆温差(℃ 或 mV);u_ϕ 为红外热像仪参数测量装置仪器常数的标准不确定度。

已知 $u_\phi = 1.5\%$,取 $\Delta T_+ = 0.40℃$,$\Delta T_- = -0.40℃$,得到测量装置仪器常数不准引起的 MRTD 测量不确定度分量 u_2:

$$u_2 = \frac{\Delta T_+ - \Delta T_-}{2} \times u_\phi = 0.006℃$$

(3) 测量人员引入的不确定度分量 u_3

$$u_3 = \frac{\text{MRTD}_{\text{Ave}}}{\sqrt{N}} \times u_{\text{Observer}}$$

式中:MRTD_{Ave} 为红外热像仪在某一空间频率下 MRTD 的测量平均值,$\text{MRTD}_{\text{Ave}} = 0.40℃$;$u_{\text{Observer}}$ 为测量人员主观性造成的测量 MRTD 相对标准不确定度;N 为测量人员数量,$N = 4$。

已知测量人员测量 MRTD 的相对扩展不确定度 $U_{\text{Observer}} \approx 10\%$。由此得到红外热像仪 MRTD 测量者主观性引入的测量标准不确定度 $u_{\text{Observer}} = U_{\text{Observer}}/2 \leq 5\%$。因此,测量人员主观性引入的 MRTD 测量不确定度分量 u_3 为

$$u_3 = \frac{\text{MRTD}_{\text{Ave}}}{\sqrt{N}} \times u_{\text{Observer}} = 0.010℃$$

(4) 测量重复性引入的不确定度分量 u_4

对红外热像仪进行 MRTD 重复性测量,结果见表 11-9,利用贝塞尔公式对 6 次测量结果计算标准偏差 u_4:

$$u_4 = 0.010℃/\sqrt{6} = 0.004℃$$

表 11-9 MRTD 重复性测量结果

序 数	1	2	3	4	5	6	平均值	试验标准偏差
MRTD/℃	0.408	0.396	0.390	0.401	0.412	0.414	0.404	0.010

5. MRTD 的合成标准不确定度

测量 MRTD 合成标准不确定度的来源、量值、灵敏度系数,评定方法及分布如表 11-10 所列。

表 11-10 MRTD 测量不确定度一览表

不确定度分量	不确定度来源	灵敏度系数表达式	灵敏度系数量值	不确定度分量值/℃	评定方法	分布
u_1	测量装置温差不准	$\dfrac{\phi}{2}$	0.50	0.0125	B 类	正态
u_2	仪器常数不准	$\dfrac{\Delta T_+ - \Delta T_-}{2}$	0.200℃	0.006	B 类	正态
u_3	测量人员主观性	$\dfrac{\mathrm{MRTD}_{\mathrm{Ave}}}{\sqrt{N}}$	0.050	0.010	B 类	正态
u_4	测量重复性	1	0.01	0.004	A 类	

由于各分量之间独立不相关,所以,测量 MRTD 合成标准不确定度 u_c:

$$u_c = \sqrt{u_1^2 + u_2^2 + u_3^2 + u_4^2} = 0.0165℃$$

6. MRTD 扩展测量不确定度

在置信水平 95% 情况下,取 $k=2$,则扩展测量不确定度为

$$U = ku_c = 0.033℃$$

11.4.6 MDTD 测量不确定度评定

1. 数学模型

计算被测量红外热像仪对某一张角 θ 目标的最小可探测温差 MDTD 计算如下:

$$\mathrm{MDTD} = \left|\frac{\Delta T_+ - \Delta T_-}{2}\right| \cdot \phi \tag{11-44}$$

式中:ΔT_+ 为正温差(℃或 mK);ΔT_- 为负温差(℃或 mK);ϕ 为红外热像仪参数测量装置的仪器常数。

2. MDTD 测量合成标准不确定度数学模型

测量不确定度评定时,选择一个性能稳定的红外热像仪为被测量对象,测量红外热像仪 MDTD 的合成标准不确定度 u_c 模型为

$$u_c = \sqrt{\left[\frac{\phi}{2} \times (u_{\Delta T_+} + u_{\Delta T_-})\right]^2 + \left[\frac{\Delta T_+ - \Delta T_-}{2} \times u_\phi\right]^2 + \left(\frac{\mathrm{MDTD}_{\mathrm{Ave}}}{\sqrt{N}} \times u_{\mathrm{Observer}}\right)^2 + u_4^2}$$

$$\tag{11-45}$$

式中:ϕ 为测量装置的仪器常数;$u_{\Delta T_+}$ 为测量装置正温差的标准不确定度;$u_{\Delta T_-}$ 为测量装置负温差的标准不确定度;ΔT_+ 为正温差(℃或 mK);ΔT_- 为负温差(℃或 mK);u_ϕ 为测量装置仪器常数的标准不确定度;$\mathrm{MDTD}_{\mathrm{Ave}}$ 为红外热像仪对某一张角目标 MDTD 的测量平均值(℃);N 为 MDTD 测量人员人数;u_{Observer} 为测量 MDTD 的测量人员主观性造成的相对偏差;u_4 为测量重复性引入的不确定度分量。

由于正温差和负温差使用同一测量仪器实现量值校准及溯源,因此,在红外热像仪 MDTD 测量中,这两项温差引入的不确定度分量完全相关。

3. 测量不确定度来源

（1）测量装置温差引入的不确定度分量 u_1；

（2）测量装置仪器常数引入的不确定度分量 u_2；

（3）测量人员引入的不确定度分量 u_3；

（4）测量重复性引入的不确定度分量 u_4。

4. 测量不确定度评定

（1）测量装置温差不准引入的不确定度分量 u_1

测量热像仪 MDTD 过程中，测量装置正温差与负温差引入的不确定度分量 u_1：

$$u_1 = \frac{\phi}{2} \times (u_{\Delta T_+} + u_{\Delta T_-})$$

式中：ϕ 为红外热像仪参数测量装置仪器常数，$\phi \approx 90\%$；$u_{\Delta T_+}$ 为正温差的标准不确定度；$u_{\Delta T_-}$ 为负温差的标准不确定度。

因此，灵敏度系数为 $\phi/2 = 0.45 \approx 0.5$ 已知测量装置正温差、负温差扩展不确定度 $U_{\Delta T} = 0.025℃$，置信因子 $k=2$。由此得到正温差、负温差的标准不确定度 $u_{\Delta T_+} = u_{\Delta T_-} = \frac{U_{\Delta T}}{2} = 0.0125℃$，因此有：

$$u_1 = \frac{\phi}{2} \times (u_{\Delta T+} + u_{\Delta T-}) = 0.0125℃$$

（2）测量装置仪器常数不准引入的不确定度分量 u_2

测量装置仪器常数量值不准引入 MDTD 测量不确定度分量 u_2：

$$u_2 = \frac{\Delta T_+ - \Delta T_-}{2} \times u_\phi$$

式中：ΔT_+ 为正温差（℃或 mK）；ΔT_- 为负温差（℃或 mK）；u_ϕ 为测量装置仪器常数的标准不确定度。

已知 $u_\phi = 1.5\%$，取 $\Delta T_+ = 0.40℃$，$\Delta T_- = -0.40℃$，因此得到测量装置温差不准引起的 MDTD 测量不确定度分量 u_2：

$$u_2 = \frac{\Delta T_+ - \Delta T_-}{2} \times u_\phi = 0.006℃$$

（3）测量人员主观性引入的不确定度分量 u_3：

$$u_3 = \frac{\text{MDTD}_{\text{Ave}}}{\sqrt{N}} \times u_{\text{Observer}}$$

式中：MDTD_{Ave} 为红外热像仪在某一空间频率下 MDTD 的测量平均值，$\text{MDTD}_{\text{Ave}} = 0.40℃$；$u_{\text{Observer}}$ 为测量人员主观性造成的测量 MDTD 相对标准不确定度；N 为测量人员数量，$N=4$。

已知测量人员测量 MDTD 的相对扩展不确定度 U_{Observer} 取值约为 10%。由此得到红外热像仪 MDTD 测量者主观性引入的测量标准不确定度 $u_{\text{Observer}} = U_{\text{Observer}}/2 \leq 5\%$。因此，测量人员主观性引入的 MDTD 测量不确定度分量 u_3 为

$$u_3 = 0.010℃$$

（4）测量重复性引入的不确定度分量 u_4

对红外热像仪进行 MDTD 重复性测量，结果见表 11-11，利用贝塞尔公式对 6 次测量结果计算标准偏差 u_4：

$$u_4 = 0.010℃/\sqrt{6} = 0.004℃$$

表 11-11　MDTD 重复性测量结果

不确定度分量	不确定度来源	灵敏度系数表达式	灵敏度系数量值	不确定度分量值/℃	评定方法	分布
u_1	测量装置温差	$\dfrac{\phi}{2}$	0.50	0.0125	B 类	正态
u_2	仪器常数	$\dfrac{\Delta T_+ - \Delta T_-}{2}$	0.200℃	0.006	B 类	正态
u_3	测量人员	$\dfrac{\text{MDTD}_{\text{Ave}}}{\sqrt{N}}$	0.050℃	0.010	B 类	正态
u_4	测量重复性	1	0.01	0.004	A 类	

5. MDTD 的合成标准不确定度

测量 MDTD 合成标准不确定度的来源、量值、灵敏度系数、评定方法及分布如表 11-12 所列。

表 11-12　MDTD 测量不确定度一览表

序数	1	2	3	4	5	6	平均值	实验标准偏差
MDTD/℃	0.438	0.422	0.424	0.426	0.442	0.444	0.433	0.010

由于各分量之间独立不相关，所以，测量 MDTD 合成标准不确定度 u_c：

$$u_c = \sqrt{u_1^2 + u_2^2 + u_3^2 + u_4^2} = 0.0165℃$$

6. MDTD 扩展测量不确定度

在置信水平 95% 情况下，取 $k=2$，测量 MDTD 扩展测量不确定度为：

$$U = ku_c = 0.033℃$$

11.4.7　MTF 测量不确定度评定

1. 输出量

待测红外热像仪调制传递函数 MTF。

2. 数学模型

待测红外热像仪进行 MTF 测试时，首先选用刀口靶标获得刀口响应度函数，然后在计算机内对采集到的信号进行微分，再经过傅里叶变换，从而得到待测热像仪的 MTF。其数学模型为

$$\text{MTF}_{\text{UUT}} = \frac{\text{MTF}_{\text{Measure}}}{\text{MTF}_{\text{Col}}\text{MTF}_{\text{Target}}\text{MTF}_{\text{DataAcq}}} \tag{11-46}$$

式中：MTF_{UUT} 为被校准红外热像仪在某一方向上的调制传递函数；$\text{MTF}_{\text{Measure}}$ 为测量得到的总

的调制传递函数;MTF_{Col}为热像仪校准装置中准直系统的调制传递函数;MTF_{Target}为热像仪校准装置中靶标的调制传递函数;$MTF_{DataAcq}$为热像仪校准装置中图像采集系统的调制传递函数。

校准不确定度评定时,选择一个性能稳定的红外热像仪为被测量对象,分析测量红外热像仪调制传递函数的相对合成标准不确定度为

$$\frac{u_c(MTF)}{MTF} = \sqrt{\left(1 \times \frac{u(U_{Col})}{U_{Col}}\right)^2 + \left(1 \times \frac{u(U_{Tartet})}{U_{Target}}\right)^2 + \left(1 \times \frac{u(U_{DataAcq})}{U_{DataAcq}}\right)^2 + \left(1 \times \frac{u(U_{Other})}{U_{Other}}\right)^2}$$

(11-47)

3. 不确定度来源

从上述测量原理中可知,不考虑待测热像仪本身 MTF 引起的不确定度,其不确定度来源主要为

(1) 由于红外热像仪参数校准装置中光学准直系统本身的 MTF 等引入的不确定度 $u(U_{Col})$;

(2) 由于红外热像仪参数校准装置产生的差分辐射温度(作为被校准红外热像仪的输入信号)不稳定和靶标刀口边缘不平直引入的不确定度 $u(U_{Target})$;

(3) 由于红外热像仪参数校准装置测量采集红外热像仪视频电压和数据处理不准引入的不确定度 $u(U_{DataAcq})$;

(4) 由于热像仪校准装置中靶标夹装定位、调焦误差引起的校准 MTF 不确定度 $u(U_{DataAcq})$。

4. 标准不确定度评定

(1) 由于红外热像仪参数校准装置光学准直器像差引入的不确定度。

如果准直仪孔径比成像系统孔径更大以及准直仪的焦距比成像系统焦距长几十倍,那么可以忽略掉准直仪的 MTF。红外热像仪主要参数校准装置的孔径和焦距一般分别可达到16.5 英寸和 100 英寸,即远远大于待测热像仪的孔径和焦距,可认为由于红外热像仪参数校准装置准直器像差引入的不确定度为

$$u(U_{Col}) \approx 0$$

(2) 由于红外热像仪参数校准装置产生的差分辐射温度(作为被校准红外热像仪的输入信号)不稳定和靶标刀口边缘不平直引入的不确定度。

在校准红外热像仪的 MTF 之前,首先测量出在相同增益和电平下被校准热像仪的 SiTF。在被校准红外热像仪的信号传递函数线形区域内,尽量取较大的输入温差,并取多帧平均以保证校准热像仪 MTF 时视频信号具有足够的信噪比。由于红外热像仪参数校准装置产生的差分辐射温度不稳定及靶标刀口不平直引入的不确定度:

$$\frac{u(U_{Tartet})}{U_{Target}} < 2.5\%。$$

(3) 由于红外热像仪参数校准装置测量采集红外热像仪视频电压和数据处理不准引入的不确定度。

根据视频采集中 AD 转换误差分析,由此引起的热像仪 MTF 校准不确定度忽略不计。

(4) 由于热像仪校准中调焦误差引起的校准 MTF 不确定度 $u(U_{DataAcq})$。

根据经验,由此引起的校准 MTF 不确定度小于 0.5%。

5. 校准红外热像仪调制传递函数相对合成标准不确定度

由于校准热像仪 MTF 的各不确定度分量之间独立不相关,得到校准红外热像仪调制传递函数相对合成标准不确定度为

$$\frac{u_c(\text{MTF})}{\text{MTF}} \approx \sqrt{(1 \times 2.5\%)^2 + (1 \times 0.5\%)^2} = 2.56\%$$

为可靠,取校准红外热像仪调制传递函数相对合成标准不确定度为 3.0%。

6. 相对扩展不确定度

按置信概率 $p = 95\%$,即置信因子 $k = 2$,得到相对扩展不确定度为

$$U = ku_c = 6.0\%$$

11.4.8 视场测量结果的不确定度评定

1. 数学模型

计算红外热像仪视场角 θ 的公式如下:

$$\theta = |\theta_1 - \theta_2| \tag{11-48}$$

式中:θ_1 为使用精密转台测量红外热像仪视场时,红外热像仪某一方向的最大视场角;θ_2 为使用精密转台测量红外热像仪另一方向视场时,红外热像仪另一方向的最大视场角。

2. 视场标准测量不确定度模型

测量红外热像仪视场的合成标准不确定度 u_c 模型为

$$u_c = \sqrt{(2 \times u_\theta)^2 + (2 \times u_{\text{Edge}})^2 + u_3^2} \tag{11-49}$$

式中:u_θ 为精密转台不准引起的红外热像仪视场标准测量不确定度;u_{Edge} 为观测靶标边缘不准引起的红外热像仪视场标准测量不确定度;u_3 为测量重复性引入的不确定度分量。

3. 测量不确定度来源

(1) 测量装置中精密转台引入的不确定度分量 u_1;

(2) 测量装置中靶标观测边缘引入的不确定度分量 u_2;

(3) 测量重复性引入的不确定度分量 u_3。

4. 测量不确定度评定

1) 测量装置中精密转台引入的不确定度分量 u_1

测量装置中精密转台的测量不确定度 27.0″($k=2$),则 $u_\theta = 27″/2$,由测量视场的合成标准不确定度公式得知,其灵敏度系数为 2,则由精密转台引入的不确定度分量 $u_1 = u_\theta = 27.0″$。

2) 测量装置中靶标观测边缘引入的不确定度分量 u_2

视场测量时,观测靶标边缘的扩展不确定度 $U_{\text{Edge}} = 0.05\text{mad}$,即为 10.31″($k=2$),其灵敏度系数为 2,则 $u_2 = 2 \times u_{\text{Edge}} = 10.3″$。

3) 测量重复性引入的不确定度分量 u_3

对红外热像仪进行视场重复性测量,结果见表 11-13,利用贝塞尔公式对 6 次测量结果计算标准偏差 u_3:

$$u_3 = 16.5″/\sqrt{6} = 6.7″$$

表 11-13 视场重复性测量结果

序数	1	2	3	4	5	6	平均值	实验标准偏差
视场角秒	39°54′28″	39°53′47″	39°53′47″	39°53′58″	39°54′51″	39°53′58″	39°54′1″	16.2″

5. 视场测量的合成标准不确定度

视场测量的合成标准不确定度的来源、量值、灵敏度系数，评定方法及分布如表 11-14 所示。

表 11-14 视场测量不确定度一览表

不确定度分量	不确定度来源	灵敏度系数量值	不确定度分量值/(″)	评定方法	分布
u_1	精密转台	2	27.0	B 类	正态
u_2	靶标观测边缘	2	10.3	B 类	正态
u_3	测量重复性	1	6.7	A 类	

由于各分量之间独立不相关，所以视场测量合成标准不确定度：

$$u_c = \sqrt{u_1^2 + u_2^2 + u_3^2} = 30.0″$$

6. 视场扩展测量不确定度

在置信水平 95% 情况下，取 $k=2$，视场扩展测量不确定度为

$$U = ku_c = 60″$$

11.5 红外热像仪参数测量装置校准

上面我们介绍了红外热像仪主要参数的定义、测量原理与测量装置。下面我们介绍测量装置的溯源与校准[13,14]。

热像仪测试系统的校准包括：
(1) 红外差分准直系统仪器常数校准；
(2) 红外差分准直系统中四杆靶标空间频率、针孔靶标张角的校准；
(3) 热像仪测试系统中视频采集及测量环节校准。

校准仪器常数用的仪器是标准黑体和辐射计。先用标准黑体对辐射计进行标定，然后用辐射计对红外热像仪 MRTD 测量装置的稳定度、均匀性和温差进行标定，并由此计算出仪器常数 ϕ。采用经纬仪测量红外差分准直系统焦距，采用测量显微镜测量四杆靶标狭缝及狭缝间距、圆孔靶标直径或者方孔靶标边长。采用标准视频信号发生器、视频示波器校准热像仪测试系统中视频采集及测量环节，得到输入模拟视频电压到数字视频信号的转换因子。

11.5.1 红外热像仪参数测量装置的仪器常数

在红外热像仪测试中，给被测红外热像仪的输入信号是红外热像仪测试系统在其光学准直系统的出射口向被测红外热像仪提供的辐射温差(又称差分辐射温度)。被测红外热像仪的输出信号往往是视频差分电压，通过对被测红外热像仪输出信号和输入信号的运算，我们可以得到被测红外热像仪的许多性能参数。但是，在具体测试计算红外热像仪技术性能参数时，

测试人员首先应该理解两个温差(即差分温度):第一个温差是红外热像仪测试系统的面源黑体温度测控仪器显示温差,是面源黑体、红外靶标向红外热像仪测试系统提供的输入温差;第二个温差是红外热像仪测试系统的输出温差,即红外热像仪测试系统在其光学准直系统的出射口向被测红外热像仪提供辐射温差。定义差分温度传输比为面源黑体温度测控仪器显示温差与红外热像仪测试系统在其光学准直系统的出射口向被测试红外热像仪提供的辐射温差之比。将红外热像仪测试系统的仪表显示温差乘以红外热像仪测试系统的传输比,我们就可以得到红外热像仪测试系统在其光学准直系统的出射口向被测试红外热像仪提供辐射温差。红外热像仪测试系统的传输比一般称为仪器常数。

1. 红外热像仪的双黑体测试系统仪器常数

由两个面源黑体和高反射比靶标提供差分温度的红外热像仪双黑体测试系统如图11-17所示,由两个面源黑体产生的差分温度应该等于反射型靶标后面的目标黑体仪表显示温度与背景黑体仪表显示温度之差,差分温度经准直光管准直后,投射到准直光管的出射口,作为被测红外热成像系统的输入量,被测红外热像仪产生相应的视频差分电压信号输出 ΔV_{UUT} 为

$$\Delta V_{UUT} = G \frac{\pi A_d}{4F_{UUT}^2} \int_{\lambda_1}^{\lambda_2} R(\lambda) [\varepsilon_T L(\lambda, T_T) - \rho_{TB}(\lambda) \varepsilon_B L(\lambda, T_B)] Tr_{UUT}(\lambda) Tr_{rest}(\lambda) d\lambda$$

(11-50)

式中:G 为被测红外热像仪的电子增益;A_d 为被测红外热像仪中单元探测器的光敏面面积;F_{UUT} 为被测红外热像仪的焦数;λ_1,λ_2 分别为被测红外热像仪的光谱响应带宽的上下限;$R(\lambda)$ 为被测红外热像仪的探测器光谱响应度;ε_T 为目标黑体的有效发射率;ε_B 为背景黑体的有效发射率;$\rho_{TB}(\lambda)$ 为反射式靶标的光谱反射率;$L(\lambda, T_T)$ 为目标黑体的光谱辐射亮度;$L(\lambda, T_B)$ 为背景黑体的光谱辐射亮度;$Tr_{UUT}(\lambda)$ 为被测试红外热像仪的光谱传输比;$Tr_{Test}(\lambda)$ 为测试系统中主镜、次镜及大气的光谱传输比。

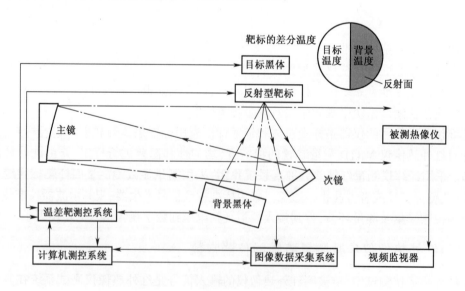

图 11-17 红外热像仪双黑体测试系统

运用中值定理计算方法,在做了许多近似处理的情况下,可以将式(11-50)化简为

$$\Delta V_{\text{sys}} = \text{SiTF} \cdot \phi(\varepsilon_{\text{T}} \cdot \rho_{\text{TB}} \cdot \varepsilon_{\text{B}} \cdot T_{\text{TEST}}) \cdot \Delta T \tag{11-51}$$

式中：SiTF 为被测红外热像仪的信号传递函数；$\phi(\varepsilon_{\text{T}} \cdot \rho_{\text{TB}} \cdot \varepsilon_{\text{B}} \cdot T_{\text{TEST}})$ 为红外热像仪测试系统温差传输比；ΔT 为辐射黑体与背景黑体的仪表显示温差。

从式(11-50)可以看出，用于红外热像仪测试的双黑体型测试系统，其差分温度传输比不能简单地通过将测试系统中的面源黑体发射率、反射式靶标的反射比、光学元件综合反射比以及大气透过率简单的相乘来获得。况且对于长时间使用的测试装置，往往会出现光学元件微小移位，光学元件表面蒙灰甚至污染，光学元件表面氧化，面源黑体与靶标离焦等情况。因此，对于红外热像仪的双黑体型测试系统，其差分温度传输比必须经过定期的准确标定来确定。

2. 单黑体型测试系统的仪器常数

对于由一个面源黑体和高发射率靶标提供差分温度的红外热像仪单黑体测试系统，由面源黑体、高发射率靶标产生的差分温度辐射经准直光管投射到准直光管的出射口，作为被测试红外热成像系统的输入量。在将面源黑体和作为辐射背景的高发射率靶标表面近似看作 Lambert 体，并近似认为二者的有效发射率相等时，被测试红外热像仪产生相应的视频差分电压信号输出 ΔV_{UUT} 为

$$\Delta V_{\text{UUT}} = G \frac{A_d}{4F_{\text{UUT}}^2} \int_{\lambda_1}^{\lambda_2} R(\lambda)[M_e(\lambda, T_T) - M_e(\lambda, T_B)] Tr_{\text{UUT}}(\lambda) \varepsilon Tr_{\text{REST}}(\lambda) \mathrm{d}\lambda \tag{11-52}$$

式中：G 为被测试红外热像仪的电子增益；A_d 为被测试红外热像仪中单元探测器的光敏面面积；F_{UUT} 为被测试红外热像仪的焦数；λ_1, λ_2 分别为被测试红外热像仪的光谱响应带宽的上下限；$R(\lambda)$ 为被测试红外热像仪的探测器光谱响应度；$Tr_{\text{UUT}}(\lambda)$ 为被测试红外热像仪的光谱传输比；ε 为面源黑体和高发射率靶标的有效发射率；$Tr_{\text{Test}}(\lambda)$ 为测试系统中主镜、次镜及大气的光谱传输比。

可以将 $M(\lambda, T_T) - M(\lambda, T_B)$ 中的目标黑体 T_T 表示为 $T_T = T_B + \Delta T$，则根据泰勒公式，得到：

$$M(\lambda, T_B + \Delta T) - M(\lambda, T_B) = \left[\frac{\partial M(\lambda, T_B)}{\partial T_B}\right] \Delta T + \left[\frac{\partial^2 M(\lambda, T_B)}{\partial^2 T_B}\right] \frac{\Delta T^2}{2} + \cdots \tag{11-53}$$

通过分析计算可以知道，对于常温温度区域，在 8~14μm 的 LMIR 光谱范围内当 $\Delta T \leq 10°C$；在 3~5μm 的 MWIR 光谱范围内，当 $\Delta T \leq 5°C$ 时，将上式的第一项之后的分项忽略而产生的误差小于 0.01%，完全可以忽略。因此，由此可以认为，差分辐射出射度与普朗克公式对温度的偏导数成正比，表达如下：

$$M(\lambda, T_B + \Delta T) - M(\lambda, T_B) = \left[\frac{\partial M(\lambda, T_B)}{\partial T_B}\right] \Delta T \tag{11-54}$$

将式(11-54)代入式(11-53)，化简后得到

$$\Delta V_{\text{UUT}} = \text{SiTFF}_{\text{UUT}} \cdot [\varepsilon Tr_{\text{REST}}(\lambda) \cdot \Delta T] \tag{11-55}$$

式中：SiTF_{UUT} 为被测试红外热像仪的信号传递函数，可以简写为 SiTF；

在近似的情况下，式(11-55)中的 $\varepsilon \cdot Tr_{\text{TEST}} \cdot \Delta T$ 被认为是准直光管出射口差分辐射温度，等于红外热像仪测试系统的仪表显示温差值 ΔT 乘以 $\varepsilon \cdot Tr_{\text{TEST}}$。$\varepsilon \cdot Tr_{\text{TEST}}$ 被近似地是红外热像仪测试系统的差分温度传输比(即红外热像仪测试系统的仪器常数)。

上式是在比较理想情况下近似得到的结果,这时我们认为红外热像仪测试系统的光机结构已经调试到理想状态,如靶标、面源黑体均已准确调试到主镜的焦面上,背景黑体以最适合角度入射到准直光管的主镜上,次镜空间位置完全已调整到位,面源黑体和靶标的发射率不变,光学元件反射比保持不变等。但长期处于工作状态的红外热像仪测试装置,往往并不是处于理想工作状态。如果我们在计算红外热像仪测试系统的传输比时按照理想状况来近似,以式(11-55)来计算红外热像仪测试系统的差分温度传输比,则会出现较大的误差。例如,许多差分温度传输比的标称值为 0.95 以上的红外热像仪测试系统,其真实的差分温度传输比一般都低于此值,并且在长期使用后,红外热像仪测试系统的差分温度传输比往往低于 0.90。因此,由一个面源黑体和高发射率靶标提供差分温度的红外热像仪单黑体测试系统,其差分温度传输比同样需经过实际测量来得到,并在长期使用过程中做定期的校准。

11.5.2 仪器常数对红外热像仪参数测量的影响

如果红外热像仪测试系统的差分温度传输比不能准确测量或者测量到的误差较大,那么这个误差将会进一步影响到被测红外热像仪参数测试的准确度,使得被测红外热像仪的信号传递函数 SiTF、最小可分辨温差 MRTD、最小可探测温差 MDTD 等参数测试结果出现较大误差。

1. 仪器常数对 SiTF 测试的影响

红外热像仪的空间噪声等效温差、时域噪声等效温差、3D 噪声等往往是通过先测出被测红外热像仪的 SiTF,然后 SiTF 参与下一步的测试数据分析计算来得到。因此,红外热像仪测试系统的传输比进一步影响到了空间噪声等效温差、时域噪声等效温差、3D 噪声等参数的测试结果。

在实际测量被测红外热像仪的信号传递函数 SiTF 时,国际上普遍用到的通用计算模型公式为

$$\mathrm{SiTF} = \frac{\Delta U_{\mathrm{UUT}}}{\phi \cdot \Delta T} \tag{11-56}$$

式中:ΔU_{UUT} 为被测红外热像仪的视频差分电压;ϕ 为红外热像仪测试系统的仪器常数或传输比;ΔT 为红外热像仪测试系统向被测试红外热像仪提供的物理温差,即面源黑体温度测控仪器显示的差分温度值。

上式中的 $\phi \cdot \Delta T$ 就是被测试红外热像仪在测试装置的出射口得到的实际辐射温差。

2. 传输比对 MRTD 测试的影响

在测试红外热像仪的 MRTD 时,应该至少在 4 个以上的空间频率上进行,选择以能较全面地反映红外热像仪的不同空间频率下对温差的最小分辨能力。首先选用较低空间频率的标准 4 杆靶标,将其置于红外热像仪测试系统中准直光管的焦面上,并把红外热像仪测试系统中的差分温度(即温差)调节到正的较大值进行观察,调节被测红外热像仪和红外热像仪显示器的亮度、对比度等,并使观察者以最佳观察距离和角度来观察被测红外热像仪显示器上所显示的标准 4 杆靶标图像。降低差分温度,继续观察黑白,期间会出现黑白图像由清晰到模糊临界状态,继续降低差分温度,又会出现黑白图像由模糊到清晰的过程,分别记录下两次出现的图像临界状态时的温差值。换用其他空间频率标准 4 杆图像靶标,重复测试步骤。差分温度降低过程中,将第一次出现的图像临界状态时的差分温度设为 ΔT_1,第二次出现的图像临界状态

时的差分温度设为 ΔT_2。一般情况下，$\Delta T_1 > 0$(此时称为正温差)，一般教科书中将此值称为热杆温差或白杆温差；$\Delta T_2 < 0$(此时称为正温差)，一般教科书中将此值称为冷杆温差或黑杆温差。

对于由一个面源黑体和高发射率靶标来提供差分温度的红外热像仪测试系统，面源黑体的温度为目标温度，可以随意改变，高发射率靶标的温度等于环境温度，不可控，此时的差分温度等于面源黑体的温度减去高发射率靶标的温度。

对于由两个面源黑体和高反射比靶标来提供差分温度的红外热像仪测试系统，作为目标黑体的面源黑体的温度为目标温度，用作背景黑体的面源黑体的温度为背景温度，目标温度、背景温度及差分温度均可精确控制和准确复现。

计算被测试红外热像仪在某一空间频率 f 下的最小可分辨温差 MRTD(f) 公式如下：

$$\mathrm{MRTD}(f) = \frac{|\Delta T_1| + |\Delta T_2|}{2} \cdot \phi \tag{11-57}$$

式中：ϕ 为红外热像仪测试系统的仪器常数或传输比。

最小可分辨温差是空间频率的函数，其曲线是一条渐近线，它也包含了观察者的视觉阈值，它实际上衡量的是由红外热像仪、红外热像仪显示器及观察者组成的系统对远距离红外目标的分辨能力的性能指标。换用一组针孔型靶标，按照以上类似的方法测量出红外热像仪在不同空间角度下的最小可探测温差，用类似于式(11-57)的公式计算。

由以上对红外热像仪信号传递函数 SiTF、最小可分辨温差 MRTD 及最小可探测温差 MDTD 的分析可以看出，红外热像仪测试系统的仪器常数或传输比 ϕ 在红外热像仪参数测试中的重要性。

11.5.3 红外热像仪测试系统仪器常数的校准

红外热像仪测试设备仪器常数校准装置主要包括：

(1) 精密红外辐射计用于测量热像仪测试设备中差分准直辐射系统焦面上辐射源的辐射温度、靶标表面(模拟背景)及镂空部分(模拟目标)间的辐射温差，并测量出差分准直辐射系统在 MWIR、LWIR 等波段的温差校准因子，得到热像仪测试设备的仪器常数。

(2) 辅助扫描机构承载精密红外辐射计，辅助其对差分准直辐射系统焦面上的红外温差辐射源进行二维角空间扫描，测量红外温差辐射源的辐射温度均匀性等。

具有前后、左右、上下三维直线位置调节，水平扭摆及俯仰角度扫描程序控制功能。

(3) 标准常温面源黑体。

标准常温面源黑体分类：嵌入式恒温油槽型常温面源黑体、液体循环型常温面源黑体、半导体热电制冷器(TEC)驱动型常温面源黑体。

液体加热/制冷型标准常温面源黑体发射率高，温度稳定、准确。可做成腔体型常温大口径黑体，发射率可达到 0.995 以上。用于精密红外辐射计研制过程的精密调试及整合校准。

TEC 型标准常温面源黑体温度范围：0~100℃；温度分辨率：优于 0.001℃；发射率：优于 0.95。易于外携，在国内军工热像仪科研生产现场使用。

1. 仪器常数校准装置工作原理

我国军工系统装备了大量的红外热像仪测试设备，红外热像仪测试设备中最关键的部分是红外差分辐射准直系统，红外差分辐射准直系统由红外准直光管及位于其焦面上的面源黑体、多种红外靶标等组成。要完成红外热像仪测试设备校准,就要校准其红外差分辐射准直系统的辐射温度、辐射温差、仪器常数等量值。

在对红外热像仪测试设备中红外差分辐射准直系统校准时,需要进行现场整机校准,才能充分保证红外差分辐射准直系统提供给被测红外热像仪辐射温差的准确性。现场校准使用的校准装置由精密红外辐射计、空间扫描机构及常温面源黑体等部分组成,称为红外差分辐射准直系统校准装置。

标定精密红外差分辐射准直系统步骤如下。

首先,用常温面源黑体以充满视场方式标定精密红外辐射计,将常温面源黑体先后设置在 5~100℃ 范围的不同温度下,并记录精密红外辐射计对应的输出信号电压值。得到精密红外辐射计以充满其视场方式测量红外辐射量方程中的系数。

然后,将该精密红外辐射计放置在红外差分辐射准直系统出瞳位置(即被测试红外热像仪所在位置),配合使用空间扫描机构,测量模拟远距离作战目标及背景的红外差分辐射准直系统实际辐射量,实现红外热像仪测试设备的辐射温度、辐射温差及其仪器常数校准。

对于单黑体型红外差分准直辐射系统,其红外准直光管焦面上的温差是面源黑体与环境温度一致的靶标之间的温差。通过上述步骤,可以得到红外准直光管焦面上热力学温差与红外准直光管出瞳辐射温差之间的关系,实现单黑体型红外差分准直辐射系统辐射温度、辐射温差及其仪器常数校准。

对于背景温度可控型红外差分准直辐射系统,其红外准直光管焦面上的热力学温差是目标黑体与背景黑体之间的形成的,通过上述步骤,能够校准其在不同背景温度下的辐射温差及其仪器常数。

1) 辐射温度均匀性测量原理

由于红外热像仪、红外辐射计等红外辐射测量仪器均是通过接收红外目标的辐射来测量红外目标表面的辐射量及其分布,在红外目标表面的发射率量值未知情况下,将红外目标表面发射率默认为1,此时,红外热像仪、红外辐射计等红外辐射测量仪器测得的目标表面温度是其等效辐射温度,简称为辐射温度。因为红外目标的实际发射率小于1,红外目标的辐射温度量值小于其热力学温度。

热像仪测试设备中,由于其差分辐射准直系统的面源黑体、红外靶标的发射率小于1,红外准直光管的反射率小于1,因此,红外差分准直辐射系统实际输出辐射温度小于其焦面上的热力学温度,红外差分准直辐射系统实际输出辐射温差小于其焦面上的热力学温差。红外差分准直辐射系统输出的红外差分准直辐射系统提供的目标与背景辐射均匀性至关重要,它将直接影响到实验室内评估被测试红外热像仪的技术性能参数的准确性。因此,需要准确测量红外热像仪测试设备中红外差分准直辐射系统实际输出红外辐射温度的均匀性。

在测量热像仪测试设备中差分辐射准直系统焦面上靶标的辐射温度时,此时靶标、黑体的发射率未知,黑体的热力学温度、环境温度准确量值已知,可以准确计算出辐射温度(即等效辐射温度或表观温度)$T_{\text{Radiometric}} = \varepsilon_{\text{BB}} T_{\text{BB}}$。

借助空间扫描平台,俯仰、左右转动精密红外辐射计,将其光轴定位在空间不同方位,完成对红外热像仪测试设备中红外差分准直辐射系统中面源黑体辐射面、靶标表面上的红外辐射温度均匀性 $U_{\text{TRadiometric}}$ 测量为

$$U_{T\text{Radiometric}} = \sqrt{\frac{\sum_{i=1}^{n}\left[(T_{\text{Radiometric}})_i - \overline{T_{\text{Radiometric}}}\right]^2}{(n-1)}} \qquad (11-58)$$

式中：$(T_{\text{Radiometric}})i$ 为差分准直辐射系统中面源黑体或靶标表面上某一点的辐射温度；$\overline{T_{\text{Radiometric}}}$ 为差分准直辐射系统中面源黑体或靶标表面辐射温度的平均值。

2) 仪器常数测量原理

红外差分准直辐射系统分为两类：单黑体型红外差分准直辐射系统、背景温度可控型红外差分准直辐射系统。

对于辐射源是由一个黑体与高发射率靶标组成的单黑体型红外差分准直辐射系统，靶标与其背后的面源黑体发射率相同，在中波、长波波段发射率量值一般约为95%，其实际辐射量小于发射率为100%的理想黑体辐射。又由于红外准直光管中反射镜在中波、长波波段反射率一般约为96%左右，造成其辐射温差 $\Delta T_{\text{Radiometric}}$ 小于热力学温差 ΔT。

对于辐射源由两个面源黑体与高反射率靶标组成的背景温度可控型红外差分准直辐射系统，其背景黑体辐射经过高反射率靶标、红外准直光管的反射，其目标黑体辐射经过红外准直光管的反射。为实现模拟天空、地面及不同季节温度下的场景，背景温度可控型红外差分准直辐射系统的背景黑体热力学温度可设置不同量值，使得其辐射温差及仪器常数校准数学模型难度较大，校准工作量大。

用校准后的精密红外辐射计对准红外热像仪测试设备中红外差分准直辐射系统出瞳，测量红外差分准直辐射系统设置在一系列热力学温差及红外中波、长波波段的实际辐射温差 $\Delta T_{\text{Radiometric}}$。以热力学温差 ΔT 为自变量，测量得到的实际辐射温差 $\Delta T_{\text{Radiometric}}$ 为函数，拟合出直线方程为

$$\Delta T_{\text{Radiometric}} = \phi \times \Delta T + d_{\Delta T} \qquad (11-59)$$

式中：ΔT 为红外差分准直辐射系统焦面上的热力学温差；$\Delta T_{\text{Radiometric}}$ 为测量得到红外差分准直辐射系统实际辐射温差；ϕ 为用测量数据拟合出的直线方程斜率；$d_{\Delta T}$ 为 $\Delta T_{\text{Radiometric}}$ 与 ΔT 偏移量。

实际辐射温差 $\Delta T_{\text{Radiometric}}$ 与热力学温差 ΔT 间直线方程的斜率 Φ，称为红外差分准直辐射系统的仪器常数，又称温差校准因子。图11-18为红外差分准直辐射系统仪器常数校准示意图。

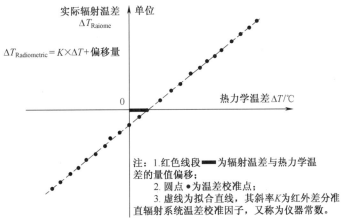

图11-18 红外差分准直辐射系统仪器常数校准示意图

红外差分准直辐射系统的仪器常数 Φ 的准确程度直接影响着红外热像仪测试设备输出红外差分准直辐射量值准确性,影响着测量红外热像仪 MRTD、MDTD、SiTF、NETD 的准确性。因此,需要对红外热像仪测试设备中红外差分准直辐射系统进行定期现场校准。

2. 仪器常数校准装置

仪器常数校准系统组成如图 11-19 虚框部分所示,以下部分组成红外差分准直辐射系统仪器常数校准系统:

(1) 精密红外辐射计;
(2) 标准常温面源黑体;
(3) 空间扫描机构;
(4) 外围设备控制软件系统;
(5) 测量系统软件。

常温面源黑体包括实验室内使用的两种高标准液体加热/制冷型标准常温面源黑体、可运输到其他实验室现场使用的便携式 TEC 型标准常温面源黑体。

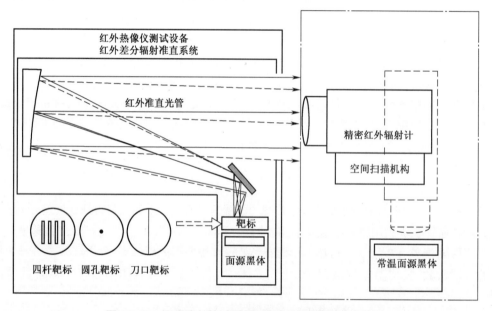

图 11-19 温度均匀性、辐射温差、仪器常数校准系统图

精密红外辐射计由以下部分组成:汇聚光学系统、光学调制器(即红外信号斩波器)、同步信号拾取机构、内部参考黑体、滤光系统、光学屏蔽组件、中继光学系统(与红外探测器光学系统视场耦合)、单元红外探测器及其前置放大电路、锁相同步放大电路或者窄带选频放大电路、计算机接口、主控计算机、辐射温度、仪器常数测量软件、视频瞄准系统。

实验室内使用的高标准嵌入式恒温油槽型标准常温面源黑体,利用精密液体加热/制冷恒温槽直接加热/制冷开口尺寸为 108mm 的黑体腔体,腔体内壁喷涂高发射率涂料,且腔体内壁及内部温度均匀、稳定、准确可控,温度稳定性在整个温度范围内实现了 ±0.002℃ 的稳定性,在绝大部分时间段内使用的 5~80℃ 温度范围以内,温度均匀性为 ±0.002~±0.005℃,保证其发射率高达 0.9997,是目前国际上性能最好的常温面源黑体。

TEC 型标准常温面源黑体,由辐射体、精密温度控制系统组成。其中精密温控系统可以快速准确测量常温辐射体温度,并根据温度偏差控制 TEC 阵列对辐射体加热或制冷,达到设定温度点,并保持 TEC 型标准常温面源黑体温度稳定、准确。

空间扫描机构承载红外辐射计,可实现前后、左右平动及垂直方向升降,以对准被测量的红外差分准直辐射系统出瞳。空间扫描机构可电控实现水平方位角扫描、俯仰方向角扫描。角扫描过程兼顾红外辐射计信号响应时间,可编程二维角度空间扫描路径、角步长、测量点驻留时间段等。

辐射温度均匀性、辐射温差、仪器常数校准系统的电控部分包括视频瞄准系统、内部参考黑体测控电路、基于锁相环的红外调制器驱动控制电路、同步信号拾取机构、锁相放大电路、滤光片轮驱动电路、常温精密面源黑体的单片机温度控制系统。通过接口电路与主控计算直接连接,如图 11-20 所示。

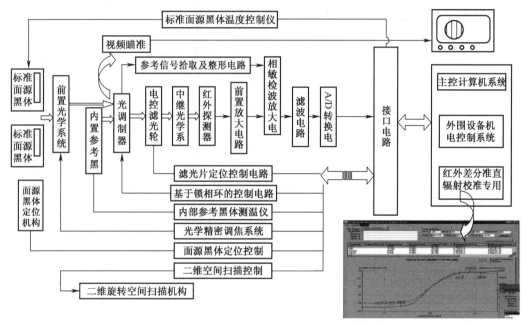

图 11-20 仪器常数校准系统的电控系统框图

滤光系统具有 $3\sim5\mu m$、$8\sim14\mu m$、某些特定的带通、某些特定波长的红外滤光片,与聚焦透镜、红外探测器相配合用来测量红外热像仪参数测试系统不同红外波段的传输比。

在具体测量红外热像仪参数测试系统的差分温度传输比之前,首先用辐射口径大于红外测温扫描辐射计入射口径、发射率可达 0.992 以上、温度准确度优于 0.025℃、温度稳定性高的常温面源黑体放置于红外测温扫描辐射计入射口之前,用此常温面源黑体已充满视场方式校准红外测温扫描辐射计,建立起红外测温扫描辐射计在不同增益下、不同红外波段下的响应数据库。然后在用校准后的红外测温扫描辐射计,通过预设编程的空间扫描来测量红外热像仪参数测试系统的出口处的输出差分辐射温度,最后通过大冗余量的数据准确拟合出红外热像仪参数测试系统在不同红外波段的传输比。

11.5.4 靶标空间频率及张角校准

红外热像仪测试设备需要配备一组测量 MRTD 参数的四杆靶靶标,同时需要配备一组测量 MDTD 参数的圆孔靶标。四杆靶标中狭缝宽度、圆孔靶标中圆孔的直径准确度,影响着在实验室内测试红外热像仪发现、分辨远距离作战目标的准确度。

四杆靶标狭缝边缘、圆孔靶标的圆孔边缘均加工成刀刃状,刀刃的倾角大于平行光管轴上光线的最大夹角,这样被测试红外热像仪才不会看到靶标后表面的边缘。

利用测量显微镜及配套的刀刃状边缘定位软件系统,能够完成四杆靶标狭缝宽度和长度、圆孔靶标圆孔直径准确测量。利用经纬仪和波罗板(或已经标定尺寸的四杆靶靶标)可以准确测量红外热像仪测试设备红外差分准直系统的焦距。

1. 红外差分准直系统的焦距测量

红外差分准直系统的焦距测量原理如图 11-21 所示。

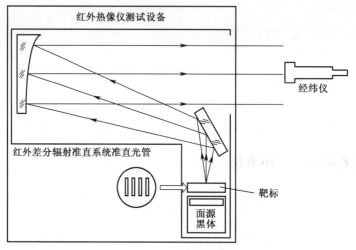

图 11-21　红外差分准直系统的焦距测量原理图

将已经标定过宽度和长度的四杆靶标安装在热像仪测试设备的靶轮上,转动靶轮使四杆靶至目标黑体的正前方,利用目标黑体侧面的照明灯将四杆靶照亮,或者利用外部光源将四杆靶靶标照亮,经纬仪放置于热像仪测试设备红外差分准直系统辐射出射口前面,调节经纬仪的方位角和俯仰角,使经纬仪对准四杆靶的一边,记录此时经纬仪的方位角(或者俯仰角)读数 α_1,调节经纬仪的方位角(或者俯仰角)对准四杆靶的另一边,记录此时经纬仪的方位角(或者俯仰角)读数 α_2。

计算处四杆靶对应的张角 α:

$$\alpha = \alpha_2 - \alpha_1 \tag{11-60}$$

红外差分准直系统的焦距下:

$$F = \frac{L}{\tan\alpha} \tag{11-61}$$

式中:α 为四杆靶的一边到另一边对应的张角;d 为四杆靶的一边到另一边的宽度或者长度;F 为红外差分准直系统的焦距。

2. 靶标空间频率及张角测量

测量显微镜光学系统对专用刻度尺的分度进行放大、细分和读数的长度测量工具。可单独用于测量较小的尺寸。例如,狭缝宽度、长度和小孔直径等。而目前军工系统红外热像仪测试设备中靶标狭缝宽度为 0.05~2mm,狭缝长度为 0.35~7mm,圆孔直径为 0.05mm~1m,采用测量显微镜完全可以满足目前靶标狭缝宽度及长度、圆孔直径的准确校准要求,实现我国红外热像仪测试设备中的靶标几何尺寸量值统一、准确。

将靶标放置于测量显微镜的载物台上,打开显微镜的照明灯和测量软件,调节测量显微镜的物距直至所拍摄的图像清晰,利用载物台的前后、左右调节旋钮移动载物台,将靶标上的目标测量点移动至和显微镜 CCD 的电十字重合,点键盘的空格键。根据不同的测量需求,按照显微镜上标注的测量次序依次将目标测量点和显微镜 CCD 电十字重合并按空格键。即可完成靶标的宽度、长度或者直径的测量。

计算如下处四杆靶标的空间频率 f:

$$f = \frac{F}{2d} \tag{11-62}$$

式中:f 为红外目标空间频率(cyc/mrad),其倒数是目标张角;d 为四杆靶靶标狭缝宽度(狭缝之间间隔宽度=狭缝宽度);F 为测试设备中红外差分准直系统的焦距。

计算如下圆孔靶标的目标张角 θ:

$$\theta = \frac{d}{F} \tag{11-63}$$

式中:θ 为圆孔靶标模拟红外目标的空间张角(mrad);d 为圆孔靶标直径。

11.5.5 视频采集及测量环节校准

红外热像仪测试设备向被测热像仪提供模拟远距离的红外目标,并将被测热像仪的响应模拟视频信号串行接受到测试设备的视频采集及测量环节中,经 AD 变换后形成数字化的图像灰度阵列,用于后续的热像仪参数计算,评估被测热像仪的技术性能。

在热像仪图像的串行传输、模数转换过程中,由于噪声耦合,图像 AD 变换精度、AD 变换非线性等因素会造成视频图像测量误差,增大热像仪 SiTF、NETD 等参数的测量不确定度,因此有必要对红外热像仪测试设备中的图像采集及测量环节进行校准。

视频采样及测量环节校准原理如图 11-22 所示。

视频信号发生器产生一半黑半白图像,将视频信号接入视频示波器,利用视频示波器可以测得黑图像和白图像的电压值和电压差值 V_{AC},然后将视频信号接入热像仪测试设备中的视频采集和测量系统,由热像仪测试设备的图像分析与计算系统,可以得到黑图像和白图像的电压值和电压差值 V_{DC},由式(11-64)得到准确的视频采集及测量系统视频电压转换系数,实现红外热像仪测试设备中视频采集及测量环节的校准。

$$\eta = \frac{V_{DC}}{V_{AC}} \tag{11-64}$$

式中:V_{DC} 为红外热像仪测试设备中视频采集及测量系统的数字化视频信号;V_{AC} 为视频采样及测量环节校准系统测得的视频信号量值。

测量视频采样及测量环节视频电压差的转换系数计算如下:

$$\eta = \frac{\Delta V_{DC}}{\Delta V_{AC}} \tag{11-65}$$

式中:ΔV_{DC} 为热像仪测试设备中视频采集及测量系统的数字化的视频差分信号;ΔV_{AC} 为视频采样及测量环节校准系统测得的模拟视频差分信号量值。

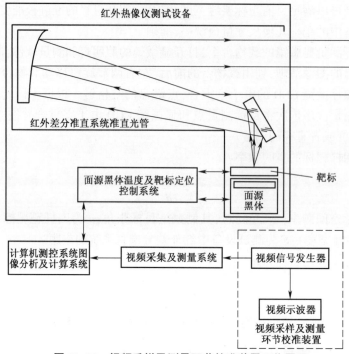

图 11-22 视频采样及测量环节校准装置工作原理

11.5.6 红外热像仪参数测试量值传递体系

中国计量技术研究院、国防军工计量机构已建立了热力学温度基准、长度基准、电压基准、红外辐射基准、面源黑体辐射特性校准装置,如图 11-23 所示。

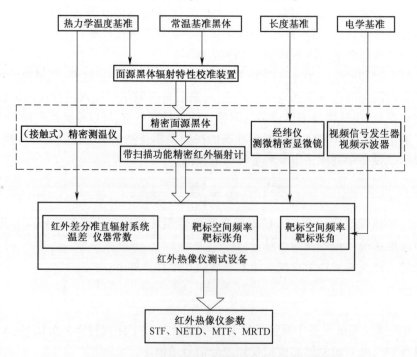

图 11-23 红外热像仪测试量传技术路线示意图

其中的接触式精密测温仪是双探头的,测温传感器可以选择线性度好的铂电阻温度传感器,或者选择在常温温度范围响应度高的热敏电阻。在-30~50℃范围,Pt100铂电阻温度传感器的响应度约为0.4Ω/℃,而热敏电阻的平均响应度约400Ω/℃。Pt100铂电阻温度传感器测温电路用1mA的激励恒流源,则对于0.001℃的温度变化,Pt100铂电阻温度传感器测温电路的电压响应约为0.4μV,而热敏电阻一般采用0.1mA的激励恒流源,则热敏电阻测温电路电压响应约为30μV。因此,热敏电阻放大电路能够准确分辨输入端30μV的输入量,但难以分辨0.4μV的输入量。因此,红外热像仪量值传递中,温差溯源一般选用热敏电阻温度传感器的测温仪,实现单黑体型测试系统中黑体与靶标温差、双黑体型测试系统中黑体之间温差的校准。

面源黑体辐射特性校准装置能够完成面源黑体发射率、辐射温度的校准,并将-30~50℃常温基准黑体的量值传递到作为传递标准的精密面源黑体,经标准精密面源黑体校准的红外辐射计实现红外热像仪测试设备中红外差分准直辐射系统仪器常数的校准。

11.6 红外热像仪作用距离的评价

11.6.1 红外热像仪作用距离的基本概念

红外热像仪的作用距离通常指红外热像仪对目标的最大探测距离和最大识别距离。最大探测距离是指红外热像仪能够探测到目标存在与否的最大距离。而最大识别距离是在探测到目标存在的基础上,能够识别目标细节的最大距离。

在红外辐射通过大气的传播过程中,大气对辐射的吸收和散射对红外成像系统的影响最明显,它使景物信息衰减,图像边缘模糊。因此在系统的分析红外热像仪作用距离时要对大气对辐射的吸收和散射作估算。对于不同的观察目的和不同的观察目标,研究的方法是不相同的,一般可以分点目标和扩展源目标来研究[15-19]。

1. 点目标的视距估算模型

实际上,点目标是不存在的。任何目标都是具有一定大小的,但是这类目标系统的张角很小,远小于系统的瞬时视场,如远距离的卫星、导弹等,这类目标可以近似看成是点目标。对于点目标,不能分辨其细节,所以从能量的观点出发,只要目标能量足够大,热像仪就可以探测出。以噪声等效温差(NETD)为准估算系统的作用距离,其基本方程为

$$\Delta T \cdot \tau_\alpha(R) = \mathrm{SNR}_{\mathrm{DT}} \cdot \mathrm{NETD} \tag{11-66}$$

式中:$\mathrm{SNR}_{\mathrm{DT}}$为阈值信噪比,一般取2.8;$\tau_\alpha(R)$是大气透过率;$\Delta T$为目标与背景的视在温差。

在NETD计算公式推导过程中,要求目标的张角超过系统瞬时视场若干倍,但在点目标情况下,需要对NETD进行修正。修正后的NETD计算模型为

$$\mathrm{NETD}_p = \frac{R^2 \alpha \beta}{S} \mathrm{NETD} \tag{11-67}$$

考虑到上述因素后,热像仪对点目标进行观察时,作用距离估算方程为

$$2\ln R + \mu R = \ln \frac{\Delta T \cdot S}{\mathrm{SNR}_{\mathrm{DT}} \cdot \mathrm{NETD} \cdot \alpha\beta} \tag{11-68}$$

式中:α、β 为系统的瞬时视场;S 为目标的实际面积;μ 为大气的衰减率;R 为作用距离。

2. 扩展源目标的视距估算模型

当辐射源目标对系统的张角超过系统瞬时视场时,称为扩展源。对军事目标(如坦克、车辆和军舰等)的探测,其典型的特点是成像,图像细节的保持是基本的要求之一。在这种情况下,就要把目标看作是扩展源目标,不能仅仅考虑目标的能量,还要考虑目标的大小、形状和细节。

目前对扩展源目标的视距估算,主要以 MRTD 为评价标准,综合考虑目标、大气的实际状况以及观察等级的要求。

观察等级是将系统性能与肉眼视觉结合的一种视觉能力划分方法。目前公认的是 Johnson 根据试验提出的 Johnson 准则,它用目标等效条带图案可分辨力来确定成像系统对目标的识别能力。目标等效条带图案是一组黑白间隔相等的条带状图案,条带的宽 W 为目标最小的投影尺寸,L 为垂直于 W 的目标横跨尺寸。目标等效条带图案可分辨力定义为包含在目标最小的投影尺寸中的可分辨的条带数,单位为"周/临界尺寸"。根据 Johnson 准则,将观察的等级分为发现、分类、识别和认清 4 个等级,小于 50% 的探测概率的目标等效条带数 Ne 与观察等级的关系见表 11-15。

表 11-15 观察等级和等效条带

等级	N_0
发现	1.0 ± 0.25
分类	1.4 ± 0.35
识别	4.0 ± 0.8
认清	6.4 ± 1.5

MRTD 的基本计算公式为

$$\text{MRTD}(f) = \frac{\pi^2}{4\sqrt{14}} \text{SNR}_{\text{DT}} f \frac{\text{NETD}}{\text{MTF}(f)} \left(\frac{\alpha\beta}{t_e f_p \Delta f_n \tau_d} \right)^{1/2} \quad (11\text{-}69)$$

式中:MTF(f) 为系统的调制传递函数;t_e 为人眼的时间常数,一般取 0.2 s;f_p 为帧频;Δf_n 为等效噪声带宽;τ_d 为驻留时间。

根据上述原理,扩展源目标视距估算模型为

$$\begin{cases} \dfrac{1}{2f} = \theta \leqslant \dfrac{H}{2n_e R} \\ \Delta T \cdot \tau(R) \geqslant \text{MRTD}(T \cdot f) \end{cases} \quad (11\text{-}70)$$

式中:n_e 为观察等级所对应的等效条带对数;H 为目标高度。式(11-70)表示的是热像仪能探测到目标所必需的两个条件:一是目标对系统的张角不小于系统的最小可分辨角;二是目标与背景经过大气的衰减作用后的温差不小于系统能探测到的最小温差。

因为 MRTD 的计算模型是在目标长宽比为 7:1,探测概率为 50% 的情况下定义的,在实际情况中,目标的长宽比和探测概率并非如此,所以进行视距估算时要对其进行修正,需要修正的方面有:

1) 目标长宽比的影响

假定目标实际的长宽比是 a_0，所设定的观察等级下需要的条带对数为 n，则目标实际的等效条带图案的长宽比为

$$\begin{cases} m_x = 2na_0 \\ m_y = 2n/a_0 \end{cases} \quad (11-71)$$

修正后的 MRTD_1 为

$$\mathrm{MRTD}_1 = \sqrt{7/m}\,\mathrm{MRTD} \quad (11-72)$$

2) 探测概率与视频阈值信噪比

$\mathrm{SNR}_{\mathrm{DT}}$ 是探测概率为 50% 时的阈值信噪比，由于它在很大范围内基本上为一常数，常取 $\mathrm{SNR}_{\mathrm{DT}} = 2.8$。当阈值信噪比取不同的值时，MRTD 也会随之改变。探测概率与阈值信噪比的关系式如下：

$$P = \int_{-\infty}^{\mathrm{SNR}-\mathrm{SNR}_{\mathrm{DT}}} \exp(-z)^2 \mathrm{d}z \quad (11-73)$$

修正后的 MRTD_2 为

$$\mathrm{MRTD}_2 = \frac{\mathrm{SNR}}{\mathrm{SNR}_{\mathrm{DT}}}\mathrm{MRTD} \quad (11-74)$$

为了简单起见，只考虑目标长宽比的影响，对探测概率为 50% 情况下的视距进行估算。

11.6.2 红外热像仪作用距离的检测

在红外热像仪的诸多静态参数（SiTF, MTF, NETD, MDTD, MRTD 等）中，只有 MRTD 是表征系统空间频率与热灵敏度函数关系的参数，空间分辨力和热灵敏度正好是制约着红外热像仪作用距离的两个重要指标，通过测试红外热像仪的 MRTD 并采用 Johnson 准则可预测其作用距离[16]。

采用 Johnson 准则预计红外系统的作用距离的一般过程如下。

第一步，求出目标表观温差作为大气传输距离函数的关系曲线。

目标的表观温差可直接由目标背景差分温度乘上大气传输率得到，即

$$\Delta T_{\text{表观}} \approx \tau_R \Delta T \quad (11-75)$$

式中：$\Delta T_{\text{表观}}$ 为目标的表观温差；τ 为工作波段内大气平均透过率；ΔT 为目标背景的差分温度；R 为红外热像仪与目标的距离。

第二步，通过红外热像仪的 MRTD 曲线可得到目标表观温差所对应的临界频率，即得到随距离变化的临界频率，通过临界频率、距离和临界目标尺寸计算得到临界周数。

红外热像仪实际可分辨的通过临界目标尺寸的周数可表示为

$$N = d_0 \frac{d_c}{R} \quad (11-76)$$

式中：N 为红外热像仪可分辨的临界目标尺寸的周数；d_0 为红外热像仪的 MRTD 曲线上与目标表观温差对应的空间频率；d_c 为临界目标尺寸。

第三步，利用目标传递概率函数（TTPF）得到该临界周数下的探测（或识别）概率，从而得到探测（或识别）概率随距离变化的函数关系曲线。

探测（或识别）的概率用 TTPF 式表示为

$$P(N) = \frac{\left(\dfrac{N}{N_{50}}\right)^{27+0.7\left(\frac{N}{N_{50}}\right)}}{1+\left(\dfrac{N}{N_{50}}\right)^{27+0.7\left(\frac{N}{N_{50}}\right)}} \tag{11-77}$$

式中：$P(N)$ 为探测（或识别）的概率；N_{50} 为 Johnson 鉴别周数判据。

红外热像仪作用距离现场检测装置可由便携式 MRTD 测试设备和计算分析系统组成，其中便携式 MRTD 测试设备又包括轻便型温差发生器和红外准直光学系统，其组成框图如图 11-24。MRTD 的测量原理及方法在前面已经介绍，这里不再重复。

需要注意的是，这里要求在外场检测，所以测量装置要是便携式。为了方便对各类红外热像仪进行现场的 MRTD 测试，温差发生器要做到尽量轻便，同时相关性能指标要达到一定要求才能确保测试结果的精度。

图 11-24　红外热像仪作用距离检测装置组成框图

参 考 文 献

[1] 苏红雨，张宪亮，陈宇. 红外热像仪性能参数的评价[J]. 中国测试，2010，36(1)：14-19.
[2] 李旭东，艾克聪，王伟. 扫描热成像系统 NETD 数学模型的研究[J]. 应用光学，2004，25(4)：37-40.
[3] 李旭东，艾克聪，张安锋. 热成像系统 MRTD 数学模型的研究[J]. 应用光学，2004，25(6)：38-42.
[4] 李云红，孙晓刚，廉继红. 红外热像系统性能测试研究[J]. 红外与激光工程，2008，37(增刊)：458-462.
[5] 胡铁力，李旭东，等. 红外热像仪参数的双黑体测量装置[J]. 应用光学，2006，27(3)：246-249.
[6] 王真胜，马飒飒，宋伟. 红外热像仪外场性能测试系统[J]. 兵工自动化，2011，30(11)：63-67.
[7] 李颖文，杨长城，车驰骋，等. 红外热像仪测试系统的研制与精度验证[C]. 第三届红外成像系统仿真、测试与评价技术研讨会论文集，2011，63-66.
[8] 陈南，于伟莉，王琳，等. 红外热像仪性能指标测试方法研究[J]. 工程与试验，2010，50(1)：64-66.
[9] 李颖文，杨长城，洪韬. 红外热像仪的自动 MRTD 测试和性能分析[J]. 红外与激光工程，2010，39(增刊)：287-290.
[10] 王洪丰，王辉，李海军，等. 红外成像系统 MRTD 参数客观测量方法的研究[J]. 福建电脑，2007(7)：99-100.
[11] 胡铁力，冯卓祥，李旭东，等. 红外热像仪时间噪声测量技术研究[J]. 红外与激光过程，2008，37：519-522.
[12] 胡铁力，马世帮，郭羽，等. 热像仪空间 NETD 测量技术[J]. 应用光学，2014，35(6)：1094-1098.
[13] 胡铁力，韩军，郑克哲，等. 红外热像仪测试系统校准[J]. 应用光学，2006，27(特刊)：28-32.
[14] 胡铁力，申越，郭宇. 低噪声红外辐射计设计[J]. 应用光学，2013，34(3)：663-666.
[15] 王娟，杨春平，吴健. 红外热像仪的作用距离估算[J]. 电光与控制，2004，11(3)：17-19.
[16] 金伟其，张敬贤，高稚允，等. 热成像系统对扩展目标的视距估算[J]. 北京理工大学学报，1996，16(1)：25-30.

[17] 姜宏滨. 用 NETD 表达的红外作用距离方程[J]. 光学与光电技术, 2003, 1(2): 40-41.
[18] 卓红艳, 张蓉, 陈涛, 等. 基于不同静态性能模型的热成像系统视距估算[J]. 强激光与粒子束, 2004, 16(8): 967-971.
[19] 殷祖燕, 肖恒兵, 翟广宁, 等. 红外热像仪作用距离现场检测装置的研究[J]. 新技术新仪器, 2007, 27(3): 22-24, 56.

第 12 章 红外热成像计量

红外热成像的理论基础是红外辐射理论,而红外辐射理论的基础是黑体辐射理论。在红外探测器和红外热像仪测量装置中,标准辐射源都是黑体。由此可以看到,红外热成像系统的量值溯源于黑体辐射源最高标准。所以说,红外热成像系统的计量问题主要是黑体的检定校准问题。本章首先介绍黑体辐射基本概念,然后介绍黑体和红外目标模拟器的检定和校准。

12.1 红外热成像计量问题的提出

通过第 8 章到第 11 章的介绍我们知道,红外热成像系统的测试涉及单元红外探测器参数、红外焦平面探测器参数和红外热像仪整机特性的测试问题。由于红外热成像技术的理论基础是红外辐射理论,而在红外辐射理论中,黑体辐射是基础。在红外单元探测器测量装置和红外焦平面探测器测量装置中,标准辐射源都是黑体辐射源。在红外热像仪测量装置中,标准辐射源是面源黑体。由此可以看到,红外热成像系统的量值溯源于黑体辐射源最高标准。所以说,红外热成像系统的计量问题主要是黑体和红外目标模拟器的检定校准问题。

12.2.1 红外探测器参数测量装置的校准

从第 9 章的介绍可以看到,红外探测器参数测量中用到的与测量量值直接有关的主要设备为:黑体辐射源、标准信号发生器、标准衰减器和频谱分析仪等。因此,应当对这些设备事先校准,对黑体辐射源的校准是核心,国家及国防系统已经建立了黑体辐射源计量标准,可以标定黑体的发射率和等效温度。对标准信号发生器、标准衰减器和频谱分析仪的校准采用相应的无线电校准设备,溯源于无线电计量标准。

12.2.2 焦平面阵列测量装置的校准

红外焦平面阵列探测器响应率、噪声、探测率和有效像元率等参数测量装置的校准主要是对辐射功率测量、信号和噪声测量溯源。

在辐射功率的校准中,影响辐射功率的参数有:标准黑体源的辐射温度、环境温度、黑体的有效发射率、辐射光阑孔直径、辐射距离等。其校准可以归结为温度、长度和黑体发射率的校准。

在响应信号和噪声测量校准中,测量响应信号和噪声的主要设备有前置放大器和数据处理系统,这些仪器可以溯源于电流、电压标准。

12.2.3 红外热像仪测量装置的校准

红外热像仪测量装置的校准在 11.4 节已经详细介绍。涉及到的标准辐射源有面源黑体、单黑体和双黑体准直辐射系统等。辐射系统相当于红外目标模拟器。

12.2 黑体辐射源

能够在任何温度下全部吸收任何波长的入射辐射的物体称为绝对黑体,简称黑体。黑体的辐射遵从黑体辐射定律,一般作为标准辐射源使用[1-4]。

12.2.1 黑体辐射定律

黑体辐射有如下特性:

(1) 处于热平衡态的黑体在绝对温度 T 时的光谱辐亮度由普朗克公式给出

$$L_{\lambda B} = \frac{C_1}{\pi} \cdot \lambda^{-5} \cdot (e^{\frac{C_2}{\lambda T}} - 1)^{-1} (\text{Wm}^{-2}\text{sr}^{-1}\text{m}^{-1}) \tag{12-1}$$

式中: C_1 为第一辐射常数, $C_1 = 3.7418 \times 10^{-12} (\text{W} \cdot \text{cm}^2)$; C_2 为第二辐射常数, $C_2 = 1.4388$ (cm·K); λ 为真空中的光波长。

(2) 黑体为朗伯辐射体,它的光谱辐射出射度也可按普朗克公式给出,只是单位常数不同

$$M_{\lambda B} = C_1 \cdot \lambda^{-5} \cdot (e^{\frac{C_2}{\lambda T}} - 1)^{-1} (\text{Wm}^{-2}\text{m}^{-1}) \tag{12-2}$$

(3) 对应于黑体的最大光谱辐射波长 λ_m 由维恩位移定律确定,即

$$\lambda_m = 2897.8/T (\mu\text{m}) \tag{12-3}$$

这就是维恩位移定律。式(12-3)表明,随着表面温度的降低, λ_m 减小。这就是为什么物质加热开时时发红光,随着温度升高逐渐变为黄色的原因。

(4) 黑体在波长 λ_m 上的光谱辐射出射度可计算如下:

$$M_{\lambda_m} = 1.2865 \times 10^{-5} T^5 (\text{Wm}^{-2}\text{m}^{-1}) \tag{12-4}$$

(5) 黑体总的辐射出射度按斯蒂藩-玻耳兹曼公式给出

$$M_B = \sigma T^4 (\text{Wm}^{-2}) \tag{12-5}$$

式中: σ 为斯蒂藩-玻耳兹曼常数, $f = (5.6696 \pm 0.0029) \times 10^{-8} \text{W}/(\text{m}^2 \cdot \text{K}^4)$; T 为热力学温度。

(6) 对于黑体辐射,按最大光谱辐射出射度归一化的相对光谱辐射出射度 $\eta_b(\lambda)$ 与黑体温度无关,称为普朗克公式的普遍形式

$$\eta_{b(x)} = \frac{M_\lambda}{M_{\lambda_m}} = 142.32 x^{-5} (e^{\frac{4.9651}{x}} - 1)^{-1} \tag{12-6}$$

式中: $x = \lambda/\lambda_m$。

(7) 对于一般的温度 T 的平衡热辐射有

$$\begin{cases} L_\lambda(\lambda, T) = \varepsilon(\lambda, T) \cdot L_{\lambda B} \\ M_\lambda(\lambda, T) = \varepsilon(\lambda, T) \cdot M_{\lambda B} \\ M(T) = \varepsilon(T) \cdot M_B \end{cases} \tag{12-7}$$

式中: ε 为辐射体的发射率,绝对黑体 $\varepsilon = 1$,其他辐射体的 $\varepsilon < 1$。

12.2.2 人工模拟标准黑体

黑体辐射源的光谱辐射特性和总辐射特性完全可由理论公式导出。它在给出温度 $T(K)$ 下发射辐射的光谱分布只是波长的函数。因此可以作为光辐射量的计量基准和标准。在自然界中,绝对黑体是不存在的,我们一般所说的黑体都是人工模拟黑体。实际的人工模拟黑体辐射源结构如图 12-1 所示。

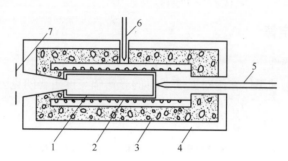

图 12-1 人工模拟黑体辐射源结构示意图
1—黑体腔;2—加热器;3—保温层;4—冷却水管或风道;
5—黑体腔测温元件;6—黑体腔控温元件;7—精密光阑。

不同用途,不同工作温度的黑体其结构也不完全相同。黑体主要组成部分包括辐射腔体,腔体外面的保温绝缘层,加热丝,腔体和加热丝都装在具有保温层的炉体内,为了热屏蔽加入铜热屏蔽罩;为了测量和控制温度还装有感温元件;黑体辐射源的前方设有光阑,其孔径小于腔口的直径,以便计算黑体的辐射出射度。

黑体腔形有圆柱形、圆锥形、球形以及其他轴对称旋转体的组合。特殊情况也采用非轴对称旋转体。可变温度人工模拟黑体辐射源的加热方式有电阻加热器、循环液体加热器以及使用不同工质的热管。固定温度的黑体则通常工作在各种介质凝固点相变温度上。保温层可以用绝热材料,也可用辐射反射屏。冷却方式有水冷或风冷。控温和测温元件通常是热电偶或电阻温度计。

人工模拟黑体辐射源的品质主要取决于黑体腔温度测量的准确度和其发射率接近于 1 的程度。黑体腔的发射率与腔体材料表面发射率、腔形及腔的温度分布有关。当上述三个参量确定后,可以对黑体腔的有效发射率进行精确的计算。

在人工模拟标准黑体中,又把一系列金属凝固点标准黑体作为基准。金属凝固点黑体是把纯度很高的金属融化,在降温过程中,从液体向固体转换的相变温度平台区作为温度的标准,由此给出标准的光谱辐亮度值,以此为标准标定光度测量仪器和光辐射测量仪器。

目前推荐使用的金属凝固点黑体主要有:

(1) 镓点黑体:302.9146K,$\varepsilon = 0.9999$;

(2) 锡点黑体:505.078K,$\varepsilon = 0.9999$;

(3) 锌点黑体:692.677K,$\varepsilon = 0.9999$;

(4) 铝点黑体:1234.93K,$\varepsilon = 0.9999$;

(5) 铜点黑体:1357.77K,$\varepsilon = 0.9999$;

(6) 银点黑体:933.473K,$\varepsilon = 0.9999$;

(7) 金点黑体:1337.18K,$\varepsilon = 0.9999$。

12.2.3 黑体辐射源的评价

前面已经介绍过,理想黑体在现实生活中并不存在,人们研制的各种黑体,只是理想黑体的近似,所以不可能达到理想黑体等温密闭的要求,其特性就与理想黑体存在一定的差异,而这些差异很难笼统地用某一参数准确描述,因此,对黑体的评价是相当困难的。

日本国家计量研究实验室(NRLM)从有效辐射温度的角度来研究黑体腔体非等温性对其辐射特性的影响,有效温度的作用在于综合了腔体内温度分布的影响,是对腔体参考温度的修正,当腔体材料发射率不随波长变化时,摆脱了发射率受温度分布和波长影响的问题,但是,其前提是温度变化较小,当温差较大时就难以成立,因此有效温度概念的应用受到限制。

在有效温度概念的基础上,还有学者引入了不等温系数的概念,试图用一个不等温系数描述温度分布的不均匀性,但其理论是基于有效温度的概念,也仍然受到应用限制,没有被广泛认可。

目前国际上比较直接,也比较准确的评价方法是采用国际间的比对。1994年,英国国家物理实验室(NPL)与美国国家标准与技术研究院(NIST)进行了标准黑体辐射源的比对,在1000~2500℃的温度范围内取得了不大于1℃的一致性。1995年,欧盟7个国家计量实验室采用辐射测温仪为循环仪器,在多种波长下对标准黑体辐射源进行了比对,修正辐射源尺寸效应后,在800~2000℃范围内,取得了0.1%的温度一致性。

12.3 中温黑体辐射源检定

中温黑体一般指工作温度为50~1000℃的黑体。它广泛应用于科研和生产中。为了保证其量值的准确、统一,我国计量部门已建立了中温黑体标准装置[5-7],同时也制定了相应的检定规程。

12.3.1 检定原理与装置

中温黑体标准装置采用金属凝固点黑体作为最高标准,利用零平衡检定的方法,用金属凝固点黑体通过光学辐射比对装置检定一级标准黑体,再用一级标准黑体通过光学辐射比对装置检定工业标准黑体。零平衡检定的工作原理如图12-2所示,光学辐射比对装置如图12-3所示。

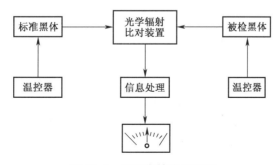

图 12-2 零平衡检定原理图

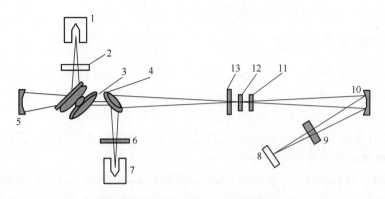

图 12-3 光学辐射比对装置示意图

1—标准黑体位置;2—标准黑体入瞳;3—反射镜式斩波器;4—折转反射镜;5—球面反射镜;6—被检黑体入瞳;
7—被检黑体位置;8—探测器;9—出瞳;10—球面反射镜;11—十字分划板;12—场光阑;13—滤光片转轮。

标准黑体和被检黑体通过光学辐射比对装置进行辐射亮度比较,当两者辐射亮度完全相等时,比对器显示仪表的指针指向零位。在开始检定被检黑体之前,用专用黑体严格调整两通道的平衡,以消除因两光学通道透过率不一致对检定不确定度的影响。

比对装置的两个通道平衡后,就可将被检黑体和标准黑体分别放至被检通道和参考通道上进行比对测量。调整标准黑体的温度,使两通道再次达到平衡,即标准黑体与被检黑体的辐射亮度相等,根据已知的计算公式,就可以计算出被检黑体的等效温度或有效发射率。这种检定方法消除了因光学参数不一致对检定结果的影响。而且,影响两通道辐射亮度的参数是由装置的共用光阑和共用探测器确定的,不会对两黑体辐射亮度带来检定误差,达到较高的检定准确度。其不确定度主要取决于对装置的调平衡技术的掌握。

这种比对方法有两种工作方式:一种是用光谱选择性探测器(PbS,InSb,HgCdTe),计算被检黑体的等效温度(T_e);另一种是用光谱平坦的探测器(LiTaO$_3$),可计算被检黑体的有效发射率。

使用光谱选择性探测器,当平衡时,两通道辐射亮度相等,计算公式为:

$$\theta_\Omega A \int_{\lambda_1}^{\lambda_2} R_\lambda \varepsilon_\lambda L_\lambda(\lambda,T_1) d\lambda = \theta_\Omega A \int_{\lambda_1}^{\lambda_2} R_\lambda \varepsilon'_\lambda L'_\lambda(\lambda,T_2) d\lambda \tag{12-8}$$

式中:θ_Ω 为光学比对装置的孔径角;A 为光学比对装置的采样斑面积;R_λ 为光学系统的光谱响应;L_λ 为标准黑体的光谱辐亮度;ε_λ 为标准黑体的光谱发射率;L'_λ 为被检黑体的光谱辐亮度;ε'_λ 为被检黑体的光谱发射率;T_1 为标准黑体的热力学温度(K);T_2 为被检黑体的热力学温度(K)。

因为两通道具有相同的光学参数,假设 R_λ 和 ε_λ 对光谱辐射亮度的影响都归因于等效温度 T_e,则式(12-8)变为

$$\int_{\lambda_1}^{\lambda_2} L_\lambda(\lambda,T_{e1}) d\lambda = \int_{\lambda_1}^{\lambda_2} L'_\lambda(\lambda,T_{e2}) d\lambda \tag{12-9}$$

式中:T_{e1} 为标准黑体的等效温度;T_{e2} 为被检黑体的等效温度。T_{e1} 是已知的,当平衡时,就可求得 T_{e2}。

平衡时,两通道辐射亮度相等,得到

$$\begin{cases} \theta_\Omega \cdot A \cdot M_b/\pi = \theta_\Omega \cdot A \cdot M_g/\pi \\ M_b = M_g \end{cases} \tag{12-10}$$

式中:θ_Ω 为光学比对装置的孔径角;A 为光学比对装置的采样斑面积;M_b 为标准黑体的辐射出射度;M_g 为被检黑体的辐射出射度。

根据斯忒藩—波耳兹曼定律,得到

$$\begin{cases} \varepsilon_b \cdot \sigma \cdot T_b^4 = \varepsilon_g \cdot \sigma \cdot T_g^4 \\ \varepsilon_g = \varepsilon_b \cdot T_b^4/T_g^4 \end{cases} \tag{12-11}$$

式中:ε_g 为被检黑体的有效发射率;ε_b 为标准黑体的有效发射率;T_b 为标准黑体的温度;T_g 为被检黑体的温度。

12.3.2 黑体辐射源的技术要求

1. 一般性能

(1) 工作过程中黑体辐射源其表面温升要求见表 12-1 所列。

表 12-1 工作过程中黑体前表面温升

黑体温度/K	温升不超过值/K
低于 500	5
500~1000	10
高于 1000	15

(2) 外形尺寸合理、便于使用和送检;结构紧凑、装配可靠,腔体内表面氧化膜或涂料无明显剥落;水冷水管无露水,风冷风扇无异常声响;通电工作后,用试电笔检查腔体不应带电,腔口处无水汽或挥发物凝聚。

2. 黑体辐射源腔体参数要求

(1) 应给出腔形图尺寸,并标明有效辐射面的位置。

(2) 腔体底面中心、腔体开口中心和黑体光阑中心应在一条轴线上,其同轴度偏差应不大于 $\phi 0.5$mm。该轴线称为黑体的光轴。

(3) 有效辐射面边缘与黑体辐射口边缘连线所形成的立体角顶点,应位于黑体前表面开口之外。

(4) 一级标准黑体有效发射率计算值应大于 0.999。

(5) 在假定腔体有均匀温度分布和腔体材料有标准样品发射率值的条件下,工业黑体的有效发射率计算值对于一等应大于 0.995,对于二等应大于 0.99,对于三等应大于 0.97。所使用的计算公式可以根据具体情况选定。

3. 温度特性要求

我国制定了黑体检定的国家标准(500~1000K 工业黑体辐射源检定规程),国防科技工业系统在国家检定规程的基础上,结合国防科技工业的实际需要,制定了国家军用标准 GJB 1826—93(323~1273K 黑体辐射源检定规程)。

在标准中,把黑体按照准确度分为凝固点黑体(基准黑体)、一级标准黑体和工业黑体。用凝固点黑体检定一级标准黑体;用一级标准黑体检定工业黑体。

一级标准黑体和工业黑体的温度特性有以下三点。

(1) 一级标准黑体应具有的温度特性如下：

黑体稳定到设定温度后，温度稳定性应优于±0.2K/h；

黑体腔有效辐射面的温度均匀性应优于±0.2K；

一级标准黑体配备的测温仪表应能直接或间接测量黑体腔有效辐射面的温度，测温准确度应优于0.05%；

(2) 工业黑体应具有的温度特性如下：

黑体稳定到设定温度后，温度稳定性应优于±0.5K/h；

黑体腔有效辐射面的温度均匀性对于一等应优于0.001 K；对于二等应优于0.002 K；对于三等应优于0.003 K。

(3) 一级标准黑体和工业黑体应能在3h内稳定到设定温度。

一级标准黑体和工业黑体的辐射特性主要由实测的有效发射率来表征。

一级标准黑体的实测有效发射率不小于0.999。

工业黑体的实测有效发射率对于一等不小于0.99；对于二等不小于0.98；对于三等不小于0.95。

12.3.3 检定项目

检定项目见表12-2。

表12-2 检定项目表

序号	检定项目
1	一般性能
2	黑体辐射源腔体参数
3	黑体辐射源温度特性（墙体温度稳定度及其均匀性）
4	黑体辐射源辐射特性（腔体的有效发射率）

12.3.4 检定方法

1. 一般性能检查

(1) 用点温度计检测工作中的黑体辐射源的前表面，其温升应符合黑体前表面温升要求。

(2) 用目视方法检查黑体，符合一般性能要求中的第2项。

2. 黑体辐射源腔体参数检查

应提供合体辐射腔体参数，并符合黑体辐射源腔体参数要求。

3. 黑体辐射源温度特性测量

1) 一级标准黑体温度特性测量

(1) 数字电压表提前1h预热；

(2) 一级标准黑体设定在被鉴定的温度点上；

(3) 待稳定后，用热电偶测量一级标准黑体的有效辐射面温度 T；

(4) 在稳定度考察时间内，对于有效辐射面进行6次测量，并求出标准偏差；

(5) 在黑体腔内取6个温度测试点，各进行3次测量，并求出各点平均值及偏差，找出最大偏差，以此表示有效辐射面的温度稳定性；

(6) 一级标准黑体的温度特性应符合一级标准黑体的温度稳定性要求。

2) 工业黑体的温度特性测量

(1) 工业黑体的温度特性测量检定方法与一级标准黑体的温度特性测量检定方法相同;

(2) 工业黑体的温度特性应符合工业黑体温度特性要求。

4. 黑体辐射源辐射特性测量

1) 凝固点黑体测量一级标准黑体的有效发射率

将凝固点黑体和一级标准黑体放在比对装置上各自的位置,调整一级标准黑体的温度控制器,使对比装置输出为零,记录其温度 T_s。按下式计算一级标准黑体有效发射率:

$$\varepsilon_s = \frac{T_f^4 \varepsilon_f}{T_s^4} \tag{12-12}$$

式中:ε_s 为一级标准黑体有效发射率;T_f 为凝固点黑体的温度(K);ε_f 为凝固点黑体的有效发射率;T_s 为一级标准黑体的工作温度(K)。

一级标准黑体的实测有效发射率应符合一级标准黑体的辐射特性要求。

2) 一级标准黑体测量工业标准黑体有效发射率

(1) 将一级标准黑体和被检工业黑体设定在同一温度;

(2) 将一级标准黑体和工业标准黑体分别放置在光学比对装置的两个通道上;

(3) 待黑体稳定后,调整一级标准黑体的温度控制器,使比对装置的输出为零,记录一级标准黑体的工作温度 T_s 和工业标准黑体的工作温度 T_g。按下式计算工业标准黑体的有效发射率。

$$\varepsilon_g = \frac{T_s^4 \varepsilon_f}{T_g^4} \tag{12-13}$$

式中:ε_g 为工业标准黑体的有效发射率;T_g 为工业标准黑体的工作温度(K)。

(4) 工业标准黑体的实测有效发射率应符合工业标准黑体的辐射特性要求。

12.3.5 测量不确定度分析

下面以零平衡法检定有效发射率为例进行测量不确定度分析。

1. 输出量

根据国家军用标准 GJB1826—93 规定,323~1273K 黑体辐射源的计量检定中,输出量为黑体的有效发射率 ε。

2. 数学模型

当标准黑体和被检黑体在辐射比对装置上达到平衡时,被检黑体的有效发射率为

$$\varepsilon_g = \varepsilon_b \frac{T_b^4}{T_g^4} \tag{12-14}$$

式中:ε_g 为被检黑体的有效发射率;ε_b 为标准黑体的有效发射率;T_g 为被检黑体温度(K);T_b 为标准黑体温度(K)。

上式三个输入量独立不相关,所以相对合成标准不确定度为

$$\frac{u_c(\varepsilon_g)}{\varepsilon_g} = \sqrt{\left[\frac{1 \times u(\varepsilon_b)}{\varepsilon_b}\right]^2 + \left[\frac{4 \times u(T_b)}{T_b}\right]^2 + \left[\frac{-4 \times u(T_g)}{T_g}\right]^2} \tag{12-15}$$

3. 测量不确定度主要来源分析

由测量数学模型可以看出影响量主要有：

(1) 由于标准黑体的发射率不准引起的不确定度；

(2) 由于标准黑体的温度不准引起的不确定度；

(3) 由于被检黑体的温度测量不准引起的不确定度，也就是标准金—铂热电偶的测量不确定度；

(4) 重复性测量引入的不确定度。

4. 测量不确定度评定

1) 用金属凝固点黑体检定一级标准黑体的测量不确定度评定

标准黑体为锡和锌两个金属凝固点黑体，被检黑体为一级标准黑体。

(1) 由于凝固点黑体发射率不准引起的相对不确定度 u_1。

技术说明书给出两个凝固点黑体的发射率值均为 0.9999 ± 0.0001，假设为正态分布，置信概率为 95%，$k=2$，按 B 类方法评定，所以锡凝固点黑体发射率不准引起的相对不确定度 u_{1Sn} 和锌凝固点黑体发射率不准引起的相对不确定度 u_{1Zn} 为

$$u_{1Sn} = u_{1Zn} = \frac{1.0 \times 10^{-4}}{2 \times 0.9999} = 0.005\% \tag{12-16}$$

所以 $u_1 = 0.005\%$。

(2) 由于凝固点黑体的温度不准引起的相对不确定度 u_2。

经过与中国测试技术研究院进行的比对结果表明，锡凝固点黑体的温度不确定度为 $2.8\text{mK}(k=2)$，锌凝固点黑体的温度不确定度为 $3.0\text{mK}(k=2)$，按 B 类方法评定，所以锡凝固点黑体温度不准引起的相对不确定度为

$$u_{2Sn} = = \frac{0.0028}{2 \times 505.78} = 0.00028\% \tag{12-17}$$

锌凝固点黑体温度不准引起的相对不确定度为

$$u_{2Zn} = \frac{0.003}{2 \times 692.677} = 0.00022\% \tag{12-18}$$

为方便计算，取较大的作为该不确定度分量，取 $u_2 = 0.00028\%$。

(3) 标准金—铂热电偶测量不准引起的不确定度分量 u_3

由热电偶的检定证书可知，热电偶的测量不确定度为 $0.4℃(k=2)$，按 B 类方法评定，其引入的不确定度为

$$u(T_g) = \frac{0.4}{2} = 0.2℃ \tag{12-19}$$

因为给出的结果是在 $961.78℃$ 时测量的，所以

$$u_3 = \frac{u(T_g)}{T_g} = \frac{0.2}{961.78} = 0.021\% \tag{12-20}$$

(4) 重复性测量引入的不确定度 u_4

$$u_4 = \frac{0.06\%}{\sqrt{6}} = 0.024\% \tag{12-21}$$

(5) 相对合成标准不确定度。

各分量之间独立不相关,所以凝固点黑体检定一级标准黑体时

$$u_c = \sqrt{u_1^2 + (4u_2)^2 + (-4u_3)^2 + u_4^2} = 0.09\% \quad (12-22)$$

(6) 相对扩展不确定度。

按置信概率 $P=95\%$,$k=2$,可得相对扩展不确定度为 $U=ku_c=0.2\%$。

2) 用一级标准黑体检定工业黑体的测量不确定度评定

标准黑体为一级标准黑体,被检黑体为工业黑体

(1) 由于标准黑体发射率不准引起的相对不确定度 u_1。

由于计量检定部门给出标准黑体的发射率相对扩展不确定度为 0.2%,$k=2$,按 B 类方法评定,所以

$$u_1 = \frac{2.0 \times 10^{-3}}{2} = 0.10\% \quad (12-23)$$

(2) 由于标准黑体的温度不准引起的相对不确定度 u_2。

由技术资料给出的标准黑体的温度不确定度为 $0.2K$,按 B 类方法评定,假设为均匀分布,$k=\sqrt{3}$ 所以

$$u(T_b) = \frac{0.2}{\sqrt{3}} = 0.12K \quad (12-24)$$

因为标准黑体温度相对不确定度最大为 323.15K,所以

$$u_2 = \frac{u(T_b)}{T_b} = \frac{0.12}{323.15} = 0.037\% \quad (12-25)$$

(3) 标准金—铂热电偶测量不准引起的不确定度分量 u_3。

由热电偶的检定证书可知,热电偶的测量不确定度为 $0.4℃$($k=2$),按 B 类方法评定,其引入的不确定度为

$$u(T_g) = \frac{0.4}{2} = 0.2℃ \quad (12-26)$$

因为给出的结果是在 961.78℃时测量的,所以

$$u_3 = \frac{u(T_g)}{T_g} = \frac{0.2}{961.78} = 0.021\% \quad (12-27)$$

(4) 重复性测量引入的不确定度 u_4。

$$u_4 = \frac{0.06\%}{\sqrt{6}} = 0.024\% \quad (12-28)$$

(5) 相对合成标准不确定度。

各分量之间独立不相关,所以

$$u_c = \sqrt{u_1^2 + (4u_2)^2 + (-4u_3)^2 + u_4^2} = 0.21\% \quad (12-29)$$

(6) 相对扩展不确定度

按置信概率 $P=95\%$,$k=2$,可得相对扩展不确定度为 $U=ku_c=0.5\%$.

12.4 面源黑体校准

12.3 节我们介绍了中温腔黑体的检定原理及过程,在红外热像仪校准和其他应用中,往

往用到面源黑体,与点源腔黑体相比,面源黑体辐射面积大,作为校准装置,不仅要校准发射率,而且要校准辐射面上温度均匀性。因此,针对面源黑体的校准要建立专门的校准装置[8,9]。

从面源黑体的具体温度范围和用途来划分,可以分为:-30~75℃温度范围面源黑体和50~400℃温度范围面源黑体。其中-30~75℃面源黑体属于常温面源黑体,主要用于长波红外焦平面阵列器件、长波红外热成像设备、各种低背景红外辐射计、红外测温仪等设备的校准。属于中温范围的50~400℃面源黑体用于中波红外仪器设备在此温度段的标定、测试。因此,在面源黑体辐射特性校准技术上也分为常温黑体辐射特性校准和中温黑体辐射特性校准。

12.4.1 -30~75℃面源黑体校准

1. 校准方法比较

关于-30~75℃温度范围面源黑体的辐射特性校准和量值溯源,国际上一般采用以下途径:

(1) 用以热敏电阻为温度传感器的精密测温仪接触面源黑体,实现面源黑体的温度校准,温度值溯源到热力学温标(面源黑体的发射率由腔体模型和腔体涂层的发射率计算得到,不测量面源黑体辐射面的辐射均匀性)。

(2) 用以热敏电阻为温度传感器的精密测温仪接触面源黑体,实现面源黑体的温度校准。同时利用红外辐射比对装置实现面源黑体有效发射率的校准和面源黑体辐射面的辐射均匀性测量。面源黑体的温度、有效发射率和辐射均匀性校准量值分别溯源到热力学温标和凝固点黑体。

(3) 用以热敏电阻为温度传感器的精密测温仪接触面源黑体,实现面源黑体的温度校准。同时利用红外辐射计或直接使用低温绝对辐射计实现面源黑体有效发射率的校准和面源黑体辐射均匀性测量。面源黑体温度、有效发射率和均匀性校准量值分别溯源到热力学温标、低温绝对辐射计或电校准技术标准。

对于第一种方法,20世纪80年代以前美国国家标准技术研究院(NIST)、美国国家航空航天局(NASA)、俄罗斯全俄光学物理测量研究院(VNIIOFI)、英国国家物理实验室(NPL)、法国和以色列等国家计量机构多采用此方法。随着红外技术尤其是红外热成像技术、精密测温仪、红外辐射计及红外超光谱技术的发展,对常温面源黑体的测量/校准技术提出严峻的挑战,此方法只能实现常温面源黑体温度值的校准和量值溯源,不能进行面源黑体有效发射率校准和辐射面上的均匀性测量,已经不能满足目前军用红外技术领域对面源黑体辐射特性的校准/测量要求,所以只有少数国家和红外技术公司采用此方法。

对于第二种方法,以全俄光学物理测量研究院(VNIIOFI)和德国国家工程物理研究院(PTB)为代表。20世纪90年代末,全俄光学物理测量研究院建立起了中背景红外辐射测量装置(Medium Background Infrared Radiometric,MBIR),可以进行常温点源黑体和常温面源黑体的辐射特性校准/测量。MBIR装置由29.7646℃镓凝固点黑体、-60~80℃变温标准黑体、辐射零参考黑体、红外辐射计、真空低温通道、真空环境制备设备和制冷设备等组成(图12-4),装置中的背景用液氮制冷,真空度可达1.33×10^{-4}Pa。其中常温面源黑体的温度通过精密测温仪进行接触式准确测量,测量值可以溯源到国际热力学温标。通过与发射率达到0.9997、稳定性达到0.02℃/h的-60~80℃标准点源黑体在75K以下的背景辐射环境中进行辐射量值比对,得到常温面源黑体的有效发射率,同时通过空间扫描,实现常温面源黑体的辐射面辐射均匀性测量,常温面源黑体的有效发射率和辐射面的辐射均匀性测量可以溯源到红外辐射的最高标准——镓凝固点黑体。用此方法校准常温面源黑体温度的不确定度优于 0.05℃(置信因子 $k=2$),有效发射率校准不确定度优于 0.5%。德国 PTB 也建立起了类似的常温面源黑体的辐射特性校准装置。

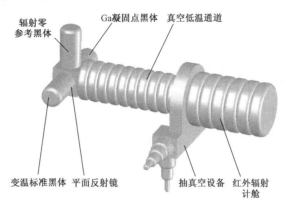

图 12-4　全俄光学物理测量研究院面源黑体辐射特性校准原理图

对于第三种方法,主要是以 NIST 和美国 Los Alamos 国家实验室(LANL)联合建立的常温面源黑体辐射特性标准装置为代表。该装置采用 NIST 的低背景红外辐射测量装置(Low Background Infrared Radiometric,LBIR)进行常温面源黑体辐射特性校准,由于被校准的常温面源黑体温度范围为 180~370K,因此校准过程在真空和用液氦制冷背景温度达到 20K 以下的真空环境中进行,NIST 的低背景红外辐射测量装置由低温绝对辐射计或电校准技术的探测器、精密常温面源黑体、低温真空通道等组成。其中美国 Los Alamos 国家实验室(LANL)负责研制辐射单元,辐射单元由标准面源黑体、承载面源黑体的二维机械扫描装置、带有 9mm 标准光阑的 -233℃ 的屏蔽板。将这套辐射单元运送到 NIST,与 NIST 已有的 LBIR 单元接口,组合成 -93~77℃ 面源黑体辐射特性校准装置。被校准面源黑体的温度由精密测温仪进行接触测量得到,温度测量准确度优于 0.04℃(置信因子 $k=2$),温度量值溯源到 NIST 的国际热力学温标。再通过与精密面源黑体进行辐射量值比对,或直接测量辐射量,得到被校准面源黑体的有效发射率,此装置的最大特点是通过直接采用低温辐射计或电校准技术的探测器作为辐射测量装置,发射率测量值直接溯源到辐射计量最高标准——低温绝对辐射计或国际上通行的电校准技术标准,发射率测量不确定度为 0.5%。

2. 零平衡法校准装置

在对各种方法进行比较的基础上,国内建立了以零平衡法为基础的面源黑体校准装置。-30~75℃ 面源黑体辐射特性校准装置如图 12-5 所示。采用面源黑体与标准(点源)黑体进行辐射量比对的方法,对面源黑体的辐射特性进行校准。

1) 校准面源黑体的温度

采用精密测温仪测量被校准面源黑体的温度 T_b,精密测温仪带有标准探头,将探头插入被校准的面源黑体的温度校准孔,通过精密测温仪自身的铂电阻温度传感器准确测量被校准面源黑体的温度 T_b,并将测量结果输入面源黑体辐射特性校准装置的计算机测控系统。精密测温仪量值可以溯源到热力学温标。

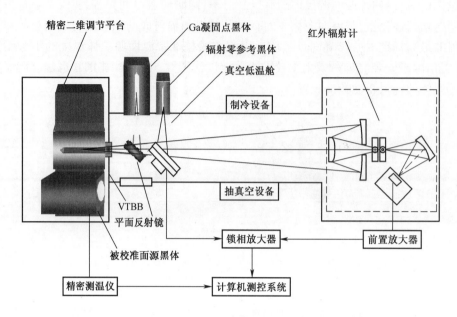

图 12-5 $-30\sim75°C$ 面源黑体辐射特性校准装置原理框图

2) 校准面源黑体的发射率

面源黑体发射率的校准采用零平衡法,其基本原理和过程和 12.3 节类似。不同之处在于这里是用点源黑体与面源黑体某一点相比较。在测量被校准的面源黑体的发射率时,红外辐射计通过平面转镜实现对被校准面源黑体、标准(点源)黑体在同一设置温度、同等几何条件下的辐射量值比对,具体原理公式如下:

$$\frac{\theta_\Omega \cdot A \cdot L_{bi}}{\theta_\Omega \cdot A \cdot L_0} = \frac{V_{bi}}{V_0} \tag{12-30}$$

式中:θ_Ω 为红外辐射计对应的取样立体角,立体弧度;A 为红外辐射计对应的取样光源面积 (m^2);L_{bi} 为被校准面源黑体的被采样点的辐射亮度;L_0 为标准(点源)黑体的辐射亮度;V_{bi} 为被校准面源黑体辐射面上某一采样点对应的红外辐射计输出电压;V_0 为标准(点源)黑体对应的红外辐射计输出电压。

根据斯忒藩-波耳兹曼定律,式(12-30)变为

$$\frac{\theta_\Omega \cdot A \cdot \varepsilon_{bi} \sigma T_b^4 / \pi}{\theta_\Omega \cdot A \cdot \varepsilon_0 \sigma T_0^4 / \pi} = \frac{V_{bi}}{V_0} \tag{12-31}$$

式中:ε_{bi} 为被校准面源黑体辐射面上某一采样点的发射率;ε_0 为标准(点源)黑体的发射率;σ 为黑体辐射常数,其值为 $5.67032\times10^{-8} W \cdot m^{-2} \cdot K^{-4}$;$T_b$ 为被校准面源黑体的实际温度 (K);T_0 为标准(点源)黑体的温度(K)。

化简得到被校准面源黑体辐射面上某一点的发射率 ε_{bi} 计算如下:

$$\varepsilon_{bi} = \varepsilon_0 \frac{V_{bi}}{V_0} \cdot \left(\frac{T_0}{T_b}\right)^4 \tag{12-32}$$

式中:V_{bi} 为被校准面源黑体辐射面上某一采样点对应的红外辐射计输出电压;V_0 为标准(点源)黑体对应的红外辐射计输出电压;T_0 为标准(点源)黑体的温度(K),由标准(点源)黑体

的测温仪读出；T_b 为被校准面源黑体的实际温度(K)，由精密测温仪测出。

首先将两个黑体设置在相同的温度下，在被校准面源黑体辐射面上选择6个以上的采样点，配合使用二维机械扫描装置依次将被校准面源黑体辐射面上这些采样点移入光路，红外辐射计分别测量被校准面源黑体辐射面上每一采样点、-60~80℃标准(点源)黑体的辐射量值，依次将这些采样点与-60~80℃标准(点源)黑体进行辐射比对，将被校准面源黑体辐射面上各采样点的发射率平均，得到被校准面源黑体的发射率 ε_b：

$$\varepsilon_b = \frac{1}{n} \cdot \sum_{i=1}^{n} \varepsilon_{bi} \quad (i=1,2,\cdots,n) \tag{12-33}$$

式中：n 为采样点数量。

3) 测量面源黑体辐射面上发射率的均匀性

求得被校准面源黑体辐射面上所有采样点发射率的实验标准偏差 S_b，该实验标准偏差表达了被校准面源黑体辐射面上发射率的均匀性：

$$S_b = \left[\frac{1}{n-1} \cdot \sum_{i=1}^{n} (\varepsilon_{bi} - \varepsilon_b)^2\right]^{1/2} \tag{12-34}$$

3. -30~75℃面源黑体测量不确定度评定

1) 温度测量不确定度分析

影响-30~75℃面源黑体温度测量不确定度的来源有：面源黑体温度测量重复性；精密测温仪测温不准；精密测温仪探头位置；精密测温仪温度飘移；各输入量标准不确定度评定。

(1) 面源黑体温度测量重复性引入的标准不确定度分量 u_1。

在-30~75℃面源黑体辐射特性校准装置上，用(接触式)精密测温仪测量面源黑体的温度，重复测量十次，测量结果如表12-3所列，测量平均值的标准不确定度 $u_1 = 0.0063℃$。

表12-3 -30~75℃面源黑体温度校准(设置温度为20℃)

温度	t_1	t_2	t_3	t_4	t_5	t_6	t_7	t_8	t_9	t_{10}	$\bar{t}_b$
测量值/℃	20.013	20.020	20.037	20.026	20.018	20.012	20.019	19.998	19.982	19.990	19.017
标准偏差/℃	0.020											
平均值标准偏差/℃	0.0063											

(2) 精密测温仪测温不准引入的不确定度分量 u_2。

根据检定证书，精密测温仪测量不确定度为 0.016℃，$k=2$，其标准不确定度分量 u_2 为 0.008℃。

(3) 精密测温仪探头位置引入的不确定度分量 u_3。

根据使用说明书和试验，精密测温仪探头位置不准引入的标准不确定度分量 u_3 为 0.01℃。

(4) 精密测温仪温度飘移引入的不确定度分量 u_4。

根据使用说明书，精密测温仪温度飘移引入的不确定度 $u_4 = 0.01℃$。

合成标准不确定度 u_c

以上各不确定度分量互不相关，合成标准不确定度 u_c 为

$$u_c = \sqrt{u_1^2 + u_2^2 + u_3^2 + u_4^4} = 0.018 \tag{12-35}$$

扩展不确定度 U

$$U = ku_c \tag{12-36}$$

取 $k=2$,扩展不确定度 $U=0.04℃$

$-30\sim75℃$ 面源黑体的温度测量不确定度分析一览表如表 12-4 所列。

表 12-4 $-30\sim75℃$ 面源黑体的温度测量不确定度分析一览表

不确定度分量描述	评定类型	不确定度分量/℃	灵敏系数
面源黑体温度测量重复性引入的不确定度	A 类	0.0063	1
精密测温仪测温不准确引入的不确定度	B 类	0.008	1
精密测温仪探头位置引入的不确定度	B 类	0.01	1
精密测温仪温度漂移引入的不确定度	B 类	0.01	1
合成标准不确定度/℃		0.02	
扩展不确定度/℃		0.04	

2) 辐射均匀性测量不确定度分析

影响 $-30\sim75℃$ 面源黑体辐射均匀性测量不确定度的来源有:

面源黑体辐射测量不准;

标准点源黑体辐射测量不准;

统计面源黑体辐射面上多点辐射量的样本不充分。

(1) 面源黑体辐射测量不准引入的不确定度分量 u_1。

根据检定证书,红外辐射计测量不确定度为 0.1%, $k=2$,其标准不确定度分量 $u_1=0.05\%$。

(2) 标准点源黑体辐射测量不准引入的不确定度分量 u_2。

根据检定证书,红外辐射计测量不确定度为 0.1%, $k=2$,其标准不确定度分量 $u_2=0.05\%$。

(3) 统计面源黑体辐射面上多点辐射量的样本不充分引入的不确定度分量 u_3。

根据试验,统计面源黑体辐射面上多点辐射量的样本不充分引入的不确定度 $u_3=0.37\%$。

合成标准不确定度 u_c

被校准面源黑体辐射测量不准引入的不确定度分量 u_1 和标准黑体辐射测量不准引入的不确定度分量 u_2 是由同一装置测量引起的,所以完全正相关。合成标准不确定度 u_c 为

$$u_c = \sqrt{(c_1u_1 + c_2u_2)^2 + c_3^2u_3^2} = 0.38\% \tag{12-37}$$

其中, $c_1=c_2=c_3=1$

扩展不确定度 U

$$U = ku_c \tag{12-38}$$

取 $k=2$,扩展不确定度 $U=0.8\%$

$-30\sim75℃$ 面源黑体辐射均匀性测量不确定度分析一览表如表 12-5 所列。

表 12-5　$-30 \sim 75℃$ 面源黑体辐射均匀性测量不确定度分析一览表

不确定度分量描述	评定类型	不确定度分量值/%	表达式	灵敏系数
面源黑体辐射测量不准引入的不确定度	B 类	0.05	$\dfrac{u(V_b)}{V_b}$	1
标准点源黑体辐射测量不准引入的不确定度	B 类	0.05	$\dfrac{u(V_0)}{V_0}$	1
统计面源黑体辐射面上多点辐射量的标准偏差不准(如样本不充分)引入的不确定度	A 类	0.37	$\dfrac{u(s_V)}{s_V}$	1
合成标准不确定度/%		0.38		
扩展不确定度/%		0.8		

说明：其中被校准面源黑体辐射测量不准确引入的不确定度分量和标准点源黑体辐射测量不准确引入的不确定度是由同一装置测量引起的，所以完全正相关

3) 发射率测量不确定度评定分析

影响 $-30 \sim 75℃$ 面源黑体发射率测量不确定度的来源有：

标准点源黑体发射率测量不准；

面源黑体辐射测量不准；

标准点源黑体辐射测量不准；

标点源黑体温度测量不准；

面源黑体温度测量不准。

(1) 标准点源黑体发射率测量不准引入的不确定度分量 u_1。

根据检定证书，标准黑体发射率测量不确定度为 0.4%，$k=2$，其标准不确定度分量 $u_1 = 0.2\%$。

(2) 面源黑体辐射测量不准引入的不确定度分量 u_2。

根据检定证书，红外辐射计测量不确定度为 0.1%，$k=2$，其标准不确定度分量 $u_2 = 0.05\%$。

(3) 标准点源黑体辐射测量不准引入的不确定度分量 u_3。

根据检定证书，红外辐射计测量不确定度为 0.1%，$k=2$，其标准不确定度分量 $u_3 = 0.05\%$。

(4) 标准点源黑体温度测量不准引入的不确定度分量 u_4。

根据检定证书，标准点源黑体温度相对测量不确定度为 0.02%，$k=2$，其标准不确定度分量 $u_4 = 0.01\%$。

(5) 面源黑体温度测量不准引入的不确定度分量 u_5。

根据检定证书，精密测温仪相对测量不确定度为 0.02%，$k=2$，其标准不确定度分量 $u_5 = 0.01\%$。

合成标准不确定度 u_c

被校准面源黑体辐射测量不准引入的不确定度分量 u_2 和标准黑体辐射测量不准引入的不确定度分量 u_3 是由同一装置测量引起的，所以完全正相关。合成标准不确定度 u_c 为

$$u_c = \sqrt{c_1^2 u_1^2 + (c_2 u_2 + c_3 u_3)^2 + c_4^2 u_4^2 + c_5^2 u_5^2} = 0.24\% \tag{12-39}$$

其中，$c_1 = c_2 = c_3 = 1$，$c_4 = c_5 = 4$

扩展不确定度 U

$$U = ku_c \tag{12-40}$$

取 $k=2$，扩展不确定度 $U=0.48\%$

$-30\sim75$℃面源黑体辐射发射率测量不确定度分析一览表如表 12-6 所列。

表 12-6　$-30\sim75$℃面源黑体辐射发射率测量不确定度分析一览表

不确定度分量描述	评定类型	不确定度分量值/%	表达式	灵敏系数
标准点源黑体发射率不准确引入的不确定度	B 类	0.2	$\dfrac{u(\varepsilon_0)}{\varepsilon_0}$	1
面源黑体辐射测量不准引入的不确定度	B 类	0.05	$\dfrac{u(V_b)}{V_b}$	1
标准点源黑体辐射测量不准引入的不确定度	B 类	0.05	$\dfrac{u(V_0)}{V_0}$	1
标准点源黑体温度测量不准引入的不确定度	B 类	0.01	$\dfrac{u(T_0)}{T_0}$	4
面源黑体温度测量不准引入的不确定度	B 类	0.01	$\dfrac{u(T_b)}{T_b}$	4
合成标准不确定度/%		0.24		
扩展不确定度/%		0.48		

说明：其中被校准面源黑体辐射测量不准确引入的不确定度分量和标准点源黑体辐射测量不准确引入的不确定度是由同一装置测量引起的，所以完全正相关

12.4.2　50~400℃面源黑体校准

1. 校准方法比较

由于无法对这一温度范围的面源黑体进行准确的接触式温度测量，因此，50~400℃温度范围的中温面源黑体辐射特性校准只能采用辐射校准方法。关于 50~400℃温度范围面源黑体的辐射特性校准和量值溯源，国际上一般采用以下途径。

（1）测温热像仪方法。首先用准确度高的黑体标定测温热像仪，然后用标定后的测温红外热像仪来校准 50~400℃温度范围面源黑体的辐射特性，在发射率设定的情况下，得到被校准面源黑体的辐射温度。并且进一步得到面源黑体辐射面辐射温度的均匀性，校准量值一般溯源到凝固点黑体。类似的方法是用红外测温仪或红外测温辐射计来校准中温面源黑体辐射特性，此时要配合使用机械扫描方式得到被校准面源黑体辐射面辐射温度的均匀性。到目前为止，在大范围的中温温度范围，无论测温热像仪还是红外测温仪或红外测温辐射计，由于受自身温度输出曲线的标定误差的影响，其辐射温度校准误差均比较大，校准不确定度往往大于 1℃以上。此方法不适用于中温面源黑体的准确校准，只有一些企业级的计量机构采用此方法。

（2）中温面源黑体辐射特性的辐射量值比对方法。俄罗斯全俄光学物理测量研究院和英国国家物理实验室均采用此方法。

通过此装置,借助于铟凝固点黑体和锡凝固点黑体可以实现标准点源黑体的校准,换上被校准中温面源黑体,通过与变温标准黑体的辐射量值比较,测量出被校准中温面源黑体的辐射量,通过设定发射率量值,进一步求出被校准中温面源黑体的辐射温度。通过红外探测器等部件绕光轴移动,实现被校准中温面源黑体辐射面的辐射均匀性测量。辐射温度测量灵敏度优于 50mK。这套装置是全俄光学物理测量研究院于 1993 年开始研制的,目前已经过有效的改进。英国国家物理实验室向全俄光学物理测量研究院定制类似的装置,该装置还可以通过滤光装置测量中温面源黑体的光谱辐射温度,将红外辐射计的探测器经过 NPL 的低温绝对辐射计校准,可将辐射温度测量值溯源到低温辐射计。

美国 NIST 也采用类似的方法,建立起了中温面源黑体辐射特性校准装置,称为中背景红外辐射测试装置(Medium Background Infrared Radiometric,MBIR)。该装置可在 80K 到环境温度的背景条件下进行面源黑体辐射特性的校准,可以直接采用绝对辐射计作为接收装置,或者采用红外辐射计为接收装置,红外辐射计中的探测器可以溯源到低温绝对辐射计。装置造价高,维护费用昂贵,不适于大量中温面源黑体的校准。

(3) 中温面源黑体的实时辐射量值比对校准方法,美国 EOI 公司、美国海军计量站、美国空间导航计量部门及美国 Newark 空军基地计量中心等均采用此方法。由光学辐射零平衡比对装置、标准中温(点源)黑体、多维精密调节平台等组成校准装置。通过光学辐射零平衡比对装置,将被校准中温面黑体与中温标准(点源)黑体进行辐射量实时比对,当二者达到辐射量值平衡时,根据中温标准(点源)黑体已知的发射率和温度值求出被校准中温面黑体在设定发射率下的辐射温度,并配合多维精密调节平台进一步实现被校准中温面黑体辐射温度均匀性的测量。美国 EIO 公司的中温面源黑体辐射特性校准装置校准辐射温度不确定度优于 0.5℃,校准结果溯源到红外辐射最高标准的锡凝固点黑体(231.928℃)和锌凝固点黑体(419.527℃)。

2. 实时辐射比对法校准装置

50℃~400℃面源黑体辐射特性校准装置原理如图 12-6 所示。采用被校准面源黑体与标准(点源)黑体进行实时辐射比对的方法,实现被校准 50~400℃面源黑体的辐射特性的校准。

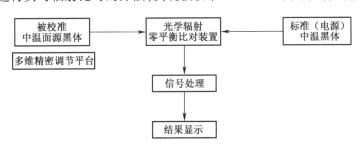

图 12-6 中温面源黑体的实时辐射量值比对校准方法原理图

先用两个性能相同的专用工作黑体,将光学辐射零平衡比对装置的左右两个辐射通道调整到平衡状态,如图 12-7 所示。

光学辐射零平衡比对装置选用宽光谱响应探测器,将标准(点源)黑体和被校准面源黑体通过光学辐射零平衡比对装置进行光学辐射亮度量值比对,通过改变标准(点源)黑体的温度,直至辐射零平衡比对装置达到辐射平衡为止。当两者辐射亮度相等时,光学辐射零平衡比对装置显示仪表的指针指向中间的零值位置。此时下式成立:

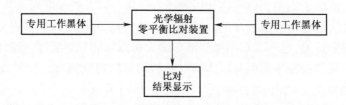

图 12-7 50~400℃面源黑体辐射特性校准装置调节平衡示意图

$$\theta_\Omega \cdot A \cdot L'_B = \theta_\Omega \cdot A \cdot L_B \tag{12-41}$$

式中:θ_Ω 为零平衡比对装置取样立体角,立体弧度;A 为零平衡比对装置取样光斑面积 m^2;L'_B 为被校准面源黑体的辐亮度;L_B 为标准(点源)黑体辐亮度。

可以进一步写为

$$\theta_\Omega \cdot A \cdot \frac{M'_B}{\pi} = \theta_\Omega \cdot A \cdot \frac{M_B}{\pi} \tag{12-43}$$

式中:M'_B 为被校准面源黑体的辐射出射度($W \cdot m^{-2}$);M_B 为标准(点源)黑体辐射出射度($W \cdot m^{-2}$)。

化简得到下式:

$$M'_B = M_B \tag{12-43}$$

根据黑体辐射定律,黑体的辐射出射度计算如下:

$$M_B = \varepsilon \cdot \sigma \cdot T^4 \tag{12-44}$$

式中:M_B 为黑体辐射源的辐射出射度,($W \cdot m^{-2}$);ε 为黑体辐射源的有效发射率;σ 为黑体辐射常数,其值为 $5.67032 \times 10^{-8} W \cdot m^{-2} \cdot K^{-4}$;$T$ 为黑体辐射源有效辐射面的热力学温度(K)。

3. 面源黑体辐射温度的计算

根据式(12-43)和式(12-44),得到

$$M'_B = \varepsilon' \cdot \sigma \cdot T^4_{Bi} = M_B = \varepsilon \cdot \sigma \cdot T^4_0 \tag{12-45}$$

式中:ε' 为被校准面源黑体的设定发射率;T_{Bi} 为被校准面源黑体辐射面上某一采样点的辐射温度。

由此得到在发射率设定为 ε 时,被校准面源黑体辐射面上某一采样点的辐射温度 T_{Bi} 为:

$$T_{Bi} = T_0 \cdot \left(\frac{\varepsilon'}{\varepsilon}\right)^{1/4} \tag{12-46}$$

在被校准面源黑体辐射面上选择 6 个以上的采样点,使用多维手动调节平台分别将这些采样点移入光路,实现对被校准面源黑体辐射面上某一采样点与标准(点源)黑体在同等几何条件下的辐射量值实时比对,调节标准(点源)黑体的温度,直至达到辐射平衡,计算被校准面源黑体这一采样点在发射率设定为 ε' 时的辐射温度。依次将其他采样点与标准(点源)黑体进行辐射比对,实现校准面源黑体辐射面上辐射温度测量,具体公式如下。

求得被校准面源黑体辐射面上所有采样点辐射温度的平均值,得到被校准的面源黑体的辐射温度 T_B:

$$T_B = \frac{1}{n} \cdot \sum_{i=1}^{n} T_{Bi} \quad (i = 1, 2\cdots, n) \tag{12-47}$$

式中:n 为采样点数量。

4. 面源黑体辐射面上辐射温度均匀性测量

求得被校准面源黑体辐射面上所有采样点辐射温度的实验标准偏差 S_{TB}，称作被校准面源黑体辐射温度的均匀性：

$$S_{TB} = \left[\frac{1}{n-1} \cdot \sum_{i=1}^{n} (T_{Bi} - T_B)^2 \right]^{1/2} \quad (12-48)$$

面源黑体辐射面上辐射温度均匀性是衡量一个中温面源黑体技术性能的一项重要技术指标。

5. 50~400℃面源黑体测量不确定度分析

1) 热力学温度测量不确定度评定

利用（接触式）精密测温仪校准 50~400℃ 面源黑体的温度量值，主要包括如表 12-7 所列的不确定度分量：

表 12-7　测量 50~400℃ 面源黑体的温度量值不确定度分量

不确定度分量描述	类型	不确定度分量值	分量表达式	灵敏系数
标准（点源）黑体温度引入的不确定度	B 类	0.008℃		1
精密测温仪探头溯源引入的不确定度	B 类	0.01℃		1
精密测温仪探头稳定性引入的不确定度	B 类	0.01		1
精密测温仪探头漂移引入的不确定度	B 类	0.01℃		1
精密测温仪探头位置引入的不确定度	B 类	0.005℃		1
结论：校准面源黑体温度合成不确定度 $u_c = 0.02℃$； 校准面源黑体温度扩展不确定度 $U = 0.04℃(K=2)$				

2) 辐射温度测量不确定度

50~400℃ 面源黑体辐射温度均匀性，是通过估计其辐射面上多点辐射温度平均值来确定的。通过在不同温度点测量 50~400℃ 面源黑体辐射均匀性，统计出 50~400℃ 面源黑体辐射温度平均值的标准偏差，作为 50~400℃ 面源黑体辐射温度测量不确定度 u_c 的主要分量，如表 12-8 所列。

表 12-8　校准 50~400℃ 面源黑体的辐射均匀性不确定度分量

不确定度分量描述	评定类型	不确定度分量值/%	分量表达式	灵敏系数
标准点源黑体温度不准引入的不确定度	B 类	0.01	$\dfrac{u(T_0)}{T_0}$	4
黑体辐射比对系统 NETD 引入的不确定度	B 类	0.0125	$\dfrac{u(\text{NETD})}{T_0}$	4
测量值重复性引入的不确定度	A 类	0.05		1
结论：测量面源黑体辐射温度非均匀性测量合成不确定度 $u_c = 0.06\%$； 测量面源黑体辐射温度非均匀性测量扩展不确定度 $U = 0.2\%(K=2)$				

3) 辐射温度均匀性不确定度评定

分析 50~400℃ 面源黑体辐射均匀性，是通过估计其辐射面上多点辐射量的标准偏差来确定的。实验标准偏差的测量不确定度应通过估算实验标准偏差的相对标准差来衡量。通过在

50℃、100℃、300℃、400℃等不同温度点测量 50~400℃面源黑体辐射均匀性,经实验可以统计出 50~400℃面源黑体辐射均匀性的实验标准偏差,作为 50~400℃面源黑体辐射均匀性测量不确定度 u_c 的主要分量,如表 12-9 所列。

表 12-9　校准 50~400℃面源黑体的辐射均匀性不确定度分量

不确定度分量描述	评定类型	不确定度分量值/%	分量表达式	灵敏系数
标准点源黑体温度不准引入的不确定度	B 类	0.01	$\dfrac{u(T_0)}{T_0}$	4
黑体辐射比对系统 NETD 引入的不确定度	B 类	0.01	$\dfrac{u(\text{NETD})}{T_0}$	4
实验标准偏差统计引入的不确定度	B 类	0.05		1
结论:校准面源黑体均匀性测量合成不确定度 $u_c = 0.06\%$; 　　　校准面源黑体均匀性测量扩展不确定度 $U = 0.2\%(K=2)$				

4) 发射率测量不确定度

利用 50~400℃面源黑体辐射特性校准装置测量被校准 50~400℃面源黑体的有效发射率时主要包括不确定度分量如表 12-10 所列。

表 12-10　校准 50~400℃面源黑体辐射发射率不确定度

不确定度分量描述	评定类型	不确定度分量值/%	分量表达式	灵敏系数
标准黑体发射率不准确引入的不确定度	B 类	0.03	$\dfrac{u(\varepsilon_0)}{\varepsilon_0}$	1
标准点源黑体温度不准引入的不确定度	B 类	0.008	$\dfrac{u(T_0)}{T_0}$	4
黑体辐射比对系统 NETD 引入的不确定度	B 类	0.008	$\dfrac{u(\text{NETD})}{T_0}$	4
面源黑体温度不准引入的不确定度	B 类	0.03	$\dfrac{u(T_{\text{LABB}})}{T_{\text{LABB}}}$	1
备注:标准(点源)黑体发射率 = 0.9997; 　　　标准(点源)黑体温度不确定度 = 0.05℃; 　　　黑体辐射比对系统 NETD = 0.05℃; 　　　面源黑体温度不准引入的不确定度,包含面源黑体的稳定性因素,0.02℃				

由表 12-10 中的不确定度分量合成得到,校准 50~400℃面源黑体的有效发射率的相对合成标准不确定度 $\dfrac{u_c(\varepsilon_{\text{LABB}})}{\varepsilon_{\text{LABB}}}$ 为

$$\frac{u_c(\varepsilon_{\text{LABB}})}{\varepsilon_{\text{LABB}}} = \sqrt{\left[1 \times \frac{u(\varepsilon_0)}{\varepsilon_0}\right]^2 + \left[4 \times \frac{u(T_0)}{T_0}\right]^2 + \left[4 \times \frac{u(\text{NETD})}{T_0}\right]^2 + \left[1 \times \frac{u(T_{\text{LABB}})}{T_{\text{LABB}}}\right]^2}$$
$$= 0.08\% \tag{12-49}$$

其相对扩展不确定度可取为 $2 \times \frac{u_c(\varepsilon_{\text{LABB}})}{\varepsilon_{\text{LABB}}} \approx 0.2\% (K=2)$。

12.5 低温黑体校准

随着科学技术的发展,尤其是深空探测技术的需要,对红外辐射计量的温度范围向低温延伸。从原理上讲,低温黑体校准参数和中温黑体参数相同,校准方法也相同。但由于低温条件下辐射信号很弱,热屏蔽和电磁屏蔽非常重要。一般是把标准黑体、辐射探测器、被校黑体放在封闭的真空、制冷容器内。美国采用液氦制冷,用低温辐射计作为标准辐射探测器,称为低背景黑体辐射标准装置。俄罗斯采用液氮制冷,采用金属凝固点黑体作为最高标准,称为中背景黑体辐射标准装置。下面主要介绍中背景黑体辐射标准。

图 12-8 为 -60~100℃ 黑体辐射标准装置示意图。

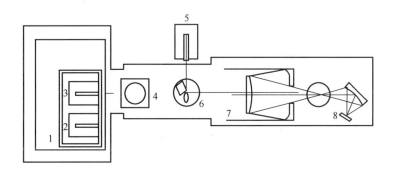

图 12-8 -60~100°C 黑体辐射标准装置示意图
1—被校黑体;2—金属凝固点黑体;3—变温黑体;4—反射镜;5—77K 参考黑体;
6—调制器组件;7—卡赛格林光学系统;8—探测器。

装置由如下几部分构成:

1) 标准黑体及被校黑体

黑体部分包括镓凝固点黑体、-60~100℃变温标准黑体和以液氮为介质的 77K 背景黑体。镓凝固点黑体作为最高标准,实现对变温标准黑体的标定。背景黑体提供一个固定背景辐射。-60~100℃变温标准黑体对被校黑体进行标定。三个黑体之间用开关转镜互换,通过中背景介质通道到达红外光谱辐射计。

2) 辐射探测系统

辐射探测系统由卡赛格林望远系统、可变圆形滤光盘、光阑等组成,是一工作在低温真空环境下的红外光谱辐射计,有一组探测器。

3) 真空制冷室

标准黑体、被校黑体、辐射探测系统都工作在真空低温状态,所以全部密封在一真空制冷室内。

其主要技术指标如下。

温度范围:-60~80℃;

变温黑体发散率:0.999;

温度稳定性:0.002K。

本系统可对-60~100℃范围的黑体进行标定,也可以对红外光谱辐射计进行标定。

12.6 红外目标模拟器及其校准

在红外热像仪参数测量装置中,点源黑体和面源黑体是作为标准辐射源使用。而作为无穷远目标是要通过一个平行光管来实现。一个黑体,加上一个平行光管就成为一个红外目标模拟器。而红外目标模拟器的输出特性与黑体本身的输出特性有一定差别,所以对红外目标模拟器有一个输出特性校准问题[10-14]。

12.6.1 红外目标模拟器概述

红外目标模拟器提供已知的准直辐射能量,可以对红外接收系统进行测试和定标。图 12-9 是一种典型的反射式红外目标模拟器的结构示意图,辐射源用黑体,离轴抛物镜将辐射准直后出射。

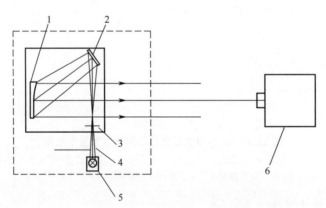

图 12-9 反射式红外目标模拟器的结构示意图
1—离轴抛物面物镜;2—平面反射镜;3—可变小孔光栏;4—半透半反平面镜;5—黑体;6—红外系统。

从红外目标模拟器的工作原理可以看出,由于以标准黑体作为辐射源,其输出光辐射特性可以预先知道,而反射镜的反射率也可以预先测量出来,所以理论上讲,红外目标模拟器输出面上的光谱辐照度可以计算出来。这正是其作为标准辐射源的原因。

在检测各种红外系统参数过程中,重点关心的是红外目标模拟器所提供的辐射能量,红外目标模拟器作为红外系统用的准直光束红外源,其辐射能量主要标定和检测参数是辐照度。辐射照度是用辐射计测量的一个基本参数。其他的辐射量,如辐射通量、辐射强度和辐射亮度等,均可由测量的照度值计算得到。

12.6.2 红外目标模拟器校准原理

1. 红外目标模拟器校准装置的组成及原理

红外目标模拟器校准装置一般由红外标准准直辐射源、转台平面反射镜和红外光谱辐射计组成,红外目标模拟器校准装置工作原理如图12-10所示。转台平面反射镜将被校准红外目标模拟器的辐射与红外标准准直辐射源的辐射交替地送入红外光谱辐射计进行测量,红外光谱辐射计输出经精密锁相放大器放大后送入计算机,计算出被校准红外目标模拟器的光谱辐照度分布和积分辐照度值。由于采取了实时比对的方法,免去了对红外光谱辐射计光谱响应度等参数进行的多项复杂测试;大气吸收、大气散射、温度扰动等环境影响和时间漂移的影响也减少到最低限度。

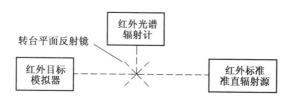

图 12-10 红外目标模拟器校准系统工作原理图

红外标准准直辐射源提供已知的红外标准准直辐射,其结构如图12-11所示。变温标准黑体3和可见光光源4置于精密平移滑台1之上,分别对准红外标准准直辐射源的入射光4。可见光源2用于系统光路调整;变温标准黑体3的辐射经入射光阑4和平面反射镜5后,由离轴抛物面镜6进行准直。

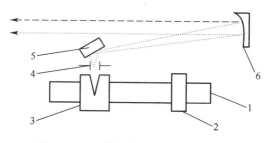

图 12-11 红外标准准直辐射源结构图

1—精密平移滑台;2—可见光光源;3—变温标准黑体;4—入射光阑;5—平面反射镜;6—离轴抛物面镜。

转台平面反射镜由计算机控制的步进电机驱动,可以交替地将红外标准准直辐射源的辐射和红外目标模拟器的辐射折向红外光谱辐射计。

红外光谱辐射计通过转台平面反射镜,分别接收红外标准准直辐射源和被校准红外目标模拟器的辐射,将辐射功率转变为电信号。红外光谱辐射计的工作原理见图12-12。红外光谱辐射计入射光阑1的口径范围为$\phi 60mm \sim \phi 140mm$,采用圆形渐变滤光片7分光,光谱范围为$1 \sim 14 \mu m$。准直的入射光通过红外光谱辐射计入射光阑1后,由抛物面反射镜3会聚,楔形反射镜将会聚光偏转后通过斩波器调制和圆形渐变滤光片7分光,被红外探测器9接收。

视场光阑盘6上有通孔和十字分划板(图中未示出),十字分划板配合CCD摄像机8,在光路调节时使用。

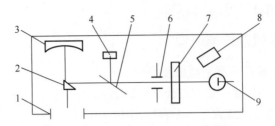

图 12-12 红外光谱辐射计工作原理图

1—入射光阑；2—楔形反射镜；3—抛物面反射镜；4—内黑体；5—斩波器；6—视场光阑盘；
7—圆形渐变滤光片；8—CCD 摄像机；9—红外探测器。

2. 红外目标模拟器校准数学模型

对红外光谱辐射计中探测器而言，从探测器输出的信号，是被测量的红外光谱辐射通量产生的输出信号与保持恒定的参考黑体光谱辐射产生的输出信号之差。红外标准准直辐射源光谱辐射对应的红外光谱辐射计输出为 $V_b(\lambda)$，即

$$V_b(\lambda) = \iiint_{\lambda \Omega_b A} R_\Phi [L_b(\lambda, T_b) + L_B(\lambda, T_B)] T_{ATM1}(\lambda) \rho_b(\lambda) T_{ATM2}(\lambda) T_{SYS}(\lambda) dA d\Omega d\lambda - C \tag{12-50}$$

式中：$T_{ATM1}(\lambda)$ 为红外标准准直辐射源中大气对红外光谱辐射的透射比；$\rho_b(\lambda)$ 为红外标准准直辐射源中反射镜总的红外光谱反射比；$T_{ATM2}(\lambda)$ 为对于红外标准准直辐射源，从红外标准准直辐射源出射口到红外光谱辐射计，大气对红外光谱辐射的透射比；$T_{SYS}(\lambda)$ 为红外光谱辐射计对红外光谱辐射总的传输比；V_{bB} 为对应于红外标准准直辐射源，背景辐射产生的红外光谱辐射计的输出信号；Ω_b 为红外标准准直辐射源的黑体入射光阑所成的立体角；R_Φ 为红外探测器的光谱通量响应度；C 为红外光谱辐射计中内黑体辐射在探测器上产生的信号。

这个公式指出，红外光谱辐射计的输出信号 $V_b(\lambda)$ 是在 CVF 滤光片的滤光窄带宽度 $\Delta\lambda$ 内，经红外光谱辐射入射光阑 A 入射在探测器视场内的所有红外光谱辐射通量产生的。

采取以下近似，使式(12-50)简化：

(1) 在黑体光阑对应的视场内，探测器的光谱响应度不随视场角变化；

(2) 在测量时间内，位于探测器的视场中的黑体入射光阑周围的背景辐射保持恒定；

(3) 相对于红外光谱辐射计入射光阑，探测器的光谱响应度保持恒定；

(4) 红外滤光片的滤光带宽很窄，并且在滤光带宽范围内，探测器的光谱响应度保持恒定。

(5) 通过红外光谱辐射计入射光阑的红外光谱辐射通量，在入射光阑范围内在空间上分布均匀。

$$V_b(\lambda) = R_E E_b(\lambda, T_b) T_{ATM1}(\lambda) T_{ATM2}(\lambda) \rho_b(\lambda) T_{SYS}(\lambda) + V_{bB}(\lambda) \tag{12-51}$$

式中：R_E 为红外光谱辐射计中红探测器的光谱辐照度响应度；$E_b(\lambda, T_b)$ 为红外标准准直辐射源的光谱辐照度。

被校准红外目标模拟器对应的红外光谱辐射计输出信号，相似于式(12-51)，有：

$$V_w(\lambda) = R'_E E_w(\lambda, T_w) T'_{ATM1}(\lambda) T'_{ATM2}(\lambda) \rho_w(\lambda) T_{SYS}(\lambda) + V_{wB} \tag{12-52}$$

式中：$V_w(\lambda)$ 为被校准红外目标模拟器对应的红外光谱辐射计输出信号；$E_w(\lambda, T_w)$ 为被校

准红外目标模拟器的光谱辐照度;$T'_{ATM1}(\lambda)$为被校准红外目标模拟器中,大气对红外辐射的透射比;$\rho_w(\lambda)$为被校准红外目标模拟器中反射镜总的红外光谱反射比;$T'_{ATM2}(\lambda)$为被校准红外目标模拟器中,从被校准红外目标模拟器出射口到红外光谱辐射计,大气对红外辐射的透射比;V_{wB}为对应于被校准红外目标模拟器,背景辐射产生的红外光谱辐射计输出信号。

取红外光谱辐射计入射光阑口径不仅小于被校准红外目标模拟器的出射口径,也小于红外标准准直辐射源出射口径。无论对红外标准准直辐射源,还是对被校准红外目标模拟器,探测器对红外光谱辐照度的响应度相同;红外光谱辐射计中的内部黑体产生的参考信号 C 保持不变;而且红外光谱辐射计对红外标准准直辐射源和被校准红外目标模拟器光谱辐射的传输比 T_{SYS} 相同。通过一系列的距离调整,如调整被校准红外目标模拟器到红外光谱辐射计的距离,使之等于红外标准准直辐射源到红外光谱辐射计的距离,可实现:

$$T'_{ARM1}(\lambda) T'_{ATM2}(\lambda) = T_{ATM1}(\lambda) T_{ATM2}(\lambda) \tag{12-53}$$

将式(12-51)和式(12-52)变形,然后两式相比,得

$$\rho_w E_w(\lambda, T_w) = \frac{V_w(\lambda) - V_{wB}}{V_b(\lambda) - V_{bB}} \rho_b E_b(\lambda, T_b) \tag{12-54}$$

将被校准红外目标模拟器的实际光谱辐照度 $\rho_w E_w(\lambda, T_w)$ 记为 $E_w(\lambda)$,红外标准准直辐射源的实际光谱辐照度 $\rho_b E_b(\lambda, T_b)$ 记为 $E_b(\lambda)$,则有

$$E_w(\lambda) = \frac{V_w(\lambda) - V_{wB}}{V_b(\lambda) - V_{bB}} E_b(\lambda) \tag{12-55}$$

红外标准准直辐射源的实际光谱辐照度 $E_b(\lambda)$ 计算如下:

$$E_b(\lambda) = \varepsilon_b(\lambda) \rho_b(\lambda) C_1 \lambda^{-5} \left[\exp\left(\frac{C_2}{\lambda T_b}\right) - 1 \right]^{-1} \left(\frac{r_b}{f_b}\right)^2 \tag{12-56}$$

式中:$E_b(\lambda)$ 为红外标准准直辐射源光谱辐照度($W \cdot cm^{-2} \cdot \mu m^{-1}$);$\lambda$ 为红外标准准直辐射源采样波长值(μm);T_b 为变温标准黑体温度(K);$\varepsilon_b(\lambda)$ 为变温标准黑体的有效发射率;r_b 为红外标准准直辐射源入射光阑半径(mm);f_b 为红外标准准直辐射源中离轴抛物面镜的焦距(mm);C_1 为第一辐射常数;C_2 为第二辐射常数。

12.6.3 红外目标模拟器校准方法与步骤

1. 红外目标模拟器环境校准条件

红外目标模拟器校准环境条件为:
(1) 红外目标模拟器的校准实验室内温度应为 20±5℃;
(2) 相对湿度不大于80%;
(3) 工作环境应无有害和污染性气体。

2. 外观及工作正常性检查

用目视观察和手动实验的方法检查,其红外目标模拟器应符合如下规定:
(1) 红外目标模拟器应标明制造厂名(或厂标)、产品型号、编号及制造日期;
(2) 应给出准直光管入射光阑孔径、焦距和出射口径;
(3) 黑体和准直光管之间应有合理、可靠的连结机构;
(4) 各活动部分工作时应平稳、灵活、无卡滞、松动或急跳现象;
(5) 光学零件表面不应有目视可见的霉斑、脱膜、麻点和划痕等。

3. 红外目标模拟器的光谱辐照度测量

具体步骤如下：

(1) 给红外光谱辐射计换上合适的入射光阑，使其口径小于红外目标模拟器的出射口径。按照给定的校准波段 $\lambda_s \sim \lambda_t$，换用相应的圆形渐变滤光片和红外探测器。将被校准红外目标模拟器的黑体和红外标准准直辐射源中的变温标准黑体分别设置在给定温度(T_w)。依次打开各电源开关，设置锁相放大器的参数。

(2) 调节校准系统的光路。

调节红外目标模拟器校准系统的光路，使红外光谱辐射计与红外标准准直辐射源的光轴重合(图12-12)。通过移动可见光光源，使其对准红外标准准直辐射源入射光阑，驱动转台平面反射镜到图12-10中的实线位置，使红外标准准直辐射源出射的平行光进入红外光谱辐射计。打开红外光谱辐射计内的CCD及其监视器，圆形渐变滤光片转至通孔位置，转动视场光阑盘，使监视器上出现十字分划板的图像。调节承载红外光谱辐射计的多维可调平台，使光斑位于十字分划板的中心。移动变温标准黑体，使之对准红外标准准直辐射源入射光阑，转动红外光谱辐射计的视场光阑盘至通孔位置。待变温标准黑体的温度稳定后，仔细调节红外探测器的多维可调支架，使得输出信号达到最大。

(3) 调节红外目标模拟器的光路。

通过调节，将标准红外目标模拟器与红外光谱辐射计的光轴重合(图12-11)。用可见光光源照射红外目标模拟器的准直光管入射光阑，驱动转台平面反射镜到图12-11中3的虚线位置，使出射平行光进入红外光谱辐射计。转动视场光阑盘使监视器上出现十字分划板的图像。调节承载红外目标模拟器的多维可调平台，使光斑位于十字分划板中心，关闭CCD及其监视器，将视场光阑盘转至通孔位置。置红外目标模拟器的黑体于红外目标模拟器中准直光管入射光阑前的预定位置。待红外目标模拟器的黑体温度稳定后，仔细调节承载红外目标模拟器的多维可调平台，使得输出信号最大。

(4) 确定红外标准准直辐射源入射光阑孔径。

由于被校准红外目标模拟器的准直光管入射光阑、焦距及黑体温度均给定，采用改变红外标准准直辐射源入射光阑孔径的方法，使红外标准准直辐射源和被校准红外目标模拟器的辐射功率趋于相等。

(5) 测量被校准红外目标模拟器光谱辐照度值。

在校准波段 $\lambda_s \sim \lambda_t$ 中，确定采样波长点数 n 后，采样点波长值计算如下：

$$\lambda_i = \left[\frac{i}{n-1} \cdot (\lambda_t - \lambda_s)\right] + \lambda_s \tag{12-57}$$

式中：λ_i 为采样点波长值(μm)；i 为采样序数，$i = 0,1,\cdots,n-1$；n 为采样波长点；λ_s 为校准波段起始波长(μm)；λ_t 为校准波段终止波长(μm)。

驱动圆形渐变滤光片，波长定位在 λ_i，测量红外标准准直辐射源入射光阑半径为 r_b 时对应的红外光谱辐射计的输出值 $V_{bj}(\lambda_i)$ 和盲孔对应的输出值 $V_{bBj}(\lambda_i)$，重复本条操作7次。计算出红外标准准直辐射源的输出平均值 $\overline{V_b(\lambda_i)}$、$\overline{V_{bB}(\lambda_i)}$，并计算差值 $[\overline{V_b(\lambda_i)} - \overline{V_{bB}(\lambda_i)}]$：

$$\overline{V_b(\lambda_i)} = \frac{1}{7} \cdot \sum_{j=1}^{7} V_{bj}(\lambda_i) \tag{12-58}$$

式中:$\overline{V_b(\lambda_i)}$为红外标准准直辐射源入射光阑半径为$r_b$时对应的红外光谱辐射计的输出平均值(mV);$V_{bj}(\lambda_i)$为红外标准准直辐射源入射光阑半径为$r_b$时对应的红外光谱辐射计的输出值(mV)。

$$\overline{V_{bB}(\lambda_i)} = \frac{1}{7} \cdot \sum_{j=1}^{7} V_{bBj}(\lambda_i) \qquad (12\text{-}59)$$

式中:$\overline{V_{bB}(\lambda_i)}$为红外标准准直辐射源入射光阑为盲孔时对应的红外光谱辐射计输出平均值(mV);$V_{bBj}(\lambda_i)$为红外标准准直辐射源入射光阑为盲孔时对应的红外光谱辐射计的输出值(mV)。

驱动圆形渐变滤光片,在校准波段$\lambda_s \sim \lambda_t$中,从λ_s到λ_t的各采样点$\lambda_i(i=0,1,\cdots,n-1)$,重复操作,测量出各采样点的$[\overline{V_b(\lambda_i)} - \overline{V_{bB}(\lambda_i)}]$。

驱动转台平面反射镜至图12-10中虚线所示位置,驱动圆形渐变滤光片从波长λ_s到波长λ_t,测量红外目标模拟器在准直光管入射光阑为给定光阑半径对应的红外光谱辐射计输出值$V_{wj}(\lambda_i)$和盲孔时对应的输出值$V_{wBj}(\lambda_i)$,计算各采样波长点λ_i的平均值$\overline{V_w(\lambda_i)}$、$\overline{V_{wB}(\lambda_i)}$,及其差值$[\overline{V_w(\lambda_i)} - \overline{V_{wB}(\lambda_i)}]$:

$$\overline{V_w(\lambda_i)}\Delta = \frac{1}{7} \cdot \sum_{j=1}^{7} V_{wj}(\lambda_i) \qquad (12\text{-}60)$$

式中:$\overline{V_w(\lambda_i)}$为红外目标模拟器入射光阑为给定光阑半径$r_w$时对应的红外光谱辐射计输出平均值(mV);$V_{wj}(\lambda_i)$为红外目标模拟器入射光阑为给定光阑半径$r_w$时对应的红外光谱辐射计的输出值(mV)。

$$\overline{V_{wB}(\lambda_i)} = \frac{1}{7} \cdot \sum_{j=1}^{7} V_{wBj}(\lambda_i) \qquad (12\text{-}61)$$

式中:$\overline{V_{wB}(\lambda_i)}$为红外目标模拟器入射光阑为盲孔时对应的红外光谱辐射计输出平均值(mV);$V_{wBj}(\lambda_i)$为红外目标模拟器入射光阑为盲孔时对应的红外光谱辐射计输出值(mV)。

红外目标模拟器在给定温度T_w、给定准直光管入射光阑半径r_w和校准波段$\lambda_s \sim \lambda_t$中所有采样波长λ_i的光谱辐照度计算如下:

$$E_w(\lambda_i) = E_b(\lambda_i) \frac{[\overline{V_w(\lambda_i)} - \overline{V_{wB}(\lambda_i)}]}{[\overline{V_b(\lambda_i)} - \overline{V_{bB}(\lambda_i)}]} \qquad (12\text{-}62)$$

式中:$E_w(\lambda_i)$为红外目标模拟器在给定温度(T_w)、给定准直光管入射光阑半径r_w和校准波段$\lambda_s \sim \lambda_t$中采样波长λ_i的光谱辐照度($\mathrm{W \cdot cm^{-2} \cdot \mu m^{-1}}$);$E_b(\lambda_i)$为红外标准准直辐射源在变温标准黑体温度$T_b=T_w$、入射光阑半径为$r_b$和校准波段$\lambda_s \sim \lambda_t$中采样波长$\lambda_i$的光谱辐照度($\mathrm{W \cdot cm^{-2} \cdot \mu m^{-1}}$);$\overline{V_w(\lambda_i)}$为红外目标模拟器入射光阑为给定光阑半径($r_w$)时对应的红外光谱辐射计的输出平均值(mV);$\overline{V_{wB}(\lambda_i)}$为红外目标模拟器入射光阑为盲孔时对应的红外光谱辐射计输出平均值(mV);$\overline{V_b(\lambda_i)}$为红外标准准直辐射源入射光阑半径为$r_b$时对应的红外光谱辐射计的输出平均值(mV);$\overline{V_{bB}(\lambda_i)}$为红外标准准直辐射源入射光阑为盲孔时对应的红外光谱辐射计输出平均值(mV)。

红外标准准直辐射源的实际光谱辐照度 $E_b(\lambda_i)$ 的计算用式(12-62)。

(6) 计算红外目标模拟器积分辐照度。

红外目标模拟器在给定温度 T_w、给定准直光管入射光阑半径 r_w 和校准波段 $\lambda_s \sim \lambda_t$ 的积分辐照度计算如下：

$$E_w = \int_{\lambda_s}^{\lambda_t} E_w(\lambda_i) d\lambda \tag{12-63}$$

式中：E_w 为红外目标模拟器在给定温度 T_w、入射光阑半径 r_w 和校准波段 $\lambda_s \sim \lambda_t$ 的积分辐照度($W \cdot cm^{-2}$)；$E_w(\lambda_i)$ 为红外目标模拟器在给定的温度 T_w、给定准直光管入射光阑半径 r_w 和校准波段 $\lambda_s \sim \lambda_t$ 中采样波长 λ_i 的光谱辐照度($W \cdot cm^{-2} \cdot \mu m^{-1}$)。

重复(5)中的操作 7 次红外目标模拟器积分辐照度的平均值 $\overline{E_w}$ 计算如下：

$$\overline{E_w} = \frac{1}{7}\sum_{m=1}^{7} E_{wm} \tag{12-64}$$

式中：$\overline{E_w}$ 为红外目标模拟器积分辐照度的平均值($W \cdot cm^{-2}$)；E_{wm} 为红外目标模拟器积分辐照度第 m 次测量值($W \cdot cm^{-2}$)，$m=1,2,\cdots,7$。

把平均值 $\overline{E_w}$ 作为红外目标模拟器积分辐照度的测量值。

(7) 计算红外目标模拟器积分辐照度测量重复性。

计算红外目标模拟器在给定温度 T_w、给定准直光管光阑半径 r_w 和校准波段 $\lambda_s \sim \lambda_t$ 中积分辐照度测量的重复性(相对量)：

$$\frac{u_2(E_w)}{E_w} = \frac{\sqrt{\sum_{m=1}^{7}[E_{wm} - \overline{E_w}]^2 / 6}}{\overline{E_w}} \tag{12-65}$$

式中：$\dfrac{u_2(E_w)}{E_w}$ 为红外目标模拟器积分辐照度测量重复性(相对量)；E_{wm} 为红外目标模拟器积分辐照度第 m 次测量值($W \cdot cm^{-2}$)；$\overline{E_w}$ 为红外目标模拟器积分辐照度测量平均值($W \cdot cm^{-2}$)。

12.6.4 几种典型红外目标模拟器校准装置

上面我们介绍了红外目标模拟器校准的基本原理及步骤,采用标准辐射源和被测辐射源通过红外辐射计直接比对测量,这种方法一般是整体辐照度的测量。根据采用不同的布局方式,主要有三种典型的测量装置：红外光谱辐射计和标准准直辐射源固定,待测红外目标模拟器在导轨上移动对准红外辐射计；待测红外目标模拟器和标准准直辐射源固定,红外辐射计在平移台移动,分别对准标准的和待测的辐射源；精密转台上放置大口径的平面反射镜,利用平面反射镜将标准准直辐射源和待测的红外目标模拟器辐射交替折转进入红外辐射计中。

1. 采用移动平台的校准系统

红外光谱辐射计和标准红外目标模拟器固定,待测红外目标模拟器在导轨上移动,标准准直辐射源和红外目标模拟器交替移动对准红外光谱辐射计。这种布局适合于较小型的红外目标模拟器,大型的则需要更大的移动装置和移动空间。图12-13为其原理图。

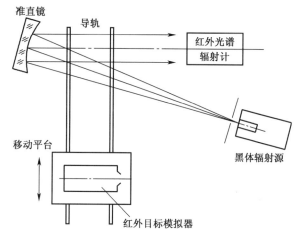

图12-13 采用移动平台的校准系统原理图

2. 采用移动转台的校准系统

待测红外目标模拟器和标准红外目标模拟器固定,红外辐射计在平移台移动,分别对准标准的和待测的辐射源。这种布局解决了较大型红外目标模拟器需要大的移动装置和移动空间。图12-14为其原理示意图。

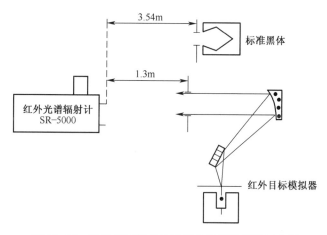

图12-14 采用移动转台校准红外目标模拟器示意图

3. 采用精密转台的校准系统

精密转台上放置大口径的平面反射镜,利用平面反射镜将标准准直辐射和待测的红外目标模拟器辐射交替折转进入红外光谱辐射计中。从总体布局上解决了辐射设备运动的问题,但对精密转台的重复定位精度提出了很高的要求,图12-15为该装置原理图。

12.6.5 红外目标模拟器校准不确定度分析

1. 红外目标模拟器辐照度测量不确定度分量计算及评估

对国防科技工业建立的红外目标模拟器标准装置进行红外目标模拟器辐照度测量不确定度分量计算及评估。

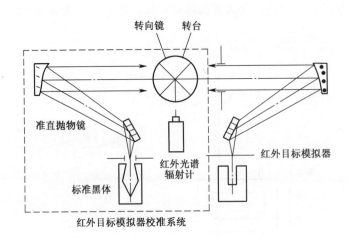

图 12-15 用精密转台结构的校准系统原理图

1）红外标准准直辐射源中变温标准黑体的腔温不确定度 $u_B(t_b)$

红外标标准准直辐射源中使用变温标准黑体 SS1050-100，证书中给出该黑体的的腔温置信区间半宽度是 0.28K，假设其为正态分布，置信因子 $K=2$，由此得到红外标准准直辐射源的腔温不确定度 $u_B(T_b)=0.14K$。

2）红外标准准直辐射源中变温标准黑体的发射率不确定度 $u_B(\varepsilon_b)$

变温标准黑体红外标准辐射源 SS1050-100 的发射率最大允许误差为 ± 0.002，由此得到红外标准准直辐射源中变温标准黑体的发射率不确定度：$u_B(\varepsilon_b)=0.001$。

3）红外标准准直辐射源中准直光管入射光阑孔径相对不确定度 $u_B(r_b)/r_b$

公差及同轴度，得到红外标准准直辐射源中准直光管入射光阑孔径在小光阑时的相对不确定度 $[u_B(r_b)/r_b]=2‰$；

4）红外标准准直辐射源焦距值相对不确定度 $u_B(f_b)/f_b$

用剪切干涉法测得红外标准准直辐射源中准直光管焦距值相对不确定度 $[u_B(f_b)/f_b]$ 优于 $0.2‰$；

5）红外标准准直辐射源中光学元件反射率的不确定度 $u_B(T_{SYS})$

由《红外目标模拟器校准系统测试报告》中给出的测试数据，得到红外标准准直辐射源中光学元件反射率不确定度 $u_B(T_{SyS})<3‰$；

6）红外光谱辐射计中圆形渐变滤光片 CVF 波长定位不确定度 $u_{A1}(\lambda)/\lambda$

在红外渐变滤光片标定时，根据测得的定位角度与对应的峰值波长数据，拟合出定位角度与峰值波长的关系方程，存在不可避免地滤光峰值波长标定与定位误差，测算出波长不确定度 $[u_A(\lambda_b)/\lambda]=0.3‰$；

7）红外目标模拟器辐照度测量中衍射引入的相对不确定度 $u_{A2}(V)/V$

红外目标模拟器辐照度测量中衍射主要发生在红外光谱辐射计的限光光阑，通过公式可以估算出在不同的限光光阑半径下，不同的辐射源尺寸、辐射源与探测器距限光光阑不同的距离使得红外辐射不同的衍射损失量。在红外目标模拟器校准时，采用的方法属于实时比对，严格要求立体角匹配，经分析估算，由衍射损失引入的红外目标模拟器辐照度测量不确定度可以忽略。

8) 红外光谱辐射计中调制因子引入的测量相对不确定度 $u_{A3}(V)/V$

红外光谱辐射计中调制器频率稳定性可以达到 0.02%～0.03%，所以，由于调制器的频率稳定性引入的辐照度测量不确定度可以忽略，另外，由于被测红外目标模拟器的光学发散性普遍大于红外标准准直辐射源，红外光谱辐射计中调制器对被测红外目标模拟器辐射的调制因子稍大于对标准红外准直辐射源辐射的调制因子。但是，由于测试时采取了立体角匹配的方法，经估算，由调制因子引入的辐照度测量不确定度可以忽略。

9) 红外光谱辐射计的光电探测系统中电气噪声引入的测量不确定度

外光谱辐射计中存在电器噪声，经锁相放大器的相关运算与低通滤波处理，通过信号与电器噪声的长时间积分平均，抑制电器噪声效果非常明显。在测量红外目标模拟器的光谱辐照度时，电气噪声引入的信号探测相对不确定度可以控制在小于 5.0‰。

不确定度分量有四个，分别为：

(1) 标准红外准直辐射源光谱辐照度值测量不确定度 $u_{A4}[V_b(\lambda)]$；
(2) 标准红外准直辐射源背景等效光谱辐照度值测量不确定度 $u_{A5}[V_{bB}(\lambda)]$；
(3) 红外目标模拟器光谱辐照度值测量不确定度 $u_{A6}[V_w(\lambda)]$；
(4) 红外目标模拟器的等效背景光谱辐照度值测量不确定度 $u_{A7}[V_{WB}(\lambda)]$。

10) 在相对条件下测量辐照度时的重复性 $u_{A8}[E_w(\lambda)]/E_w(\lambda)$

经试验统计，室温条件下，在较低辐照度区间，红外目标模拟器测量重复性（即实验相对标准偏差）$u_{A8}[E_w(\lambda)]/E_w(\lambda) < 0.20‰$。

11) 环境温度变化、气流扰动等因素引入的不确定度 $u_{A9}(V)$

在红外目标模拟器校准过程中，采用辐照度实时比对的方法。因此，在《红外目标模拟器校准规程》中要求的校准条件下，由于环境温度变化、气流扰动等因素引入的不确定度可忽略不计。

12) 由软件包引入的辐照度测量不确定度

在采用工程数学中的数值逼近、插值运算等一系列计算方法后，由计算方法引入的不确定度可忽略不计。

2. 红外目标模拟器积分辐照度测量相对合成不确定度计算

在不确定度分量中，由红外光谱辐射计中光电探测系统引入的测量不确定度分量，即标准红外准直辐射源光谱辐照度值测量不确定度 $u_{A4}[V_b(\lambda)]$，红外标准准直辐射源背景等效光谱辐照度值测量不确定度 $u_{A5}[V_{bB}(\lambda)]$，红外目标模拟器光谱辐照度值测量不确定度 $u_{A6}[V_w(\lambda)]$，红外目标模拟器的等效背景光谱辐照度值测量不确定度 $u_{A7}[V_{WB}(\lambda)]$ 彼此之间正相关，6 个相关系数 $\rho(x_i, x_j) = 1$，其中 x_i, x_j 是输入量，$(4 < i < 7, (i+1) < j < 8$。其余不确定度分量彼此不相关。

由此得出被校准红外目标模拟器积分辐照度测量相对合成不确定度计算公式：

$$\frac{u_C[E_W]}{E_W} = \left\{ \left[\frac{u_B(\varepsilon_b)}{\varepsilon_b}\right]^2 + \left[\frac{C_2}{T_b} \cdot e^{\frac{c_2}{\lambda T_b}} \cdot (e^{\frac{c_2}{\lambda T_b}} - 1)^{-1} \cdot \frac{u_B(T_b)}{T_b}\right]^2 + \left[\frac{2u_B(r_b)}{r_b}\right]^2 \right.$$

$$\left. + \left[\frac{2u_B(f_b)}{f_b}\right]^2 + \left[\frac{u_B(T_{sys})}{T_{sys}}\right]^2 + \left[-5 + \frac{C_2}{T_b} \cdot e^{\frac{c_2}{\lambda T_b}} \cdot (e^{\frac{c_2}{\lambda T_b}} - 1)^{-1}\right]^2 \left[\frac{u_A(\lambda)}{\lambda}\right]^2 \right.$$

$$+ 4\left[\frac{1}{V_b(\lambda) - V_{bB}(\lambda)} + \frac{1}{V_w(\lambda) - V_{wB}(\lambda)}\right]^2 u_{A4}^2(V) + \left[\frac{u_{A8}[E_w(\lambda)]}{[E_w(\lambda)]}\right]^2\right\}^{1/2}$$

(12-66)

表 12-11 为红外目标模拟器积分辐照度测量相对合成不确定度分量及其对应的灵敏度系数。

估算出的各不确定度分量对应的灵敏度系数,将各不确定度分量数值及其对应的灵敏度系数值代入式(12-66),得到被校准红外目标模拟器积分辐照度测量相对合成不确定度结果:

$$\frac{u_C[E_w]}{E_w} \leq 2.92\%$$

对于正态分布,取置信度 $P=95\%$,即 $K=2$,得红外目标模拟器测量相对扩展不确定度 $U[E_w]/E_w = 6.0\%$。

表 12-11 红外目标模拟器测量不确定度分量

不确定度来源	类型	相对不确定度分量	分量表达式	灵敏系数	备注
变温标准黑体的源腔温不确定度	B	0.2‰	$U_B(T_b)/T_b$	27.70	低辐照度
变温标准黑体的发射率最大允许误差	B	1.0‰	$U_B(\varepsilon_b)/\varepsilon_b$	1.00	
红外标准准直辐射源入射光阑公差	B	0.6‰	$U_B(r_b)/r_b$	2.00	
红外标准准直辐射源焦距不确定度	B	0.1‰	$U_B(f_b)/f_b$	2.00	
红外标准准直辐射源中光学元件反射率不确定度	B	0.3‰	$U_B(T_{SYS})/T_{SYS}$	1.00	
圆形渐变滤光片(CVF)波长定位	A	0.3‰	$U_{A1}(\lambda)/\lambda$	5.00	
红外探测系统电气噪声	A	5.0‰		16.00	4个分量及6个互相关量
相同条件下的测量重复性	A	2.0‰	$U_A[E(\lambda)/E(\lambda)]$	1.00	

参 考 文 献

[1] 潘君骅.计量测试技术手册(第10卷)[M].北京:中国计量出版社,1995.
[2] 郑克哲.光学计量[M].北京:原子能出版社,2002.
[3] 高魁明,谢植.红外辐射测温理论与技术[M].沈阳:东北工学院出版社,1989.
[4] 周书铨.红外辐射测量基础[M].上海:上海交通大学出版社,1991.
[5] 阎晓宇,岳文龙,王学新,等.中温黑体辐射源分析与设计[J].应用光学,2006(27):
[6] 杨照金,李燕梅,王芳,等.国防光学计量测试新进展[J].应用光学,2001,22(4):35-39.
[7] 杨照金,范纪红,岳文龙,等.光辐射计量测试技术[J].应用光学,2003,24(2):39-42.
[8] 胡铁力,等.50℃~500℃面源黑体校准技术研究[C].中国计量测试学会光辐射计量学术研讨会论文集,2011,43-47.
[9] 胡铁力,朱明义,等.-60℃~80℃面黑体辐射特性标准系统[J].应用光学,2002,23(3):1-4.
[10] 胡铁力,等.点源红外目标模拟器测量数学模型[J].应用光学,2001,22(2):20-23.

[11] 胡铁力,梁培,等.红外目标模拟器检定装置及数学模型研究[C].第七届全国光学测试学术研讨会论文(摘要)集,1997,28-29.
[12] 梁培,高教波.红外目标模拟器的光谱辐照度校准[J].红外技术,2003,33(3),197-199.
[13] 梁培,朱明义.红外目标模拟器校准系统的研制与应用[J].红外与毫米波学报,2003,22(4),251-255.
[14] 戴景民,萧鹏.红外目标模拟器校准系统研究与分析[J].仪器仪表学报,2007,28(4):96-99,117.

第13章 红外光学材料参数测量

红外光学材料在红外热像仪中主要用作成像光学系统和折反镜等,红外光学材料主要有硫系玻璃、锗、硅、ZnSe、ZnS、蓝宝石、CaF_2、MgF_2等。红外光学材料的性能好坏直接影响红外光学系统乃至热像仪整机特性,对红外光学材料性能进行客观、全面评价已是一项非常紧迫的任务。本章重点围绕红外光学材料折射率、折射率温度系数、光传输特性、均匀性、应力双折射等参数的测量问题展开讨论。

13.1 红外光学材料折射率测量

目前,常用测量折射率的方法有许多种,如 V 棱镜法、自准直法、直角照射法和任意偏折法等。对可见光而言,这些方法都可以采用。但对红外材料折射率测量来说,主要有任意偏折法和直角照射法两种,前者适用于折射率大于 1.7 的材料,如锗材料等,后者适用于折射率小于 1.7 的材料[1-3]。

13.1.1 任意偏折法折射率测量

1. 测量原理

任意偏折法测量红外光学材料折射率的原理如图 13-1 所示。

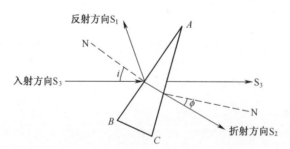

图 13-1 任意偏折法测量红外光学材料折射率的原理图

把待测材料加工成图 13-1 所示的棱镜。通过测量入射方向、折射方向和反射方向光线对应角度值 S_3、S_2、S_1 来确定入射角 i 和折射角 ϕ,折射率计算如下:

$$n = \frac{1}{\sin A} (\sin^2\phi + 2\sin\phi\cos A\sin i + \sin^2 i)^{1/2} \tag{13-1}$$

式中:A 为棱镜角,它是事先在精密测角仪上测量得出的已知量,入射角 i 为

$$i = 90° - 0.5(s_3 - s_1) \tag{13-2}$$

折射角 ϕ 的计算公式为

$$\phi = s_2 - 0.5(s_3 + s_1) - (90° - A) \tag{13-3}$$

2. 测量装置

任意偏折法红外材料折射率测量装置是一台光、机、电、算相结合,融硬软件为一体的自动化测试仪器,只要把被测样品安放在工作台上以后,即可通过测试程序实现单次或多次平均测量,给出单次或多次测得的平均值。测量装置的工作原理如图13-2所示。

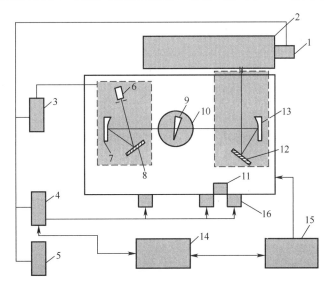

图 13-2 红外光学材料折射率测量装置工作原理图

1—红外光源;2—红外单色仪;3—锁相放大器;4—驱动器;5—电源;6—探测器;7—离轴抛物镜;
8—平面反射镜;9—被测样品;10—转台;11—霍耳元件;12—平面反射镜;13—离轴抛物镜;
14—计算机;15—角度数显箱;16—步进电机。

测量装置由五大部分组成:其中包括单色光源系统、精密测角系统、准直光学系统、光电瞄准与探测系统、电气及信号控制处理系统。

(1) 单色光源系统:由红外光源和单色仪组成单色光源系统。红外光源由瓷钍材料制造。它发出的光由球面反射镜聚焦到单色仪入射狭缝上。

(2) 精密测角系统:采用 GS-2A 型数字测角仪,配以数显电箱。

(3) 准直光学系统:该系统由图13-2的平面反射镜12和离轴抛物镜13组成。作用在于把由单色仪出射狭缝发出的单色光变成准直光束,射向被测样品9。

(4) 光电瞄准与探测系统:该系统由图13-2中平面反射镜8、离轴抛物镜7、探测器6组成。作用在于把由样品反射光束和透射光束会聚于探测器灵敏面上,以达到探测,瞄准反射光束和入射光束之目的。

(5) 电气及信号控制处理系统:该系统由图13-2中步进电机16、计算机14和软件系统等组成,实现对测量过程的控制,对测量结果的处理与显示等。

3. 测量方法

如图13-1所示,样品的顶角 A 先在精密测角仪上测出,记下该数值。然后把样品棱镜放置在测角仪的工作台上,入射准直光束对向棱镜样品 AB 面,转动光电瞄准系统,对准工作面上的反射准直光束的狭缝像中心,读取角度数值 S_{q_1},将光电瞄准系统转到对向另一工作面,对准经过样品棱镜并折射出来的准直光束狭缝像。读取角度数值 S_{q_2},最后取走样品棱镜,使光电瞄准系统对准入射准直光束狭缝像,读取角度数值 S_{q_3}。

光束在样品棱镜工作面上的入射角 i 为

$$i = 90° - 0.5(S_{q_3} - S_{q_1}) \tag{13-4}$$

光束在出射工作面上的折射角 ϕ 为

$$\phi = S_{q_2} - 0.5(S_{q_3} + S_{q_1}) - (90° - A) \tag{13-5}$$

将测得的角 A 值和由测量计算得到的 i、ϕ 值代入式(13-1),即可计算出被测样品的折射率。

4. 样品要求

对测试样品的要求:

(1) 测试样品的折射率 $n > 1.7$;

(2) 测试样品要求加工成具有固定顶角的楔形棱镜,反射面和透射面的面形误差是 $N < 0.5$,$\Delta N < 0.1$,下底面为 $N < 1$,$\Delta N < 0.3$,塔差允许误差为 $90° \pm 10''$。顶角约为 $20°$,反射面和透射面尺寸约为 $26\text{mm} \times 30\text{mm}$。

13.1.2 直角照射法折射率测量

1. 测量原理

当被测红外光学材料折射率小于等于 1.7 时,采用直角照射法,直角照射法折射率测量原理如图 13-3 所示。

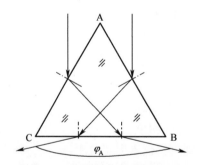

图 13-3 直角照射法折射率测量原理

将被测光学材料加工成顶角约 $60°$ 的等边棱镜折射率样块,波长为 λ 的单色平行光束对向折射率样块的 A 棱并垂直底面 BC 照射,经 AB、BC 面和 AC、BC 面折射后,变为两束光,其夹角为 φ_A。然后旋转折射率样块,使单色平行光束依次对向折射率样块的 B 棱和 C 棱并分别垂直底面 AC 与 AB,得到对应的折射光的夹角 φ_B 和 φ_C。折射率计算如下:

$$n = \sqrt{\frac{1}{3}\left[4\sin^2\left(\frac{\varphi}{2}\right) + 2\sqrt{3}\sin\left(\frac{\varphi}{2}\right) + 3\right]} \tag{13-6}$$

式中:n 为光学材料折射率;φ 为折射光夹角平均值(°),$\varphi = \frac{1}{3}(\varphi_A + \varphi_B + \varphi_C)$。

折射率公式(13-6)的推导在文献[1-3]中有详细介绍,这里不再重复。

2. 测量装置

直角照射法红外光学材料折射率测量仪由单色光源系统、准直光学系统、精密测角系统、聚焦光学系统、探测接收系统和计算机处理系统等组成。红外光学材料折射率测量仪构成原理如图 13-4 所示。

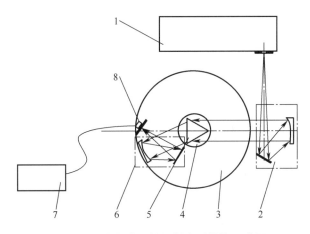

图 13-4　红外光学材料折射率测量仪组成原理
1—单色光源系统；2—准直光学系统；3—精密测角系统；4—样品工作台；5—折射率样块；
6—聚焦光学系统；7—计算机处理系统；8—探测接收系统。

将被测折射率样块放置于红外光学材料折射率测量仪样品工作台上。红外光学材料折射率测量仪的单色光源系统发出的光经准直光学系统后变为单色平行光，照射到被测折射率样块表面，精密测角系统带动聚焦光学系统和探测接收系统去搜寻经过折射率样块折射或反射后的光信号，计算机处理系统对探测接收系统的信号进行采集和处理，并对测量过程进行控制，依据折射率公式计算出被测折射率样块的折射率值。

13.1.3　红外折射率测量装置的校准

上面我们介绍了任意偏折法和直角照射法红外材料折射率测量原理及测量装置组成。为了确保折射率测量的准确、可靠，国防军工部门编制了 JJF（军工）110-2015《红外光学材料折射率测量仪校准规范》，该规范对红外材料折射率测量装置的校准条件、校准项目、校准方法和测量不确定度评定等都作了严格规定[4]。

1. 校准环境条件

（1）环境温度：20℃±2℃，校准时的温度波动不大于±1℃；
（2）相对湿度：≤70%。

2. 校准用仪器设备

校准用设备应经过计量技术机构检定或校准，满足校准使用要求，并在有效期内。

1）波长标准光源

红外 He-Ne 激光器，CO_2 激光器；

功率稳定性优于 5%；

波长准确度优于 $1×10^{-3}$ μm。

2）角度标准样块

角度范围：30°~90°；

角度最大允许误差：±0.5″。

3）等边棱镜折射率标准样块

折射率范围：$1.35 \leq n \leq 1.7$；
折射率最大允许误差：$\pm 2 \times 10^{-5}$。

4）楔形棱镜折射率标准样块

折射率范围：$1.7 < n \leq 4.15$；

折射率最大允许误差：$\pm 1 \times 10^{-4}$。

3. 校准项目

红外光学材料折射率测量仪的校准项目和主要校准用器具如表13-1所列。

表13-1 校准项目一览表

校准项目	主要校准用器具	首次校准	后续校准	使用中检查
工作正常性	-	+	+	+
波长最大允许误差	波长标准光源	+	-	-
角度最大允许误差	角度标准样块	+	-	-
折射率最大允许误差	折射率标准样块	+	+	+
注："+"为必校项目；"-"为可不校项目，依据用户使用要求而定				

4. 校准方法

1）波长最大允许误差

（1）分别用红外 He-Ne 激光器或 CO_2 激光器等波长标准光源代替被校红外光学材料折射率测量仪的光源，待波长标准光源正常工作 5min 后，用其校准波长；

（2）将红外光学材料折射率测量仪置于工作状态，用红外光学材料折射率测量仪的探测接收系统测量波长标准光源的出射光信号；

（3）改变红外光学材料折射率测量仪单色光源系统的输出波长，记录探测接收系统输出信号最大时单色光源系统的波长值，作为单色光源系统的波长示值；

（4）波长示值误差计算如下：

$$\Delta_\lambda = \lambda - \lambda_0 \tag{13-7}$$

式中：Δ_λ 为波长示值误差(nm)；λ 为波长示值(nm)；λ_0 为波长标准光源波长理论值(nm)。

（5）测量 6 次计算算术平均值，作为波长最终结果。

2）测角最大允许误差

（1）将红外光学材料折射率测量仪置于工作状态；

（2）选择红外光学材料折射率测量仪工作角度范围内 1 个典型角度，选取对应角度标准样块放置于红外光学材料折射率测量仪样品工作台上；

（3）调整样品工作台，使红外光学材料折射率测量仪准直光学系统出射平行光对准角度标准样块的一个棱并垂直于该棱相对应的底面；

（4）红外光学材料折射率测量仪测量经过角度标准样块反射后的平行光束之间的夹角，取夹角的 1/2 作为精密测角系统的角度示值，角度示值误差计算如下：

$$\Delta_\theta = \theta - \theta_0 \tag{13-8}$$

式中：Δ_θ 为角度示值误差(°)；θ 为角度示值(°)；θ_0 为角度标准样块角度标称值(°)。

（5）测量 6 次取算术平均值，作为最终结果。

3）折射率最大允许误差

（1）将红外光学材料折射率测量仪置于工作状态，待测量仪光源及电器件预热 30min 后开始校准；

（2）根据红外光学材料折射率测量仪测量原理以及折射率测量范围选择适当形式的折射率标准样块；

（3）将折射率标准样块安放在红外光学材料折射率测量仪样品工作台上；

（4）选取红外光学材料折射率测量仪工作波长范围内三个典型波长，按照红外光学材料折射率测量仪工作原理，对折射率标准样块的折射率进行测量，三个典型波长下的折射率误差计算如下：

$$\Delta_n(\lambda) = n(\lambda) - n_0(\lambda) \quad (13-9)$$

式中：$\Delta_n(\lambda)$ 为折射率误差；$n(\lambda)$ 为测量 6 次得到的折射率的算术平均值；$n_0(\lambda)$ 为标准折射率样块的折射率值。

（5）测量 6 次取算术平均值，作为折射率最终结果。

13.1.4 任意偏折法折射率测量不确定度评定

从任意偏折法折射率测量原理可知，影响测量结果的主要因素为波长和角度，而当波长和角度确保准确时，测量装置各个环节也会产生一定的影响，所以下面按照波长、角度和折射率测量等三个方面进行测量不确定度评定。

1. 波长不确定度评定

1）数学模型

$$\Delta_\lambda = \lambda - \lambda_0$$

式中：Δ_λ 为波长示值误差（nm）；λ 为波长示值（nm）；λ_0 为波长标准光源波长理论值（nm）。

2）测量不确定度来源

由测量装置工作过程可知，影响校准结果的不确定度源主要有如下几项：

（1）波长标准光源波长理论值不准确引入的不确定度分量 u_1；

（2）波长标准光源功率不稳定引入的不确定度分量 u_2；

（3）单色光源系统分辨率不足引入的不确定度分量 u_3；

（4）光电探测系统功率测量不准确引入的不确定度分量 u_4。

3）标准不确定度分量评定

（1）波长标准光源波长理论值不准确引入的不确定度分量 u_1。

选择波长准确性可达到 $1 \times 10^{-3} \mu m$ 波长标准光源，按 B 类不确定度评定，则由此引入的标准不确定度为

$$u_1 = 0.001/2 = 5 \times 10^{-4} \mu m$$

（2）波长标准光源功率不稳定引入的不确定度分量 u_2。

选择功率稳定性达到 5% 的波长标准光源，在测量过程中，以 $0.005\mu m$ 作为单色光源系统的步长，在激光峰值波长处，存在 2 个步距的机械判断误差，按 B 类不确定度评定，则由此引入的标准不确定度为

$$u_2 = 0.005 \times 2/2 = 5 \times 10^{-3} \mu m$$

（3）单色光源系统分辨率不足引入的不确定度分量 u_3

单色光源系统分辨率不足会影响单色系统的输出单色光的波长,取单色光源系统分辨率为 $0.02\mu m$,按 B 类不确定度评定,则由此引入的标准不确定度为

$$u_3 = 0.02/2 = 0.01\mu m$$

(4) 光电探测系统功率测量不准确引入的不确定度分量 u_4

光电探测系统的信号测量不准确会导致单色系统峰值波长判断的误差,实验结果表明由于探测系统造成的峰值波长的判断误差小于 $0.02\mu m$,按 B 类不确定度评定,则由此引入的标准不确定度为

$$u_4 = 0.02/2 = 0.01\mu m$$

4) 合成标准不确定度(见表 13-2)

表 13-2 测量仪波长不确定度一览表

不确定度分量	不确定度来源	不确定度值/μm	评定方法	分布
u_1	波长标准光源波长理论值不准	5×10^{-4}	B 类	正态
u_2	波长标准光源功率不稳定	5×10^{-3}	B 类	正态
u_3	单色光源系统分辨率	1×10^{-2}	B 类	正态
u_4	光电探测系统功率测量	1×10^{-2}	B 类	正态

由于各分量之间独立不相关,所以

$$u_c = \sqrt{u_1^2 + u_2^2 + u_3^2 + u_4^2} = 0.015\mu m$$

5) 扩展不确定度

要求置信概率为 95%,取置信因子为 2,则扩展不确定度为

$$U = 2\times u_c = 0.03\mu m$$

2. 测角不确定度评定

1) 数学模型

$$\Delta_\theta = \theta - \theta_0$$

式中:Δ_θ 为角度示值误差(°);θ 为角度示值(°);θ_0 为角度标准样块角度标称值(°)。

2) 测量不确定度来源

由测量装置工作过程可知,影响角度校准结果的不确定度源主要有如下几项:

(1) 角度标准样块角度标称值误差引入的不确定度分量 u_1;

(2) 角度标准样块调整不准确引入的不确定度分量 u_2;

(3) 光电瞄准系统测量不准确引入的不确定度分量 u_3。

3) 标准不确定度分量评定

(1) 角度标准样块角度标称值误差引入的不确定度分量 u_1。

选择角度标称值误差为 $0.5''$ 的角度标准样块,按 B 类不确定度评定,则由此引入的标准不确定度为

$$u_1 = 0.5/2 = 0.25''$$

(2) 角度标准样块调整不准确引入的不确定度分量 u_2。

依据测量实验,利用自准直仪对角度标准样块进行定位调整后,会造成 $0.3''$ 的角度测量误差,按 B 类不确定度评定,则由此引入的标准不确定度为

$$u_2 = 0.3/2 = 0.15''$$

(3) 探测接收系统的瞄准误差引入的不确定度分量 u_3。

多次实验表明由于探测接收系统的瞄准误差导致精密测角系统对光电信号角度的测量误差小于 0.5″，按 B 类不确定度评定，则由此引入的标准不确定度为

$$u_3 = 0.5/2 = 0.25''$$

4) 合成标准不确定度（见表 13-3）

表 13-3 测量仪测角不确定度一览表

不确定度分量	不确定度来源	不确定度值(″)	评定方法	分布
u_1	角度标准样块角度标称值误差	0.25	B 类	正态
u_2	角度标准样块调整不准确	0.15	B 类	正态
u_3	光电瞄准系统测量不准确	0.25	B 类	正态

由于各分量之间独立不相关，所以

$$u_c = \sqrt{u_1^2 + u_2^2 + u_3^2} = 0.38''$$

5) 扩展不确定度

要求置信概率为 95%，取置信因子为 2，则扩展不确定度为

$$U = 2 \times u_c = 0.8''$$

3. 折射率测量结果不确定度评定

以锗材料为例，针对任意偏折法进行测量不确定度评定。

1) 数学模型

$$n = \frac{\sqrt{\sin^2\varphi + 2\sin\varphi\cos\theta\sin i + \sin^2 i}}{\sin\theta}$$

式中：n 为折射率；φ 为折射角；θ 为棱镜顶角；i 为入射角。

2) 测量不确定度来源

由测量装置工作过程可知，影响校准结果的不确定度源主要有如下几项：

(1) 红外光学材料折射率测量仪重复性引入的不确定度分量 u_1；
(2) 红外光学材料折射率测量仪波长不准确引入的不确定度分量 u_2；
(3) 红外光学材料折射率测量仪角度测量不准确引入的不确定度分量 u_3；
(4) 折射率样块顶角测量不准确引入的不确定度分量 u_4；
(5) 折射率标准样块加工不完善引入的不确定度分量 u_5；
(6) 环境温度不准确引入的不确定度分量 u_6。

3) 标准不确定度分量评定

(1) 红外光学材料折射率测量仪测量重复性引入的不确定度分量 u_1。

对锗样块进行 6 次重复观测，按 A 类不确定度评定计算标准偏差，则由此引入的标准不确定度为

$$u_1 = 2.9 \times 10^{-5}$$

(2) 波长不准确引入的不确定度分量 u_2。

校准后的红外光学材料折射率测量仪单色光源系统的波长准确度可达到 0.03μm，红外

波段光学材料的色散通常小于 $1 \times 10^{-6}/nm$,按 B 类不确定度评定,则由此引入的标准不确定度为:

$$u_2 = 0.03/2 \times 1 \times 10^{-6} \times 1000 = 1.5 \times 10^{-5}$$

(3) 角度测量不准确引入的不确定度分量 u_3。

校准后的红外光学材料折射率测量仪精密测角系统测角准确度优于 1″,以锗材料为例进行分析,按 B 类不确定度评定,则由此引入的标准不确定度为

$$u_3 = 5 \times 10^{-5}$$

(4) 折射率样块顶角测量不准确带来的不确定度分量 u_4。

用测量不确定度优于 1″ 的精密测角仪对折射率样块顶角 θ 进行测量,按 B 类不确定度评定,则由此引入的标准不确定度为

$$u_4 = 5 \times 10^{-5}$$

(5) 折射率标准样块加工不完善引入的不确定度分量 u_5。

样块表面不严格为平面会造成折射光束的偏离,导致折射率测量误差,在被测样块棱镜面型 N 优于 1 时,引入的折射率测量误差为 1×10^{-5},按 B 类不确定度评定,则由此引入的标准不确定度为

$$u_5 = 5 \times 10^{-6}$$

(6) 环境温度测量不准确引入的不确定度分量 u_6。

根据相关技术资料及实验数据,锗材料的折射率温度系数在 $10^{-4}/℃$ 量级,在实验室内进行测量,估计样块本身温度的测量误差在 $\pm 0.2℃$ 范围内,按 B 类不确定度评定,则由此引入的标准不确定度为

$$u_6 = 4 \times 10^{-4} \times 0.2/2 = 4 \times 10^{-5}$$

4) 合成标准不确定度(见表 13-4)

表 13-4 测量仪折射率测量不确定度一览表

不确定度分量	不确定度来源	不确定度值(″)	评定方法	分布
u_1	测量仪测量重复性	2.9×10^{-5}	A 类	正态
u_2	测量仪波长不准确	1.5×10^{-5}	B 类	正态
u_3	测量仪角度测量不准确	5×10^{-5}	B 类	正态
u_4	折射率样块顶角测量不准确	5×10^{-5}	B 类	正态
u_5	折射率标准样块加工不完善	5×10^{-6}	B 类	正态
u_6	环境温度	4×10^{-5}	B 类	正态

以上各分量之间相互独立不相关,所以

$$u_c = \sqrt{u_1^2 + u_2^2 + u_3^2 + u_4^2 + u_5^2 + u_6^2} = 8.8 \times 10^{-5}$$

5) 扩展不确定度

要求置信概率为 95%,取置信因子为 2,则扩展不确定度为

$$U = 2 \times u_c = 1.8 \times 10^{-4}$$

13.1.5 直角照射法折射率测量不确定度评定

对直角照射法而言,波长校准和角度校准与任意偏折法完全一样,所以这里不再重复波长

不确定度和角度不确定度评定的内容,而主要对直角照射法折射率测量不确定度进行评定。

1. 数学模型

$$n = \sqrt{\frac{1}{3}[4\sin^2(\varphi/2) + 2\sqrt{3}\sin(\varphi/2) + 3]}$$

式中:n 为折射率;φ 为折射角。

2. 测量不确定度来源

由测量装置工作过程可知,影响校准结果的不确定度源主要有如下几项:

(1) 红外光学材料折射率测量仪测量重复性引入的不确定度分量 u_1;
(2) 红外光学材料折射率测量仪波长不准确引入的不确定度分量 u_2;
(3) 红外光学材料折射率测量仪角度测量不准确引入的不确定度分量 u_3;
(4) 折射率标准样块加工不完善引入的不确定度分量 u_4;
(5) 环境温度测量不准确引入的不确定度分量 u_5。

3. 标准不确定度分量评定

1) 红外光学材料折射率测量仪测量重复性引入的不确定度分量 u_1

对 CaF_2 样块进行 6 次重复观测,按 A 类不确定度评定计算标准偏差,则由此引入的标准不确定度为

$$u_1 = 0.6 \times 10^{-5}$$

2) 波长不准确引入的不确定度分量 u_2

校准后的红外光学材料折射率测量仪单色光源系统的波长准确度可达到 $0.03\mu m$,红外波段光学材料的色散通常小于 $1 \times 10^{-6}/nm$,按 B 类不确定度评定,则由此引入的标准不确定度为

$$u_2 = 0.03/2 \times 1 \times 10^{-6} \times 1000 = 1.5 \times 10^{-5}$$

3) 角度测量不准确引入的不确定度分量 u_3

校准后的红外光学材料折射率测量仪精密测角系统测角准确度优于 $1''$,以 CaF_2 材料为例进行分析,按 B 类不确定度评定,则由此引入的标准不确定度为

$$u_3 = 5 \times 10^{-6}$$

4) 折射率标准样块加工不完善引入的不确定度分量 u_4

折射率样块加工不完善,如顶角不严格等于 $60°$、样块表面面型不严格为平面等都会造成折射光束的偏离,导致折射率测量误差,在被测样块棱镜顶角偏差小于 $10''$、面型 N 优于 1 时,引入的折射率测量误差为 1×10^{-5},按 B 类不确定度评定,则由此引入的标准不确定度为

$$u_4 = 5 \times 10^{-6}$$

5) 环境温度测量不准确引入的不确定度分量 u_5

根据相关技术资料及实验数据,CaF_2 的折射率温度系数小于 $1 \times 10^{-5}℃^{-1}$,在实验室内进行测量,估计样块本身温度的测量误差在 $\pm 0.2℃$ 范围内,按 B 类不确定度评定,则由此引入的标准不确定度为

$$u_5 = 1 \times 10^{-5} \times 0.2/2 = 1 \times 10^{-6}$$

4. 合成标准不确定度(见表 13-5)

以上各分量之间相互独立不相关,所以

$$u_c = \sqrt{u_1^2 + u_2^2 + u_3^2 + u_4^2 + u_5^2} = 1.8 \times 10^{-5}$$

表 13-5　测量仪折射率测量不确定度一览表

不确定度分量	不确定度来源	不确定度值(″)	评定方法	分布
u_1	测量仪测量重复性	0.6×10^{-5}	A 类	正态
u_2	测量仪波长不准确	1.5×10^{-5}	B 类	正态
u_3	测量仪角度测量不准确	5×10^{-6}	B 类	正态
u_4	折射率标准样块加工不完善	5×10^{-6}	B 类	正态
u_5	环境温度	1×10^{-6}	B 类	正态

5. 扩展不确定度

要求置信概率为 95%，取置信因子为 2，则扩展不确定度为
$$U = 2 \times u_c = 3.6 \times 10^{-5}$$

13.2　红外材料折射率温度系数测量

13.2.1　光学材料的折射率温度系数

光学材料折射率随温度变化的现象称作热光效应，单位温度折射率的变化量称为折射率温度系数：

$$\beta = dn/dT \tag{13-10}$$

β 是波长的函数。折射率随温度的变化在红外材料中尤为明显，因而近年来国内外都很重视光学材料折射率温度系数的测量[5,6]。

13.2.2　折射率温度系数测量方法

1. 干涉法测量红外材料折射率温度系数

用激光干涉法测量折射率温度系数可采用透射式方法，也可采用反射式方法。两种方法基本相同，透射式方法是通过测量透射光强度的变化来确定干涉极大或干涉极小的改变量从而得到被测材料的折射率温度系数。反射式方法是通过测量反射光强度的变化来确定干涉条纹的改变量，从而得到折射率温度系数。用反射式方法测量折射率温度系数，具有结构简单、紧凑且容易精确控温等优点，因此，反射式方法的应用更为普遍一些。

采用反射式方法测量折射率温度系数其测试系统原理装置如图 13-5 所示。

将测试样品放置在真空温控室中，用真空温控室对被测样品的温度进行精确控制，同时温控室也可以按照要求改变测试样品的温度。激光束通过相应的光学系统投射到被测样品表面，由测试样品前后表面反射回来的光相干涉，干涉光经过反射系统聚焦到探测器表面。探测器将光信号转换为电信号，经过放大处理之后，输入到数据处理器中，同时测试样品的温度值也经过相应处理之后反馈到数据处理器中。

处理器根据得到的数据给出光强度随温度的变化曲线，如图 13-6 所示。

根据光强随温度的变化曲线可以确定出两相邻干涉极大或干涉极小之间温度的改变 ΔT，即可得到 $\Delta k = 1$ 时温度的改变量。便能计算出材料的折射率温度系数：

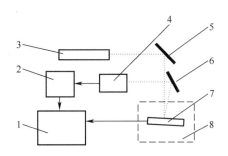

图 13-5　干涉法测量折射率温度系数原理
1—处理器；2—放大器；3—激光器；4—探测器；5,6—平面反射镜；7—测试样品；8—温控装置。

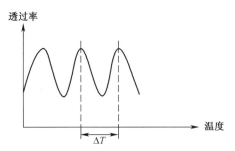

图 13-6　光强度随温度的变化曲线

$$\beta = \frac{\lambda}{2l} \cdot \frac{\Delta K}{\Delta T} - n\alpha \tag{13-11}$$

式中：λ 为测量谱线的波长(nm)；n 为样品的常温折射率；l 为样品厚度(mm)；K 为干涉条纹级数；$\frac{\Delta K}{\Delta T}$ 为温度变化1℃时干涉条纹的变化量。

2. 自准直法红外材料折射率温度系数测量

1）测量原理

在红外波段，光学材料的折射率温度系数 β 比在可见光波段大一个数量级，进行红外光学系统设计时必需精确知道 β 值。另外，在大功率激光通过红外窗口时，会产生非均匀加热，使得红外窗口变成了一个热透镜而产生波前畸变，从而影响到光束质量。正由于如此，近年来，各国都很重视 β 的测量，美国和英国计量机构建立了红外材料折射率温度系数标准装置，波长从 3~13.5μm，不确定度为 1.2%。红外材料折射率温度系数测量大多以自准直法为基础，自准直法测量折射率的原理如图 13-7 所示。

一束平行光入射到直角棱镜的 AB 面后，当折射光垂直于 AC 面时，将按原光路返回，此时折射率与入射角及顶角的关系为

$$n = \frac{\sin i}{\sin \theta} \tag{13-12}$$

式中：n 为棱镜试样折射率；i 为在 AB 面上的入射角；θ 为棱镜顶角。

设棱镜材料折射率为 n、自准直角为 i、棱镜顶角为 θ。首先依据自准直原理在测角仪上测量出 n。β 的测量按两步进行：第一步，在 20℃ 条件下，在每一个波长处决定其折射率 n 和棱

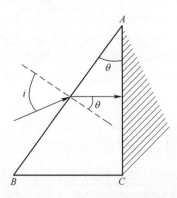

图 13-7　自准直法测量原理图

镜顶角 θ；第二步，把棱镜移入折射率温度系数测量装置中去，测量折射率随温度的变化量 δn。

通过对式(13-12)微分得到

$$\delta n = \frac{\delta i\,(1 - n^2 \sin^2\theta)^{1/2}}{\sin\theta} \tag{13-13}$$

把上式对温度求导即得

$$\beta = \frac{\delta n}{\delta T} = \frac{\delta i}{\delta T} \cdot \frac{(1 - n^2 \sin^2\theta)^{1/2}}{\sin\theta} \tag{13-14}$$

通过改变温度，即可求得 $\beta \sim T$ 曲线，通过改变波长，可得到 $\beta(\lambda, T) \sim T$ 曲线。

2) 测量装置

测量装置原理如图 13-8 所示。测量系统由如下三大部分组成。

第一部分：准直光源系统，由红外光源1、单色仪5、平面反射镜6、7和离轴抛物面镜17组成。它是提供可变波长的平行入射光源。其中光源，单色仪和离轴抛物面镜是其核心。

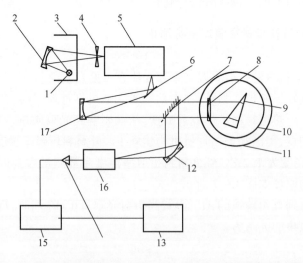

图 13-8　基于自准直原理的红外材料折射率温度系数测量装置原理图

1—瓷钍条红外光源；2—椭球面反射镜；3—隔热板；4—调制器；5—单色仪；6,7—平面反射镜；
8—透光窗口；9—被测样品；10—温控装置；11—测角仪；12—球面反射镜；13—计算机；14—前放电路；
15—锁相放大器；16—探测器；17—离轴抛物面镜。

第二部分:测角仪和温控系统,该系统由一个精密测角仪和一套抽真空温度控制系统组成。温控系统放在测角仪上,样品放在温控室内,这一部分是整套装置的核心,测温精度和测角精度直接影响了测量结果。

第三部分:探测、检测和处理系统,由探测器 16、锁相放大器 15 和计算机 13 组成。它是进行检测、控制和数据处理。

折射率温度系数测量是通过改变样品温度来实现的,因而温度条件是决定性因素之一,在测量过程中,温度场的均匀度、温控的稳定性及测温的准确性,均直接影响折射率温度系数的测量精度。温控装置的作用是控制和改变测试样品温度,采用如图 13-9 所示的温控装置室。室温以下的低温部分采用液氮制冷,高温部分采用电阻丝加热的方法控制和改变测试样品温度,用这种方法改变样品温度具有升降温速度快的优点。为获得均匀的温度场,并有足够的热交换,采用导热性能优良的金属铜作为工作样品台。

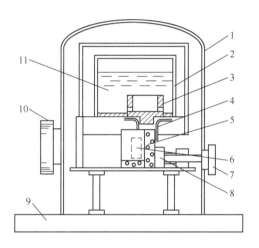

图 13-9　温控室结构原理图
1—罩壳;2—液氮储槽;3—冷指;4—传导索;5—样品架;6—测试样品;7—位移器调节窗口;
8—一维位移器;9—底座;10—光学窗口;11—液氮。

为了减少热量流动以及温度梯度,将测试样品与样品台安放在铜辐射壳中,并将整个系统抽真空,避免产生对流。为使炉体达到 0.1Torr(1Torr≈133.322Pa)以上的真空度,对炉腔内所有的接口处,在加工要求方面有较高的平面度和较低的粗糙度。为了不使热量散失,炉腔与炉壳的连接件及通向炉腔的抽气件,都用耐高温和绝热性好的材料制成。

在低温下使用时,为避免在温控室透光窗口上结霜,可在窗口上加一个防霜窗口。样品的调节是通过一维样品调节机构完成的,在真空室的侧面有一维样品调节窗口,由一维位移调节器可以调节样品在水平方向移动,这样可以保证在测量不同尺寸样品时,样品的中心与测角仪的旋转中心相重合,避免造成测试误差。

3) 样品要求

(1) 棱镜顶角的确定。

按照有关标准,样品顶角依照下式选取

$$\theta = \arcsin\left(\frac{0.866}{n}\right) \tag{13-15}$$

(2) 棱镜加工要求。

根据自准直的测试要求,棱镜前表面镀增透膜,后表面必须镀全内反射膜。

4) 测量不确定度分析评定

(1) 数学模型及测量不确定度来源。

折射率温度系数计算如下:

$$\beta = \frac{\delta n}{\delta T} = \frac{\delta i}{\delta T} \frac{(1 - n^2 \sin^2\theta)^{1/2}}{\sin\theta}$$

影响 β 测量不确定度的主要因素有:角度测量引进的误差;温度测量引进的误差。

(2) 测量不确定度合成。

合成不确定度: $u(\beta)$

$$u(\beta) = \sqrt{\left(\frac{\partial\beta}{\partial\delta i}\right)^2 u_B^2(\delta i) + \left(\frac{\partial\beta}{\partial\delta T}\right)^2 u_B^2(\delta_T) + \left(\frac{\partial\beta}{\partial n}\right)^2 u_B^2(n) + \left(\frac{\partial\beta}{\partial\theta}\right)^2 u_B^2(\theta) + u_B^2(其他)}$$

式中:角度测量不准引入的不确定度分量为

$$\frac{\partial\beta}{\partial\delta i} = \frac{1}{\delta t} \cdot \frac{(1 - n^2\sin^2\theta)^{1/2}}{\sin\theta} = \frac{1}{\delta i}\beta$$

温度测量不准引入的不确定度分量为

$$\frac{\partial\beta}{\partial\delta T} = \frac{\delta i}{\delta T^2} \cdot \frac{(1 - n^2\sin^2\theta)^{1/2}}{\sin\theta} = \frac{1}{\delta T}\beta$$

根号下第三项是折射率变化引入的分量,第四项是棱镜顶角变化引入的分量。这两项可以忽略。

取扩展因子 $k = 2$,则扩展不确定度为

$$U = 2u(\beta)$$

13.3 红外光学材料光谱透射比测量

光谱透射特性是红外光学材料最重要的一个参数,它决定材料适用于哪个波段,在哪个波段具有最好的透射特性。衡量光谱透射特性的参数就是光谱透射比。测量光谱透射比的测量仪器大多为分光光度计。本章我们从光谱透射比的定义出发,介绍分光光度的工作原理[7]。

13.3.1 描述光传输特性的基本参数

用于描述光的反射、透射和吸收等辐射光谱特性的量称为光谱光度量。光谱光度的量、单位和符号比较复杂。所有的光谱光度量都有单位,不过多数为1。当光谱光度量用于单色辐射时,它是波长的函数,因此在其名称前冠以"光谱",在其符号后加波长符号(λ)。

1. 透射比

在入射辐射的光谱组成、偏振状态和几何分布给定条件下,透射的辐射通量与入射辐射通量之比。它的符号为 τ,单位为1。若透射辐射通量为 Φ_τ,入射辐射通量为 Φ,则

$$\tau = \frac{\Phi_\tau}{\Phi} \tag{13-16}$$

当入射辐射为波长 λ 的单色辐射时,则得到光谱透射比

$$\tau(\lambda) = \frac{\Phi_\tau(\lambda)}{\Phi(\lambda)} \tag{13-17}$$

当存在混合透射时，总透射比可分为两部分，即规则透射比 τ_r 和漫透射比 τ_d，且

$$\tau = \tau_r + \tau_d \tag{13-18}$$

2. 反射比

在入射辐射的光谱组成，偏振状态和几何分布给定条件下，反射辐射（光）通量 Φ_ρ 与入射辐射（光）通量 Φ 之比，称为反射比，符号为 ρ，单位为 1：

$$\rho = \frac{\Phi_\rho}{\Phi} \tag{13-19}$$

当入射辐射为波长 λ 的单色辐射时，可得到光谱反射比

$$\rho(\lambda) = \frac{\Phi_\rho(\lambda)}{\Phi(\lambda)} \tag{13-20}$$

在存在混合反射时，总反射比可分为两部分：即规则反射比和漫反射比，且有

$$\rho = \rho_r + \rho_d \tag{13-21}$$

3. 吸收比

在规定条件下，吸收的辐射（光）通量与入射辐射（光）通量之比。符号为 α，单位为 1。若吸收辐射通量为 Φ_α，入射辐射通量为 Φ，则

$$\alpha = \frac{\Phi_\alpha}{\Phi} \tag{13-22}$$

当入射辐射为波长 λ 的单色辐射时，则得到光谱吸收比

$$\alpha(\lambda) = \frac{\Phi_\alpha(\lambda)}{\Phi(\lambda)} \tag{13-23}$$

13.3.2 分光光度计

分光光度计是理化分析和光学材料测量中最常用的仪器。分光光度计一般可分为：原子吸收分光光度计、荧光分光光度计、可见分光光度计、红外分光光度计、紫外可见近红外分光光度计。

1. 分光光度计的工作原理

分光光度计的工作原理：溶液中的物质在光的照射激发下，产生对光吸收的效应，这种吸收是具有选择性的，各种不同的物质都有各自的吸收光谱。因此，当某单色光通过溶液时其能量就会被吸收而减弱，光能量减弱的程度和物质的浓度有一定的比例关系，即符合朗伯—比尔定律（Lambert-Beer）：

$$A = \lg\left(\frac{\Phi_0}{\Phi_\tau}\right) = KLC \tag{13-24}$$

式中：A 为物质的吸光度；Φ_0 为入射辐射通量；Φ_τ 为透射辐射通量；K 为物质的吸收系数；L 为液层厚度；C 为溶液的浓度，通常做物质鉴定、纯度检查，有机分子结构的研究。

朗伯—比尔定律是光吸收的基本定律，俗称光吸收定律，是分光光度法定量分析的依据和基础。当入射光波长一定时，溶液的吸光度 A 是吸光物质的浓度 C 及吸收介质厚度 L（吸收光程）的函数。值得注意的是，上面是以溶液为测试对象来介绍比尔定律，实际上分光光度计不

仅适用于溶液,而且适用于固体材料测量。

2. 分光光度计的组成及分类

各种型号的分光光度计,就其基本结构来说,都是由5个基本部分组成,即光源、单色仪、样品池、探测器及信号指示系统,如图13-10所示。

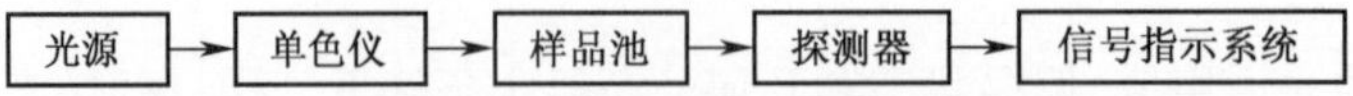

光源 → 单色仪 → 样品池 → 探测器 → 信号指示系统

图13-10 分光光度计的组成框图

分光光度计一般分为如下几个类型:单光束分光光度计;双光束分光光度计;双波长分光光度计。

单光束分光光度计:光源经单色仪分光后的一束平行光,轮流通过参比溶液和样品溶液,以进行吸光度的测定。这种简易型分光光度计结构简单,操作方便,维修容易,适用于常规分析。

双光束分光光度计光路示意图如图13-11所示。经单色仪分光后经反射镜(M_1)分解为强度相等的两束光:一束通过参比池;另一束通过样品池,光度计能自动比较两束光的强度,此比值即为试样的透射比,经对数变换将它转换成吸光度并作为波长的函数记录下来。双光束分光光度计一般都能自动记录吸收光谱曲线。由于两束光同时分别通过参比池和样品池,还能自动消除光源强度变化所引起的误差。

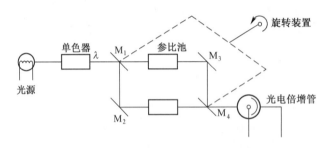

图13-11 单波长双光束分光光度计原理图

M_1、M_2、M_3、M_4—反射镜。

双波长分光光度计基本光路如图13-12所示。由同一光源发出的光被分成两束,分别经过两个单色器,得到两束不同波长(λ_1和λ_2)的单色光;利用切光器使两束光以一定的频率交替照射同一吸收池,然后经过光电倍增管和电子控制系统,最后由显示器显示出两个波长处的吸光度差值$\Delta A(\Delta A = \Delta A_{\lambda_1} - \Delta A_{\lambda_2})$。对于多组分混合物、混浊试样(如生物组织液)分析,以及存在背景干扰或共存组分吸收干扰的情况下,利用双波长分光光度法,往往能提高方法的灵敏度和选择性。利用双波长分光光度计,能获得导数光谱。通过光学系统转换,使双波长分光光度计能很方便地转化为单波长工作方式。如果能在λ_1和λ_2处分别记录吸光度随时间变化的曲线,还能进行化学反应动力学研究。

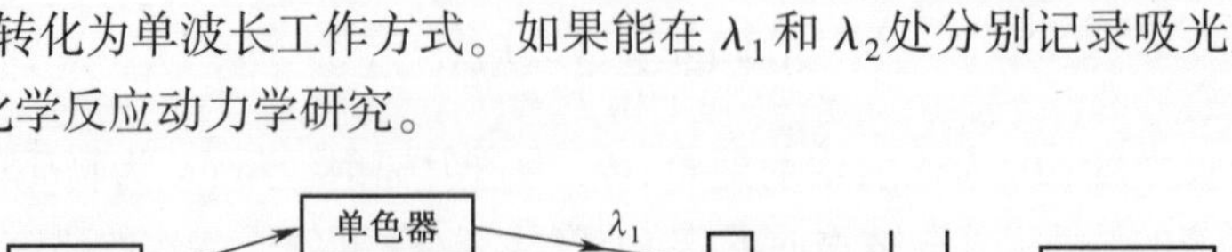

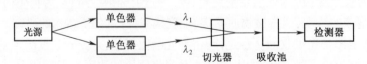

图13-12 双波长分光光度计光路示意图

13.3.3 傅里叶变换红外光谱仪

傅里叶变换红外光谱仪保留采用干涉仪干涉调频的工作原理,依据干涉图和光谱图之间的对应关系,通过测量干涉图并对干涉图进行傅里叶变换来获得光谱图的仪器。傅里叶变换红外光谱仪广泛应用于物质的定性、定量分析以及结构分析。

傅里叶变换红外光谱仪的工作原理是由迈克尔逊干涉仪得到发射光谱干涉图,通过对干涉图进行傅里叶变换来得到真实的发射光谱。由于傅里叶变换处理非常繁琐,因此傅里叶变换红外光谱仪必须使用计算机系统并把最终结果进行显示和打印。

图 13-13 为傅里叶变换光谱仪工作原理示意图。由迈克尔逊干涉仪出来的干涉强度信号为实数偶函数,利用傅里叶变换的对称性可得谱函数,其运算通过电子计算机完成,它由模拟数字转换器(A/D),傅里叶余弦变换运算器,数字模拟转换器(D/A)组成,最后直接显示出光谱图。

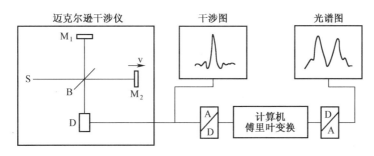

图 13-13　傅里叶变换光谱仪工作原理

傅里叶变换红外光谱仪不仅能做通常色散型红外分光光度计能做的工作(如在样品室中放置镜反附件和积分球,同样可测量样品的镜面反射比和漫反射比),而且由于它具有速度快、分辨率高、输入辐射通量大、杂散辐射小、光谱范围宽等优点,从而在很多应用领域正逐步取代色散型红外分光光度计。

傅里叶变换红外光谱仪主要由红外辐射源、迈克尔逊干涉仪、样品室、探测器和数据处理系统组成。其测量波长一般为 $2\sim25\mu m$,也可向两端扩展。傅里叶变换红外光谱仪的红外辐射源一般是白炽体或白炽丝,探测器通常使用响应速度快的热释电 TGS 探测器。与分光光度计一样,傅里叶变换红外光谱仪按其光路结构也可分为单光束测量和双光束测量仪器。采用双光束测量可以有效抑制因光源不稳定和探测器灵敏度变化对测量结果的影响。

13.3.4 红外材料光谱透射比和反射比测量

除了上面介绍的分光光度计和傅里叶变换红外光谱仪外,也有人专门研制了适用于红外光学材料透射比和反射比测量的仪器。测量装置采用变角反射测量结构,整个装置的总体结构如图 13-14 所示,主要是由光学系统、机械结构、电器系统、计算机控制和处理系统有机结合的统一整体。

该装置的测量原理是:由红外光源发出的光经入射光路聚焦于分光系统的入射狭缝处,经分光系统色散后通过准直光路变成平行光入射到测量样品上;其透射光束或反射光束又通过

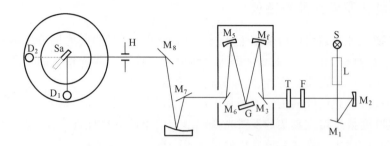

图 13-14 红外光谱透射比/反射比测量装置原理图
S—光源;L—激光器;T—滤光片;G—光栅;H—光阑;D—探测器;F—斩光器;
S_a—样品;M_8—离轴抛物面镜;M_2、M_4、M_5—球面镜;
M_1、M_3、M_6、M_7、M_8—平面镜。

聚光光路聚焦到探测器的探测面上。在没有样品时测量值为入射能量;在有样品时测量值为透射能量或反射能量。样品和探测器可分别绕中心轴旋转,从而实现不同入射角的变角测量。

该装置不仅可以测量各种红外光学材料的光谱透射比和反射比,而且可测量各种光学薄膜的光谱透射比和反射比。

13.4 红外材料透过率温度系数测量

目前在设计红外光学系统时采用的红外光学材料透过率都是在常温下测量得到的,没有考虑温度对透过率的影响。因此,当红外光学材料使用环境的温度变化较大时,红外光学系统透过率的设计值和实测值将有较大偏差。这就出现了红外光学材料透过率温度系数的测量问题,也就是下面我们要研究的问题。

13.4.1 红外光学材料透过率温度系数

透过率是光学材料的基本性能参数之一,也是光学窗口、整流罩以及光学系统元件在设计和材料选择过程当中必须考虑的参数之一。温度对红外光学材料透过率的影响是不容忽视的,特别是当使用温度变化范围较大的情况下,对透过率的影响更加明显,并将直接影响到红外光学系统的技术指标。

透过率温度系数 η 定义为

$$\eta = \frac{\Delta \tau}{\Delta T} \qquad (13-25)$$

式中:$\Delta \tau$ 为透过率的改变量;ΔT 为温度的改变量。

红外光学材料在温度升高后,光学性能参数会发生明显改变,其中以透过率的改变最为明显和严重。随着温度的升高,材料的红外透射性能明显下降,以红外锗材料为例,在常温条件下,中远红外波段的透过率可达到40%以上。当材料的温度仅升高到60℃后,透过率特性就明显变差;而当材料温度进一步升高,如达到300℃后,对远红外波段的红外光几乎完全不透明,而中红外波段的光透过率也下降到不足20%。

13.4.2 红外光学材料透过率温度系数的测量方法

1. 测量原理及测量装置

红外光学材料透过率温度系数的测量方法与常温、常规条件下光学材料透过率的检测方法有许多相似之处。在室温条件下,一般使用分光光度计来测量光学材料的透过率。通常分光光度计有单光束和双光束之分。

为了避免单光束测量过程中存在的缺陷,目前一般采用双光束分光光度计测量材料的透过率,双光束分光光度计测量原理如图 13-15 所示。

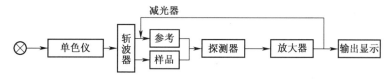

图 13-15 双光束分光光度计测量原理图

红外光学材料透过率温度系数测量中,要把样品放置在加热炉中,这就要求把试样信号与参考信号分离开。为了把试样信号与参考信号分离开,不同的仪器采用不同的方法:有的采用两个转速不同的调制盘分别置于试样和参考光束中,使两束光形成的光电信号受到不同频率的调制,然后由电子系统进行鉴频检出;也有些仪器只采用一个调制盘,但采用同步信号线路,根据两个光束相应的同步开关信号分时解调出试样信号和参考信号,然后再作比例记录。采用双光路测量、单调制光和选通的方式,测量装置光路如图 13-16 所示[8]。

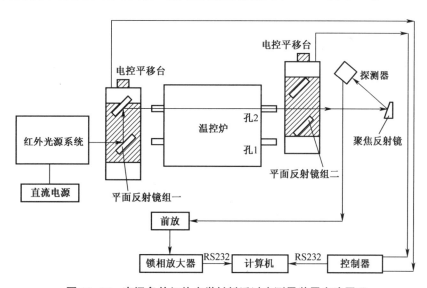

图 13-16 变温条件红外光学材料透过率测量装置光路原理

红外光学材料透过率测量装置由单色光源系统、分光光学系统、精密温控炉、探测与接收系统和控制处理系统等五大部分构成。

(1) 单色光源系统由硅碳棒红外光源、离轴抛物面准直反射镜、斩波器、滤光片组等组成。光源发出的光经过离轴抛物面反射镜的反射后变为平行光,再经过滤光片和调制器后,变成一定频率的单色输出光。

(2) 分光光学系统将准直光学系统出射平行光分为两束,分别照射信号光路和参考光路,分光系统包括两组平面反射镜组,其中一组位于温控炉前,另一组反射镜位于温控炉后。当平面反射镜组一移入光路,平面反射镜组二移出光路时,探测器对准参考光路;当平面反射镜组一移出光路,平面反射镜组二移入光路时,探测器对准信号光路。为此,探测器就可以分别测量得到信号光路和参考光路的光信号。

(3) 精密温控炉用于放置样品,并进行温度控制,温控炉的外观结构如图 13-17 所示。精密温控炉的孔端面(即刚玉管开孔端面)与光源系统产生的平行光光轴垂直,则光源系统产生的平行光就可从精密温控炉的入射孔 1 入射,从精密温控炉出射孔 1 出射。样片可放置于贯穿于精密温控炉的刚玉管 1 或刚玉管 2 的任意一支刚玉管内。通过设定精密温控炉的目标温度以及温度稳定时间,可将样片温度稳定控制在测试所需的目标温度。

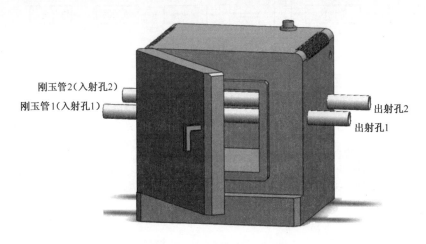

图 13-17 精密样品温控炉结构

(4) 探测与接收系统包含红外探测器、前置放大器、锁相放大器、控制器等,完成对斩波器的控制、探测器的信号处理等,然后对来自测量光路以及来自参考光路的光信号进行处理和比较,最后得到被测量材料的透过率值。

(5) 控制处理系统包括计算机、系统控制和数据采集处理软件,实现精密探测系统、监视探测系统、电动快门的自动控制和透射比的自动测量,并给出测量结果和测量结果的不确定度。

在样品炉内的其中一路光路中放置测量样品,是测量光路,另一路光路中不放置任何样品,为参考光路。两束光在经过样品炉后,都从出射窗口出射。再经过汇聚光路以及滤光系统后,将两束出射光全部汇聚到同一个探测器上,通过控制快门的通断,可以使探测器系统分别接收来自探测光路和来自参考光路的光信号。控制与处理系统包含锁相放大器、控制器以及测控软件等,完成对斩波器的控制、探测器的信号处理等,然后对来自测量光路以及来自参考光路的光信号进行处理和比较,最后得到被测量材料的透过率值。

探测器直接输出与光强度成比例的电压值,为了得到光学材料的透过率值,必须要确定两束光的分束比。为此,首先在室温条件下,用探测器分别探测测量光路以及参考光路的光信号,由此就可以得到室温条件下,光源经过两个不同的光路后,两套光路的分束比 R,计算方法如下。

假设由参考光路出射的光照射到探测器后,探测系统输出电压为 $V_{参}$;从测量光路出射的光照射到探测器后,探测系统输出电压为 $V_{测}$,则分束比 R 为

$$R = \frac{V_{参}}{V_{测}} \quad (13-26)$$

系统的分束比仅由光所经过的光学系统以及光学元件的透过率或反射率唯一确定,一旦光路确定,则分束比就是一个固定值,但分束比是波长的函数,且分束比的稳定性与探测电路的稳定性以及光源的稳定性等相关。

将要测量的光学材料加工成边长小于 15mm,厚度小于 5mm 的平行平板,作为测试样品。若被测样品放入测量光路后,探测器输出电压值分别为 $V'_{参}$,$V'_{测}$。则光学材料的透过率 τ 为

$$\tau = \frac{V'_{测}}{V'_{参}} \times R \quad (13-27)$$

然后对样品炉进行加温,放置在样品炉内的被测光学材料的温度随之发生改变,到达设定的温度后,样品炉进行精密控温,在一定时间内样品炉内温度保持不变,待样品的温度与样品炉的温度达到一致时,开始测量。由于样品材料温度的从而使透过率发生改变,此时,从测量光路达到探测器的光强度发生变化,则探测器输出电压也会发生改变。由于系统的分束比不随样品材料的温度的变化而改变,则依据式(13-25)就可以计算出材料在不同温度下的透过率改变情况。

依据材料在不同温度条件下的透过率值以及温度的变化情况就可以计算出材料的透过率温度系数。

2. 测量不确定度评定

1) 不确定度来源和不确定度分量

根据变温条件下光学材料透过率温度系数测量原理和工作过程可知,影响系统的不确定度来源主要有:

- 装置测量重复性引入的测量不确定度;
- 波长不准确引入的测量不确定度;
- 温度测量不准确引入的测量不确定度;
- 样品不垂直光路引入的测量不确定度;
- 系统的漂移等引入的测量不确定度;
- 杂散辐射引入的测量不确定度。

下面对主要不确定度分量分别进行分析。

(1) 装置测量重复性引入的测量不确定度。

以蓝宝石材料为例进行分析,假定测量装置的测量重复性优于 0.003,则由于测量装置重复性引入的测量不确定度 u_1 为

$$u_1 = 0.003$$

(2) 波长不准确引入的测量不确定度。

波长误差对测量不确定度的影响,取决于透过率随波长变化的速率。测量装置选用单色滤光片产生单色光,单色滤光片的带宽约为 200nm,取单色滤光片的中心波长作为测试波长。单色滤光片的中心波长经过红外傅里叶变化分光光度计进行标定,因而中心波长的偏离小于 1nm,但考虑到滤光片的带宽对透过率测量结果的影响,依据典型红外光学材料透过率特性进

行分析知，在100nm的范围内，透过率的改变量小于0.002。以正态分布进行分析，则由于波长误差造成的透过率不确定度 u_2 为

$$u_2 = 0.001$$

（3）温度测量不准确引入的测量不确定度。

同样道理，温度测量不准确对测量结果的影响，也取决于透过率随温度的变化速率。以锗材料进行分析，锗材料的透过率随温度变化较快。当材料的温度从室温上升到100℃时，透过率会从40%下降到30%左右。按照线性变化规律进行计算，则透过率的改变率小于0.001/℃。通过对测量装置采用的精密温控炉测温准确性的校准可知，温控炉的显示温度比实际测量温度低约7℃，则由于温度测量不准确引入的测量误差小于0.007。按照均匀分布进行计算，得到由于温度测量不准确引入的透过率测量不确定度 u_3 为

$$u_3 = 0.007/\sqrt{3} = 0.004$$

（4）样品不垂直光路引入的测量不确定度。

当被测量的样品与准直光路不垂直时，折射光在样品内的传播距离不同，且样品表面的反射率也不同，造成透过率也不同。另外，因此样品不垂直光路也会影响透过率测量。假设样品透过率为100%，装置中样品与光路的不垂直度为1°，样品厚度为4mm，则经过计算，对透过率的影响小于0.001。当透过率降低，样品厚度更薄时，对透过率的影响更小。

但是在测量装置中，由于折射光在温控炉内传播距离较长，当样品不垂直光路时，会有一部分折射光被温控炉的刚玉管内壁吸收，导致透过率测量结果发生改变，通过对不同入射角测量实验，表明透过率的改变量约为0.005，以高斯分布进行计算，得到由于样品不垂直光路引入的透过率测量不确定度 u_4 为

$$u_4 = 0.005/2 = 0.0025$$

（5）系统漂移引入的测量不确定度。

测量系统的漂移主要包括，光源的漂移、探测器的漂移以及分束比稳定性的漂移等。

光源的漂移主要原因是供电电源的电流或电压的不稳定。在测量系统中，选用了直流精密稳压稳流源为红外光源进行供电，输出电流的稳定性可达到0.001。采用制冷的方式对硅碳棒红外光源的电极进行制冷，尽可能地避免了光源输出强度的变化。另外，系统采用了相对测量的方式，利用参考光路来监测光源输出强度的变化，因此，由于光源不稳定而引入的测量不确定度小于0.001。

探测器的漂移对透过率测量的影响相对较小，由于在很短的时间内就完成了透过率测量，在短时间内探测器的漂移量很小，由于探测器的漂移造成的透过率测量不准确可忽略不计。

分束比稳定性的漂移是造成系统漂移的重要原因。对于单个测试样品而言，要完成室温至700℃的透过率测量，必须花费很长时间，在测量期间，需要不断切换分光镜，分束镜定位的不确确会影响到分束比的不准确；而且，在温控炉长时间的加热过程中，会存在加热不对称的问题，使透射温控炉的两束光出射强度不同，即分束比的稳定性会在温控炉长时间的加热过程中发生漂移，通过对温控炉加热过程中两束光分束比的测量实验，表明从室温至700℃的加热过程中，分束比会随温度的变化发生较大漂移，利用多项式对分束比进行线性拟合后，分束比的稳定性优于0.015。因此，由于系统漂移引入的透过率测量不确定度 u_5 为

$$u_5 = \sqrt{u_{光源}^2 + u_{分束比}^2} = \sqrt{(0.001/2)^2 + (0.015/2)^2} = 0.0076$$

(6) 杂散辐射以及随机噪声。

采用锁相放大技术,同时利用屏蔽罩将红外光学材料透过率温度特性校准装置与外界相隔离,因此,由于杂散辐射以及随机的干扰噪声对测量结果的影响很小,约小于 0.001。但当样品加热至较高的温度,温控炉以及测试样品将产生较大的背景辐射,同样,由于采用锁相放大技术,很好地抑制了温控炉以及测试样品的背景辐射,在高温阶段,由于背景辐射造成透过率测量不确定度增加,通过实验表明在高温阶段,由于背景辐射造成透过率测量偏差小于 0.003。以均匀分布进行计算,则引入的测量不确定度 u_6 为

$$u_6 = 0.003/\sqrt{3} = 0.0017$$

2) 合成与扩展不确定度

系统的测量不确定度是以上各不确定度分量的合成:

$$\sqrt{u_1^2+u_2^2+u_3^2+u_4^2+u_5^2+u_6^2} = \sqrt{0.003^2+0.001^2+0.004^2+0.0025^2+0.00076^2+0.0017^2} < 0.0097$$

取扩展因子为 2,得到系统的扩展不确定度为 0.0194。

13.5 红外光学材料均匀性测量

光学材料中,不同部位透过率、折射率等性能的变化情况称为光学均匀性。对红外光学材料,一般以各部位间折射率微差最大值 Δn_{max} 表示。均匀性测量方法多采用干涉法。下面介绍几种普遍采用的方法[9-12]。

13.5.1 基于红外干涉仪的测量方法

用于红外光学材料均匀性测量的干涉仪有两种类型:一种是斐索型干涉型;另一种是泰曼—格林干涉型。

1. 斐索型红外干涉仪

斐索型红外干涉仪光路如图 13-18 所示。

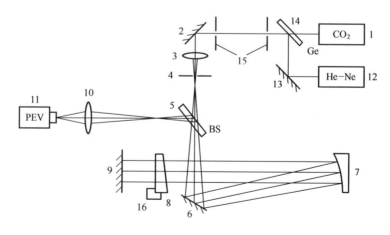

图 13-18 斐索型红外干涉仪光路图

1—CO_2 激光器;2、6、13、14—反射镜;3—扩束镜;4—小孔光阑;5—分光镜;7—离轴抛物面镜;
8—标准样平板;9—测试反射镜;10—成像透镜;11—热释电探测器;12—He-Ne 激光器;15—空间滤波器;16—移相器。

由 CO_2 激光器 1 发出的红外激光束,经反射镜 2 后被扩束镜 3 聚焦在小孔光阑 4 外,小孔光阑栏 4 位于离轴抛物镜 7 的焦面上。经扩束后的光束经过分光镜 5,再经反射镜 6 折转,由离轴抛物面 7 反射后成为平行光。该平行光束经标准锗平板 8 后表面(标准面)反射得到参考光束,该参考光束与测试反射镜 9 反射的测试光束干涉,干涉图由分光镜 5 反射到接收光路经成像透镜 10 成像在热释电探测器 11 的靶面上。标准锗平板 8 上装有移相器(16),它使参考位相连续变化,从而使热释电探测器 11 接收到的干涉图热场变化,由于存在热释电效应,探测器便可输出视频信号。图中两个空间滤波器 15 在调试过程中,将 He-Ne 激光器 12 的可见光束与 CO_2 激光束都设法引入空间滤波器 15 中,借助一定的手段,便可完成可见光与红外光的共光路调试。

2. 泰曼—格林红外干涉仪

泰曼—格林型红外干涉仪是一台带有固定参考臂的不等光程干涉仪,图 13-19 为光路示意图,由 CO_2 激光器 1 出射连续 $10.6\mu m$ 激光束,经反射镜 2、5,由 ZnSe 材料扩束镜 6 发散后由准直透镜 7 准直,光束经过 ZnSe 制成的分束镜 8,被反射到孔径 $\phi 30mm$ 的参考平面镜 9 形成参考光束,由分束镜 8 透射的平行光束射向标准测试反射镜 12(或发散透镜 10、测试反射镜 11。由参考反射镜和测试反射镜反射两支相干光束形成干涉图像,成像透镜组 13 和 16 用锗材料制成。由于透射元件 3、6、7 和 8 采用 ZnSe 材料,He-Ne 激光器 4 的光束由分光镜 3 引入测试光路,用于校正被测件位置。所用的红外光学材料为 Ge、ZnSe,都是小直径的材料,测试光路配有 $\phi 30mm$ 标准测试反射镜,也可配置发散透镜形成发散光束,用于测量球面和非球面。平面反射镜 14 用于成像光路折转,球面反射镜 15 用于测试前粗调。9、12 面形精度优于 $\lambda_1/20(\lambda_1=0.6328\mu m)$,相当于 $\lambda_2/340(\lambda_2=10.6\mu m)$,可以近似看作理想平面,除用作测试反射镜外,还用于仪器精度标定和误差修正。

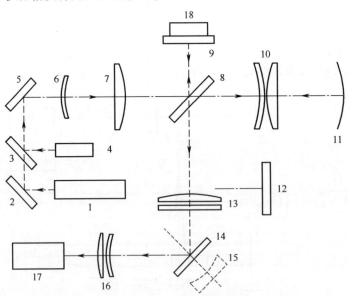

图 13-19 泰曼—格林红外干涉仪光学系统示意图

1—CO_2 激光器;2、3、5—反射镜;4—He-Ne 激光器;6—扩束镜;7—准直透镜;8—分束镜;
9—参考平面镜;10—发散透镜;11—测试反射镜;12—标准测试反射镜;13、16—成像透镜组;14—平面反射镜;
15—球面反射镜;17—热释电摄像机;18—压电晶体移相器。

3. 干涉法折射率均匀性测量原理

干涉法测量折射率均匀性是通过测试光波透过被测样品后所产生的波前变化来进行的，原理图如图 13-20 所示。

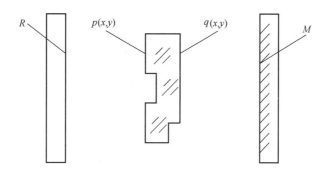

图 13-20　干涉法测量折射率均匀性测量原理图

R—参考平面；M—平面镜。

由于样品厚度的偏差会改变入射波前的光程，所以高精度测试必须考虑样品厚度变化对测试结果的影响。样品的厚度表示为

$$t(x,y) = t_0 + p(x,y) + q(x,y) \tag{13-28}$$

式中：t_0 为被测样品厚度名义值；$p(x,y)$ 与 $q(x,y)$ 分别表示样品前后两表面的面形偏差。

一般折射率的偏差远小于折射率的名义值 n_0，故折射率函数可表示为

$$n(x,y) = n_0 + \Delta n(x,y) \tag{13-29}$$

使样品从前后两表面反射的波前产生干涉。因为 Δn 与 p,q 的量值很小，Δn 与 p,q 的乘积可以忽略，则前后两反射波前 W_1，W_2 可表示为

$$W_1 = W - 2p \tag{13-30}$$

$$W_2 = W - 2(n_0 - 1)p + 2n_0 q + 2t_0 \Delta n \tag{13-31}$$

式中：W 为干涉仪准直光路的出射波前。两波前相干，其波像差可写为

$$W_2 - W_1 = 2n_0(p + q) + 2t_0 \Delta n \tag{13-32}$$

波像差 W_2-W_1 可由干涉图计算得到，并通过最小二乘法用 Zernike 拟合为数学波前。此外，面形偏差 p 与 q 可使用工作波长为 $\lambda = 0.633\mu m$ 的移相式数字平面干涉仪精确测定，并将其从式 (13-32) 中扣除。于是有

$$\Delta n = \frac{1}{2t_0}[(W_2 - W_1) - 2n_0(p + q)] \tag{13-33}$$

13.5.2　基于斐索干涉原理的四步干涉法

1. 测量原理

采用斐索型干涉法测量红外光学材料的折射率均匀性的测量原理如图 13-21 所示。

红外光学材料折射率均匀性测量装置由红外激光光源、准直系统、平面板、标准反射镜、红外摄像机以及计算机处理系统组成，通过测量四幅干涉图像通过计算获得折射率差的分布。折射率差分布的 PV 值和 RMS 值作为光学材料的折射率均匀性计算如下：

$$PV_{\Delta n} = \text{Max}[\Delta n(x,y)] - \text{Min}[\Delta n(x,y)] \tag{13-34}$$

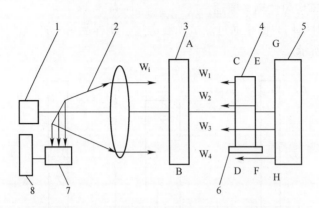

图 13-21 红外光学材料的折射率均匀性的测量原理

1—光源;2—准直系统;3—平面板;4—被测样品;5—标准反射镜;6—精密调整台;7—成像传感器;8—数据采集和处理系统;
W_i—入射波面波像差分布函数;W_1—标准参考平面 AB 内反射波面和样品前表面 CD 反射波面干涉后的波像差;
W_2—标准参考平面 AB 内反射波面和样品后表面 EF 内反射波面干涉后的波像差;
W_3—标准参考平面 AB 内反射波面和样品透射波面干涉后的波像差;
W_4—移去样品后,标准参考平面 AB 内反射波面和测试反射镜 GH 反射波面干涉后的波像差。

$$\text{RMS}_{\Delta n} = \sqrt{\frac{1}{N-1} \sum_1^N \left[\Delta n(x,y) - \overline{\Delta n(x,y)} \right]^2} \tag{13-35}$$

式中:折射率差分布 $\Delta n(x,y)$ 按照以下步骤获得,如图 13-22 所示。

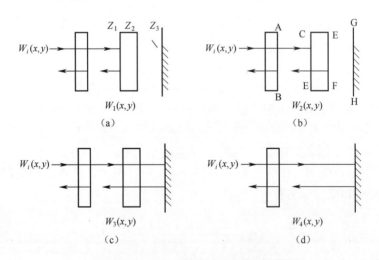

图 13-22 四步干涉法干涉法测量步骤

W_i—入射波面分布函数;Z_1—被测光学材料前表面的面形偏差分布函数;
Z_2—被测光学材料后表面的面形偏差分布函数;Z_3—测试平面反射镜的面形偏差分布函数。

由干涉仪测量步骤按照图 13-22 所示步骤依次调试出四幅干涉图,分别由以下波面两两相干:

(1) 标准参考平面 AB 内反射波面与样品前表面 CD 反射波面干涉,检测出波像差 W_1(图 13-22(a));

(2) 标准参考平面 AB 内反射波面与样品后表面 EF 内反射波面干涉,检测出波像差 W_2 (图 13-22(b));

(3) 标准参考平面 AB 内反射波面与样品的透射波面干涉,检测出波像差 W_3(图 13-22(c));

(4) 移去样品,标准参考平面 AB 内反射波面与测试反射镜 GH 反射波面干涉,检测出波像差 W_4(图 13-22(d))。

$W_1 \sim W_4$ 分别表示如下:

$$\begin{cases} W_1(x,y) = W_i(x,y) - 2Z_1(x,y) \\ W_2(x,y) = W_i(x,y) + 2(n_0 - 1)Z_1(x,y) + 2n_0 Z_2(x,y) + 2t_0\Delta n(x,y) \\ W_3(x,y) = W_i(x,y) + 2(n_0 - 1)[Z_1(x,y) + Z_2(x,y)] + 2t_0\Delta n - 2Z_3(x,y) \\ W_4(x,y) = W_i(x,y) - 2Z_3(x,y) \end{cases}$$

(13-36)

式中: $W_i(x,y)$ 为入射波面的波像差函数; $W_1(x,y) \sim W_4(x,y)$ 为干涉图所包含的波像差; n_0 为被测材料的折射率值; t_0 为被测材料的厚度值。

折射率均匀性偏差 Δn 与上述波像差满足如下关系:

$$\Delta n(x,y) = \frac{1}{2t_0}[n_0(W_3(x,y) - W_4(x,y)) - (n_0 - 1)(W_2(x,y) - W_1(x,y))]$$

$$= \Delta n_{34} - \Delta n_{21} \qquad (13-37)$$

由式(13-37)可见,在计算光学材料折射率均匀性时,算式中既不包含样品的面形误差,也不包含系统和系统后反射镜的面形误差,在原理上是一种样品光学均匀性的绝对测量方法,这样降低了对样品、系统和系统后反射镜的质量要求。

2. 测量不确定度评定

1) 测量不确定度的来源分析

(1) 测量原理方法的影响来源。

基于上述原理,需适当控制好制备平行平面样品的楔角,一方面可免除因楔角过小使 W_1、W_3 干涉图中出现 W_2 干涉图的条纹干扰,另一方面也可不计小楔角引起 W_1、W_3 干涉图像错位而造成采样灰度误差的影响。另外,也不存在其他影响因素未计入而引起的 Δn 测量原理误差。

(2) 样品的影响来源。

① 样品条纹气泡和杂质的影响。

样品材料所含条纹气泡和杂质而产生的波前误差,原则上会对样品透射光路产生附加的波前误差。考虑到所测样品是事先经条纹气泡和杂质的检测合格后筛选出来的,条纹气泡和杂质所占材料面积的比例极小,对干涉图形不会产生明显干扰。因此,样品材料所含条纹气泡和杂质的影响大致在 1×10^{-10},完全可忽略不计。

② 样品楔角的影响。

有文献分析计算了样品楔角引起测试光束偏折而造成干涉仪 CCD 采集图形像素错位的定量关系,给出结论是,将样品楔角折合为干涉仪采样产生 1 个像素的位移会造成 Δn 测量原理的近似误差大致为 4×10^{-7},作为控制样品楔角的上限。这里,结合红外材料样品的实际情况,假设样品厚度为 30mm,离开测试镜距离为 0.2m,以及一般干涉仪的像素分辨率为

0.413mm/pixel估计,该样品楔角控制在20′以内即可。因此,可以估计因楔角造成 Δn 的原理测量标准误差不超出 1×10^{-7},其影响也可忽略。

③ 样品面形的影响。

经对不同面形光圈样品的 W_2 与 W_1、W_3 与 W_4 计算机仿真计算 ΔN 的结果分析,只要对 3.39μm 和 10.6μm 干涉仪分别控制样品面形加工光圈在 1λ 和 2λ 以内,由此引入测量 Δn 的影响低于 2×10^{-8},可忽略不计。

④ 样品平均厚度 t_0 测不准的影响。

样品平均厚度 t_0 的测不准,会对测量 W_2 和 W_3 产生影响,进而对测量 Δn_{12}、Δn_{13} 乃至 Δn 产生影响。但考虑到用数显游标卡尺测量该样品 t_0 的相对误差不超过 0.67×10^{-3}。按照厚均匀分布的假设,以及对样品测 3 次取平均,估计该游标卡尺测量的相对标准不确定度分量为

$$\frac{u(t_0)}{t_0} = \frac{0.67\times10^{-3}}{\sqrt{3}\times\sqrt{3}\times\sqrt{2}} = 0.16\times10^{-3} \qquad (13-38)$$

考虑式(13-37)中测量 Δn_{21}、Δn_{34} 与厚度 t_0 的乘除关系,造成测量 Δn_{21}、Δn_{34} 的相对标准不确定度分量也为 2×10^{-4}。因此,样品厚度测不准的影响也可忽略不计。

⑤ 样品折射率标称值 n_0 测不准的影响。

与可见光样品材料折射率测量方法相类似,红外样品材料折射率标称值 n_0 也可用测量诸如直角对准照射封闭测角法、最小偏向角法等精密测角的方法测得。不论哪种方法,其测量的相对标准偏差都容易控制在 1×10^{-4} 以下。考虑式(13-37)中测量 Δn_{21}、Δn_{34} 的两项分量与折射率 n_0 和 (n_0-1) 的乘除关系,类同于样品厚度测不准的影响,都可忽略不计。

(3) 人机测量的影响来源。

在本测量中,拟考虑的人机影响源包括红外干涉仪的测试平面反射镜、红外 CCD 采样分辨率,以及仪器测量中其他模块带入的系统效应,以及包括人工操作调整在内的仪器测量 W_1、W_2、W_3 和 W_4 中产生的综合随机效应的影响等 4 部分。

① 仪器中测试平面反射镜面形的影响。

红外干涉仪器配备的测试平面反射镜的面形光圈,正常情况下应远好于样品的前后两个表面,按 $0.25\lambda(\lambda=0.633\mu m)$,折合红外干涉仪工作波长为 $0.03\lambda(\lambda=3.39\mu m)$,再折算为测量 Δn 的影响低于 0.9×10^{-8},可忽略不计。

② 仪器中红外 CCD 采样分辨率的影响。

参照可见光红外折射率均匀性测量的实验统计的报道,CCD 采样分辨率从 606×606 降低到 101×101,其产生 Δn 的 RMS 值变化 4×10^{-9},折算为 Δn 的 PV 值的变化不超过 7×10^{-8}。对于红外折射率均匀性干涉测量的情况,所用红外 CCD 等面阵传感器的采样分辨率对测量的影响也可参照此估计,其影响也可忽略不计。

③ 仪器测量中其他模块带入的系统效应影响。

红外干涉仪可选用的激光光源的工作波长有 3.39μm、10.6μm 等几种,其扩束与准直后的光束强度分布或多或少都存在偏离平面波的剩余波差,一般能控制在 0.005λ 以内。另外,干涉图像采集与处理,包括插值和 Zernike 多项式拟合等软件算法近似的影响,对波差测量的影响也能控制在 0.005λ 以内。最后,商品的红外干涉仪器校准证书能提供的仪器测量波差 PV 值能做到准确度 $\lambda/50$,折算为 Δn 的 PV 值的变化不超过 4×10^{-7}。

④ 仪器测量(包括人工操作调整在内)的 W_1、W_2、W_3 和 W_4 中随机效应的影响。

对于红外干涉仪测量 W_1、W_2、W_3 和 W_4 中随机效应的影响,主要来自红外探测器等噪声,以及人工操作调整的影响。这部分影响的大小,一般可通过实验统计的数据来估计。对某型号红外干涉仪在短时间内相同测量条件下的空腔重复测量多批次的结果表明,其重复性(PV) 0.0057λ,未超出商品仪器公司提供的 $\lambda/100$,折算为 Δn 的 PV 值的变化不超过 2×10^{-7}。

以上来自人机测量影响源大小的具体分析表明,特别当要求测量材料 Δn 至 10^{-6} 量级时,尤其要注意控制好仪器测量(包括人工操作调整在内)的 W_1、W_2、W_3 和 W_4 中随机效应的影响,以及仪器测量中个别模块带入的系统效应的影响。后者需要商品的红外干涉仪器出示合格的校准证书,或者经多台仪器标准样品或比对样品的比对考核。

(4) 环境的影响来源。

通过实验和分析,确定本测量的环境温度:检测室温度 20 ± 2℃,温度变化速度不大于 1℃/h,样品在检测室内恒温 12h 以上;环境相对湿度:不大于 70% 或满足干涉仪正常工作湿度要求;环境振动:满足测量设备对环境的振动要求(隔振周期小于 3Hz/s,振幅小于 0.15mm);环境气流:测量区域不允许存在明显扰动干涉条纹的气流(0.2mm/s);环境洁净度:万级。当以上环境条件在正规的光学测量实验室中得到很好控制的情况下,可以不计对测量折射率均匀性的影响。即使有影响,实际上也部分体现在人机影响的重复测量中所包含的随机效应的影响中。

综合以上环节中诸多影响要素的分析,干涉仪及其人员操作而造成测量波前误差 W_1、W_2、W_3 和 W_4 的影响,是最要注意控制好的关键因素。而样品折射率标称值 n_0 定值,样品加工面形及其平均厚度测量,以及环境条件和测量原理方法的影响一般均可忽略不计。

2) 测量不确定度的合成模型

由上述对各测量不确定度来源的细致分析中,影响 Δn 测量结果分散性主要来自(W_1-W_2)和(W_3-W_4)两部分的测量不确定度。基于此,建立如下便于评定的测量不确定度模型。

由原理公式(13-37),样品折射率均匀性偏差的测量值 Δn 由 Δn_{21}、Δn_{34} 两项分量的代数和组成。而 Δn_{21}、Δn_{34} 分别与组合输入量(W_3-W_2)、输入量 n_0 和 t_0,以及组合输入量(W_3-W_4)、输入量 n_0 和 t_0 之间均是乘除关系,即

$$\begin{cases} \Delta n_{21} = \dfrac{(n_0-1)\cdot(W_2-W_1)}{2t_0} \\ \Delta n_{34} = \dfrac{n_0\cdot(W_3-W_4)}{2t_0} \end{cases} \quad (13\text{-}39)$$

故其相对测量标准不确定度为

$$u_{\text{rel1}} = \frac{u(\Delta n_{21})}{\Delta n_{21}} = \sqrt{\left[\frac{u(W_2-W_1)}{W_1-W_2}\right]^2 + \left[\frac{u(t_0)}{t_0}\right]^2 + \left[\frac{u(n_0-1)}{n_0-1}\right]^2} \approx \frac{u(W_2-W_1)}{W_2-W_1}$$

$$(13\text{-}40)$$

$$u_{\text{rel2}} = \frac{u(\Delta n_{34})}{\Delta n_{34}} = \sqrt{\left[\frac{u(W_3-W_4)}{W_3-W_4}\right]^2 + \left[\frac{u(t_0)}{t_0}\right]^2 + \left[\frac{u(n_0)}{n_0}\right]^2} \approx \frac{u(W_3-W_4)}{W_3-W_4}$$

$$(13\text{-}41)$$

考虑到 Δn_{21}、Δn_{34} 之间完全非相关，Δn 的相对测量标准不确定度为

$$u_{\rm rel}(\Delta n) = \frac{u(\Delta n)}{\Delta n} = \sqrt{u_{\rm rel1}^2(\Delta n) + u_{\rm rel2}^2(\Delta n)} \tag{13-42}$$

如果扩展因子取 $k=2$，则扩展不确定度为

$$U = 2u_{\rm rel}(\Delta n) \tag{13-43}$$

13.6 红外光学材料应力双折射测量

光学材料中由于残余应力的存在而引入的双折射现象称为应力双折射，应力双折射用单位长度上的光程差 $\delta(\rm nm/cm)$ 来度量。对可见光光学玻璃应力双折射测量方法很多，有单 1/4 波片法、简易偏光法等，这些方法测量装置简单，用人眼直接观察。对红外光学材料而言，由于人眼观察不到红外光，所以必须采用光电探测器来代替人眼，测量装置相对复杂一些[3]。

13.6.1 红外材料应力双折射测量原理

1. 单 1/4 波片法应力双折射测量

单 1/4 波片法，可以定量测量双折射光程差，其原理如图 13-23 所示。单色自然光经起偏器 1 成为单色线偏振光，经被测试件一般成为椭圆偏振光，只要试件 2 的快、慢方向 x、y 与起偏器的偏振轴 P_1 成 45°角，经试件后的椭圆偏振光的椭圆长、短轴 X、Y 必有一个与起偏器的偏振轴 P_1 平行，如图 13-23(b)所示。要使椭圆长短轴 X、Y 分别与 1/4 波片 3 的快慢轴 M、N 平行，只需未放入试件前调整 1/4 波片，使其快慢轴分别与起、检偏器的偏振轴 P_1、P_2 平行即可（此时视场又复最暗），若慢方向 N 平行于 P_1，则如图 13-23 的(c)所示。这时，通过 1/4 波片后，椭圆偏振光在 X、Y 轴上二分量之间原有的 $\pi/2$ 相位差刚好被 1/4 波片产生的相位差抵消，于是合成线偏振光，其振动方向与 X 轴夹角为 θ，$\theta = \varphi/2$（φ 为玻璃被测点的双折射相位差）。以上所述过程可用图 13-23 中的(a)~(c)直观地表示出来。由图 13-23 的(d)可以看出，须逆时针转动检偏器 4，至玻璃被测点最暗时，转过的角度 $\theta = \varphi/2$。被测点的双折射光程

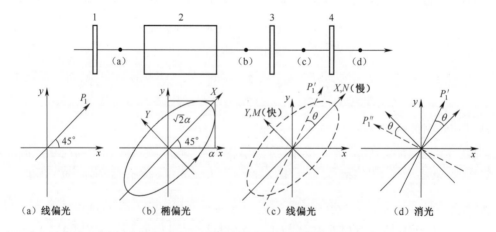

图 13-23 单 1/4 波片法的光学系统及透射光束偏振态变化情况
1—起偏器；2—试件；3—1/4 波片；4—检偏器。

差 Δ 计算如下：

$$\Delta = \frac{\varphi}{2\pi}\lambda = \frac{\lambda}{\pi}\theta \tag{13-44}$$

当 P_1 与快方向 M 平行或者试件的慢方向为 x 方向时，经 1/4 波片后，椭圆偏振光 X、Y 轴上二分量之间的相位差增加到 π，也合成线偏振光，其振动方向与 X 轴夹角也是 θ，但 θ 角的方位有所不同，见图 13-23，这时检偏器须顺时针旋转使试件被测点处最暗，转过的角度才是我们所需要的 θ 角。若逆时针旋转，转角将为 $180°-\theta$。光束通过各偏光器及试件的偏振态变化情况如图 13-24 所示。

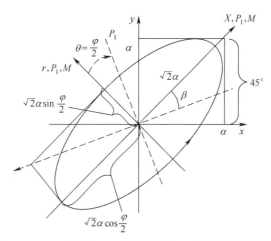

图 13-24 P_1 平行于 1/4 波片快方向 M 的偏振态变化情况

测出试件中部的 θ_0 或边缘的 θ_{max} 值以后，再测出试件通光方向的长度（cm），则试件每厘米长的双折射光程差 δ 或 δ_{max} 为

$$\delta = \frac{\Delta}{l} = \frac{\lambda\theta_0}{\pi l} \tag{13-45}$$

$$\delta_{max} = \frac{\Delta_{max}}{l} = \frac{\lambda\theta_{max}}{\pi l} \tag{13-46}$$

当试件被测点的双折射光程差 $\Delta > \lambda$ 时，首先应找到试件通光面上 $\Delta = 0$ 的点，这时用白光代替单色光，则可看到彩色的等色线，其中无颜色的暗点或暗纹即为试件上 $\Delta = 0$ 的位置。为区别于暗的等倾线，使起偏器、1/4 波片、检偏器一起转动（试件不动），不动的即为 $\Delta = 0$ 的暗点或暗纹。测量时改用单色光，数出从零点到被测点之间的暗条纹的数目 N（整数），再用前述方法测出分数部分对应的 θ 角，被测点的双折射光程差为

$$\Delta = N\lambda + \frac{\lambda\theta}{\pi} \tag{13-47}$$

2. 采用光电探测器基于 1/4 波片法的应力双折射测量

采用光电探测器的基于单 1/4 波片法的应力双折射测量装置光路如图 13-25 所示。
一束振幅为 E_0 的单色自然光（波长为 λ），经起偏器后变成线偏振光。其偏振方程为

$$E = \sqrt{2}E_0\cos\omega t \tag{13-48}$$

经过样品后变成椭圆偏振光，样品的快慢轴（X、Y 轴）和起偏器的偏振轴成 45°角，通过试

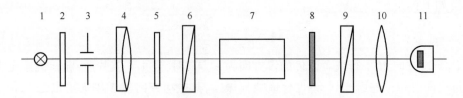

图 13-25　光学材料应力双折射标准装置系统图
1—光源；2—毛玻璃；3—光阑；4—准直物镜；5—单色滤光片；6—起偏器；7—试样；
8—1/4 波片；9—检偏器；10—聚光透镜；11—光电探测器。

样后的偏振方程为

$$E_x = E_0 \cos\omega t \tag{13-49}$$

$$E_y = E_0 \cos(\omega t - \varphi) \tag{13-50}$$

设样品的双折射光程差为 Δ，那么式(13-44)的 $\varphi = 2\pi\Delta/\lambda$，将式(13-50)转换到与 X，Y 坐标成 $45°$ 的 X'，Y' 坐标上：

$$\begin{cases} E_{x'} = E_x\cos45° + E_y\sin45° = \sqrt{2}E_0\cos(\omega t - \varphi/2)\cos\varphi/2 \\ E_{y'} = -E_x\cos45° + E_y\sin45° = \sqrt{2}E_0\sin(\omega t - \varphi/2)\sin\varphi/2 \end{cases} \tag{13-51}$$

通过 1/4 波片（其快慢轴和起检偏器偏振轴平行）后，式(13-51)变为

$$\begin{cases} E_{x'} = \sqrt{2}E_0\sin(\omega t - \varphi/2)\cos\varphi/2 \\ E_{y'} = \sqrt{2}E_0\cos(\omega t - \varphi/2)\sin\varphi/2 \end{cases} \tag{13-52}$$

两振动的相位差为 π，合成为线偏振光，转动检偏器至视场全暗时，转过的角度 $\theta = \varphi/2$，应力双折射光程差为

$$\Delta = \frac{\varphi\lambda}{2\pi} = \frac{\theta\lambda}{\pi} \tag{13-53}$$

该装置的关键是找出光强最小值位置并准确定位，由于起检偏器的偏振度很高，要用探测器来实现准确定位是很困难的。同时光源的功率在波动，为准确定位造成很大困难，为此除光学系统和电路有严格要求外，采用如下数据处理方法：

1) 多次平均法

多次平均法数学表达式为

$$\overline{V} = V_i/n \tag{13-54}$$

式中：$\overline{V}$ 为平均值；V_i 为单次测量值；n 为测量次数。

该方法主要是对单点数据，即对每个数据点进行多次采集取其平均，以消除因光源及电路瞬间波动而引入的噪声干扰，根据反复实验取 $n = 1300$ 次，其单点测量数据的重复性达万分之几。

2) 建立的数学模型

该模型是结合实际的情况而提出并采用的，其物理意义为：以光强最小时的角度 θ_0 为对称点，角度 $\theta_0 - \theta$ 和角度 $\theta_0 + \theta$ 所对应的光强值应相等，据此原理建立了如下的数学模型：

(1) 检偏器转动时光强与角度的关系：

$$I_1 = A + I_0\sin^2(\theta_1 - \theta_0) \tag{13-55}$$

(2) 样品转动时光强和角度的关系：
$$I_2 = A + I_0 \sin^2(2\theta_2 - 2\theta_0') \tag{13-56}$$

式中：I_1，I_2 为透过光学系统后到探测器的光强；A 为常数项（包括各种噪声）；I_0 为光源组件出射光强；θ_1 为检偏器所在位置角度；θ_0 为光强最小值时，检偏器所在位置角度；θ_2 为样品所在位置角度；θ_0' 为光强最小值时，样品所在位置角度。

3) 数值拟合法

建立了数学模型后，根据测得数据按上两式进行最小二乘拟合，并根据模拟多个半影器方法找最小值点角度值。以转检偏器为例具体说明。式(13-55)可化简为
$$2I_1 = (2A + I_0) - I_0\cos(2\theta_1)\cos(2\theta_0) - I_0\sin(2\theta_1)\sin(2\theta_0) \tag{13-57}$$

令 $x = -\cos(2\theta_1)$；$y = -\sin(2\theta_1)$；$z = 2I_1$；$a_0 = 2A + I_0$；$a_1 = -I_0\cos(2\theta_0)$；$a_2 = -I_0\sin(2\theta_0)$，则式(13-57)可写做：
$$z = a_0 + a_1 x + a_2 y \tag{13-58}$$

因为每一个 θ_1 都对应一个 I_1，即每一个 θ_1 都对应一个 x、y 和 z。根据式(13-58)对所测数据进行拟合得出 a_1 和 a_2，那么有：
$$\tan(2\theta_0) = a_2/a_1 \tag{13-59}$$

从而得出：
$$\theta_0 = \frac{1}{2}\arctan(a_2/a_1) \tag{13-60}$$

这样就能准确求出光强最小点的角度位置 θ_0。

13.6.2 中波红外应力双折射测量装置

采用 1/4 波片法，适用于中波红外材料的应力双折射测量装置如图 13-26 所示。系统采用 3.39μm 的 He-Ne 激光器作为红外光源，利用冰洲石二向色性偏振器在 3.35～3.55μm 波段对 o 光强吸收，对 e 光高透射的特点制成起偏器和检偏器。首先测量出测试样品的厚度 d，然后根据马吕斯定律，分别找出在放置样品和取走样品时的消光位置，得到在两位置下角度的差值 θ。则应力双折射为
$$\Delta = \frac{\lambda\theta}{\pi d} \tag{13-61}$$

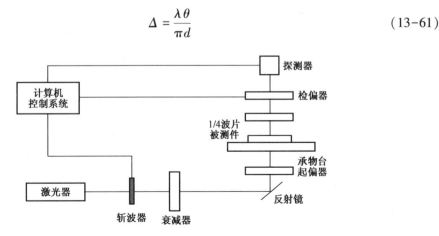

图 13-26 红外应力双折射测试仪构成简图

主要技术指标如下:
测量波长:3.39μm;
测量不确定度:15nm;
最大测量口径:ϕ300mm。

13.6.3 红外晶体材料应力双折射测量装置

1. 测试原理

应力双折射的测量主要基于1/4波片法,该方法一般用于各向同性材料的应力双折射测试。而对于测试对象——蓝宝石晶体坯料,要求测试光束平行于晶体光轴,这样可消除由于晶体天然双折射影响。当双折射光程差产生的位相延迟角超过2π时,1/4波片法无法测试出相位延迟角中2π整数倍部分,而导致错误的测量结果。为此采用两次测量,再通过比对方法,可测试出双折射产生的光程差中小于2π的部分[13]。应力双折射测试原理图如图13-27所示。

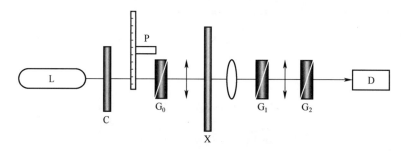

图13-27 应力双折射测试系统原理图

L—光源;C—衰减片;P—斩波器;G_0—起偏器;X—待测晶体材料;G_1—1/4波片;G_2—检偏器;D—探测器。

光源发出的光经斩波器、衰减器后经线偏振片变为线偏振光。首先调节检偏器G_2的透光轴,使起偏器G_0与检偏器G_2的透光轴相互正交,此时红外探测器D的信号强度最低。然后将$\lambda/4$波片G_1移入光路中,此时转动1/4波片G_1,使探测器D的能量再次降至最低,以保证1/4波片的快轴与起偏器的透光轴平行或垂直。再将承载测试样品X的三维调整台移入光路中,旋转被测试的样品,使探测器的信号再次降至最小,并再旋转被测试的光学材料45°。则待测样品X的琼斯矩阵可表示为

$$\boldsymbol{J}_1 = \cos\frac{\delta}{2}\begin{bmatrix} 1 & j\tan\left(\frac{\delta}{2}\right) \\ j\tan\left(\frac{\delta}{2}\right) & 1 \end{bmatrix} \tag{13-62}$$

根据晶体的琼斯矩阵表示方法,经起偏器出射的线偏振光可表示为

$$\boldsymbol{J}_0 = \begin{bmatrix} 1 \\ 0 \end{bmatrix} \tag{13-63}$$

1/4波片G_1的琼斯矩阵可表示为

$$\boldsymbol{J}_2 = \begin{bmatrix} 1 & 0 \\ 0 & j \end{bmatrix} \tag{13-64}$$

则从光源出射光束经起偏器、被测样品、1/4波片后的出射光波的琼斯矩阵可表示为

$$\boldsymbol{J}_U = \begin{bmatrix} (-1)^m \cos\left(\dfrac{\delta'}{2}\right) \\ (-1)^m \sin\left(\dfrac{\delta'}{2}\right) \end{bmatrix} \tag{13-65}$$

其中由于被测试的红外光学材料应力所产生的相位延迟角为 $\delta = 2m\pi + \delta'$, $m = 0, 1, 2, 3\cdots$, 其中 δ' 为小于 2π 的部分。若待测试红外光学材料的 o 光折射率与 e 光折射率之差为 Δn, λ 为光源波长, d 为待测材料的厚度, 则

$$\delta' = \frac{2\pi}{\lambda} \Delta n \left(d - m \frac{\lambda}{\Delta n} \right) \tag{13-66}$$

光程差

$$\Delta = \Delta n \cdot d \tag{13-67}$$

设 α 为出射光矢量与 1/4 波片 G_1 快轴的夹角, $\alpha = \dfrac{\pi}{\lambda}\Delta - m\pi$。则检偏器转动的角度即等于 α。若对厚度不同的两块红外光学材料分别进行测试, 且两块红外光学材料的厚度分别为 d_1 与 d_2, 并且满足条件：

$$d_1 = m \frac{\lambda}{\Delta n} + d_1' \tag{13-68}$$

$$d_2 = n \frac{\lambda}{\Delta n} + d_2' \tag{13-69}$$

$$d_1' < \frac{\lambda}{2\Delta n}, d_2' < \frac{\lambda}{2\Delta n}, d_1 > d_2 \tag{13-70}$$

则检偏器旋转角度 α_1 与 α_2 可表示为

$$\alpha_1 = \frac{\pi}{\lambda} \Delta n d_1' \tag{13-71}$$

$$\alpha_2 = \frac{\pi}{\lambda} \Delta n d_2' \tag{13-72}$$

此时, 可根据红外光学材料的厚度差分两种情况进行讨论。

若 $m = n, d_1 > d_2$, 由式 (13-70) 可知 $d_1' > d_2'$, 则将式 (13-71) 和式 (13-72) 两式相减, 可以得到被测试红外光学材料的 o 光与 e 光折射率之差 Δn 可表示为

$$\Delta n = \frac{\lambda(\alpha_1 - \alpha_2)}{\pi(d_1' - d_2')} = \frac{\lambda}{\pi}\left(\frac{\alpha_1 - \alpha_2}{d_1 - d_2}\right) \tag{13-73}$$

若 $m = n+1, d_1 > d_2, d_1 - d_2 <$ 周期厚度, 则 $d_1' < d_2'$ 测量过程中旋转检偏器分别寻找两块待测样品的消光位置, 检偏器分别转过的角度分别为 α_1、α_2, 根据式 (13-71)、式 (13-72) 可知 $\alpha_1 < \alpha_2$, 则有

$$d_1' - d_2' = d_1 - d_2 - \frac{\lambda}{\Delta n} \tag{13-74}$$

由式 (13-71)、式 (13-72) 可得, $d_1' = \dfrac{\lambda \alpha_1}{\pi \Delta n}, d_2' = \dfrac{\lambda \alpha_2}{\pi \Delta n}$, 代入式 (13-74) 中可以得到被测试红外光学材料的 o 光与 e 光折射率之差 Δn 可表示为

$$\Delta n = \frac{\lambda(\alpha_1 - \alpha_2)}{\pi(d_1' - d_2')} = \frac{\lambda}{\pi}\left(\frac{\alpha_1 - \alpha_2 + \pi}{d_1 - d_2}\right) \tag{13-75}$$

被测试红外光学材料由于双折射而产生的光程差为

$$\Delta = \frac{\lambda}{\pi}\left(\frac{\alpha_1 - \alpha_2}{d_1 - d_2}\right) \cdot d_1 \tag{13-76}$$

测试系统可以直接测试出两次测试过程对应检偏器的旋转角度,即对应式(13-76)的变量α_1、α_2。而测试样品的厚度d_1与d_2可以在测试前通过对待测晶体毛坯的加工厚度进行精确控制,在式(13-76)中作为已知参量。

2. 误差分析

通过上面的介绍我们知道,测量中误差环节很多,主要有线偏振器的消光比误差、线偏振器的主方向角误差、1/4波片相位延迟量误差、1/4波片主方向角误差、被测试样主方向角误差、检偏器测角误差等。

由于整个测量系统的误差传播非常复杂,不易确定误差传播系数,难以直接采用误差传播公式来分析系统测量精度,故可以采用计算机数值随机模拟法来进行误差分析。

为分析方便,引入一个被测试样(任意)。假定试样光强透过率为0.86,二向衰减因子为零,偏振度也为零,某测量点的残余应力双折射光程差为200nm,主应力方向角为45°,测量波长为3390nm。

这里给各个误差环节引入正态分布的随机扰动,并进行1000次数值模拟测量,然后统计测量结果。

1) 线偏振器消光比误差

测量系统中起偏器、检偏器属于线偏振器。理想线偏振器的消光比应当为0,即它能完全阻止振动方向垂直于线偏振器主方向的线偏振光透过。但实际线偏振器的消光比并不能完全等于0,这将对测量结果产生一定的影响。

假定线偏振器的消光比标准差为9×10^{-6}。经计算机随机模拟计算,可知被测试样双折射光程差单次测量的标准差为0nm,均值为200nm。因此测量结果基本不受此误差的影响。

2) 线偏振器的主方向角误差

假定起偏器和检偏器之间夹角的标准偏差为0.5°。经计算机随机模拟计算,可知被测试样双折射光程差单次测量的标准差为0nm,均值为200nm,测量结果也基本不受此误差的影响。

3) 1/4波片相位延迟量误差

假定1/4波片相位延迟量的标准偏差为1°,则被测试样双折射光程差单次测量的标准差为0.0384nm,均值为199.975nm。此误差影响较小,可以忽略不计。

4) 1/4波片主方向角误差

假定1/4波片主方向角的标准偏差为20′,则被测试样双折射光程差单次测量的统计标准差为6.1122nm,均值为200.3484nm,此误差因素对测量精度的影响较大。

为保证系统测量不确定度优于10nm,必须严格控制1/4波片主方向角误差,保证其标准偏差小于20′。

5) 被测试样主方向角误差

假定被测试样主方向角的标准偏差为0.5°,则被测试样双折射光程差单次测量的统计标准差为0.0468nm,此误差因素对测量精度的影响可忽略不计。

6) 检偏器旋转定位误差

检偏器旋转定位误差 $\Delta\beta$ 与待测样品双折射光程差误差 Δl 之间的关系式为

$$\Delta l = \frac{\lambda \Delta \beta}{\pi d} \tag{13-77}$$

式中:λ 为测量波长;d 为待测样品厚度(cm)。

检偏器旋转定位误差取决于转动机构的转角精度。假设待测样品厚度为 1cm,转动机构转角定位精度为 5′,则待测样品双折射光程差误差 $\Delta l = 1.5694$nm。

为保证系统性能指标要求的最小可探测光程差为 10nm/cm,必须确保检偏器转角定位精度优于 5′。

7) 合成测量不确定度

综合考虑上述误差环节,进行合成测量不确定度的计算机数值模拟计算。按照表 13-6 所列误差分配关系,可得单次测量的合成测量不确定度为 6.3nm,多次测量取平均值有望能进一步减小测量不确定度。实际测量中,各误差环节的误差至少应控制在表 13-6 所列的水平。

表 13-6 各误差环节的误差数量控制

误差分量	误差大小限定(标准偏差)	说明
线偏振器消光比误差	$\leq 0.9 \times 10^{-5}$	影响较小
线偏振器的主方向角误差	$\leq 30'$	影响较小
1/4 波片相位延迟量误差	$\leq 1°$	影响较小
1/4 波片主方向角误差	$\leq 20'$	影响大
被测试样主方向角误差	$\leq 30'$	影响较大
检偏器旋转定位误差	$\leq 5'$	影响较大

13.7 红外光学材料条纹、杂质等性能检测

13.7.1 条纹检测

1. 测量原理及装置

红外光学材料条纹度测量装置组成原理如图 13-28 所示。

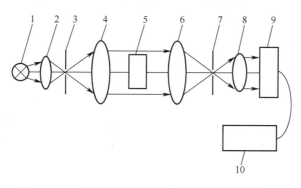

图 13-28 红外光学材料条纹度测量装置组成原理
1—光源;2—聚光镜;3—光阑 1;4—透镜 1;5—测试样品;6—透镜 2;7—光阑 2;8—透镜 3;
9—红外图像传感器;10—计算机处理及显示系统。

测量装置由红外光源、准直光学系统(由聚光镜、光阑以及透镜1组成)、聚焦光学系统(由透镜2、光阑以及透镜3组成)、红外图像传感器、计算机处理系统以及显示器组成。

红外光源位于准直光学系统的焦点位置,红外光源发射的红外光,经过准直光学系统后变成平行光,平行光通过内部有条纹的样品后时,由于样品内存在条纹,条纹处材料的折射率与周围材料的折射率不同,因而红外光源发出的光经过被测样品后光线会发生偏折,并形成投影像,该投影像经聚焦光学系统后将投影像成在红外CCD摄像机的靶面上,通过采集系统将红外CCD靶面上的图像采集进计算机处理系统,然后将图像显示在电脑显示屏上。通过显示器进行显示并分析计算。

2. 影响测量结果的主要因素及解决方法

由条纹测量原理可知,影响光学材料条纹测量准确性的因素包括:光源均匀性、准直与聚焦光学系统的面形、红外成像探测器分辨率、动态范围、像元尺寸以及显示器分辨率等,其中红外成像探测器分辨率和动态范围是影响光学材料条纹度测量准确性的最主要因素,为此需要对以上参数进行限定。

1) 红外成像探测器响应波长

按照被测光学材料透射波段的不同,可选用两种类型的红外成像探测器件,其一为近红外成像探测器,其二为中红外探测器。其波长响应分别如下:近红外成像探测器:光谱响应范围$0.7 \sim 1.0 \mu m$;中红外探测器:光谱响应范围$1.0 \sim 5.0 \mu m$。

2) 探测器分辨率

测量结果的空间分辨率取决于近红外探测器的分辨率以及成像镜头的分辨率。当成像镜头的空间分辨率大于$100mm^{-1}$时,其可分辨的最小空间尺寸为$10\mu m$,此时成像镜头对成像分辨率的影响就可以忽略不计,仅考虑近红外探测器对分辨率的影响。

首先计算当利用成像镜头接收,不进行放大时近红外探测器成像系统的最小分辨率。

在近红外波段,以高分辨率近红外探测器像元大小为$5\mu m$、近红外探测器分辨率1024×1024,靶面大小为$10mm\times10mm$为例进行分析。假设被测件尺寸为$50mm\times50mm$,经过对成像关系调整后,被测样品的像在近红外探测器靶面上占据有1/2的像面尺寸,则图像尺寸:$5mm\times5mm$;近红外探测器像面的最小分辨率为1个像素:$5\mu m$;系统成像缩小比例为$50/5=10$;则可分辨被测光学材料的尺寸为:$5\mu m\times10=0.05mm$。

但在实际使用过程中,为了清晰分辨黑白对比的像点,通常需要图像在近红外探测器靶面占据$4\sim5$像元。由此得出结论,当利用可见光近红外探测器为接收器件,不选用放大处理时,对于$50mm\times50mm$的光学元件,近红外探测器最小可分辨空间尺寸为$0.2\sim0.25mm$。

在中红外波段,采用中红外探测器作为成像器件,成像器件的技术指标如下:

像面尺寸:$10mm\times10mm$、中红外探测器像元大小为$25\mu m$、中红外探测分辨率636×508、动态范围14bit、样品尺寸为$50mm\times50mm$为例进行分析。经过对成像关系调整后,被测样品的像在中红外探测靶面上占据有1/2的像面尺寸。则图像尺寸:$5mm\times5mm$;中红外探测像面的最小分辨率为1个像素:$25\mu m$;系统成像缩小比例为$50/5=10$;则可分辨被测光学材料的尺寸为$25\mu m\times10=0.25mm$。

但在实际使用过程中,为了清晰分辨黑白对比的像点,通常需要图像在中红外探测靶面占据$4\sim5$像元。当利用近红外探测器为接收器件,不选用放大处理时,对于$50mm\times50mm$的光学元件,探测器最小可分辨空间尺寸为$1\sim1.25mm$。

当需要获得更高的分辨率,或需要测量更大尺寸的样品时,必须增加探测器像面图像的大小,此时,必须调整成像镜头与探测器的成像关系,使成像系统仅对被测光学元件的一部分成像。通过扫描实现全口径测量。

3) 成像系统动态范围

当存在条纹时,光学材料的内部折射率不同,折射率的变化会导致光线发生偏折,透过率发生改变,在成像探测器靶面上形成阴影图像。采用投影法对光学材料的条纹进行测量时,影响条纹成像清晰度的主要因素为透过率。

依据菲涅耳反射定律进行估算,假设条纹位置处材料与材料基底自身折射率的差为0.005,基底折射率为2.5,则在条纹与材料本底界面处透过率的改变量为

$$[1-(n_1-1)^2/(n_1+1)^2]-[1-(n_2-1)^2/(n_2+1)^2]$$
$$=[1-(2.5-1)^2/(2.5+1)^2]-[1-(2.505-1)^2/(2.505+1)^2]$$
$$=7\times10^{-4}$$

通过计算分析可得,当被测光学材料的折射率增加时,透过率的改变量增加;当条纹折射率与材料自身折射率偏差增加时,透过率的改变量增加;当条纹的深度增加时,透过率的改变量增加。

选取动态范围为14bit 的成像探测器,则成像探测器可分辨的最大至最小的光强度差为16384。为此,成像探测器可分辨出光学材料中的条纹,但必须选取适当的照明强度,使条纹与被测样品材料的像的强度位于成像探测器动态范围之内。

4) 光源均匀性和稳定性

光源对测量结果的影响有几个方面,包括发光强度、光源均匀性、稳定性等,其中光源均匀性可以通过增加毛玻璃进行改善,而光源稳定性可以通过增加电源稳定性进行改善,因此影响条纹测量结果的最重要因素是发光强度。

因为被测玻璃样品厚度一般会在几毫米到几十毫米之间变化,光学材料的透射衰减差异很大,所以到达探测器上的光强信号差别也很大。为了防止探测器因信号过强而饱和,或者因信号太弱而严重降低图像对比度,可通过调节电功率,使得到达红外探测器的信号强度调整到一个合适的范围内。

5) 显示器的分辨率与动态范围

红外成像探测器图像进入计算机处理系统后还需要经过显示器进行显示与判断,为此,当通过显示器来判断条纹的存在与否时,显示器的性能也影响光学材料条纹测量结果。由于目前显示器的分辨率以及对比度远低于成像探测器,因此显示器的分辨率与动态范围是影响条纹测量的一个关键因素。

通常,显示器的分辨率可达到1280×1024,为此显示器的分辨率与成像探测器的分辨率匹配。因此显示器的分辨率对于成像探测器成像系统的空间分辨率影响较小。

为了较准确获得光学材料的条纹图像,显示器的对比度也是影响条纹测量,目前市面上显示器的静态对比度通常为1000∶1,最高可达到3000∶1~5000∶1。而通过计算可见,光学材料中的条纹与材料自身之间透过率差可达到1400∶1,为此,要获得较高的对比度,须使用对比度达到3000∶1~5000∶1 的高分辨率高对比度的显示器。

6) 条纹等级划分

依据光学系统设计中对条纹要求,并结合红外光学材料条纹测量结果,将红外光学材料条

纹度分 4 级,见表 13-7。

表 13-7　红外光学材料条纹度等级

等级	影像情况
A	无明显的条纹阴影存在
B	有少量稀疏、淡薄的细条纹影像存在,条纹总截面积占通光面积的 5%
C	内有细条纹,但不能密集存在,条纹总截面积占通光面积的 10%
D	内有略粗条纹,但不能密集存在,条纹总截面积占通光面积的 20%

13.7.2　杂质检测

1. 测量原理

红外光学材料杂质测量原理如图 13-29 所示。

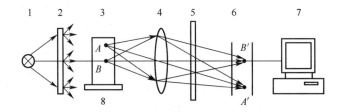

图 13-29　红外光学材料杂质测量原理
1—光源;2—漫射屏;3—样品;4—成像透镜;5—光学滤波器;6—成像传感器;
7—计算机图像采集处理和显示系统;8—载物台。

测量装置由红外光源、漫射屏、CCD 成像系统、计算机图像采集处理系统和显示器组成。

利用红外成像原理对红外光学材料的杂质进行检测。红外光源发出的光经过漫射屏后变为漫射光,对红外光进行散射形成红外面光源,照射到被测样品表面。CCD 成像系统对被测样品表面成像,由于被测样品透射红外光,当被测样品内存在杂质时会对红外光产生阻挡,从而在 CCD 成像系统形成阴影图像。计算机图像采集和处理系统对 CCD 图像进行采集处理并在显示器上显示,通过人眼进行判断。

2. 影响测量结果的主要因素及解决方法

由光学材料杂质测量原理可知,影响光学材料杂质测量准确性的因素包括:光源均匀性、成像探测器分辨率和动态范围以及显示器分辨率和动态范围等。以当前光源、成像探测器等典型设备的技术指标进行分析。

1) 成像探测器分辨率

通过条纹测量仪分析结果可见,对于红外光学材料,当被测光学材料的尺寸为 50mm × 50mm,不使用扫描测量,利用近红外探测器可获得 0.2~0.25mm 的空间分辨率,而利用中红外探测器可获得 1~1.25mm 的空间分辨率。

若要获得更高的空间分辨率就必须采用显微放大或样品扫描的方式实现杂质测量。

2) 成像探测器动态范围

杂质与材料本身的折射率与透过率差别很大,采用逐层扫描成像的方式进行杂质测量。当材料内部存在杂质时,红外光照射光学材料后,杂质会在成像探测器靶面上形成阴影图像。

杂质与材料基底的对比度会大于100∶1。

选取动态范围为14bit的成像探测器,则成像探测器可分辨的最大至最小的光强度差为16384。为此,依据对比度的不同成像探测器就可分辨出光学材料中的杂质。

3) 光源均匀性(稳定性)

光源对测量结果的影响有几个方面,包括发光强度、光源均匀性、稳定性等,其中光源均匀性可以通过增加毛玻璃进行改善,而光源稳定性可以通过增加电源稳定性进行改善,因此影响杂质测量结果的最重要因素是发光强度。

因为被测玻璃样品厚度一般会在几毫米到几十毫米之间变化,光学材料的透射衰减差异很大,所以到达探测器上的光强信号差别也很大。为了防止探测器因信号过强而饱和,或者因信号太弱而严重降低图像对比度,可通过调节电功率,使得到达红外探测器的信号强度调整到一个合适的范围内。

4) 显示器的分辨率与动态范围

成像探测器图像进入计算机处理系统后经过显示器进行显示与判断,为此,当通过显示器来判断杂质的存在与否时,显示器的性能也影响光学材料杂质测量结果。

通常,显示器的分辨率可达到1280×1024,为此显示器的分辨率与成像探测器的分辨率匹配。因此显示器的分辨率对于成像探测器成像系统的空间分辨率影响较小。

由于杂质与光学材料自身的对比度大于100∶1,为此,选用静态对比度为1000∶1的显示器就可实现杂质的测量。

5) 杂质等级

按照光学设计的要求以及杂质测量实验结果,以每100cm³材料中允许杂质最大截面积(mm²)及允许杂质最大尺寸(mm)和数量标注分级;分级结果分别见表13-8和表13-9所列。

表13-8 按杂质截面积分级

等级	1	2	3	4
每100cm³玻璃的总横截面积 S/mm^2	≤1	1<S≤2	2<S≤4	4<S≤6

表13-9 按杂质数量分级

等级	A	B	C	D
每100cm³玻璃杂质数/个	≤5	5<g≤15	15<g≤25	25<g≤35

参 考 文 献

[1] 苏大图.光学测试技术[M].北京:北京理工大学出版社,1996.

[2] 郑克哲.光学计量[M].北京:原子能出版社,2002.

[3] 杨照金,范纪红,王雷.现代光学计量与测试[M].北京:北京航空航天大学出版社,2010.

[4] 王雷,等.JJF(军工)110-2015《红外光学材料折射率测量仪校准规范》.国防科技工业局发布,2015.

[5] 王雷,王生云,侯西旗,等.红外光学材料参数测试[J].应用光学,2001,22(6):40-42.

[6] 王雷,杨照金,黎高平.红外光学材料折射率温度系数测量装置[J].应用光学,2005,26(3):54-56.

[7] 郝允祥,陈遐举,张保洲.光度学[M].北京:北京师范大学出版社,1988.

[8] 许荣国,王雷,阴万宏,等.红外光学材料透过率温度特性测量方法[J].应用光学,2013,34(6):

1000-1004.
[9] 黄深旺,陈磊,陈进榜,等.红外干涉仪调试和测量技术的研究[J].光学精密工程,1996,4(2):98-102.
[10] 何勇,陈磊,王青,等.移相式泰曼—格林红外干涉仪及应用[J].红外与激光工程,2003,32(4):335-338,381.
[11] 陈磊,王青,朱日宏.使用红外干涉仪测量锗材料折射率均匀性[J].中国激光,2005,32(3):404-406.
[12] 梁菲,麦绿波,周桃庚,等.红外光学材料折射率均匀性的测量不确定度评定[J].应用光学,2015,36(1):82-87.
[13] 撒芃芃,刘家燕.红外晶体材料应力双折射测试方法研究[J].长春理工大学学报(自然科学版),2012,35(3):54-58.

第 14 章 红外光学系统性能测试与校准

红外光学系统是红外热像仪的重要组成部分,因此,红外光学系统性能的好坏直接影响热像仪的成像质量。红外光学元件和系统的性能测试涉及两个方面:一是基本参数如焦距、透射比等;二是成像质量评价。本章首先介绍基本参数的测量,然后介绍成像质量的评价。

14.1 红外光学系统焦距测量

随着红外热成像技术的发展,红外光学系统的质量愈显重要。焦距作为红外光学系统的基本特征参数,必须进行准确测量。在可见光范围内,常用测量焦距的方法有:放大率法、精密测角法、阿贝焦距仪法、单缝衍射、采用泰伯效应等。在红外波段,尤其在中远红外波段,上面几种方法不能满足要求,这就要求有新的测量方法[1-3]。

14.1.1 像高法焦距测量

1. 工作原理

基于像高法的红外光学系统焦距测量原理如图 14-1 所示,将被测光学系统正确地安装到测量光路中,光源目标为一个狭缝,经被测光学系统成像在其焦面上,用探测器接收该焦面上的像。先找出在 0°视场时对应的像位置,输入给计算机记录下来;然后找出给定对称近轴视场(±ω)所对应的像位置(+h,-h'),再次输入给计算机,则被测系统焦距计算如下:

$$f' = \frac{(+h) - (-h')}{2\tan\omega} \tag{14-1}$$

式中:f'为焦距测量值(mm);$+h$ 为像方出射角为$+\omega$ 时对应的像高(mm);$-h'$为像方出射角为$-\omega$ 时对应的像高(mm);ω 为像方出射角(°)。

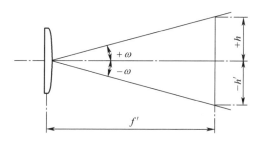

图 14-1 红外光学系统焦距测量原理

在实际测量过程中,可根据需要选择干涉滤光片测量不同波段的焦距值。

2. 测量装置的组成

基于像高法的红外光学系统焦距测量装置由红外目标发生器、离轴抛物面光学准直系统、被测系统夹持器、精密机械及二维扫描机构、像分析器、自动（手动）调焦控制系统和数据采集处理系统等组成。

在测试系统中应用步进电机自动控制技术，自动寻焦，用峰值信号法确定最佳焦面位置，测量快速、准确，可靠性高。红外焦距测量系统如图14-2所示。

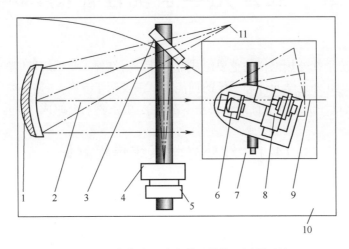

图14-2 像高法红外光学系统焦距测量系统
1—离轴抛物面准直镜；2—准直光束；3—转向平面镜；4—焦距光源；5—方位驱动装置；
6—被测透镜；7—通用测试台；8—像分析器；9—光轴；10—防振平台；11—准直镜焦点位置。

1）红外目标发生器

红外目标发生器提供焦距测量的测试目标，光源的灯丝为一镍铬合金金属丝通过直流电加热到大约1000K，光谱范围$0.8 \sim 12 \mu m$，灯丝直径$200 \mu m$。对固定灯丝装置的要求：张力适当、不变形、均匀受力。光源的供电电压可调，以保证不同测量状况下光能可按需要调节。用调制器调制光源信号，探测器输出交流信号。光源狭缝的子午和弧矢位置可自动切换。

2）离轴抛物面光学准直系统

离轴抛物面光学准直系统主要提供焦距测量用的无限远目标，是一折反式平行光管，主要包括离轴抛物面反射镜（$\phi 350mm, f' = 3000mm$，离轴量：$325mm$）、转向平面反射镜等。光学准直器的光学装配采用注胶式无应力装夹，以达到长期稳定的目的，俯仰、旋转的调节采用轴承和旋转测微头组合型式实现。

3）精密机械及二维扫描机构

精密机械及二维扫描机构主要包括光学平台，通用测试台，计算机控制的二维扫描机构、一维、二维精密调整机构、导轨及精密转轴系统等，有很高的位移精度及优良的重复性，其主要作用是提供自动寻焦，自动给定视场角，确定最佳像面位置的功能。机构均使用步进电机控制，角位移精度<10″，调焦方式采用自动和手动两种方式，视场角采用自动给定方式。

4）像分析器

像分析器主要包括可替换的带分析狭缝（或小孔）的光学系统和探测器、前置放大器、选频放大器等，以满足测量不同波长范围的要求。根据工作波长范围，配备三种类型的红外探测系统，分别为$(1 \sim 3) \mu m$，PbS；$(3 \sim 5) \mu m$，CMT；$(8 \sim 12) \mu m$，CMT液氮N_2制冷。

由于杜瓦瓶尺寸的限制以及对成像采样的需要，测量焦距时难以用探测器直接对被测光学系统成像,而是采用像分析器。像分析器包括分析狭缝、中继光学系统和探测器,是测量装置的重要组成部分,其作用类似于中继光学系统,即将被测试系统所成的像点通过狭缝再次成像到探测器光敏面上,由探测器的响应获得测量数值。

3. 测量不确定度评定

1) 数学模型

$$f' = \frac{h}{\tan\omega} \tag{14-2}$$

根据式(14-2),按照不确定度分量的计算方法,可求出 f' 的测量标准偏差 $\sigma_{f'}$ 为

$$\sigma_{f'} = f'\sqrt{\left(\frac{\sigma_h}{h}\right)^2 + \left(\frac{2\sigma_\omega}{\sin 2\omega}\right)^2} \tag{14-3}$$

相对标准偏差为

$$\sigma_{f'}/f' = \sqrt{\left(\frac{\sigma_h}{h}\right)^2 + \left(\frac{2\sigma_\omega}{\sin 2\omega}\right)^2} \tag{14-4}$$

由于 ω 值较小,计算时可令 $\sin 2\omega \approx 2\omega$

$$\sigma_{f'}/f' = \sqrt{\left(\frac{\sigma_h}{h}\right)^2 + \left(\frac{\sigma_\omega}{\omega}\right)^2} \tag{14-5}$$

2) 测量不确定度评定。

(1) 输入量 h 的标准不确定度的评定。

像高测量不确定度分量主要受步进电机的影响,步进电机承载探测器进行像高 h 扫描,在此过程中,由于惯性、重复定位的影响,根据实际实验并验证,其定位精度和重度定位精度为 0.002mm,属于正态分布,对应于置信概率 95.45% 下的包含因子为 2,计算可得,$\sigma_h = \frac{0.002}{2}\text{mm} = 0.001\text{mm}$,如果标准装置的可测范围 $f':40 \sim 1000\text{mm}$,对应像高为 $0.349 \sim 8.727\text{mm}$,相对标准不确定度:$u_1 = \frac{\sigma_h}{h} \leq \left(\frac{0.001}{0.349}\right) < 0.28\%$

(2) 输入量 ω 的标准不确定度的评定。

像方出射角不确定度分量主要受旋转臂长的影响,转角精度:$\leq 10''$,$\sigma_\omega = \frac{10''}{2} = 5''$,测量时一般 ω 转 $30'$,相对标准不确定度 $u_2 = \frac{\sigma_\omega}{\omega} \leq \left(\frac{5''}{1800''}\right) \approx 0.27\%$。

(3) 焦距标准透镜制造不准引入的不确定度分量 u_3。

$$u_3 = 0.3\%$$

(4) 焦距标准透镜测量重复性的影响。

选取焦距光谱范围:$1 \sim 3\mu\text{m}$、$3 \sim 5\mu\text{m}$ 和 $8 \sim 12\mu\text{m}$ 的标准透镜重复测量 10 次,计算实验标准偏差,按照 A 类不确定度评定方法计算,则

$$u_4 = \frac{0.36}{500 \times \sqrt{6}} = 0.03\%$$

(5) 合成标准不确定度的计算。

$$u_c = \sqrt{u_1^2 + u_2^2 + u_3^2 + u_4^2}$$
$$= \sqrt{(0.28\%)^2 + (0.27\%)^2 + (0.3\%)^2 + (0.03\%)^2}$$
$$= 0.5\%$$

(6) 扩展标准不确定度的计算

$$U = k u_c = 2 \times 0.50\% = 1.0\% \ (取 k=2)$$

4. 测量装置的主要技术指标：

光谱范围：$1 \sim 3 \mu m$；

$3 \sim 5 \mu m$；

$8 \sim 14 \mu m$

准直器口径：$\phi 350 mm$，焦距：$f' = 3000 mm$

焦距测量不确定度：1.0%。

5. 测量装置的标定

采用焦距标准透镜法。研制一组焦距标准透镜,结合实际应用情况首先确定焦距标准透镜的种类、型式和焦距值；精心进行光学设计；加工中精确控制透镜的曲率半径、厚度、材料折射率等参数；装配时采用严格定中心装配、检测；将上述各参数的实测值带入光学设计程序,准确计算出焦距值作为理论计算值。然后用理论的计算值与测量值比较,标定红外光学系统焦距测试装置。

在 $1 \sim 3 \mu m$ 波段,制作 7 种类型的焦距标准透镜,每种类型为一组(一组 3 个镜头),主要光学性能参数及焦距的理论计算值见表 14-1。

表 14-1 $1 \sim 3 \mu m$ 焦距标准透镜主要光学性能参数

序号	焦距 f'/mm	相对孔径(D/f')	1 #	2 #	3 #
1	50	1/1.5	49.9155	49.9121	49.8722
2	80	1/3	79.4852	79.4966	79.4972
3	150(双片)	1/5	150.5969	150.5894	150.5994
4	150(单片)	1/6	151.1136	151.1103	151.1009
5	250	1/8	250.1213	250.1236	250.1305
6	500	1/6	498.8075	498.8084	498.8112
7	700	1/6	699.2448	699.2489	699.2502

在 $3 \sim 5 \mu m$ 和 $8 \sim 12 \mu m$ 波段,制作三种类型焦距标准透镜(一组 2 个镜头),主要光学性能参数见表 14-2。

表 14-2 焦距标准透镜主要光学性能参数

序号	焦距 f'/mm	相对孔径(D/f')	光谱范围/μm
1	80	1/3	3~5(4.0)
2	150	1/5	3~5(4.0)
3	250	1/5	3~5(4.0)

(续)

序号	焦距 f'/mm	相对孔径 (D/f')	光谱范围/μm
4	65	1/2	8~12(10.0)
5	250	1/4	8~12(10.0)

14.1.2 哈特曼—夏克波前检测仪和旋转平面镜辅助长焦距测量

1. 哈特曼—夏克波前测量原理

经典的哈特曼原理是由哈特曼于 1900 年在检验位于波茨坦的大型折射望远镜时提出。夏克于 1971 年在经典哈特曼原理的基础上将小孔光阑改为微透镜阵列。其核心思想是把一个完整波前划分为很小的区域,并且认为该很小区域内的波前近似为平面波。微透镜阵列将带有畸变的波前成像至红外传感器像面,在红外传感器像面上提取透过微透镜阵列后的像点质心坐标,计算相对于理想平面波垂直入射微透镜阵列所形成汇聚点的偏移量,进而求解出各微透镜区域内波前的斜率。最后通过波前拟合还原波前曲面。其测量原理如图 14-3 所示。

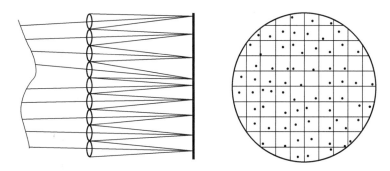

图 14-3 畸变波前通过微透镜阵列在 CCD 上汇聚点分布

各个微透镜区域内近似平面波前的斜率为

$$\begin{cases} \dfrac{\partial W_i(x,y)}{\partial x_i} = \dfrac{\Delta x_i}{f} \\ \dfrac{\partial W_i(x,y)}{\partial y_i} = \dfrac{\Delta y_i}{f} \end{cases} \tag{14-6}$$

式中:$W_i(x,y)$ 为通过第 i 个子孔径的被测波前;Δx_i、Δy_i 分别为通过第 i 个微透镜后在红外传感器平面上像点相对于理想平面波垂直入射该微透镜后像点的偏移量;f 为微透镜的焦距。

计算出各个区域波前之后再通过 Zernike 多项式拟合出完整的畸变波前,通过 Zernike 多项式各项系数确定被测波前所含各项几何像差。

2. 焦距测量装置

如图 14-4 所示物像关系,对于任何一个光学系统,当一束平行光以一定角度入射至光学系统,其出射光束必然聚焦于系统的像方焦平面。因此,只要获知平行光束的入射角 θ 以及像点偏移光轴的位移量 Δ 就可以通过简单的函数关系得出光学系统的焦距 f:

$$f = \dfrac{\Delta}{\tan\theta} \tag{14-7}$$

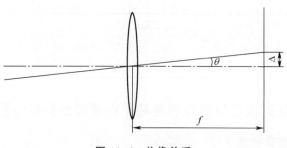

图 14-4　物像关系

实现该测量原理的关键就是获得已知入射角度的平行光束。图 14-5 给出了利用哈特曼—夏克波前检测仪和旋转平面镜实现该测量原理的具体方案。

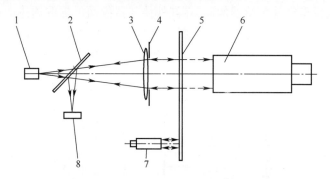

图 14-5　哈特—夏克波前法焦距测量装置

1—光纤光源；2—半透半反镜；3—待检测透镜；4—小孔光阑；5—可旋转平面反射镜；
6—哈特曼—夏克波前检测仪；7—穆勒自准直仪；8—红外探测器。

如图 14-5 所示，保证光源处于待测光学系统的理论后截距处，并且调节光源的横向以及轴向平移、待测光学系统的六维位姿，最终使光源、待测光学系统以及哈特曼—夏克波前检测仪共轴；在待测光学系统前放置旋转平面镜，旋转平面反射镜的方位，反射回来的像点在红外探测器靶面上产生平移，计算平移的像素个数以及平面镜旋转过的角度，可以求解出待测镜头的焦距：

$$f = \frac{nd}{\tan(2\theta)} \tag{14-8}$$

式中：n 为平移的像素个数；d 为单个像素的像元尺寸；θ 为自准直仪测得的平面镜旋转过的角度。

14.2　红外光学系统透射比测量

14.2.1　光学系统透射比的定义

透射比是光学系统一个基本参数，其定义为

$$T(\lambda) = W(\lambda)/W_0(\lambda) \tag{14-9}$$

或

$$T(\lambda) = P(\lambda)/P_0(\lambda) \qquad (14-10)$$

式中：$W_0(\lambda)$ 或 $P_0(\lambda)$ 为入射到光学系统上的功率或能量；$W(\lambda)$ 或 $P(\lambda)$ 为经过光学系统后的功率或能量。它们都是波长 λ 的函数，为简化将 $T(\lambda)$ 和 $P(\lambda)$ 分别写为 T 和 P。

考虑到光学系统对细光束能量的传递特性，若物面与像面垂直于细光束的轴，则在像面上接收到的功率 P 为

$$P = T \cdot \omega \cdot N \cdot A \qquad (14-11)$$

式中：ω 为像面中心对光学系统瞳孔所张立体角(sr)；A 为像面积(cm^2)；N 为辐射度 $W/(sr \cdot cm)^2$。

14.2.2 积分球法透射比测量

积分球法主要为可见波段测量透镜的轴向透射比的一种传统的方法，它也可用来测量红外波段光学系统的透射比(见图 14-6)。

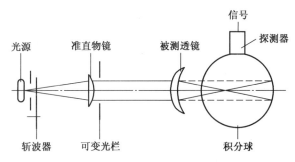

图 14-6 积分球法测量透射比示意图

积分球的特殊性质是：从探测器取得的信号仅是进入积分球腔内的通量的一个函数，它不取决于进入的光束的截面积和张角。透射比测量是求出两个信号之比：一个信号是在准直窄光束通过透镜后进入积分球孔径时取得的信号；另一个信号是在移去透镜光束直接进入积分球内取得的信号。积分球目前存在的问题是制造积分球困难(制造散射内表面高反涂层困难)，要求红外探测器有足够高的灵敏度(即给出足够大的信噪比)和大尺寸的探测元件。

14.2.3 全孔径法透射比测量

全孔径法再次应用大面积均匀源法，先用被测透镜将光源直接成像在探测器上获得一信号，然后移开透镜，在探测器位于光源一已知距离处，测得另一信号。两次信号之比即为透射比(图 14-7)。在这种方法中，还必须知道被测透镜的数值孔径。为了使准直光束进入被测透镜，可用准直以进行这种测量。这时已知距离将变为准直仪的焦距，这里光阑要调整好，使光束正好充满被测透镜的全孔径。

14.2.4 大面积均匀源法透射比测量

1. 测量原理

该测量方法的基本特点是用中继透镜将有效面辐射源直接(空测)或经过被测光学系统(实测)成像于探测器的接收敏感面上，两次测量探测器所接收的信号之比即为透射比 $T(\lambda)$。测量中采用可变光阑限制光束，数值孔径(NA)为定值。中继透镜对辐射源形成的像总是大

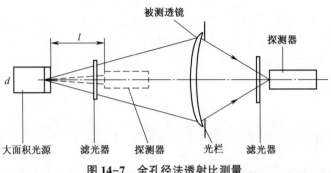

图 14-7 全孔径法透射比测量

于或完全覆盖住探测器敏感面。使用斩波器使探测器输出交变信号,以获得较高的仪器灵敏度和测量准确度[4-5]。

根据辐射学中光通量的有关概念(图 14-8),从 ds 发出在孔径角 u 所对应的立体角 ω 范围内的光通量 F 计算如下:

$$F = \pi N ds \sin^2 u \tag{14-12}$$

式中:N 为光源辐射度(W/sr);ds 为辐射面积(mm^2);u 为孔径角(°);ω 为与之相应的立体角(sr)。它们之间的转换关系式为

$$\omega \approx \pi u^2 \tag{14-13}$$

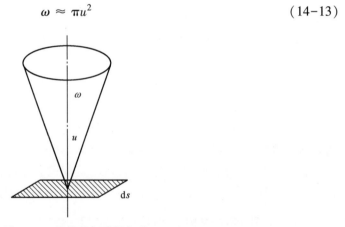

图 14-8 立体角与孔径角

透射比测量原理如图 14-9 所示,测量分两步完成。第一步,如图 14-9(a)所示,由一个大面积均匀辐射源 N,通过一中继透镜(透射比为 T')成像,入射到探测器上的光通量为 F_0;第二步,如图 14-9(b)所示,将被测透镜加入到测量光路中,测量此状态下入射到探测器的光能量 F。通常这时的被测透镜的入瞳应放置于第一步测量中光源所在的位置上,在被测透镜的出瞳处安装辐射光源。而这时的光源成像在被测透镜的入瞳处。因出瞳与入瞳是一共轭平面,所以,辐射光源仍成像在探测器上。因此,在实际测量中当测量光路未放置被测光学系统时(空测,上述第一步),入射到探测器的光通量为

$$\begin{aligned} F_0 &= T' \pi N ds' \sin^2 u' \\ &= T' \pi N ds'' \sin^2 u'' \end{aligned} \tag{14-14}$$

式中:T' 为中继透镜的透射比。该测量方法主要取决于立体角 ω,而立体角完全由可变光阑确

定,通常应保证光阑不全部打开(最好打开3/4左右),以确保它在系统中作为限制光阑的作用。

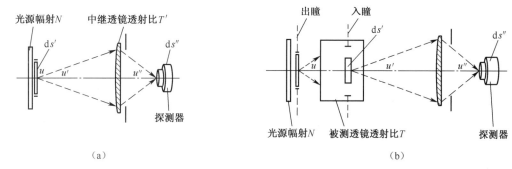

图14-9 红外光学系统透射比测量原理图
(a)透射比空测原理图;(b)透射比实测原理图。

当测量光路中放上被测光学系统时(实测,上述第二步),则有

$$F = TT'\pi N ds \sin^2 u \\
= TT'\pi N ds'' \sin^2 u'' \qquad (14\text{-}15)$$

式中:T 为被测光学系统透射比。

假定探测器光阑直径相同,探测器相对于中继透镜的位置相同,则有 $\omega = \omega_0$,合并式(14-14),式(14-15)则有

$$T = \frac{F}{F_0} \qquad (14\text{-}16)$$

2. 测量装置组成

如图14-10所示,红外光学系统透射比测量装置主要包括光源系统、中继光学系统和探测器。在实际测量过程中,可使用各种红外滤光片选择测量透射比所需要的波长。

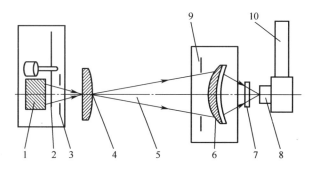

图14-10 红外透射比测量系统
1—大面积光源;2—斩波器;3—圆孔;4—被测物镜;5—光轴;6—中继透镜;
7—滤光片;8—分析孔;9—可变光阑;10—探测器。

1)光源系统

光源是一红外大面积、均匀腔黑体源,光源温度的稳定性将直接影响透射比测量结果。对透射比光源的要求是:温度范围宽,稳定性好,保证测量的准确可靠。研制红外大面积、均匀腔黑体,发射率95%,温度稳定性±0.5℃/h,斩波频率90Hz,带四个可转换圆孔光阑。为保证黑

体温度的稳定性,使用 V6.5 型人工智能温度控制器技术,输入采用数字校正系统,内置常用热电阻非线性校正表格,达到测量精确稳定,温控器具备自整定(AT)功能,先进的模块化结构提供多种输出规格。

2) 中继光学系统

中继光学系统包括中继透镜(锗镜和石英透镜)、可变光阑和干涉滤光片圆盘(可置换)装置,主要目的是保证测量系统校准和聚焦。为保证一定的光能量,锗镜口径比较大。红外滤光片用于选取所需的测量波长,一般应用的光谱范围包括 $1\sim3\mu m$, $3\sim5\mu m$, $8\sim12\mu m$。

3) 红外探测系统

红外探测系统主要包括可替换的带分析狭缝(或小孔)的光学系统和探测器、前置放大器、选频放大器等,以满足测量不同波长范围的要求。根据上面要求的光谱范围,配备三种类型的红外探测系统,分别为:$1\sim3\mu m$,PbS;$3\sim5\mu m$,CMT;$8\sim12\mu m$ CMT 液氮 N_2 制冷。

3. 测量不确定度评定

红外光学系统透射比的测量属于直接测量,影响测量不确定度的主要因素有:

1) 光源不稳定性引入的测量不确定度分量 u_1

经标定黑体源的温度稳定性为 $\pm 0.5℃/h$,在 $250℃$ 时空测的探测器信号 S_0 为 250,而由温度不稳定引起的探测器信号的变化量为 $2/h$,则由光源不稳定引入的测量不确定度为 $u_1 = 2/250 = 0.8\%$。

2) 标准滤光片标定引入的测量不确定度分量 u_2

用于标定本标准装置的标准滤光片由红外傅里叶光谱仪标定,光谱仪精度为 0.5%。由此引入的测量不确定度为 B 类不确定度,$u_2 = 0.5\%/2 = 0.25\%$。

3) 机械夹具引入的测量不确定度分量 u_3

标准滤光片的放置位置对透射比的测量有一定的影响,采用重复安装的方法共测量 6 次,计算出其实验标准偏差作为机械夹具引入的测量不确定度,则有 $u_3 = 0.5\%$。

4) 探测器引入的测量不确定度分量 u_4

在实际测量过程中,空测和实测的时间间隔较短,探测器的不稳定性对测量结果的影响预估为 $u_4 = 0.5\%$。

5) 测量重复性引入的测量不确定度分量 u_5

采用多个标准滤光片对测量装置进行标定,每个滤光片测量 10 次计算实验标准偏差,计算结果为:$u_5 = 0.5\%$。

6) 合成标准不确定度 u_c

由于构成合成标准不确定度的各个分量之间相互独立,所以

$$u_c = \sqrt{u_1^2 + u_2^2 + u_3^2 + u_4^2 + u_5^2} = \sqrt{0.008^2 + 0.0025^2 + 0.005^2 + 0.005^2 + 0.005^2} = 1.2\%$$

7) 扩展不确定度 U

取 $k=2$,得到扩展不确定度为

$$U = ku_c = 2.4\%$$

4. 测量装置技术指标

透射比测量装置技术指标:

可测波长范围:$1\sim3\mu m$,$3\sim5\mu m$,$8\sim12\mu m$

测量不确定度:$3\%(k=2)$

重复性:1%

标准红外滤光片透射比不确定度:1%($k=2$)。

5. 测量装置的标定

采用标准透射比板法。研制一组标准透射比板,采用同一光学材料(锗、硅、石英玻璃)上切下数个基片,经加工、镀膜后,在红外透射比反射比标准装置上按红外光谱($1\sim3\mu m$、$3\sim5\mu m$、$8\sim12\mu m$)测量出对应的透射比值,然后使用该标准值来标定红外光学系统透射比测试装置。

制作6种类型12个红外标准透射比板,其主要性能参数见表14-3。将加工好的标准透射比板在红外傅里叶光谱仪上进行透射比测量标定,将得到的光谱透射比取平均值作为标定值。然后再将透射比板在红外光学系统透射比测量装置上进行测量,将标定值与测量值进行比较,得出透射比测量误差。

表14-3 标准透射比板主要性能参数

序号	光谱范围/μm	材料名称	型号/规格	透射比(标定值)	透射比(测量值)	误差
1	1~3	石英	A13	90.4%	90.3%	-0.1%
2			A14	90.2%	90.3%	-0.1%
3			A13 白片	89.7%	89.6%	-0.1%
4			A14 白片	89.6%	89.3%	-0.3%
5	3~5	硅单晶	φ35	95.7%	98.0%	2.3%
6			φ23	95.8%	95.8%	0
7			φ35 未镀膜	52.7%	52.0%	-0.7%
8			φ23 未镀膜	52.7%	52.2%	-0.5%
9	8~12	锗单晶	φ35	96.4%	97.8	1.4%
10			φ23	96.4%	97.6	1.2%
11			φ35 未镀膜	46.5%	46.6	0.1%
12			φ23 未镀膜	46.5%	46.5	0

14.3 红外光学系统像质评价

红外光学系统成像质量评价采用两种方式:一种为光学传递函数;另一种为类似于可见光的星点法[6,7]。

14.3.1 星点法测量

1. 测量原理

在可见光波段内,评价一个光学系统的成像质量一般是根据物空间的一点发出的光能量在像空间的分布状况来进行的。光学系统对非相干照明物体或自发光物体成像时,可以把任意的物分布看成是无数个具有不同强度的独立发光点的集合。每一个发光物点通过光学系统后,由于衍射和像差以及其他工艺疵病的影响,像平面上获得的像点并不是一个几何点而是一个弥散光斑,即星点像。根据夫琅和费衍射理论,光学系统对一个无限远的点光源所成的像,实质是光波在光学系统出瞳面上衍射的结果,焦平面上衍射像点的光强分布就是出瞳面上光振幅分布函数(即光瞳函数)傅里叶变换的模的平方。对一个无像差衍射受限系统来说,其光瞳函数是一个实函数,而且在光瞳范围内是一个常数,衍射像的光强分布仅仅取决于光瞳的形状。在圆形光瞳的情况下,衍射受限系统星点像的光强分布函数就是圆孔函数的傅里叶变换的模的平方,即

$$\frac{I}{I'} = \left[\frac{2J_1(j)}{j}\right]^2 \qquad (14-17)$$

当光学系统的光瞳形状改变时,其星点像也随之改变。对于圆环形光瞳,其焦平面上星点像的光强分布公式为

$$\frac{I}{I'} = \frac{1}{(1-X^2)^2}\left[\frac{2J_1(j)}{j} - X^2\frac{2J_1(Xj)}{Xj}\right]^2 \qquad (14-18)$$

式中:$j = (2\pi/\lambda)h\theta = (\pi D/\lambda f')r$,$D$ 和 f' 分别为光学系统的入瞳直径和焦距;λ 为光波的波长;θ 为第一级衍射光斑对光学系统的半张角;r 为第一级衍射光斑的半径;X 为环形孔的内外两个同心圆的半径之比。其所代表的几何图形及各个量的物理意义如图 14-11 所示。

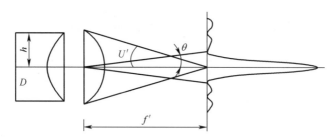

图 14-11 星点的夫琅和费衍射图

由于星点像光强分布规律决定了光学系统所成像的清晰程度,因此考察光学系统对一个物点的成像质量就可以了解和评定光学系统对任意物分布的成像质量。目前,星点检验仍然是可见光波段内光学系统像质检验的重要手段,但是由于技术上的原因,星点检验尚未普遍用于定量分析。对红外光学系统,基于星点检验法的原理,将红外光学系统所产生的不可见的红外星点像,通过探测器进行光电转换,再经由 A/D 变换板连到计算机上,由计算机完成星点像数据的采集、存储和处理,从而实现对红外光学系统成像质量的定量分析,并可在显示器上直接观察和分析其星点形状。

2. 测量装置

被检红外光学系统的最大相对孔径要能达到 1:1,如果按照常规的星点检验方法,用平行光照射被检系统,则后续光路中起光学放大作用的透镜组也要有较大的相对孔径,这势必给光学放大镜组和扫描机构的设计带来困难,同时也给系统引进了较大的误差。为此采用与常规方法相反的逆向光路,将星孔置于被检系统的后焦点处,光线经被检系统后平行射出,再用离轴抛物镜聚焦。由于所使用的离轴抛物镜的相对孔径很小(焦距为 2000mm,有效口径 150mm),所以后续光学系统的设计就比较容易实现。星点测量装置的原理框图如图 14-12 所示,光学系统结构原理如图 14-13 所示。

红外光学系统将景物发射的红外辐射收集起来,经过光谱滤波后,将景物的辐射通量分布

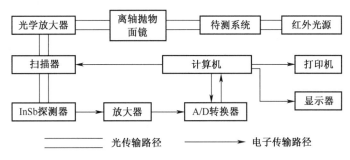

图 14-12　星点测量装置原理框图

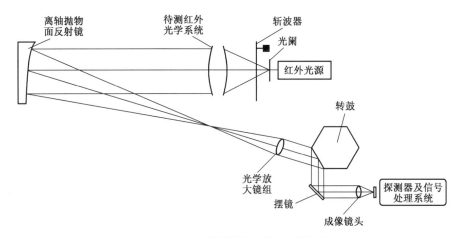

图 14-13　星点测量装置光学系统结构原理图

会聚成像到光学系统焦面上,即探测器光敏面上。探测器首先将景物进行空间分解,然后依次将这些单元转换成相应的电信号,经过许多子系统(如电路放大,信号处理系统)后,最后以时序视频信号形式输出。其中各子系统处理信息的方式有所不同,可能带有人为的改变,致使输出信号与最初场景有所变化。因此,各个子系统的性能好坏直接影响到红外热成像系统的性能。

14.3.2　红外光学传递函数测量

调制传递函数(MTF)是光学传递函数的模,能客观地反映红外热成像系统的空间频率响应特性,是标志红外热成像系统性能的主要指标之一。红外光学系统的调制传递函数(MTF)是用于红外热成像系统设计、分析和性能说明的基本参数。

1. 红外光学系统 MTF 测量的基本概念

MTF 是系统对空间正弦信号的响应,测量调制传递函数(MTF)要综合考虑光学和电子信号。对于 MTF 测量和计算有许多种方法,如点扩散函数法、线扩散函数法、刃边函数法等。但对于红外光学系统,由于探测器像元尺寸较大,因此存在着空间采样的频谱混迭和不等晕现象,使得系统获得的线扩散函数(LSF)与狭缝像相对于探测器的相对位置有关,为解决这一问题,目前通常采用改进线扩散函数法和随机空间目标法。其中,改进线扩散函数法包括最值法、扫描法和斜缝法[8]。

另外调制传递函数测量还可分为两种方法:直接方法,它测量不同正弦靶的响应;间接方法,由线扩展函数(LSF)的傅里叶变换得到一维调制传递函数。

调制度定义为

$$M = \frac{B_{\max} - B_{\min}}{B_{\max} + B_{\min}} \tag{14-19}$$

式中:$B_{\max}$和$B_{\min}$定义为最大和最小强度电平。

调制传递函数为

$$\mathrm{MTF} = \frac{像方调制度}{物方调制度} \tag{14-20}$$

2. 刀口边缘扫描法测量 MTF

测量调制传递函数的方法与所研究的光信号和电信号有关,为方便起见,通常采用的方法是,在两个相互垂直的轴上测量MTF(通常与阵列的轴是一致的)得到两个一维的MTF。一维的MTF是LSF的傅里叶变换,这里LSF是红外成像系统观察一条理想线目标产生的波形。因为可以微分一个阶跃脉冲获得理想线,则MTF也能从阶跃响应获得(也称边缘响应和刀口响应)。

刀口边缘扫描法基于阶跃响应,采用该方法的MTF检测装置如图14-14所示。刀口边缘扫描法的优点是刀口靶的结构比狭缝简单、信噪比大,用作狭缝时不必对MTF作校正。对刀口边缘微分得到LSF,然后进行傅里叶变换。

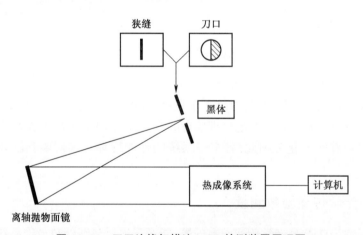

图14-14 刀口边缘扫描法 MTF 检测装置原理图

3. 数据处理

当一个边缘孔径通过一个狭缝的图像时,在检测器上的信号描述一个刀形边缘函数。微分产生线扩散函数。因为一个边缘在扫描方向上为无限小,所以在计算MTF时只需计算与狭缝有关的正弦函数。边缘可以是单方向边缘,转动它来改变扫描方位,也可以是一个鱼尾。

测量时,刀形边缘扫描仪平移一个边缘经过被测红外光学镜头的图像平面,切过狭缝物体的图像。刀形边缘扫描仪由两个自动轴,刀形边缘平移到刀形焦点位置。检测器安装到刀形边缘扫描仪上,在扫描或通过焦点扫描期间不移动。刀形边缘扫描仪在正切和弧矢方位之间的中途以45°角平移边缘并且主要使用一个双边缘"鱼尾"扫描孔径来一次运动执行正切和弧矢扫描。

14.3.3 热像仪扫描器光学系统 MTF 测试

1. 红外热像仪扫描器

红外热像仪扫描器是热像仪的重要部件，它的作用是分解图像，使较小的探测器能够完成对较大尺寸像面的探测，其结构原理如图 14-15 所示。

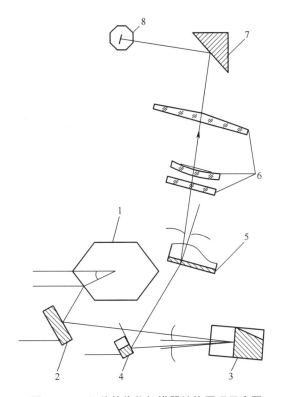

图 14-15　红外热像仪扫描器结构原理示意图
1—转鼓；2—第一折转反射镜；3—复曲面反射镜；4—第二折转反射镜；
5—帧扫反射镜；6—透镜；7—折反镜；8—探测器。

扫描器光学系统的工作原理：物方热辐射进入扫描器后，经六面体转鼓 1 以一定的转速对其进行水平扫描；通过第一折转反射镜 2 反射，由复曲面反射镜 3 第一次成像；经第二折转镜 4 反射，光束到达帧扫反射镜 5；帧扫反射镜以一定频率进行小角度的摆动，完成对物方空间垂直方向的扫描；经探测器透镜 6 二次成像，经折反镜 7 后，将红外辐射聚焦于探测器 8 光敏面上；探测器输出信号经头放和缓冲后进入电子处理单元，作为其输入信号提供给电视显示器。

2. MTF 测量方法

通过光学传递函数的定义可以看出，物平面上垂直坐标轴方向的一条无限细亮线经由光学系统所成像的光强分布就是系统的线扩散函数。对该线扩散函数进行傅里叶变换，就可以得到光学系统的光学传递函数。测量中用一狭缝经扫描器成像，利用扫描器自身的扫描成像特性，在系统像面上可以得到被测系统动态扫描的线扩散函数。对该线扩散函数进行采样，得到一系列线扩散函数的离散化采样数据。对其进行离散傅里叶变换的数值计算，就可得到系统在不同空间频率下的 MTF 值[9,10]。

扫描器 MTF 测量装置由红外光源、目标狭缝、反射式平行光管、红外探测器及前放、示波器、计算机等组成，如图 14-16 所示。

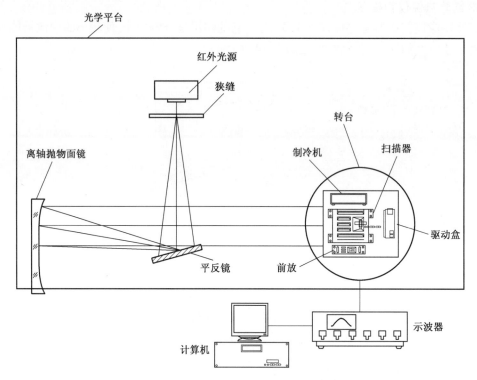

图 14-16　扫描器 MTF 测量装置示意图

红外光源照射目标狭缝，形成细亮线形状的红外目标，经平面镜和离轴抛物面镜组成的平行光管反射后，以平行光入射被测量扫描器。处于工作状态下（帧扫镜不动）的扫描器将其扫描成像，得到的光强分布就是系统的线扩散函数，并被置于系统焦平面上的 SPRITE 红外探测器接收。该探测器为 8 条结构，测量时只使其中一条工作。适当调整加载在探测器上偏压，使器件被光强照射产生的过剩载流子的漂移速度与像的扫描速度达到匹配。当探测器的响应速度足够快时，过剩载流子的浓度就如实地复制了像的光强分布信息。过剩载流子进入载流子读出区后，调制读出区输出电压并输出信号。将探测器经前放放大后的输出信号连接至示波器，随着像的光强分布在单元探测器上周期性扫描，在示波器上就显示出被测系统线扩散函数的周期波形。该波形实际上是由示波器对探测器输出信号按一定时间间隔采样得到的。按照采样定理的要求，每隔 20ns 进行一次采样，共取得 128 个采样数据。将之输入计算机进行傅里叶变换计算之后，就得到被测系统的 MTF。

14.3.4　红外光学元件与系统传递函数测量装置

1. 测量装置

图 14-17 是采用扫描法测量红外光学传递函数的光学测试系统图，完成一个线扩散函数（LSF）测量的系统的基本组件应包括：物（目标）发生器、准直系统（离轴抛物镜）、像分析器、通用测试台、电子处理及计算机控制、计算系统[11]。

物发生器提供一本身发光的线目标,在两个互相垂直的方向分别扫描线缝长度,且位于测试系统光轴上。像分析器提供测量扫描线目标的像的强度分析。它是由分析狭缝和探测器组成,测量通过狭缝的辐射(像)信号。电子接口、控制部分及计算机,主要是控制线目标扫描、测量和记录线扩散函数 LSF,然后做必要的变换得到 MTF。同时,控制通用测试台上的机械运动。

装置的基本操作是,机械扫描物发生器线目标通过被测系统在像分析器上所成的像,这种扫描可以是物方扫描,也可以是像方扫描。计算机记录下每个点(即对应像分析器扫描的每个位置)得到线扩散函数 LSF,然后对 LSF 进行傅里叶变换,求得 MTF,同时校正所用的光源和分析孔径。计算机自动绘出被测透镜用空间频率表示的 MTF 测试结果(如果需要,还可以给出 PTF 计算结果。

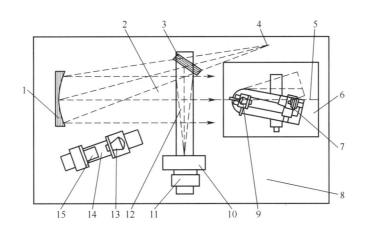

图 14-17 红外光学传递函数测量系统图

1—离轴抛物镜反射镜;2—准直光束;3—折光镜;4—准直镜焦点;5—光轴;6—通用测试台;
7—像分析器;8—光学平台;9—被测物镜;10—物发生器;11—方位驱动;12—导轨;
13—透射比被测透镜;14—导轨;15—透射比光源。

2. 主要技术指标

光谱范围:$3 \sim 5 \mu m$,$8 \sim 12 \mu m$;

准直器口径:$\phi 500 mm$,$f' = 6000 mm$;

$\phi 350 mm$,$f' = 3000 mm$;

空间频率:$(0 \sim 50) mm^{-1}$;

视场角:$\pm 30°$;

MTF 测量不确定度:轴上:$U = 0.04 (k=2)$,轴外:$U = 0.06 (k=2)$;

MTF 测量重复性:0.01。

3. 测量不确定度分析

1) 被测量描述

国家计量检定规程 JJG754—2005 规定,光学传递函数测量装置的计量检定中,测量参数为调制传递函数 MTF 和相位传递函数 PTF,考虑到实际测量的需要,在本标准装置中,测量参数为 MTF。

2) 不确定度来源

影响测量不确定度的分量主要有:

(1) 由测量重复性引入的标准不确定度 u_1;

(2) 由被测样品本身像差导致调焦位置不准确引入的标准不确定度 u_2;

(3) 由被测样品的安装和定位不准确引入的标准不确定度 u_3;

(4) 由计量校准证书直接带入的标准不确定度 u_4;

由此得到被测样品的 MTF 测量值的合成标准不确定度 u_c 如下:

$$u_c = \sqrt{(u_1^2 + u_2^2 + u_3^2 + u_4^2)}$$

各分量的标准不确定度的分析如下。

3) 分量标准不确定度分析

(1) 测量重复性引起的不确定度分量 u_1。

由随机效应导致的 MTF 示值的测量不确定度分量按不确定度 A 类评定,它包括:

① 测量 MTF 时,通常需要将零空间频率 MTF 值归一化由零频归一化所引入的不确定度,以及空间频率读数的非线性或零位偏移都将对从零频到最大空间频率的 MTF 实测值产生影响。

② 测量装置本身的噪声以及漂移引起的不确定度。

③ 由狭缝宽度调整所引入的不确定度通常会降低像面定位的灵敏性,甚至出现虚假分辨率。

④ 由室内气流扰动所引起的不确定度。

由以上随机效应引入的 MTF 的测量不确定度,可按测量重复性进行评定。选用 $4.0\mu m$ 波段的标准镜头测量,轴上 $0°$ 视场,孔径 $F/3.5$,最佳像面(空间频率 $40mm^{-1}$)上测量 MTF 值;选用 $8 \sim 12\mu m$ 波段的标准镜头测量,轴外 $1°$ 视场,孔径 $F/3.5$,基准像面(空间频率 $10mm^{-1}$)上测量 MTF 值,连续测量 6 次,其不确定度由实验标准偏差来表示,即:

$$u_1 = s = \sqrt{\frac{1}{n-1} \sum_{i=1}^{n} (x_i - \bar{x})^2}$$

轴上视场和轴外视场的实验标准偏差取 $u_{1轴上} = 0.01$,$u_{1轴外} = 0.01$。

由系统效应导致的 MTF 的测量不确定度分量按不确定度 B 类评定。

(2) 由被测样品本身像差导致调焦位置不准确将引入的不确定度分量。

当被测样品存在较大像差而造成像面定位不准确时,将会导致轴上子午和弧矢不重合、以及轴外 MTF 测量的较大误差。实验数据表明,对红外光学镜头来说,当测量轴上视场 MTF 时,MTF 示值的变化值约在 ± 0.01 之内,当轴外视场为 $-2°$ 时,MTF 示值的变化值约在 ± 0.02 之内,按服从均匀分布计算,包含因子 $k = \sqrt{3}$,故引入的标准不确定度为

$$\begin{cases} u_{2轴上} = \dfrac{0.01}{\sqrt{3}} = 0.006 \\ u_{2轴外} = \dfrac{0.02}{\sqrt{3}} = 0.012 \end{cases}$$

(3) 对被测样品进行安装和定位时通常使用接口连接,此时会在被测样品与夹持器的安装面之间产生倾角 θ,它是造成轴外左右视场 MTF 测量结果不对称的主要误差来源。实验数

据表明,轴上视场 θ 角引入的不确定度分量可忽略,在测量轴外视场 MTF 时,一般调整状态下由 θ 角引起的 MTF 测量误差约在 0.02,按服从均匀分布计算,分布区间半宽 $a = 0.02/2 = 0.01$,包含因子 $k = \sqrt{3}$,故引入的标准不确定度为

$$\begin{cases} u_{3\text{轴上}} = 0 \\ u_{3\text{轴外}} = \dfrac{0.01}{\sqrt{3}} = 0.006 \end{cases}$$

(4) 根据计量校准证书直接带入的不确定度分量。

根据校准规程的规定,用 $4.0\mu m$、$8\sim 12\mu m$ MTF 标准镜头对红外光学传递函数测量装置进行校准时,红外光学传递函数测量装置的 MTF 测量允许误差极限为:轴上不大于 0.05 ($k=3$)、轴外不大于 0.07($k=3$),该项不确定度分量为

$$\begin{cases} u_{4\text{轴上}} = \dfrac{0.05}{3} = 0.017 \\ u_{4\text{轴外}} = \dfrac{0.07}{3} = 0.023 \end{cases}$$

4) 合成标准不确定度

以上各分量之间彼此独立,故合成标准不确定度为

$$\begin{cases} u_{c\text{轴上}} = \sqrt{(u_{1\text{轴上}}^2 + u_{2\text{轴上}}^2 + u_{3\text{轴上}}^2 + u_{4\text{轴上}}^2)} \\ \qquad\quad = \sqrt{((0.01)^2 + (0.006)^2 + (0.017)^2)} = 0.02 \\ u_{c\text{轴外}} = \sqrt{(u_{1\text{轴外}}^2 + u_{2\text{轴外}}^2 + u_{3\text{轴外}}^2 + u_{4\text{轴外}}^2)} \\ \qquad\quad = \sqrt{((0.01)^2 + (0.012)^2 + (0.006)^2 + (0.023)^2)} = 0.03 \end{cases}$$

5) 扩展不确定度

扩展不确定度 U 应等于合成标准不确定度 u_c 与包含因子 k 的乘积,取 $k=2$:

$$U = ku_c$$

则扩展不确定度为

$$\begin{cases} \text{轴上}: U_{\text{MTF}} = ku_{c\text{轴上}} = 0.04 \\ \text{轴外}: U_{\text{MTF}} = ku_{c\text{轴外}} = 0.06 \end{cases}$$

4. 测试形式

通用测试台可以布置成两种基本的测试形式。

1) 物镜及有焦系统光学传递函数(OTF)测量

如图 14-18 所示,安装被测相机或透镜时,应使它的入瞳大致位于主台座旋转中心上方,以保证轴外视场测试时光束不被切割。

2) 远焦系统(望远镜) OTF

如图 14-19 所示,物和像均为无限共轭。用一个可置换的像方准直透镜位于尽可能靠近望远镜出瞳处,将被测望远镜出射的平行光会聚到像分析器上,"通用测试平台"可保证像方准直透镜不仅用于轴上测量,该透镜设计成衍射极限,可以测望远镜轴外大视场。一个专门的支座用于安装被测望远镜,以替换原"相机安装支座"。另一特殊的安装支座用于安装像方准直透镜和像分析器,以替换原像分析器安装支座。通过选择适当的像方准直透镜可实现不同

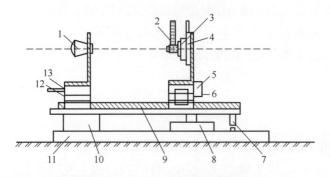

图 14-18 物镜 OTF 测量的通用测试台

1—被测物镜；2—像分析器；3—狭缝方位调正；4—高度调整千分尺；5—调焦驱动；
6—像高驱动；7—支承轴承；8—视场角驱动；9—光轨；10—旋转支承；11—基板；12—千分尺；13—手动调整。

波段望远镜系统的测量。

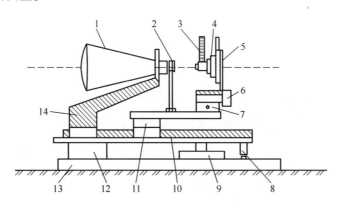

图 14-19 望远系统 OTF 测量的通用测试台

1—被测望远镜；2—会聚准直镜；3—像分析器；4—方位驱动；5—高度调整千分尺；6—调焦驱动；
7—手动调整千分尺；8—支承轴承；9—视场角驱动；10—光轨；11—像分析器驱动；12—旋转支承；
13—基板；14—被测望远镜支座。

14.3.5 红外光学系统像面位置、弥散斑测量

传统的红外光学系统成像质量评价方法主要是星点法和光学传递函数法。除此之外，为了完整的反映一个光学系统的成像特性，还要精确的测量像面位置、弥散斑大小以及扫描圆直径[12-13]。

1. 测试原理及方法

红外光学系统像面位置、弥散斑测试系统主要组成部分包括黑体光源、准直器、待测光学系统、光学系统装夹及移动装置、测量显微系统、红外探测器、精密丝杠、光栅尺、驱动电机、图像处理系统及工控机、数据显示系统等。其基本测量原理框图如图 14-20 所示。

准直器发出的平行光入射到待测光学系统上，待测光学系统对远物所成的像通过红外测量显微系统由红外探测器接收。驱动电机通过精密丝杠带动测量显微系统及红外探测器组件做精密运动，光栅尺实现对探测器与定位面相对位置的精密测量，并将该位置信号传送给数显系统，用于检测光学系统像面位置。找到像面后，转动待测光学系统，图像处理系统将红外探

测器上的光学信息读取并进行处理,达到检测扫描圆直径和弥散斑的目的。最后数据送入数显系统进行实时显示。

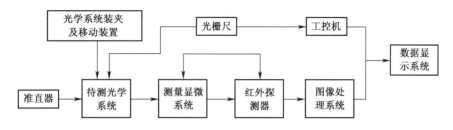

图 14-20　红外光学系统像面位置、弥散斑测试原理框图

2. 测量装置组成

1）准直器

准直器采用离轴反射式平行光管,用于模拟无穷远物体。主要包括:主反射镜、次反射镜,原理如图 14-21 所示。

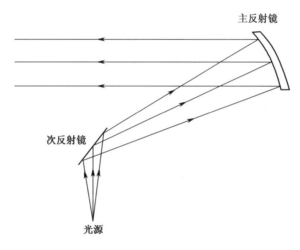

图 14-21　准直器原理图

2）测量显微系统

待测光学系统的像面空间狭小,不利于探测器的装调与移动,从而导致测量受限。采用测量显微系统将像面引出可以解决这一问题。测量显微系统的技术参数由测量精度和红外探测器的参数综合决定。

3）机械系统

测试系统中需要设计的机械系统包括光学系统的装夹及移动装置。光学系统的装夹主要针对被测光学系统进行设计,一方面保证被测光学系统与后续的测量显微系统的光轴重合,另一方面保证测量扫描圆直径时能够转动待测光学系统。光学系统的移动装置是驱动电机通过精密丝杠带动测量显微系统及红外探测器组件做精密进给运动,在像面位置测量过程中寻找待测光学系统的最佳像面。

4）图像处理系统

在显微系统微量移动过程中,通过成像的清晰程度判别最佳像面。当找到最佳像面后工控机控制光栅尺给出反馈信息,得到最佳像面距离定位面的距离,实现像面位置的测量。在进行弥散斑大小测量之前,首先要对图像进行二值化处理和预处理。将目标从背景中分割出来,实现图像灰度的修正,噪声的去除和边缘的锐化。测量出弥散光斑的面积 A,就可以由式(14-21)计算弥散斑的直径。

$$D = 2\sqrt{A/\pi} \qquad (14-21)$$

对扫描的图像的内径 D_1 与外径 D_2 分别进行拟合,则扫描圆的直径 D_s 为

$$D_s = (D_1 + D_2)/2 \qquad (14-22)$$

所有测量结果通过工控机传输给数据显示系统,将测量结果进行实时显示。

参 考 文 献

[1] 郑克哲.红外光学系统焦距的测量[J].应用光学,1985,(5):27-29.

[2] 姚震,吴易明,高立民,等.长焦距红外光学系统焦距检测方法[J].红外与激光工程,2014,43(6):1950-1954.

[3] 陈磊,高志山,何勇.红外光学透镜焦距测量[J].光子学报,2004,33(8):986-988。

[4] 王德安.1~13μm 红外透镜透射比测量[J].红外与激光技术,1990,(2):41-44.

[5] 杨红、汪建刚、姜昌录等.红外光学系统透射比测量[J],应用光学,2006,27(特刊):61-64.

[6] 苏大图,沈海龙,陈进榜,等.光学测量和像质鉴定[M].北京:北京工业学院出版社,1988.

[7] 安连生,张诚平,余旭彬,等.红外光学系统成像质量检验的技术研究[J].光学学报,1998,18(7):928-931.

[8] 金辉,张晓辉,王慧.红外光学镜头的调制传递函数测量[J].光学仪器,2008,30(3):1-3.

[9] 焦明印,冯卓祥.红外热像仪扫描器光学 MTF 的测试[J].应用光学,2000,21(6):21-24.

[10] 张达飞.红外热像仪扫描器光学系统 MTF 的数字傅里叶法测量[J].应用光学,2003,24(3):20-22.

[11] 郑克哲.光学计量(下册)[M].原子能出版社,2002.

[12] 李岩,贾永丹,刘智颖,等.中波红外光学测试系统的设计[J].红外技术,33(2):692-694,703.

[13] 杜万青,柯红梅.红外光学系统成像像质的检测[J].激光与光电子学进展,2005,42(9):30-31,38.